辽宁科技学院教材建设资助项目成果

矿山CAD实用教程

主　编　李　娜　庄世勇
副主编　渠爱巧　刘晓飞　米　成

WUHAN UNIVERSITY PRESS
武汉大学出版社

图书在版编目(CIP)数据

矿山CAD实用教程/李娜,庄世勇主编;渠爱巧,刘晓飞,米成副主编.
—武汉:武汉大学出版社,2023.5
ISBN 978-7-307-23623-3

Ⅰ.矿… Ⅱ.①李… ②庄… ③渠… ④刘… ⑤米… Ⅲ.矿山开采—计算机辅助设计—AutoCAD软件—高等学校—教材 Ⅳ.TD802-39

中国国家版本馆CIP数据核字(2023)第045877号

责任编辑:杨晓露　　责任校对:汪怡欣　　版式设计:马　佳

出版发行:**武汉大学出版社**　(430072　武昌　珞珈山)
(电子邮箱:cbs22@whu.edu.cn 网址:www.wdp.com.cn)
印刷:武汉图物印刷有限公司
开本:787×1092　1/16　印张:19.5　字数:462千字　插页:1
版次:2023年5月第1版　　2023年5月第1次印刷
ISBN 978-7-307-23623-3　　定价:49.00元

前　言

AutoCAD 是诸多绘图软件之一，它是由美国 Autodesk 公司开发的通用计算机辅助设计(Computer Aided Design，CAD)软件，具有易于掌握、使用方便、体系结构开放等优点，能够绘制各类工程图形，并对其进行标注尺寸、打印输出等，目前已广泛应用于机械、建筑、矿井设计、土木工程、地质、冶金等领域，在采矿行业中的应用更具有重要价值。

本书以 AutoCAD 为应用平台，紧密结合采矿工程专业知识，详细介绍了 AutoCAD 绘图在采矿中的应用。全书分为基础篇、实践篇和提高篇三个部分，共 12 章，基础篇主要包括：绪论，介绍矿山 CAD 的发展和应用，CAD 技术发展趋势；第 1 章“AutoCAD 基本知识”；第 2 章“图形绘制”；第 3 章“图形编辑”；第 4 章“文字和表格”；第 5 章“图层和图块”；第 6 章“尺寸标注”；第 7 章“图形打印输出”；第 8 章“采矿制图标准”。实践篇主要包括：第 9 章“露天矿山图件绘制”；第 10 章“地下矿山图件绘制”。提高篇主要包括：第 11 章“矿山三维建模基础”；第 12 章“1+X 矿山开采数字技术应用实例”。

本书以培养应用型人才为目标，将理论与实践相结合，实用性较强。教材充分考虑了学生对知识的接受能力和对知识的掌握过程，采取一课一练的形式完成对新知识的学习，同时结合井巷工程、金属矿床露天开采、金属矿床地下开采、数字矿山基础等课程，建成绘图辅助设计模块化课程体系，从而激发学生的学习兴趣，提高学生的动手能力、分析能力和创新能力。

本书为校企合作教材，由辽宁科技学院李娜、庄世勇、渠爱巧，宏大工程技术(辽宁)有限公司刘晓飞，成远矿业开发股份有限公司米成共同编写完成。本书由李娜统筹编写，李娜、庄世勇任主编，渠爱巧、刘晓飞、米成任副主编。其中，基础篇绪论、第 1~6 章由李娜编写，第 7 章由刘晓飞编写，第 8 章由米成编写；实践篇第 9 章由渠爱巧编写，第 10 章由李娜编写；提高篇第 11、12 章由庄世勇编写。

本书在编写过程中参阅了大量的书籍和相关教材，在此谨向相关作者表示感谢。同时，本书的出版得到了“辽宁科技学院教材建设资助项目”的立项资助与支持，在此一并表示感谢!

由于编者水平所限，书中不足之处在所难免，欢迎各位专家和广大读者批评指正。

编　者
2022 年 6 月

前 言

目　录

基 础 篇

绪论 ………………………………………………………… 3

第 1 章　AutoCAD 基本知识 ………………………… 6

1.1　AutoCAD 简介 ………………………………………… 6

1.2　AutoCAD 程序界面 …………………………………… 15

1.3　绘图环境设置 ………………………………………… 17

1.4　绘图方法 ……………………………………………… 31

1.5　坐标输入法 …………………………………………… 36

1.6　坐标输入法应用实例 ………………………………… 39

第 2 章　图形绘制 ……………………………………… 43

2.1　直线类命令 …………………………………………… 43

2.2　曲线类命令 …………………………………………… 56

2.3　规则图形绘制及填充 ………………………………… 63

2.4　矿山图形绘制实例 …………………………………… 69

第 3 章　图形编辑 ……………………………………… 78

3.1　复制对象类 …………………………………………… 78

3.2　修剪对象类 …………………………………………… 88

3.3　旋转缩放类 …………………………………………… 95

3.4　矿山图形编辑实例 …………………………………… 101

第 4 章　文字和表格 …………………………………… 115

4.1　文字 …………………………………………………… 115

4.2　表格 …………………………………………………… 122

4.3　文字和表格应用实例 ………………………………… 125

第 5 章　图层和图块 …………………………………… 130

5.1　图层 …………………………………………………… 130

5.2　图块 …… 134
5.3　查询 …… 139
5.4　矿山图层和图块应用实例 …… 142

第6章　尺寸标注 …… 150
6.1　比例尺与比例因子 …… 150
6.2　尺寸标注概念 …… 151
6.3　尺寸标注样式 …… 152
6.4　尺寸标注 …… 160
6.5　编辑尺寸标注 …… 167
6.6　采矿图形尺寸标注标准 …… 168
6.7　炮眼布置尺寸标注实例 …… 170

第7章　图形打印输出 …… 174
7.1　图形的输入输出 …… 174
7.2　在模型空间与图纸空间之间切换 …… 175
7.3　创建和管理布局 …… 176
7.4　使用浮动视口 …… 178
7.5　打印图形 …… 181
7.6　发布 DWF 文件 …… 185
7.7　应用举例 …… 186

第8章　采矿制图标准 …… 190
8.1　基本规定 …… 190
8.2　图形及画法 …… 200

实践篇

第9章　露天矿山图件绘制 …… 215
9.1　矿体水平分层平面图 …… 215
9.2　露天采场境界图 …… 222
9.3　露天开采终了境界修整 …… 229

第10章　地下矿山图件绘制 …… 235
10.1　巷道断面图 …… 235
10.2　采矿方法设计图 …… 243
10.3　岩石移动带圈定 …… 254

提　高　篇

第 11 章　矿山三维建模基础 …… 263
11. 1　DIMINE 软件数据导入导出 …… 263
11. 2　圈定矿体 …… 266
11. 3　DIMINE 软件实体建模 …… 271

第 12 章　1+X 矿山开采数字技术应用实例 …… 277
12. 1　数据库创建 …… 277
12. 2　计算填挖方量 …… 284
12. 3　开采系统建模 …… 289
12. 4　露天坑运算 …… 292

附录 A　采矿 CAD 常用快捷键 …… 298
A. 1　对象特性、绘图及修改命令 …… 298
A. 2　尺寸标注、快捷键及功能键 …… 298

附录 B　常用采矿标准图元符号 …… 299
B. 1　采掘机械图形符号表 …… 299
B. 2　井下运输机械图形符号表 …… 300
B. 3　采掘循环图表及通风图形符号表 …… 301

附录 C　章节习题答案 …… 303

参考文献 …… 305

基　础　篇

绪　论

1. 矿山 CAD 的发展和应用

计算机技术应用于采矿行业相对较晚，计算机辅助设计(Computer Aided Design, CAD)是利用计算机的计算功能和高效的图形处理能力，对产品进行辅助设计、分析、修改和优化。在 20 世纪 80 年代初，国外开始出现一些功能较齐全的采矿 CAD 软件系统。目前，国外研制和开发了很多关于地质储量计算和矿床开采辅助设计方面的商品化软件，如 Minex 3D、Surpac、GEOVIA、Mintec、Geo-Model、DIMINE、Vulcan、Micromine、Eagle、MineSight、MineMap、Datamine、Earthworks 等，这些矿用软件涉及地质资料处理、矿床建模、开采辅助设计、管理信息系统等各个方面，但大部分软件仅适用于某个专业工作，如储量计算、采掘计划编制、地测图绘制、爆破设计、岩体力学分析等，而且侧重非煤矿床开采的辅助设计工作。

我国 CAD 技术的广泛推广与应用始于 20 世纪 80 年代，到 80 年代末和 90 年代初期，CAD 技术的应用在我国各大矿山设计院形成一定的规模。到了 90 年代中期，我国许多中小设计室也配置了微机 CAD 系统，开始在设计工作中逐渐采用 CAD 技术。目前，CAD 软件已成为矿山工程中不可缺少的基础软件。国内开发的采矿 CAD 软件一般以二维绘图系统为主，基本上属于 AutoCAD 软件的二次开发，通过编制绘图程序和利用参数化绘图技术，实现部分规则采矿图的参数化绘图，如巷道断面、交叉点、车场以及各类硐室等。

目前，国内矿山 CAD 软件应用较为成熟的系统主要有娄底市煤炭科学研究设计院在 AutoCAD 平台上开发的“速腾矿图辅助设计系统”，北京龙软科技股份有限公司开发的“龙软采矿辅助设计系统”，中南大学开发的“DIMINE 数字矿山软件”，北京三地曼矿业软件科技有限公司开发的“3DMINE 软件”，中国矿业大学开发的“中矿 CAD”软件，太原理工大学开发的“KCSJCAD 系统”软件。这些软件有些属于 AutoCAD 平台的二次开发软件，有些属于具有完全自主知识产权的软件，在国内矿山设计领域发挥着越来越重要的作用。

随着计算机软硬件和 CAD 技术的发展，矿山 CAD 也将朝着人工智能、云端化、系统集成、产品数据管理等方向发展，必将给矿业领域的发展带来持续动力。

2. CAD 技术发展趋势

CAD 技术正向着开放、集成、智能和标准化方向发展。开放性是决定一个系统能否真正实用并转化为生产力的基础，体现在系统平台、用户接口、二次开发环境等方面。集成化的目的是向企业提供一体化解决方案，通过集成最大限度地实现企业信息共享，达到产品设计、生产及管理的一体化和流程化。

随着计算机科学和网络技术的发展，CAD 技术也在不断发展，未来的 CAD 技术将为现代设计提供一个集成智能系统，集中体现在集成化、协同化、云端化和智能化的实现上。

1）集成化

CAD 发展的一大特点是集成化，不仅仅是信息集成，更强调技术、人和管理的集成，其涉及的技术主要包括数字化建模、产品数据管理、过程协调与管理、产品数据交换及各种 CAX（CAD、CAE、CAM 等技术的总称）工具等。CAD 集成化在制造系统中体现了“多集成”的趋势，即信息集成、智能集成、串并行工作机制集成、资源集成、过程集成、技术集成及人员集成。未来的 CAD 系统还要集成 VR（Virtual Reality）虚拟现实技术和 AR（Augmented Reality）增强现实技术，人机交互功能更加强大，实现虚拟设计、虚拟装配和虚拟制造。矿山各主要技术部门——地质、采矿、测量、通风、机电，甚至选矿之间的信息处理、传输更富于时效性和可连续性，强调 CAD 系统的集成化和数据的共享。

2）协同化

协同设计是现代设计的发展趋势，要求企业内不同设计部门、不同专业或者同一项目的不同设计企业之间进行协调和配合。基于网络的分布式 CAD 系统是解决协同设计的主要技术，要求 CAD 软件必须很好地解决协同设计中的各种冲突，包括基于规则的冲突消解、基于实例的冲突消解、基于约束的冲突消解及冲突协商。涉及的技术还包括在 Internet/ Intranet 上进行群体成员间多媒体信息传输、异构环境中的数据传输与工具集成、设计群体中人人交互技术等方面。

3）云端化

近年来，云计算软件已经有一个更加普遍的趋势，越来越多的软件转向完全基于云的软件，CAD 软件也在朝这个方向发展。这意味着 CAD 现在可以在浏览器中使用，不需要下载，不需要更新，一切都在云端。目前一些领先的 CAD 软件公司已经推出了基于云的软件，Onshape 软件就是基于云端开发的 CAD 系统，只要在能上网的终端（PC、手机、平板）打开浏览器即可访问，不需要下载任何安装文件，使用的永远都是最新版本，兼容性不会成为问题。基于桌面 CAD 软件的巨头 Autodesk 也正在进军基于云计算的项目。届时，使用 CAD 软件就像 Google App 一样简单，用户可以摒弃庞大的工作站系统，数据文件也将交由服务器端的 PDM 系统集中管理。

4）智能化

设计是一个含有高度智能的人类创造性活动领域，智能 CAD 是 CAD 发展和智慧矿山发展的必然方向。如何在 CAD 系统中应用人工智能和知识库，以提高系统的智能水平并加强人机之间的密切协作，是智能 CAD 需要解决的问题。智能 CAD 不仅仅是简单地将现有的智能技术与CAD技术相结合，更要深入研究人类设计的思维模型，并用信息技术来表达和模拟它，才会产生高效的CAD系统，为人工智能领域提供新的理论和方法。

随着信息化技术的推广，传统的纸质图纸和绘图方法已经不能满足现代矿山企业生产管理的需要，计算机辅助设计技术开始广泛应用于采矿工程制图中。矿山生产中越来越多的矿图使用CAD技术进行绘制，其应用已涉及矿床开采设计的各个工艺环节，如绘制开拓系统图、井巷断面图、采矿方法图、爆破回采设计图、露天地下采区平面布置图、提升运输系统图、地质剖面图、地形地质图等。熟练运用采矿CAD技术逐渐成为矿山工程技术人员的必备技能。采矿工程专业学生毕业后要胜任矿山开采过程中图纸的设计和生产管理工作，熟练掌握基于计算机辅助设计技术的采矿工程图纸的阅读与绘制是十分必要和非常重要的。

第1章 AutoCAD基本知识

AutoCAD作为计算机辅助设计软件，广泛应用于诸多行业中，AutoCAD在采矿中的应用极大地提高了绘图、设计等工作的效率，是当今采矿专业人员必备的重要专业工具。本章介绍了AutoCAD的基本知识，主要包括AutoCAD简介、程序界面、绘图环境、绘图方法、坐标输入法等。

◎ **本章要点**

➢ AutoCAD简介；
➢ AutoCAD程序界面；
➢ 绘图环境设置；
➢ 绘图方法简介；
➢ 坐标输入法。

1.1 AutoCAD简介

CAD(计算机辅助设计)并不是指CAD软件，更不是指AutoCAD，而泛指一种使用计算机进行辅助设计的技术。AutoCAD是诸多绘图软件之一，它是由美国Autodesk公司开发的通用计算机辅助设计软件，具有易于掌握、使用方便、体系结构开放等优点，能够绘制各类工程图形，并对其进行标注尺寸、打印输出等，目前已广泛应用于机械、建筑、矿井设计、土木工程、地质、冶金等领域，在采矿行业中的应用更具有重要价值。

常用的各专业CAD软件如下：

机械类：UG、Pro/E、Inventor、Solidworks、AutoCAD等。

建筑类：Revit、ADT、ABD、天正、中望、园方、AutoCAD等。

采矿类：Surpac、Datamine、Vulcan、AutoCAD，国产的3DMINE、DIMINE等。

1.1.1 AutoCAD的主要功能

一般意义上讲，AutoCAD是一个用于工程设计的软件，广泛应用于机械、电子、土木、建筑、航空、航天、轻工、纺织等专业，是业界应用最广泛、功能最强大的通用型辅助设计绘图软件，主要用于二维绘图，现已具备较完善的三维建模能力。

1.1.1.1 AutoCAD的基本绘图功能

(1)提供了绘制各种二维图形的工具，并可以根据所绘制的图形进行测量和标注尺寸。

(2)具备对图形进行修改、删除、移动、旋转、复制、偏移、修剪、圆角等多种强大的编辑功能。

(3)具备缩放、平移等动态观察功能，并具有透视、投影、轴测图、着色等多种图形显示方式。

(4)提供栅格、正交、极轴、对象捕捉及追踪等多种精确绘图辅助工具。

(5)提供块及属性等功能，提高绘图效率，对于经常使用到的一些图形对象组，可以定义成块并且附加上从属于它的文字信息，需要的时候可反复插入图形中，甚至仅仅通过修改块的定义便可以批量修改插入进来的多个相同块。

(6)使用图层管理器管理不同专业和类型的图线，可以根据颜色、线型、线宽分类管理图线，并可以控制图形的显示或打印。

(7)可对指定的图形区域进行图案填充。

(8)提供在图形中书写、编辑文字的功能。

(9)创建三维几何模型，并可以对其进行修改和提取几何和物理特性。

1.1.1.2　AutoCAD 的辅助设计功能

(1)可以方便地查询绘制好的图形的长度、面积、体积、力学特性等。

(2)提供在三维空间中的各种绘图和编辑功能，具备三维实体和三维曲面的造型功能，便于用户对设计有直观的了解和认识。

(3)提供多种软件的接口，可方便地将设计数据和图形在多个软件中共享，进一步发挥各个软件的特点和优势。

1.1.1.3　AutoCAD 的开发定制功能

(1)具备强大的用户定制功能，用户可以方便地将软件改造得更易于自己使用。

(2)具有良好的二次开发性，AutoCAD 提供多种方式以使用户按照自己的思路去解决问题。AutoCAD 开放的平台使用户可以用 AutoLISP、LISP、ARX、Visual BASIC 等语言开发适合特定行业使用的 CAD 产品。

(3)为充分体现软件的易学易用的特点，新界面增加了工具选项板、状态栏托盘图标、联机设计中心等功能。工具选项板可以更加方便地使用标准或用户创建的专业图库中的图形块以及国家标准的填充图案；状态栏托盘图标可以说是最具革命性的功能，它提供了对通信、外部参照、CAD 标准、数字签名的即时气泡通知支持，是 AutoCAD 协同设计理念最有力的工具；联机设计中心将互联网上无穷尽的设计资源方便地为用户所用。

1.1.2　AutoCAD 软件安装

1.1.2.1　安装要求

安装 AutoCAD 对用户的计算机硬件及软件配置的需求见表 1-1。

表 1-1　**安装 AutoCAD 对计算机硬件及软件配置的需求**

硬件/软件	需　求
操作系统	Microsoft® Windows® 7 SP1(32 位和 64 位)； Microsoft Windows 8.1(含更新 KB2919355)(32 位和 64 位)； Microsoft Windows 10(仅限 64 位)(建议 1607 及更高版本)

续表

硬件/软件	需　求
CPU 类型	32 位：1 千兆赫(GHz)或更高频率的 32 位(×86)处理器； 64 位：1 千兆赫(GHz)或更高频率的 64 位(×64)处理器
内存	32 位：2GB(建议使用 4GB)； 64 位：4GB(建议使用 8GB)
显示器分辨率	传统显示器：1360×768 真彩色显示器(建议使用 1920×1080)； 高分辨率和 4K 显示器：在 Windows 10 的 64 位系统(配支持的显卡)上支持高达 3840×2160 的分辨率
显卡	支持 1360×768 分辨率、真彩色功能和 DirectX® 9 的 Windows 显示适配器。建议使用与 DirectX 11 兼容的显卡。支持的操作系统建议使用 DirectX 9
磁盘空间	4. 0GB
浏览器	Windows Internet Explorer® 11 或更高版本
网络	通过部署向导进行部署。 许可服务器以及运行依赖网络许可的应用程序的所有工作站都必须运行 TCP/IP 协议。 可以接受 Microsoft® 或 Novell TCP/IP 协议堆栈。工作站上的主登录可以是 Netware 或 Windows。除了应用程序支持的操作系统外，许可服务器还将在以下操作系统上运行：Windows Server® 2012、Windows Server 2012 R2 和 Windows 2008 R2 Server Edition；Citrix® XenApp™ 7. 6、Citrix® XenDesktop™ 7. 6
指针设备	Microsoft 鼠标兼容的指针设备
数字化仪	支持 WINTAB
介质(DVD)	通过下载安装或通过 DVD 安装
工具动画演示媒体播放器	Adobe Flash Player v10 或更高版本
. NET Framework	. NET Framework 版本 4. 6

1. 1. 2. 2　AutoCAD 软件安装过程

(1)鼠标左键双击 setup. exe 进行安装，弹出图 1-1 所示对话框后点击“单机安装”。点击图 1-2 对话框中的“安装”，然后点击“确定”，等待安装，弹出图 1-3 所示安装向导后，点击“下一步”，在后续对话框中，选中“我接受”后，再点击“下一步”。

(2)在图 1-4 中输入序列号进行安装。在弹出的图 1-5 用户信息对话框的空白处，填

图 1-1　AutoCAD 2007 安装界面

图 1-2　AutoCAD 2007 安装程序

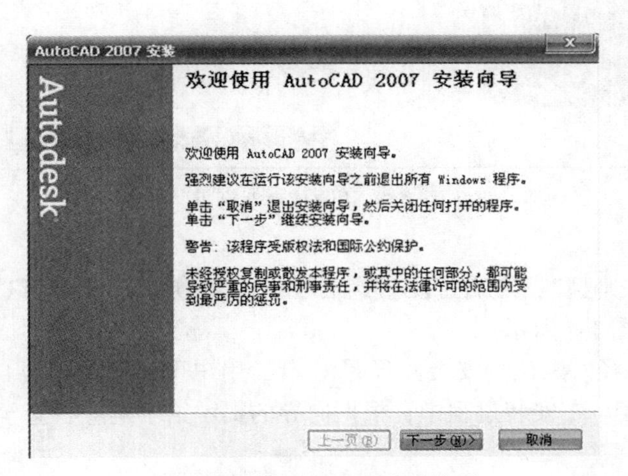

图 1-3　AutoCAD 2007 安装向导

写名字、代理商及代理商电话信息。

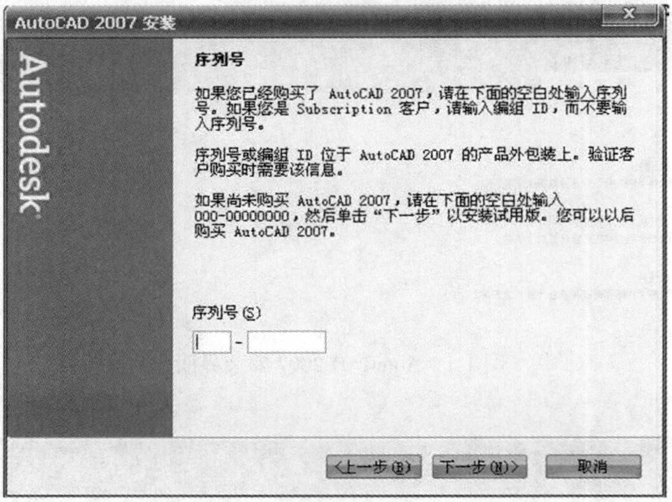

图 1-4 安装序列号界面

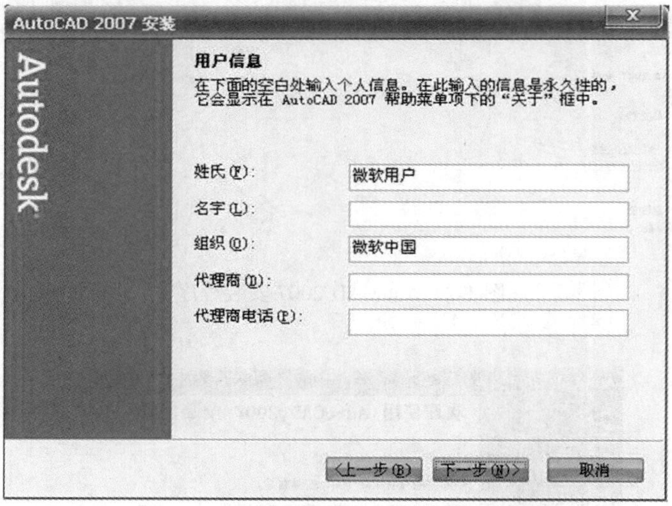

图 1-5 用户信息对话框

选择安装类型“典型”，点击“下一步”，如图 1-6 所示。安装可选工具，一般不选，点击“下一步”，如图 1-7 所示。

(3)选择安装路径。默认的安装路径是 C 盘，用户可以根据需要自行设定新的路径，但建议选择默认路径。在安装过程中，根据向导的提示给予响应，直至结束，如图 1-8 所示。

(4)安装后需要激活。AutoCAD 2006、AutoCAD 2010 都需要激活后才能使用。激活方

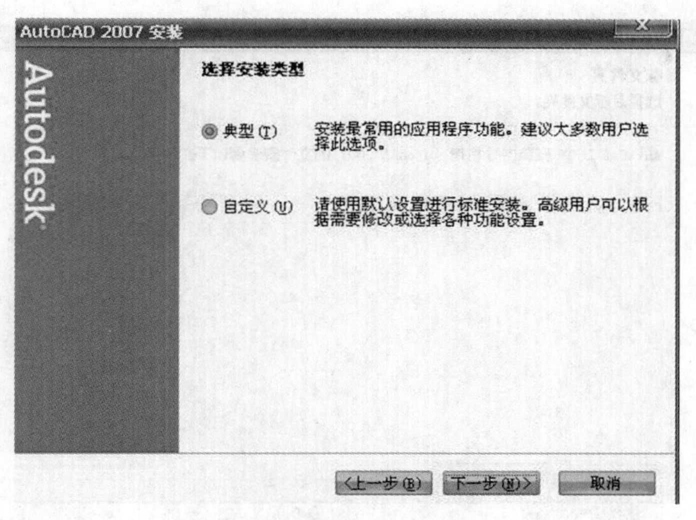

图 1-6　选择安装类型对话框

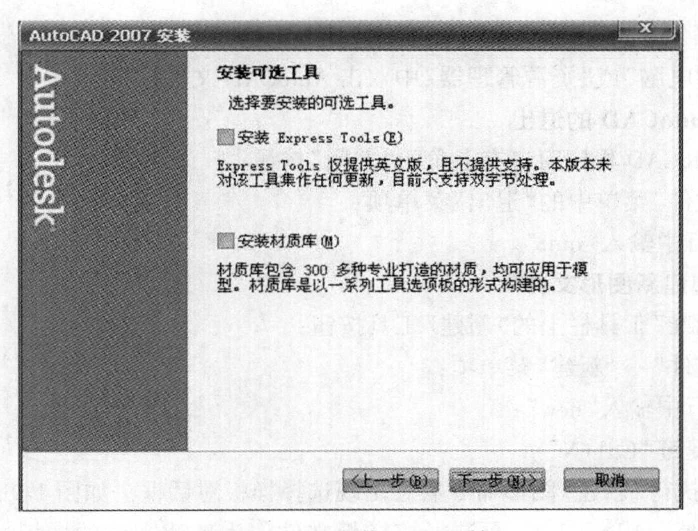

图 1-7　选择安装工具对话框

法：首次运行 AutoCAD，程序会提示用户激活产品，此时需要选择“激活产品”，并输入相应的序列号后即可完成激活。

1.1.3　AutoCAD 软件的常规操作

1.1.3.1　AutoCAD 的启动

（1）单击任务栏中的“开始”→“程序”→“Autodesk”→“AutoCAD Simplifield Chinese”→“AutoCAD”；

（2）双击桌面上 AutoCAD 的快捷图标；

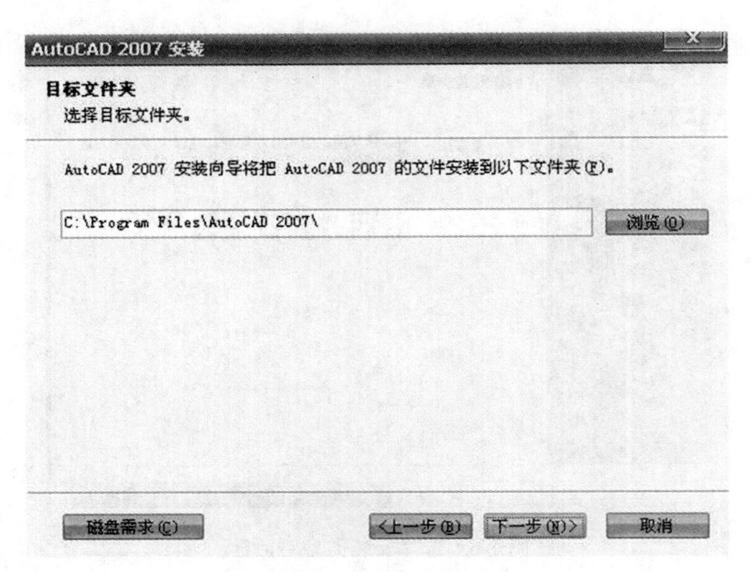

图 1-8　路径选择对话框

(3)在“我的电脑”或“资源管理器”中双击 AutoCAD 文件。

1.1.3.2　AutoCAD 的退出

(1)单击 AutoCAD 程序窗口右上角的“关闭”按钮;

(2)执行“文件”菜单中的“退出”菜单项;

(3)在命令行中输入“quit”。

1.1.3.3　创建新图形文件

(1)单击“标准”工具栏上的“新建”工具按钮;

(2)执行“文件”→“新建”菜单项;

(3)在命令行中输入“new”;

(4)使用快捷键“Ctrl+N”。

命令应用：执行“新建”图形命令后会出现选择样板对话框，如图 1-9 所示。该对话框默认的样板文件是 acadiso. dwt，可选择该样板文件作为新建文件的样板。单击“打开”按钮，将创建一个空白图形文件，新图形文件的默认名称为“Drawing2. dwg”。

说明:

用户可以根据需要来选择样板文件，也可以自行定义采矿专用的设计样板文件。空白文件创建完成后的第一步应对其进行保存，而且文件的命名应直接反映文件的特点。

1.1.3.4　打开图形文件

(1)单击“标准”工具栏上的“打开”工具按钮;

(2)执行“文件”→“打开”菜单项;

(3)在命令行中输入“open”;

(4)使用快捷键“Ctrl+O”。

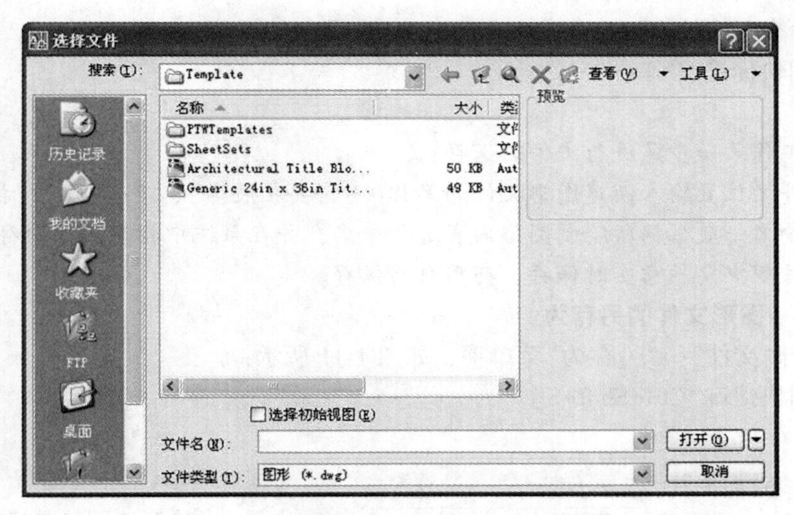

图 1-9　选择样板

说明：

①建议用户先打开 AutoCAD 程序，再选择需要打开的图形文件，如图 1-10 所示；
②选择文件时，使用 Ctrl 键或 Shift 键，可以一次打开多个文件；
③不要对同一文件重复打开；
④使用局部打开功能可提高图形文件的显示效率。

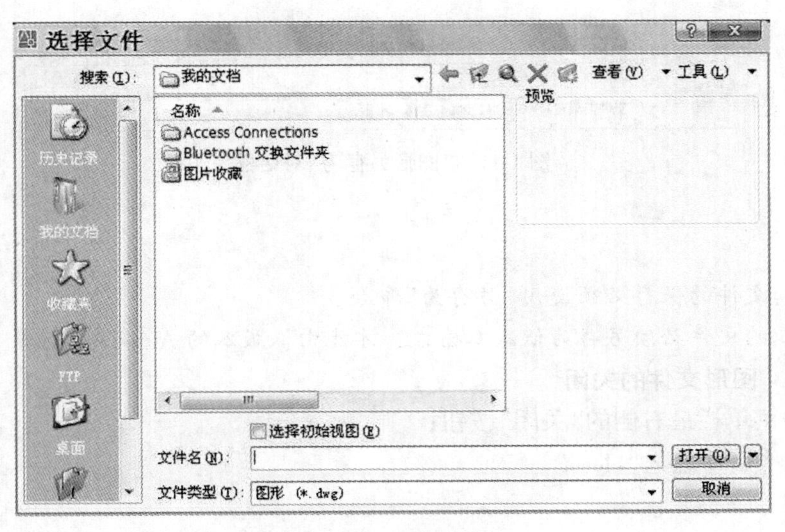

图 1-10　选择文件

1.1.3.5　保存图形文件

(1)单击“标准”工具栏上的“保存”工具按钮；

(2)执行“文件”→“保存”菜单项;
(3)在命令行中输入“save”;
(4)使用快捷键“Ctrl+S”。

说明:

①绘图工作第一步是进行文件的保存;
②在文件名位置输入新建图形文件的名称(不需要扩展名),单击“保存”按钮;
③文件命名一般根据所绘制图形内容进行命名,并在系统中指定文件的存放路径;
④绘图过程中要注意实时保存,巧用自动保存。

1.1.3.6 图形文件的另存为

(1) 执行“文件”→“另存为”菜单项,如图 1-11 所示;
(2)使用快捷键“Ctrl+Shift+S”。

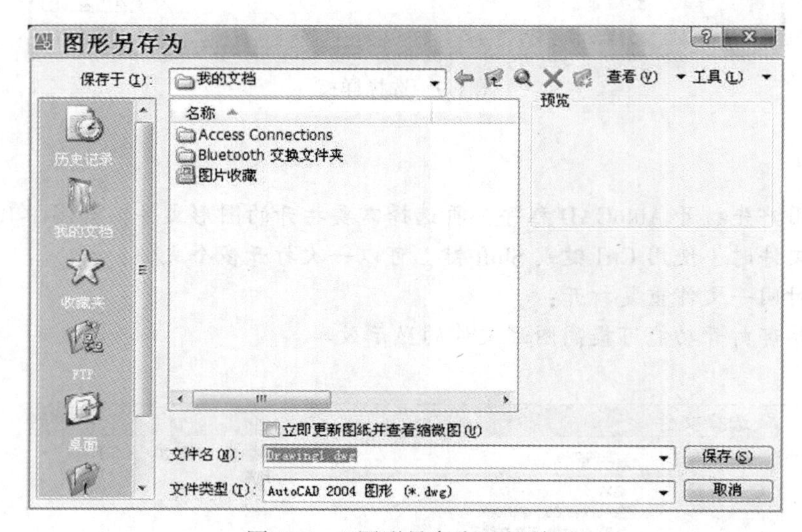

图 1-11 “图形另存为”对话框

说明:

①对只读文件的保存必须使用“另存为”命令;
②高版本的文件必须另存为低版本格式,才能由低版本的 AutoCAD 打开。

1.1.3.7 图形文件的关闭

(1)单击菜单栏最右侧的“关闭”按钮;
(2)在命令行中输入“close”。

说明:

①该命令关闭的是当前文件,所以要关闭某图形文件,首先要将该图形文件置为当前;

②若需要关闭的文件已打开但没有显示在当前,可在“窗口”菜单中查找该文件,置为当前;

③执行关闭图形文件命令后,如果当前图形文件没有存盘,会弹出提示对话框,根据

实际选择响应操作。

1.2　AutoCAD 程序界面

AutoCAD 程序界面如图 1-12 所示。

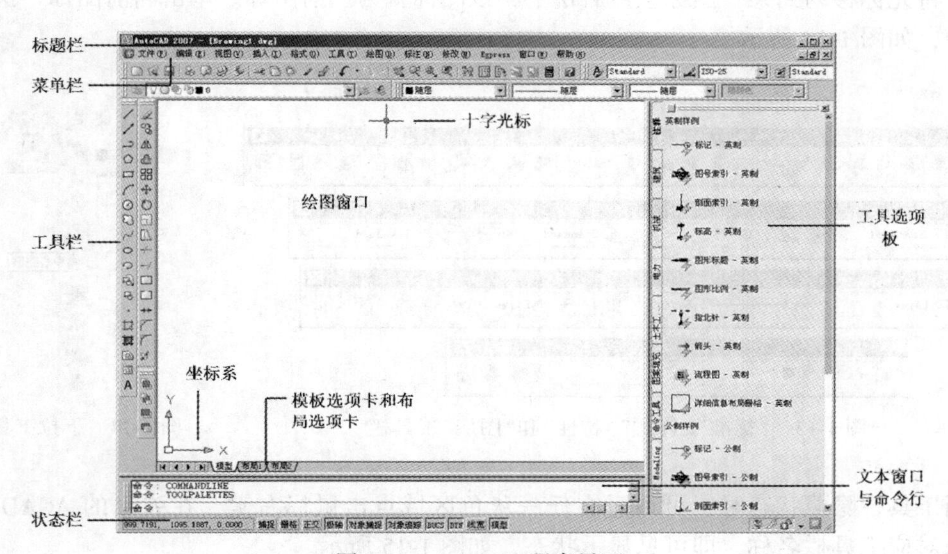

图 1-12　AutoCAD 程序界面

1.2.1　绘图区

绘图区是指在标题栏下方的大片空白区域，绘图区域是用户使用 AutoCAD 绘制图形的区域，用户完成一幅设计图形的主要工作都是在绘图区域中完成的。

1.2.2　菜单栏

AutoCAD 的菜单栏中包含 11 个菜单：文件、编辑、视图、插入、格式、工具、绘图、标注、修改、窗口和帮助，这些菜单几乎包含了 AutoCAD 的所有绘图命令。

AutoCAD 菜单中的命令有以下三种：

(1)带有小三角形的菜单命令：这种类型的命令后面带有子菜单。

(2)打开对话框的菜单命令：这种类型的命令后面带有省略号。单击菜单栏中的这些菜单，屏幕上就会打开对应的文字样式对话框。

(3)直接操作的菜单命令：这种类型的命令将直接进行相应的绘图或其他操作。

1.2.3　工具栏

工具栏是一组图标型工具的集合，把光标移动到某个图标，稍停片刻即在该图标一侧显示相应的工具提示，同时在状态栏中显示对应的说明和命令名。此时，点取图标也可以启动相应命令。

默认情况下，可以见到绘图区顶部的“标准”工具栏、“样式”工具栏、“特性”工具栏、“图层”工具栏和位于绘图区左侧的“绘制”工具栏以及位于绘图区右侧的“修改”工具栏和“绘图次序”工具栏，如图 1-13 所示。

有些图标的右下角带有一个小三角形，按住鼠标左键会打开相应的工具栏。按住鼠标左键，将光标移动到某一图标上然后松手，该图标就为当前图标。单击当前图标，执行相应命令，如图 1-14 所示。

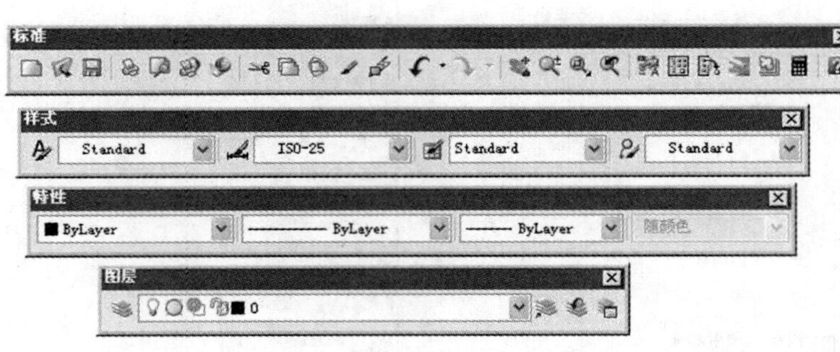

图 1-13 “标准”“样式”“特性”和“图层”工具栏

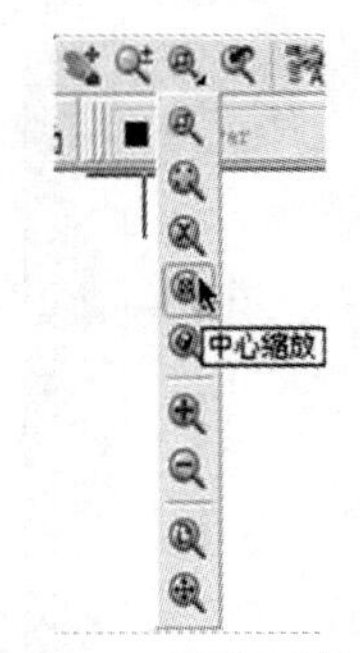

图 1-14 下拉工具栏

当工具栏隐藏状态时，可通过在任一灰色区域点击鼠标右键，在弹出的 ACAD 选项中勾选对应工具栏名称，即可见显示状态，如图 1-15 所示。

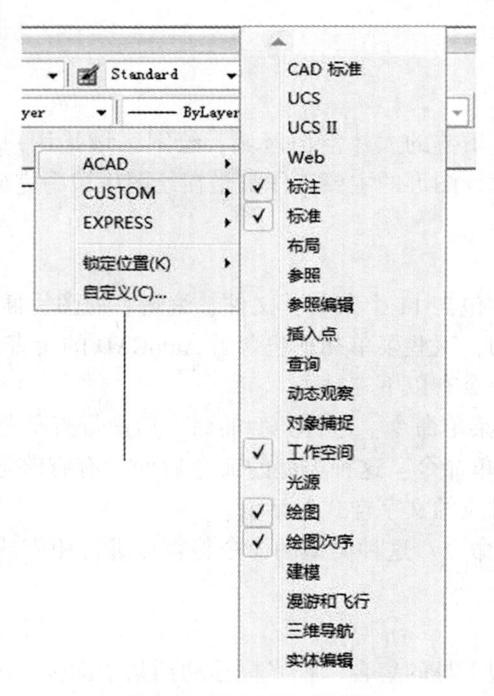

图 1-15 显示工具栏方法

1.2.4　命令行窗口

命令行窗口是输入命令名和显示命令提示的区域，默认的命令行窗口布置在绘图区下方，是若干文本行。

说明：

①移动拆分条，可以扩大和缩小命令窗口。

②可以拖动命令窗口，布置在屏幕上的其他位置。默认情况下布置在图形窗口的下方。

③对当前命令窗口中输入的内容，可以按 F2 键用文本编辑的方法进行编辑，AutoCAD 文本窗口和命令窗口相似，它可以显示当前 AutoCAD 进程中命令的输入和执行过程，在执行 AutoCAD 某些命令时，它会自动切换到文本窗口，列出有关信息。

④AutoCAD 通过命令窗口反馈各种信息，包括出错信息。因此，用户要时刻关注在命令窗口中出现的信息。

⑤当命令行无法显示或关闭时，可通过按“Ctrl+9”快捷键，进行显示查看。

1.2.5　布局标签

AutoCAD 系统默认设定一个模型空间布局标签和“布局 1”“布局 2”两个图纸空间布局标签。AutoCAD 系统默认打开模型空间，用户可以通过鼠标左键单击选择需要的布局。

1.2.6　状态栏

状态栏在屏幕的底部，左端显示绘图区中光标定位点的坐标 x、y、z，在右侧依次有捕捉、栅格、正交、极轴、对象捕捉、对象追踪、DYN(即动态数据输入)、线宽和模型 9 个功能开关按钮，左键单击这些开关按钮，可以实现这些功能的开关。

状态栏的右下角是状态栏托盘，通过状态栏托盘中的图标，可以很方便地访问常用功能。右键单击状态栏或左键单击右下角小三角形符号可以控制开关按钮的显示与隐藏或更改托盘设置，如图 1-16 所示。

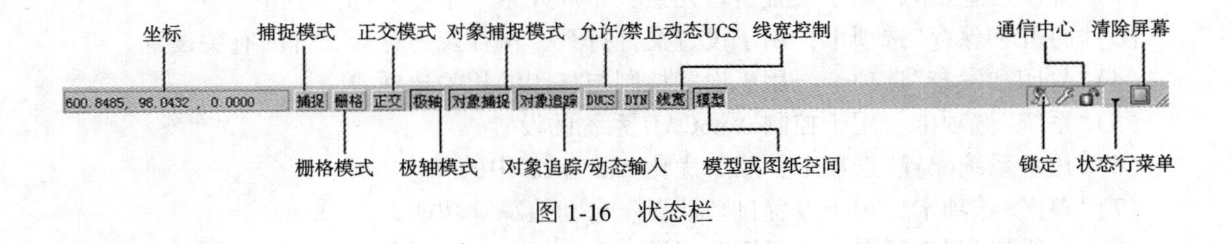

图 1-16　状态栏

1.3　绘图环境设置

1.3.1　参数选项设置

通常情况下，安装好 AutoCAD 后就可以在其默认状态下绘制图形，但有时为了使用特殊的定点设备、打印机，或提高绘图效率，用户需要在绘制图形前先对系统参数进行必要的设置。

选择“工具”→“选项”命令(OPTIONS)，可打开“选项”对话框，如图1-17所示。该对话框中包含文件、显示、打开和保存、打印和发布、系统、用户系统配置、草图、三维建模、选择、配置10个选项卡。

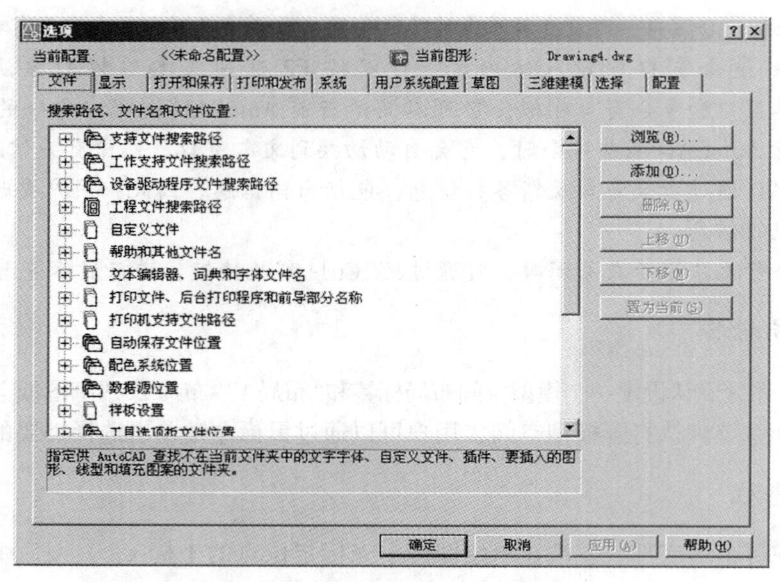

图1-17 “选项”对话框

1.3.1.1 各选项卡作用

(1)“文件”选项卡，用于指定AutoCAD搜索支持文件、驱动程序、菜单文件和其他文件的文件夹。

(2)“显示”选项卡，用于设置窗口元素、布局元素、十字光标大小等。

(3)“打开和保存”选项卡，用于设置文件打开、保存及另存为文件的有关设置。

(4)“打印和发布”选项卡，用于设置控制与打印的相关选项。

(5)“系统”选项卡，用于控制AutoCAD系统的设置。

(6)“用户系统配置”选项卡，用于优化AutoCAD中的工作方式。

(7)“草图”选项卡，用于设置自动捕捉、自动追踪等功能。

(8)“三维建模”选项卡，用于设置三维十字光标、三维对象、三维导航等功能。

(9)“选择”选项卡，用于设置选择模式、夹点功能等。

(10)“设置”选项卡，用于新建系统配置、重命名系统配置及删除系统配置等操作。

1.3.1.2 “显示”选项卡的配置

(1)“窗口元素”区，用于控制AutoCAD绘图环境特有的显示设置。其中“图形窗口中显示滚动条”开关的功能为在绘图区域的底部和右侧显示滚动条。“颜色”按钮显示“颜色选项”对话框，可以使用此对话框指定AutoCAD窗口中颜色的变化，如图1-18所示。

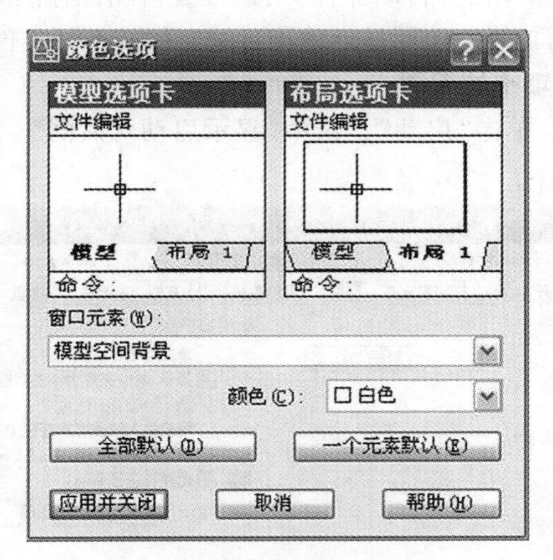

图 1-18　“颜色选项”对话框

(2)“布局元素”区，用于控制现有布局和新布局。

(3)“十字光标大小”区，用于控制十字光标的尺寸，默认尺寸为 5%。

1.3.1.3　“打开和保存”选项卡的配置

(1)“文件保存”区内的“另存为”项可预设执行“另存为”命令时的文件类型，如图 1-19所示。

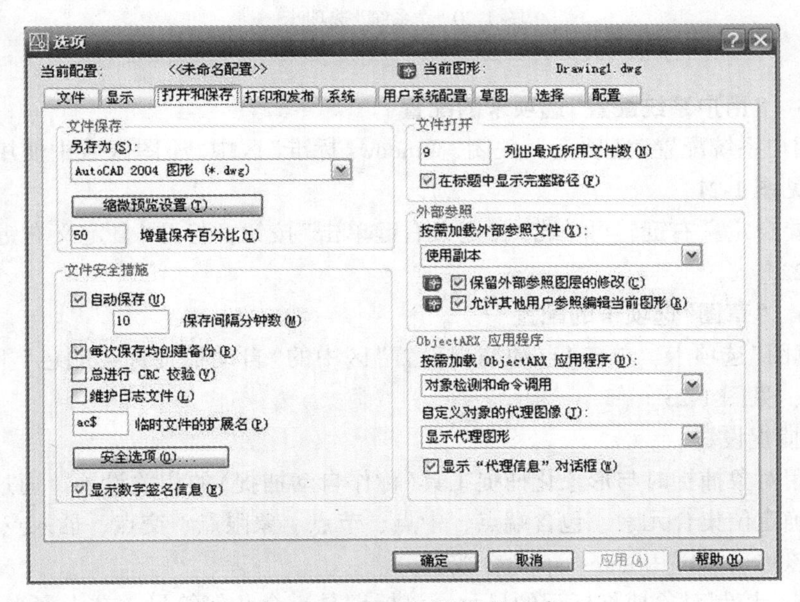

图 1-19　“打开和保存”选项卡

(2)“文件安全措施”区内的“自动保存”可以设置自动保存的间隔分钟数。

(3)“文件打开”区的功能为控制最近使用过的文件及打开文件相关的设置。

1.3.1.4 “系统”选项卡的配置

打开“系统”选项卡，单击“启动”，选中“显示启动对话框”，见图 1-20。

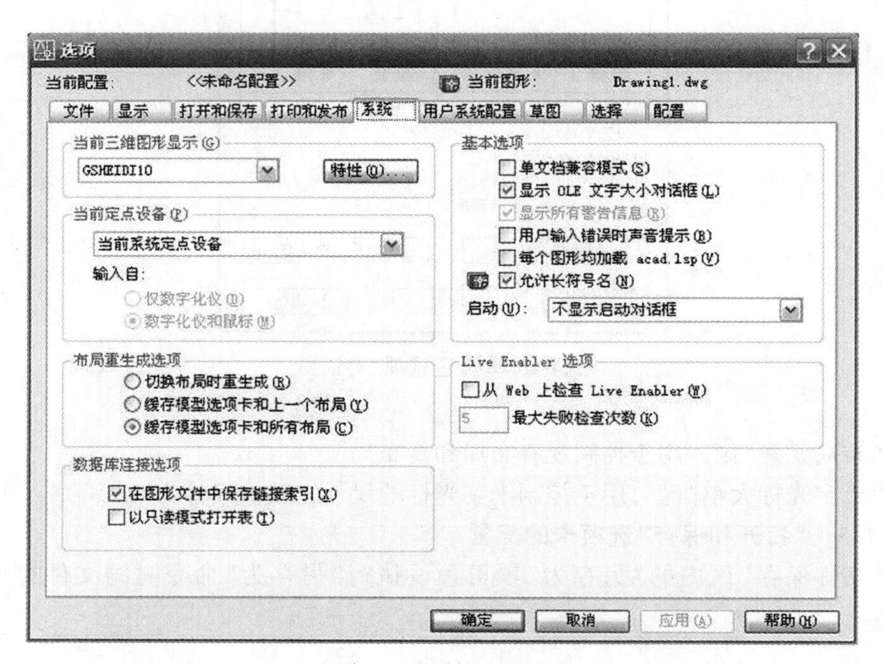

图 1-20 “系统”选项卡

1.3.1.5 “用户系统配置”选项卡的配置

打开“用户系统配置”选项卡，关闭“Windows 标准”区中“绘图区域中使用快捷菜单”开关，结果见图 1-21。

如果需要自定义右键，可单击“自定义右键单击”按钮，打开“自定义右键单击”对话框，见图 1-22。

1.3.1.6 “草图”选项卡的配置

打开“草图”选项卡，单击“自动捕捉设置”区中的“自动捕捉标记颜色”下拉列表框，选择“红色”，见图 1-23。

1. 自动捕捉设置

控制使用对象捕捉时与形象化捕捉工具(称作自动捕捉)的相关设置。通过对象捕捉，用户可以精确定位集合元素，包含端点、中点、节点、象限点、交点、插入点、垂足和切点平面等。该项也可以用 autosnap 命令控制。

(1)标记：控制对象捕捉标记的显示。该标记是一个几何符号，在十字光标移过对象上的特征点时显示对象捕捉的位置和标记，符号含义可参见图 1-24。

(2)磁吸：打开或关闭自动捕捉磁吸。在打开状态，当光标移近捕捉点时，磁吸可将

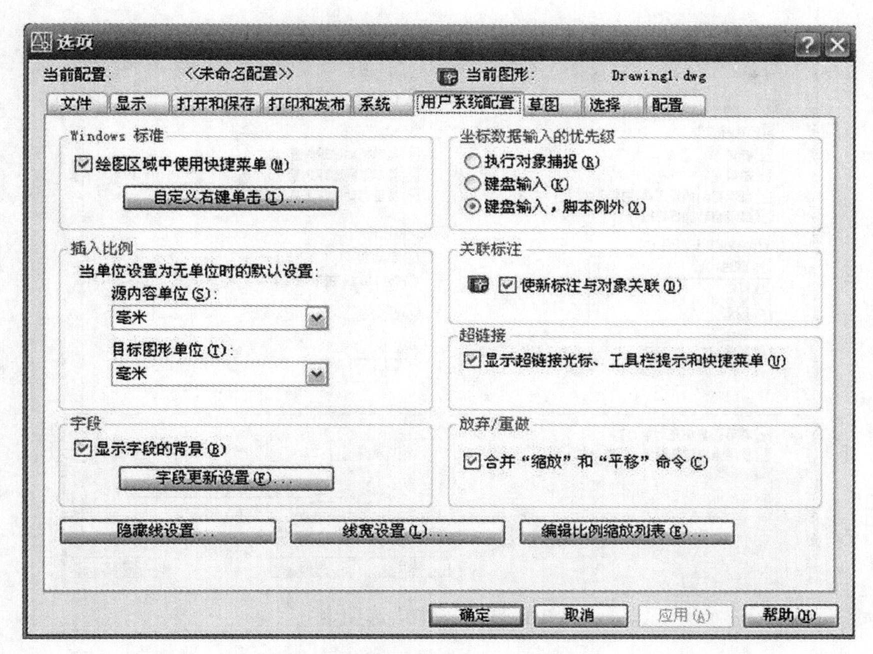

图 1-21　"用户系统配置"选项卡

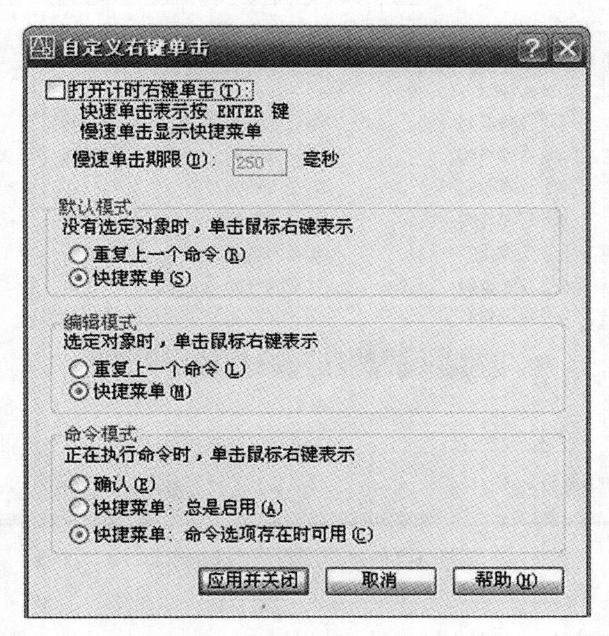

图 1-22　"自定义右键单击"对话框

十字光标的移动自动锁定到最近的捕捉点上。

(3)显示自动捕捉工具栏提示：控制自动捕捉工具栏提示的显示。工具栏提示是一个

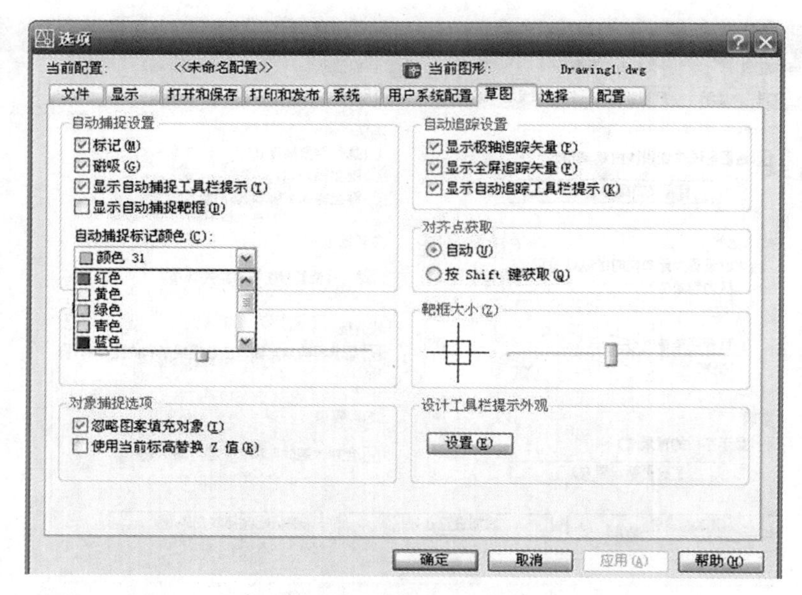

图 1-23 “草图”选项卡

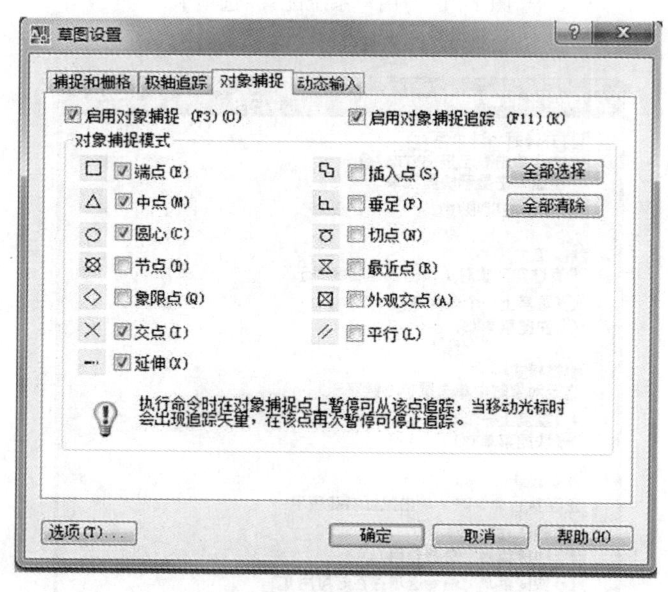

图 1-24 “草图设置”选项卡

标签，用来描述捕捉到的对象特征。

(4)自动捕捉标记颜色：单击“颜色”按钮，显示如图 1-25 所示的“图形窗口颜色”对话框，用于指定自动捕捉标记的显示颜色。标记的颜色与图形区背景色反差越大，视觉效果就越好。

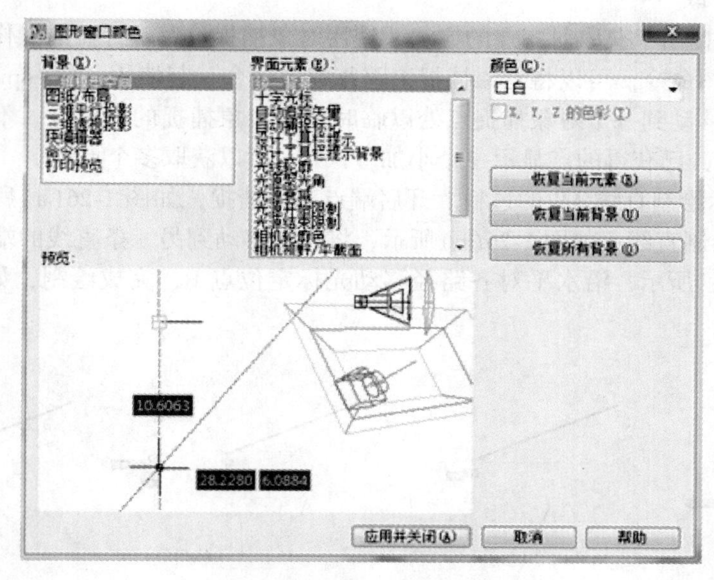

图 1-25　“图形窗口颜色”对话框

2. 自动捕捉标记大小

设置自动捕捉标记的显示尺寸。捕捉标记的大小可以改变，大一些视觉效果好，也便于操作，但过大又会在图线密集、多种特征汇集处造成干扰难以辨别。用鼠标拉动滑块即可改变尺寸大小。

3. 对象捕捉选项

指定对象捕捉的选项。该项也可由 osnap 命令控制。忽略图案填充对象：指定在打开对象捕捉时，对象捕捉忽略填充图案。该项也可以由 osoptions 命令控制，设置 osoptions 值为 1。

使用当前标高提高 Z 值：忽略对象捕捉位置的 Z 值，并使用当前 UCS 标高的 Z 值。

对动态 UCS 忽略负 Z 值：使用动态 UCS 期间对象捕捉，忽略具有负 Z 值的几何体。该项也可以由 osoptions 命令控制，设置 osoptions 值为 2。

4. 自动追踪设置

控制与自动追踪方式相关的设置。“自动追踪”可以使用指定的角度绘制对象，或者绘制与其他对象有指定关系的对象。当自动追踪打开时，临时的对齐路径有助于以精确的位置和角度创建对象。自动追踪包含极轴追踪和对象追踪两种选项。

(1) 显示极轴追踪矢量：将极轴追踪设置为开或关。通过极轴追踪，可以沿着相对于绘制命令“自”或“到”点的某一角度绘制直线。

(2) 显示全屏追踪矢量：控制追踪矢量的显示。追踪矢量是辅助用户按特定角度或根据与其他对象特定关系绘制对象的构造线。

(3) 显示自动追踪工具栏显示提示：控制自动追踪工具栏提示和正交工具栏提示的显示。

5. 对齐点获取

选择对象捕捉用于获取对齐点的方法。使用对象捕捉追踪对齐点的操作步骤如下：

(1)启动绘图命令。可以将对象捕捉追踪与编辑命令一起使用，如 copy、move 等；

(2)将光标移动到一个对象捕捉点处以临时获取对象捕捉的追踪点。不要单击它，暂时停顿即可获取，已获得的点显示一个小加号(+)，可以获取多个点。

图 1-26 表示绘制直线 AB 的过程。开启端点对象捕捉，如图 1-26(a)所示，单击直线的起点 A 开始绘制直线；如图 1-26(b)所示，将光标移动到另一条直线的端点 C 处获取该点；如图 1-26(c)所示，沿水平对齐路径移动光标定位点 B，完成绘制，如图 1-26(d)所示。

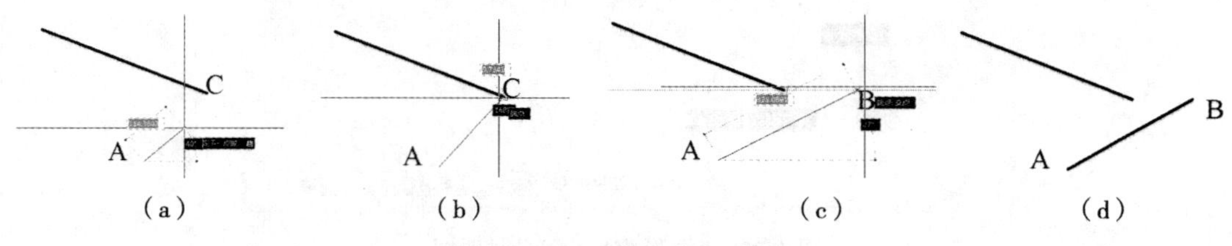

(a) (b) (c) (d)

图 1-26 “对齐点获取”效果

1.3.2 绘图图限设置

1.3.2.1 命令功能

设置和控制当前“模型”或“布局”选项卡中的栅格显示的界限。

1.3.2.2 命令调用方式

执行“格式”→“图形界限”菜单项。在命令行中输入“limits”。

1.3.2.3 图形界限中参数的含义

执行命令后会有提示“指定左下角点”，一般默认值(0，0)。

“指定右上角点”：指定图形界限的右上角点，一般根据实际图纸的大小输入具体的数值。常用图纸大小及尺寸见表 1-2。

“开”：打开界限检查。当界限检查打开时，将无法输入栅格界限外的点。

“关”：关闭界限检查，但是保持当前的值用于下一次打开界限检查。

表 1-2 **常用的图纸大小及尺寸** (单位：mm)

图号	尺寸	图号	尺寸	图号	尺寸
A_0	1189×841	A_4	297×210	B_5	257×182
A_1	841×594	A_5	210×148	8 开	368×260
A_2	594×420	B_3	364×515	16 开	260×184
A_3	420×297	B_4	364×257	32 开	184×130

1.3.2.4 命令应用

下面的例子将当前图形文件的图形界限设置为 A_0 号图纸大小。

命令：limits ↓

重新设置模型空间界限：

指定左下角点或[开(ON)/关(OFF)]〈0.0000，0.0000〉：↓ //按回车键

指定右上角点〈420.0000，297.0000〉：1189，841 ↓

鼠标左键点选，打开状态栏“栅格”状态，即可查看图形界限范围。

1.3.2.5 说明

(1) AutoCAD 默认的图形界限为一横向 A_3 纸，即 X 方向为 420mm，Y 方向为 297mm。

(2) 指定图形界限左下角时，如果选择此范围，则系统会自动打开边界检查功能，此时只能在设定的范围内绘图，如果超出范围，AutoCAD 会拒绝操作。

(3) 指定图形界限左下角时，如果选择 OFF，则系统会自动关闭边界检验功能，此时只能在绘图区内的任何位置绘制图形。一般取默认值的 OFF 值。

(4) 采矿工程的图纸图号一般为 $A_0 \sim A_4$。必要时可以将幅面的长边加长(0 号及 1 号幅面允许加长两边)，其加长量应按 5 号幅面相应的长边或短边尺寸成整数倍增加，见图 1-27。

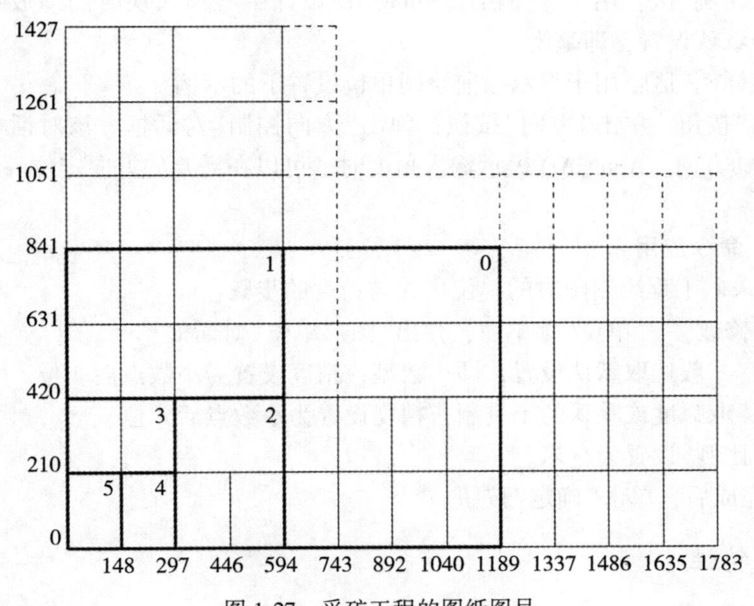

图 1-27 采矿工程的图纸图号

(5) 如果图所需比例还要缩小，应采用下式：

缩小的比例为 $1:1\times10^n$；$1:2\times10^n$；$1:2.5\times10^n$；$1:5\times10^n$；此处 n 为整数。

1.3.3 图形单位设置

用户可以选择“格式” 菜单栏中的“单位”命令，在打开的“图形单位”对话框中设置绘

图时使用的长度单位、角度单位，以及单位的显示格式和精度等参数，如图 1-28 所示。

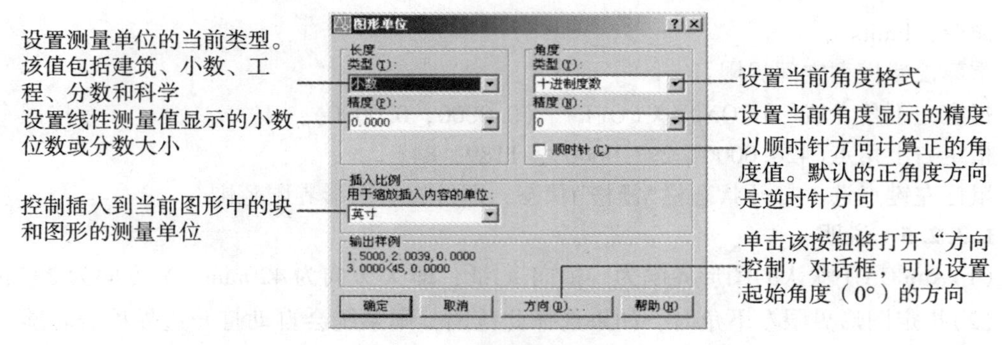

图 1-28 “图形单位”对话框

1.3.3.1 图形单位设置各项含义

(1)“长度”区：用于设置绘图中长度的单位和精度。

(2)“角度”区：用于设置绘图中角度的单位和精度。

(3)“插入比例”区：用于选择在用 AutoCAD 设计中心插入块时的缩放单位，一般采用 AutoCAD 的默认设置，即毫米。

(4)“输出样例”区：用于显示当前绘图单位设置下的示例。

(5)“方向”按钮：单击“方向”按钮，弹出“方向控制”对话框。该对话框的功能是确定角度中零度的方向。AutoCAD 提示输入角度时，可以在需要的方向定位一个角度或输入一个角度。

1.3.3.2 命令应用

设置常用采矿工程绘制图时的单位格式与精度的步骤：

(1)执行“修改”→“单位”菜单项，弹出“图形单位”对话框。

(2)“长度”一般选取默认设置，即小数型，精度设置为小数点后 4 位。

(3)“角度”取弧度或默认的十进制，精度设置为小数点后 4 位。

(4)“拖放比例”设置为毫米。

(5)设置完成后，单击“确定”按钮。

1.3.4 对象特性

每个对象具有图层、颜色、线型和线宽等共有特性。另外，有些特性是专用于某一类的特性。例如，圆的特性包括半径和面积等，直线的特性包括长度和角度等。

通过“对象特性”工具栏或“对象特性”选项板可以控制对象的特性，见图 1-29。

1.3.4.1 对象特性工具的调用

(1)单击“标准”工具栏上的“对象特性”工具按钮。

(2)执行“修改” → “特性”菜单项。

(3)在命令行输入“properties”或命令缩写“pr”。

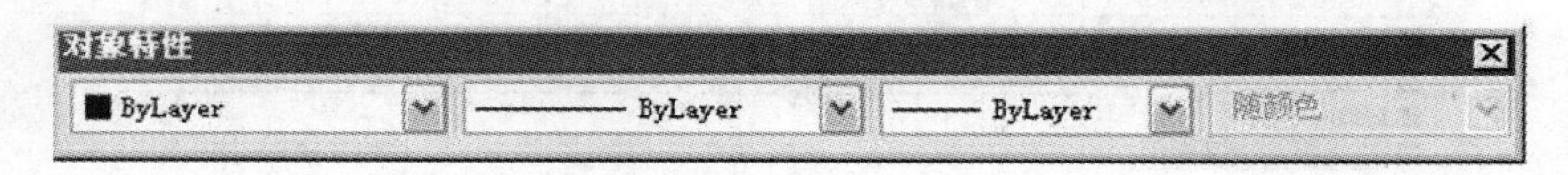

图 1-29　“对象特性”工具栏

(4)使用“Ctrl+1”快捷键，打开“特性”选项板，见图 1-30。该选项板由标题栏、按钮区和特性显示区等组成。

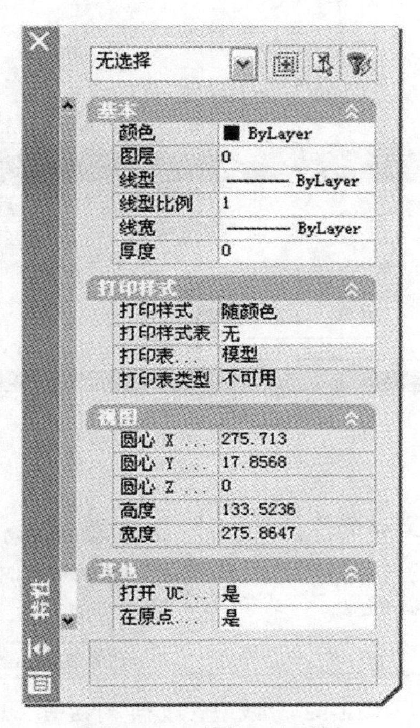

图 1-30　“特性”选项板

1.3.4.2　颜色设置

AutoCAD 中的颜色共有 255 种，其中前 7 种颜色既有颜色名称，也有色号。分别是红、黄、绿、青、蓝、品红和黑色。第 8 至第 255 号色只有色号，没有颜色名称。

选择对象→“特性”工具栏→“颜色”，进行颜色设置，见图 1-31。

说明：

①索引颜色 255 号颜色在彩色打印时只可显示不可打印，一般用作辅助线。

②在采矿工程制图中大面积的煤层填充一般用 8 号色。

③更改对象颜色还可采取对象→“特性匹配”命令或使用图层功能来完成。

1.3.4.3　线型设置

1. 线型命令调用

选择对象→“特性”工具栏→“线型”→“其他”，打开“线型管理器”对话框，见图

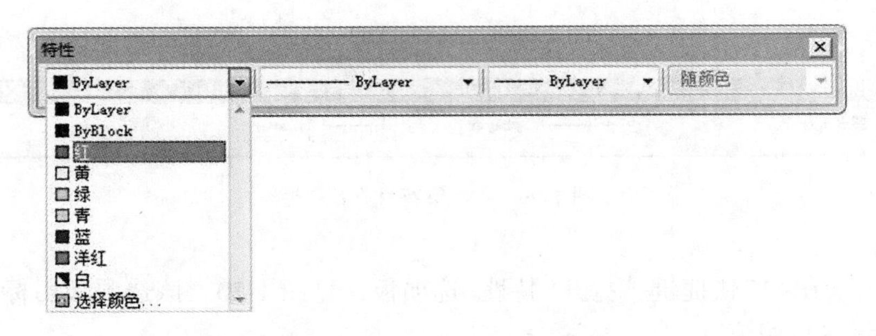

图 1-31　对象颜色设置

1-32。对话框内各项含义如下：

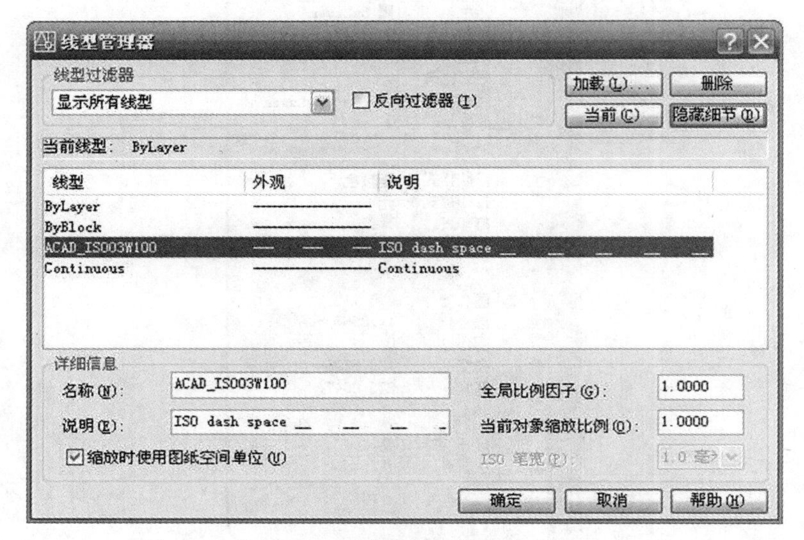

图 1-32　“线型管理器”对话框

“线型过滤器”列表框显示在线型列表中加载的线型；“加载”按钮用于显示“加载或重载线型”对话框，加载其他需要的线型。

“详细信息”选项组可对已加载线型的名称和说明进行编辑。

2. 加载线型

加载线型的步骤如下：

(1)执行“线型”命令，弹出“线型管理器”对话框。

(2)单击“加载”按钮，弹出“加载或重载线型”对话框，见图 1-33。

(3)在该对话框中选中需要的线型后单击“确定”按钮即可。

(4)将上步加载完成的线型设置为“当前”后，即可进行该线型的使用。

3. 更改对象的线型

1)通过线型列表框更改对象的线型

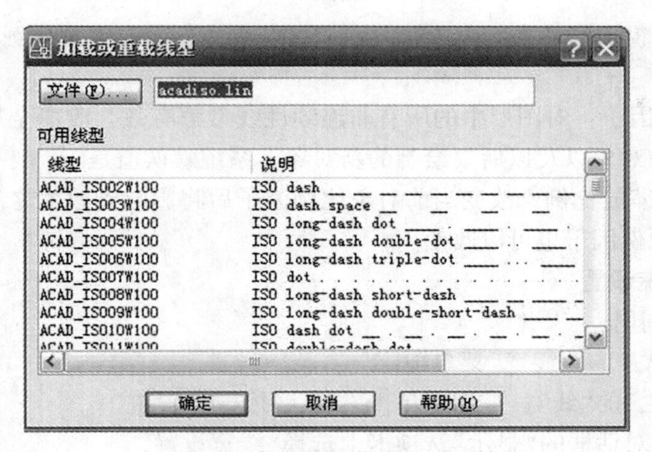

图 1-33　“加载或重载线型”对话框

(1)选中对象；

(2)单击线型列表框选择合适的线型。

2)通过“对象特性”窗口更改对象的特性

(1)选中对象；

(2)执行“修改” → “特性”菜单项；

(3)在“特性”窗口的基本区选择“线型”项重新设定对象的线型。

3)通过其他方式更改对象线型

更改对象线型还可采取对象“特性匹配”命令或使用图层功能来完成。

4. 控制线型比例

默认情况下，全局和单独的线型比例均设置为 1。值越小，每个图形单位中画出的重复图案越多，见图 1-34。对于太短，甚至不能显示一个虚线小段的线段，可以使用更小的线型比例。但是若线型比例过大，对象有可能显示为连续型的线型。

(a) 线型比例=1　　(b) 线型比例=0.5

图 1-34　控制线型比例

1)通过“线型管理器”控制线型比例

(1)执行“格式” → “线型”菜单项。

(2)将所加载的线型比例设为定值。

2)通过“对象特性”窗口控制线型比例

(1)命令行为空时选中需要修改的对象。

(2)执行“修改” → “特性”菜单项。

(3)在“特性”窗口的基本区内选择“线型比例”项重新设定线型比例。

3)说明

(1)全局比例因子：对图形中的所有非连续性线型都有效，改变全局比例因子将影响到所有已经存在的对象以及以后要绘制的新对象。系统默认值是1。

(2)当前对象缩放比例：改变当前对象比例因子后将影响到改变之后所绘制的图形对象，已有对象的比例因子也可以改变。

1.3.4.4 线宽设置

1. 线宽命令调用

(1)执行“格式” → “线宽”菜单项。

(2)在“状态栏”的“线宽”按钮上单击右键，并选择“设置”。

(3)在“选项”对话框的“显示”选项卡上选择“线宽设置”。

(4)在命令行中输入“lweight”或缩写“lw”。

执行“线宽”命令，打开“线宽设置”对话框，见图1-35。

图1-35 “线宽设置”对话框

2. 显示线宽

鼠标单击状态栏上的“线宽”按钮，可将对象的线宽进行显示或不显示，示例见图1-36。

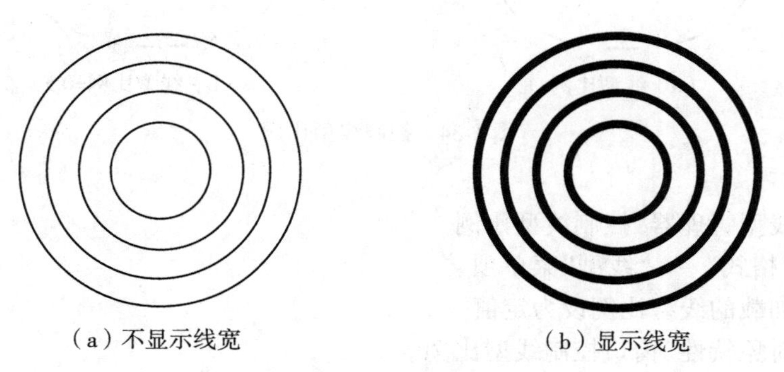

(a)不显示线宽　　(b)显示线宽

图1-36 对象线宽的显示

如果线宽小于 0.254mm，即使打开“线宽”按钮，屏幕上也不显示对象线宽。另外，屏幕上显示的线宽并非打印出的实际宽度，显示的宽度是相对于当前屏幕的宽度。

3. 更改对象的线宽

(1)通过“特性”工具栏中的“线宽”列表框更改对象的线宽。

①选取对象。

②单击线宽下拉框选择合适的线宽。

(2)通过“对象特性”窗口更改对象的线宽。

①选取对象。

②执行“修改” → “特性”菜单项。

③在“特性”窗口的基本区选择“线宽”项重新设定对象的线宽。

(3)通过其他方式更改对象的线宽。

更改对象线宽还可以采取对象“特性匹配”命令或使用图层功能来完成。

1.4　绘图方法

1.4.1　命令常用调用方法

(1)下拉菜单栏法：单击主菜单中对应的子菜单命令选项。

(2)工具栏法：绘图工具栏中的每个命令按钮都与绘图菜单中的绘图命令相对应，是图形化的绘图命令。

(3)命令行法：AutoCAD 是一个命令驱动的绘图软件，AutoCAD 中的每个菜单都对应有一个命令，在命令窗口中输入对应的命令，命令字符可不区分大小写，即可执行该命令。命令执行过程与选择绘图工具、绘图菜单(菜单栏中的绘图命令)是完全一样的，如输入绘制直线命令“line” 或简写“l”，均可以触发直线绘制命令。所以，使用菜单或者工具条(栏)绘制图形时，可通过观察 AutoCAD 命令窗口的提示及命令响应来识记这些命令，从而提高绘图效率。常用 CAD 命令见表 1-3。

表 1-3　**常用 CAD 命令**

功能	命令缩写	功能	命令缩写
直线	l	圆	c
删除	e 或 delete	文字	t
移动	m	分解	x
复制	co	偏移	o
旋转	ro	倒圆角	f
修剪	tr	测两点间距离和角度	di
尺寸标注	dim	等分	div

续表

功能	命令缩写	功能	命令缩写
比例缩放	sc	图案填充	h
重生成	re	查询	li

(4)在命令行打开右键快捷菜单：如果在前面刚使用过要输入的命令，可以在命令行打开右键快捷菜单，在“近期使用的命令”子菜单中选择需要的命令。

(5)在绘图区右击鼠标：如果用户要重复使用上次使用的命令，可以直接在绘图区右击鼠标，系统立即重复执行上次使用的命令，这种方法适用于重复执行某个命令。

(6)命令重复：绘图时重复使用相同命令时，常用3种方法：点击回车键、空格键或鼠标右键。

(7)命令撤销：使用“Ctrl+Z”快捷键可在命令执行的任何时刻取消和终止命令的执行。

(8)命令重做：使用“Ctrl+Y”快捷键可以恢复撤销的最后一个命令。

1.4.2 对象选择

1.4.2.1 选择对象的方式

选择对象的方式有：单击拾取、窗口(W)、上一个(P)、交叉窗口(C)、框选(BOX)、全部(ALL)、栏选(F)、圈围(WP)、圈交(CP)、编组(G)、添加(A)、删除(R)、多选(M)、放弃(U)、自动(AU)、单选(SI)等方式。

1)单击拾取方式

在“选择对象”的提示下，光标的形状变成一个小方块，叫“拾取框”。用它可以直接点选拾取对象，被选中的对象呈虚线显示。

2)窗口(Windows)方式

在“选择对象”的提示下，单击鼠标左键，确定第一点。

在“指定对角点”的提示下，向右上(或右下)方向拖动鼠标，形成一实线矩形框，直到被选择的对象全部落在矩形框内后再单击鼠标左键确认。

3)默认方式

默认方式允许使用直接单击拾取方式、窗口方式和交叉窗口方式。

4)上一个(P)方式

在“选择对象”的提示下，输入“P”并按回车键可选前一次选择的对象。

5)交叉窗口(C)方式

在“选择对象”的提示下，单击鼠标左键，确定第一点。

在“指定对角点”的提示下，向左上(或左下)方向拖动鼠标，形成一虚线矩形框，只要被选择的对象有一部分落在矩形框内即可单击鼠标左键确认。

6)框选(BOX)方式

在“选择对象”的提示下，输入“BOX”并按回车键可调用该方式。

7)全部(ALL)方式

在“选择对象”的提示下，输入“ALL”并按回车键可调用该方式，选择解冻层和未锁定图层中的所有可见对象。

8)栏选(F)方式

在“选择对象”的提示下，输入“F”并按回车键可调用该方式。根据“命令行”提示绘制一条或多条与需要选择的对象相交的直线，绘制完毕后与该直线相交的所有当前视口内的对象都被选中。

9)圈围(WP)方式

在“选择对象”的提示下，输入“WP”并按回车键调用该方式。选择多边形中的所有对象。该多边形可以为任意图形，但不能与自身相交或相切。AutoCAD 会绘制多边形的最后一条边，所以该多边形在任何时候都是闭合的。

10)圈交(CP)方式

在“选择对象”的提示下，可输入“CP”并按回车键调用该方式。

11)编组(G)方式

在“选择对象”的提示下，可输入“G”并按回车键调用该方式。

12)添加(A)方式

在“选择对象”的提示下，可输入“A”并按回车键调用该方式，使用“任何对象选择方法”将选定对象添加到选择集。

13)删除(R)方式

在“选择对象”的提示下，可输入“R”并按回车键调用该方式，使用“任何对象选择方法”将选定对象从选择集中删除。

14)多选(M)方式

在“选择对象”的提示下，可输入“M”并按回车键调用该方式。

15)放弃(U)方式

在“选择对象”的提示下，可输入“U”并按回车键调用该方式，放弃选择最近加到选择集中的对象。

16)自动(AU)方式

在“选择对象”的提示下，输入“AU”并按回车键可调用该方式。使用自动方式时，指向一个对象即可选择该对象，指向对象内部或外部的空白区，将形成框选方法定义的选择框的第一个角点。自动方式和添加方式为默认模式。

17)单选(SI)方式

在“选择对象”的提示下，输入“SI”并按回车键可调用该方式。

1.4.2.2　快速选择对象

1)命令功能

快速选择用于创建选择集，该选择集包括或排除符合指定过滤条件的所有对象。

该命令的应用范围是：

(1)“qselect”命令可应用于整个图形或现有的选择集。

(2)“qselect”命令创建的选择集可替换当前选择集，也可附加到当前选择集。

(3)如果当前图形是局部打开的，“qselect”命令将不考虑未加载的对象。

2）命令调用方式

（1）执行“工具”→“快速选择”菜单项。

（2）在命令行中输入“qselect”。

3）“快速选择”对象命令使用步骤

（1）执行“快速选择”命令，打开“快速选择”对话框，见图 1-37。

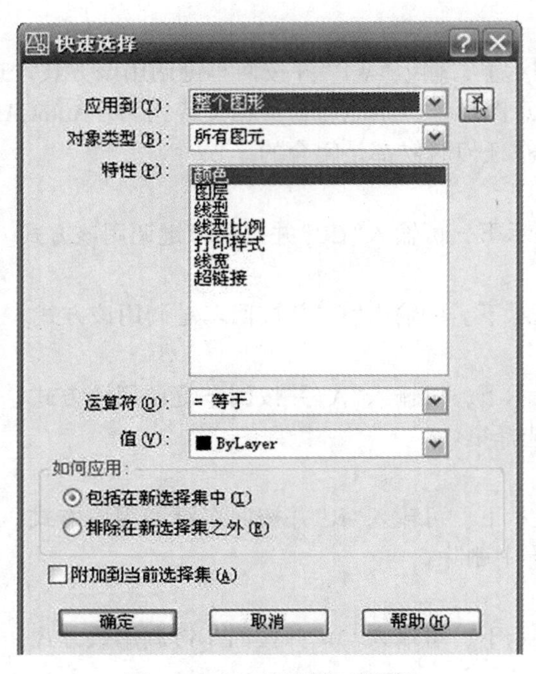

图 1-37 “快速选择”对话框

（2）单击“选择对象”按钮，选择视口内的所有对象，见图 1-38（b）。

（3）单击“对象类型”下拉按钮，选择“直线”后单击“确定”按钮。

（4）选择结果见图 1-38（c）。

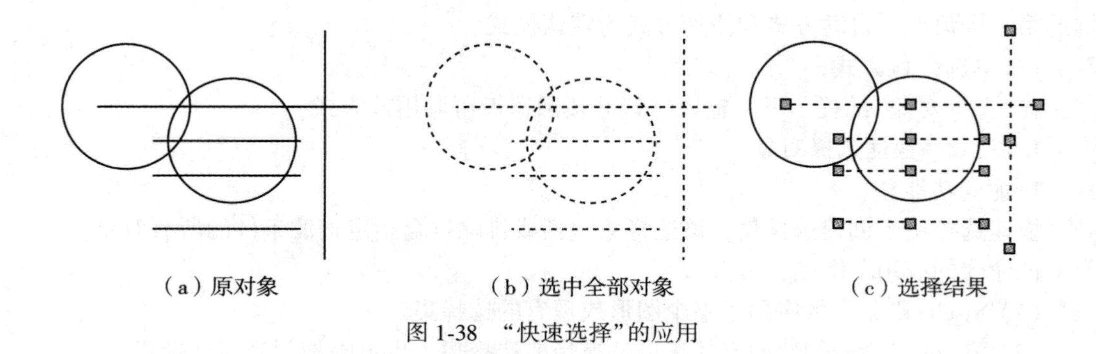

（a）原对象　　（b）选中全部对象　　（c）选择结果

图 1-38 “快速选择”的应用

1.4.2.3　重叠对象的选择

重叠对象是指在绘图时，两个或两个以上重叠在一起的对象。

1)重叠对象的选择步骤

(1)在“选择对象”的提示下，按住 Ctrl 键，打开循环选择，直接拾取重叠对象的重叠部分。

(2)若需要选择的对象已呈虚线高亮显示，可松开 Ctrl 键并按回车键。若高亮显示的对象不是需要的对象，可再次拾取重叠对象的重叠部分后按回车键。

2)说明

(1)在需要选择的对象没有被选中之前不要松开 Ctrl 键。

(2)需要选择的对象被选中后，松开 Ctrl 键后再按回车键。

1.4.3　鼠标使用方法

(1)鼠标左键：选择对象，进行基本绘制操作。

(2)鼠标右键：确定命令或对象，重复使用命令。

(3)鼠标滑轮：

①滑轮向上：图形显示放大；

②滑轮向下：图形显示缩小；

③下压滑轮：图形显示平移；

④双击滑轮：绘图区所绘制图形快速全部显示。

1.4.4　键盘操作

在 AutoCAD 中操作较快捷的做法是左手掌控键盘，右手操控鼠标。根据键盘中各键功能的不同分为以下几类：

(1)打字键：键盘 A~Z，0~9。

(2)光标键：↑，↓，←，→。↑键可获取在当前图形文件中输入过的历史数据或命令。

(3)控制键：Esc 键可中断当前命令；空格键：确定；回车键：命令行为空时可重复上次命令或者确定命令。

(4)辅助键：Ctrl、Shift 和 Alt 键。其中 Ctrl 和 Shift 键可选择多个文件或对象。

(5)功能键：F1~F12。

F1：帮助　　F2：文字窗口　　F3：对象捕捉　　F4：数字化仪

F5：等轴侧平面　　F6：坐标　　F7：栅格　　F8：正交

F9：捕捉　　F10：极轴　　F11：对象追踪　　F12：动态输入

键盘常用键功能见表 1-4。

表 1-4　　**键盘常用键功能**

键盘常用键	功能
Esc	中断、退出当前命令
Delete	删除对象
回车	调用命令、重复上次命令、确定命令
空格	确定、重复上次命令
↑	获取历史数据或命令
Ctrl+S	保存
Ctrl+Z	撤销命令
Ctrl+Y	重画

1.5　坐标输入法

1.5.1　坐标系

AutoCAD 使用笛卡儿坐标系来确定图中对象的位置。该坐标系与数学中的坐标系一样，由 X 轴、Y 轴和原点 O 组成。AutoCAD 中根据坐标原点 O 的位置不同可以分为两种坐标系：世界坐标系、用户坐标系。

1.5.1.1　世界坐标系(WCS)

所谓世界坐标系，又称通用坐标系，也就是刚刚打开 AutoCAD 程序时的坐标系，它的坐标原点 O 位于绘图区的左下角。世界坐标系图标见图 1-39，坐标原点为小方格标记的中心。

1.5.1.2　用户坐标系(UCS)

所谓用户坐标系，是指更改了坐标原点 O 的位置或 X 轴、Y 轴方向的坐标系。用户坐标系图标见图 1-40，坐标原点为十字标记的交点。

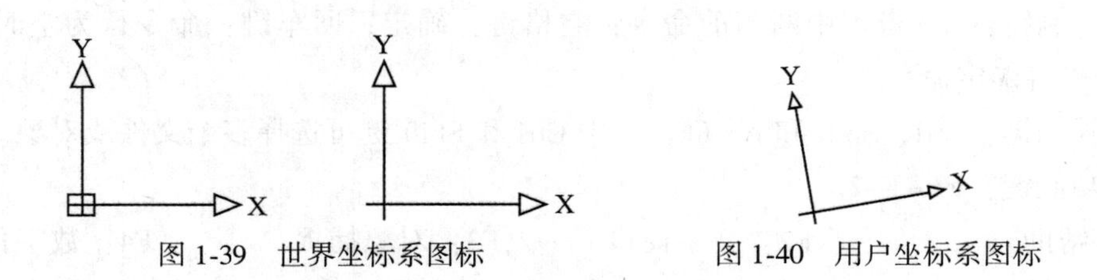

图 1-39　世界坐标系图标　　　图 1-40　用户坐标系图标

1)更改坐标原点 O 的步骤

(1)执行“工具”→“新建 UCS”→“原点”菜单项。

(2)指定新的原点。

2)将用户坐标系恢复为世界坐标系的步骤

执行"工具"→"新建 UCS"→"世界"菜单项。

执行此操作后，用户坐标系即恢复为世界坐标系。

1.5.2　点的输入法

点的输入方式有屏幕拾取法、直接距离输入法、对象捕捉特征点法、对象追踪特征点法和坐标输入法等。

1.5.2.1　屏幕拾取法

在绘图区内移动光标到合适位置后单击鼠标左键拾取即可。

1.5.2.2　直接距离输入法

直接距离输入法主要用于确定第一点之后的其他点的输入。其方式为：在确定第一点后，给出第二点相对于第一点的方向，然后输入两点间的距离即可。一般可以通过按 F8 键开启"正交"后确定方向，再输入距离长度。

绘制水平线或垂直线的方法：

(1)单击状态栏中的"正交"按钮或键盘功能键 F8，开启"正交"模式。

(2)从绘图工具栏中选择"直线"工具，先在绘图窗口中确定直线的第一点，点选绘图区任一位置。

(3)向右拖动鼠标，即可看到一条绝对水平的线段迹线。

(4)水平线长度已知时，直接输入线段长度数值后，按回车键确定即可。水平线长度未知时，点选绘图区任一位置确定直线第二点即可。

(5)用相同方法，向上或向下拖动鼠标时，可绘制出一系列垂直线。

1.5.2.3　对象捕捉特征点法

使用对象捕捉确定点位置时，要注意以下几点：

(1)要在使用某一命令的前提下，才能捕捉到特征点；

(2)要确保"对象捕捉"功能已开启，可以通过键盘功能键 F3 键，切换"对象捕捉"开/关；

(3)确保要捕捉的特征点已设置为勾选状态，通过鼠标右键，点击状态栏"对象捕捉"→"设置"，在"草图设置"窗口中的"对象捕捉"窗口设置勾选端点、中点、圆心、节点等特征点确定点的位置，见图 1-41；

(4) 按住 Shift 键或 Ctrl 键并在绘图区域内单击鼠标右键，可以在出现的快捷菜单中选择对象的特征点；

(5)一般情况下不建议设置勾选全部特征点，以免特征点相邻较近时，相互干扰特征点的捕捉；

(6)有时开启"对象捕捉"可能会影响绘图，建议根据绘图的实际情况，通过 F3 键切换"对象捕捉"开关。

1.5.2.4　对象追踪特征点法

对象追踪包括两种追踪选项：对象捕捉追踪和极轴追踪。可以通过状态栏上的"极轴"或"对象追踪"按钮打开或关闭自动追踪。与对象捕捉一起使用对象捕捉追踪，必须设

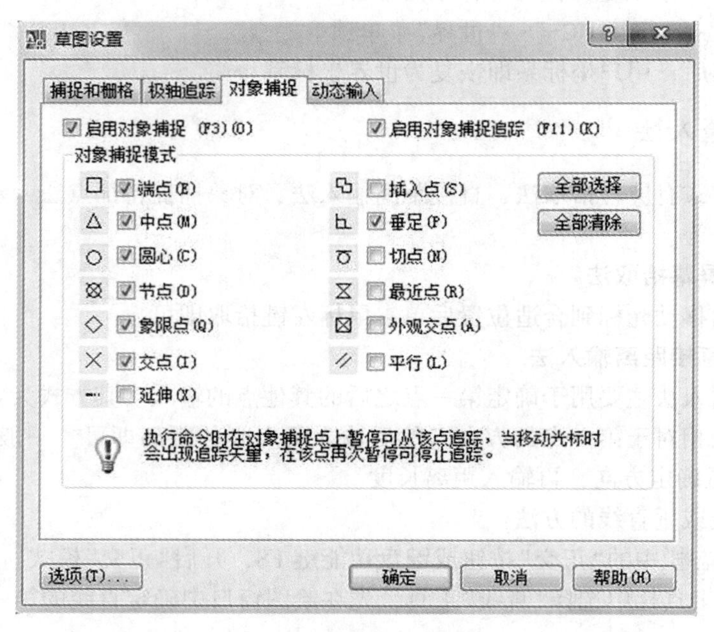

图 1-41 “对象捕捉”设置

置对象捕捉，才能从对象的捕捉点进行追踪。

1) 对象捕捉追踪

使用“对象捕捉追踪”沿着对齐路径进行追踪，对齐路径是基于对象捕捉点的。已获取的点将显示一个小加号(+)，一次最多可以获取 7 个追踪点。获取了点之后，当在绘图路径上移动光标时，相对于获取点的水平、垂直或极轴，对齐路径将显示出来。

2) 极轴追踪

使用“极轴追踪”时，对齐路径由相对于起点和端点的极轴角定义。例如，当极轴角设置为 25°时，用户在确定起点后，可沿 0°、25°、50°、75°等方向进行追踪。可通过单击状态栏上的“极轴”按钮或按 F10 键打开或关闭极轴追踪。在使用“极轴追踪”时，角度的增量是一个可以设置的值，可通过输入“极轴角”自定义极轴角。正交模式和极轴模式不能同时打开。若打开了正交模式，极轴追踪模式将被自动关闭；反之，若打开了极轴追踪模式，正交模式也将被关闭。

状态栏设置“对象追踪”特征点，通过鼠标右键点击设置“极轴追踪”，辅助确定点的位置，见图 1-42。

1.5.2.5 坐标输入法

坐标分为绝对坐标和相对坐标两种，与数学中的坐标相同，绝对坐标和相对坐标又分为直角坐标和极坐标。

1) 绝对坐标

(1) 绝对直角坐标

格式为(x，y)，x 为点的横坐标，y 为点的纵坐标，坐标之间用西文逗号隔开。

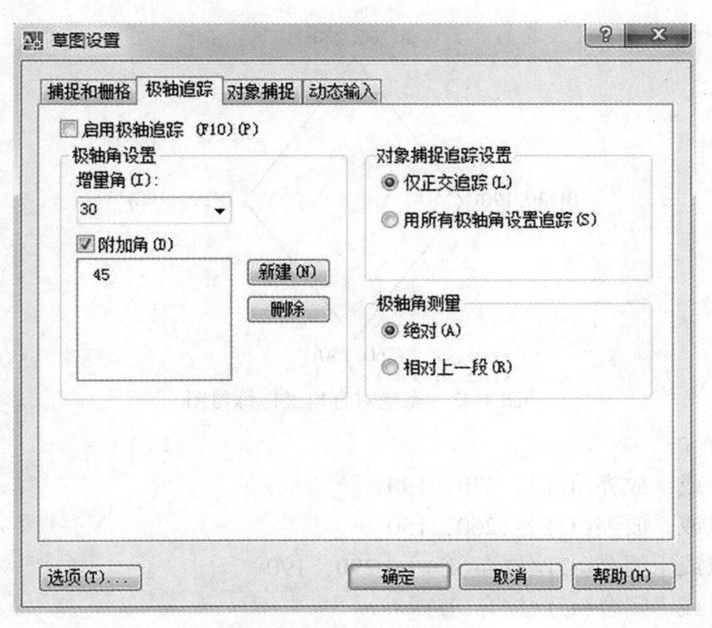

图 1-42　“极轴追踪”设置

(2)绝对极坐标

格式为(ρ<α)，ρ 为点与坐标原点的距离，α 为点与 X 轴正方向的夹角，坐标值间用西文的小于号隔开，逆时针旋转为正。

2)相对坐标

相对于当前坐标系中前一点的坐标称为相对坐标，格式是在绝对坐标的前面加相对符号“@”。相对坐标有两种：

(1)相对直角坐标：格式为(@x，y)，其中@为相对符号，x 为点的横坐标，y 为点的纵坐标，坐标值之间用西文逗号隔开。

(2)相对极坐标：格式为(@ρ<α)，其中@为相对符号，ρ 为点与坐标原点的距离，α 为点与 X 轴正方向的夹角，坐标值间用西文的小于号隔开。

1.6　坐标输入法应用实例

1.6.1　绝对直角坐标练习

1.6.1.1　已知点坐标绘制图形

用直线命令绘制已知点坐标 A(260，230)、B(230，190)、C(260，150)、D(290，190)的图形(图 1-43)。

命令：l　　//调用直线命令

指定第一点：260，230　　//输入 A 点坐标

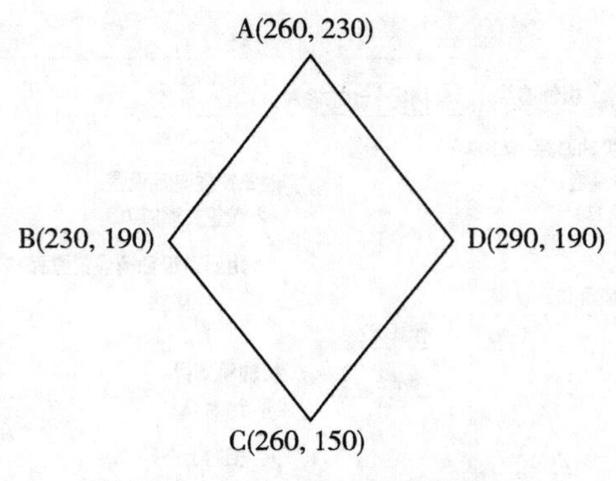

图 1-43　点绝对直角坐标练习图

指定下一点或［放弃(U)］：230，190　　//输入 B 点坐标
指定下一点或［放弃(U)］：260，150　　//输入 C 点坐标
指定下一点或［闭合(C)/放弃(U)］：290，190　　//输入 D 点坐标
指定下一点或［闭合(C)/放弃(U)］：c　　//闭合

说明：

在本书叙述中，所有涉及用户交互操作的过程，在菜单或命令操作后，由用户响应的操作及说明置于"//"后，其中"↓"表示用户敲击回车键 Enter 进行确认，在下文示例操作中，不再作说明。

1.6.1.2　已知图形绘制点坐标图形

使用直线和绝对直角坐标绘制图 1-44。

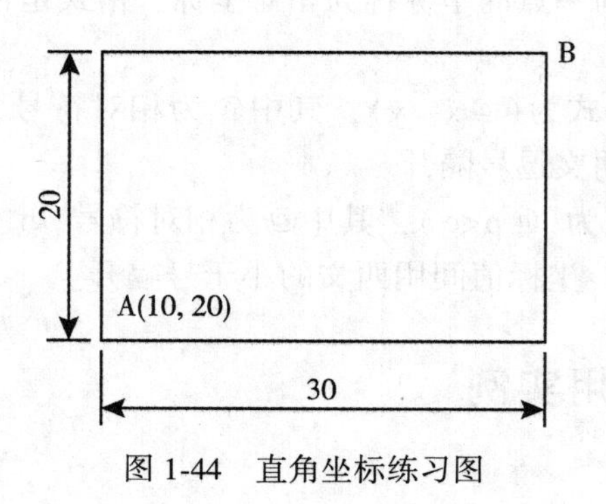

图 1-44　直角坐标练习图

命令：l　　//调用直线命令
指定第一点：10，20　　//输入 A 点坐标
指定下一点或［放弃(U)］：40，20　　//输入 C 点坐标
指定下一点或［放弃(U)］：40，40　　//输入 B 点坐标
指定下一点或［闭合(C)/放弃(U)］：10，40　　//输入 D 点坐标

指定下一点或［闭合(C)/放弃(U)］：c　　//闭合

1.6.2　相对直角坐标练习

使用直线和相对直角坐标绘制图 1-44。

命令：l　　//调用直线命令
指定第一点：10，20　　//输入 A 点坐标
指定下一点或［放弃(U)］：@30，0　　//输入 C 点坐标
指定下一点或［放弃(U)］：@0，20　　//输入 B 点坐标
指定下一点或［闭合(C)/放弃(U)］：@-30，0　　//输入 D 点坐标
指定下一点或［闭合(C)/放弃(U)］：C　　//闭合

1.6.3　极坐标练习

使用直线和极坐标绘制图 1-45。

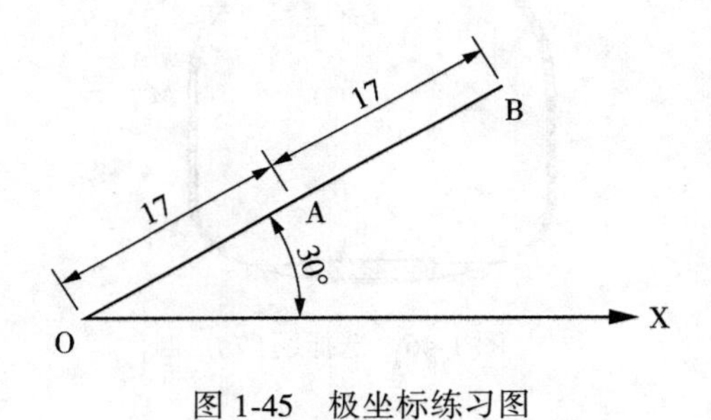

图 1-45　极坐标练习图

命令：l　　//调用直线命令
指定第一点：0，0　　//指定直线起点坐标
指定下一点或［放弃(U)］：17<30　　//绘制 OA
指定下一点或［放弃(U)］：@17<30　　//绘制 AB
指定下一点或［闭合(C)/放弃(U)］：↓　　//回车退出

习　题

1. 单选题

(1) AutoCAD 中 CAD 标准文件后缀名为(　　)。

A. dwg　　B. dxf　　C. dwt　　D. dws

(2) 以下不是连续使用同一命令的方法的是(　　)。

A. 回车　　B. 空格　　C. 鼠标右键　　D. 鼠标左键

(3) 设置“夹点”大小及颜色是在“选项”对话框中的(　　)选项卡中。

A. 打开和保存　　B. 系统　　C. 显示　　D. 选择

(4)用相对直角坐标绘图时以(　　)为参照点。

A. 上一指定点或位置　　B. 坐标原点

C. 屏幕左下角点　　D. 任意一点

(5)在 AutoCAD 中单位设置的快捷键是(　　)。

A. UM　　B. UN　　C. Ctrl +U　　D. Alt +U

(6)在 AutoCAD 中，下列坐标中使用相对极坐标的是(　　)。

A. (@35，10)　　B. (@35<10)　　C. (35，10)　　D. (35<10)

(7) 如图 1-46 所示，绘制拱形巷道时，在不添加辅助线的情况下，半圆拱与直墙交点 M 可以通过(　　)方法直接捕捉到。

A. 使用“对象捕捉”　　B. 使用“捕捉到最近点”

C. 使用“临时追踪点”　　D. 使用“极轴追踪”

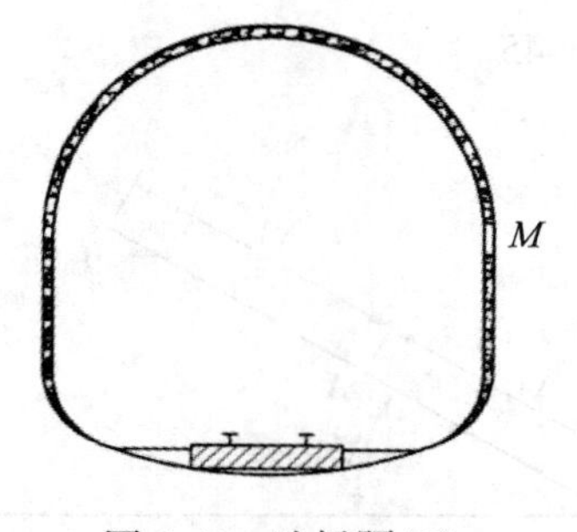

图 1-46　选择题(7)

(8)如果起点为(10，5)，要画出与 X 轴正方向成 30°夹角、长度为 50 的直线段，应输入(　　)。

A. (@50，30)　　B. (@10<30)　　C. (@50<30)　　D. (50<30)

2. 操作练习

(1)新建一个 CAD 文件，以“班级-学号后两位-姓名”命名该文件(如采矿 BG112-01-张三)，并另存为低版本文件保存在上机电脑的 D 盘中。

(2)设置绘图区的背景为白色，给出操作过程并附图说明。

(3)已知点坐标 A(0，0)、B(100，0)、C(100，150)、D(50，150)、E(0，100)，用直线命令绘制闭合图形。

(4)已知点坐标 A(0，0)、B(@100，60)、C(@100，-60)，用直线命令绘制闭合图形。

第2章　图形绘制

在 AutoCAD 中，使用“绘图”菜单中的命令，可以绘制点、直线、圆、圆弧和多边形等简单二维图形。二维图形对象是整个 AutoCAD 的绘图基础，因此要熟练地掌握它们的绘制方法和技巧。

◎ **本章要点**

➤ 直线类命令：直线、构造线、射线、多段线、多线、点；

➤ 曲线类命令：圆、圆环、圆弧、椭圆、样条曲线；

➤ 规则图形绘制及填充：矩形、正多边形、图案填充；

➤ 矿山工程图绘制实例。

2.1　直线类命令

为了满足不同用户的需要，使操作更加灵活方便，AutoCAD 提供了多种方法来实现相同的功能。例如，可以使用“绘图”菜单、“绘图”工具栏、“屏幕菜单”和绘图命令 4 种方法来绘制基本图形对象。

2.1.1　直线(line)

直线是各种绘图中最常用、最简单的一类图形对象，只要指定了起点和终点即可绘制一条直线，是绘制采矿二维图形的基本要素，是必须掌握的知识内容。

2.1.1.1　命令使用

1)命令调用方式

(1)下拉菜单：“绘图”→“直线”；

(2)工具栏：“绘图”→“直线”按钮；

(3)命令行：line，快捷形式：l。

在 AutoCAD 中，直线命令是使用最频繁的命令，也是最基础的命令，指定直线的起点和终点，可以一次性绘制连续的多条线段(各线段相互独立，即多个对象)，如图 2-1 所示。通过 Enter 键、空格键、鼠标右键或 Esc 键，可以终止命令。

2)操作步骤

指定第一点：　//输入起始点

指定下一点或[放弃(U)]：　//输入第 2 点

指定下一点或[闭合(C)/放弃(U)]：　//输入第 3 点

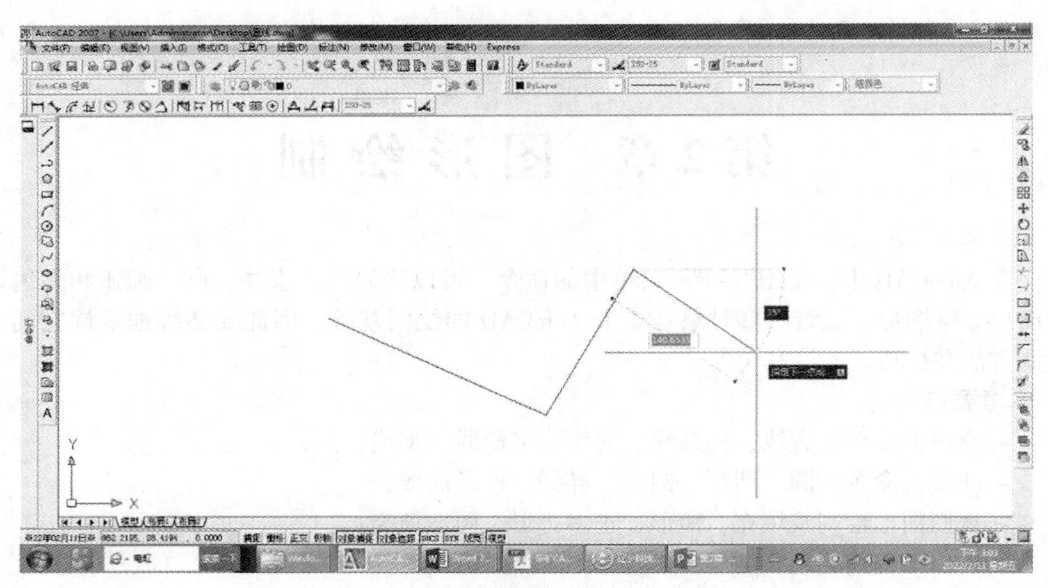

图 2-1　直线绘制

指定下一点或[闭合(C)/放弃(U)]:

//输入"C",按回车键,自动封闭多边形并退出命令

2.1.1.2　应用实例

1)绘制矿用绞车,如图 2-2 所示。

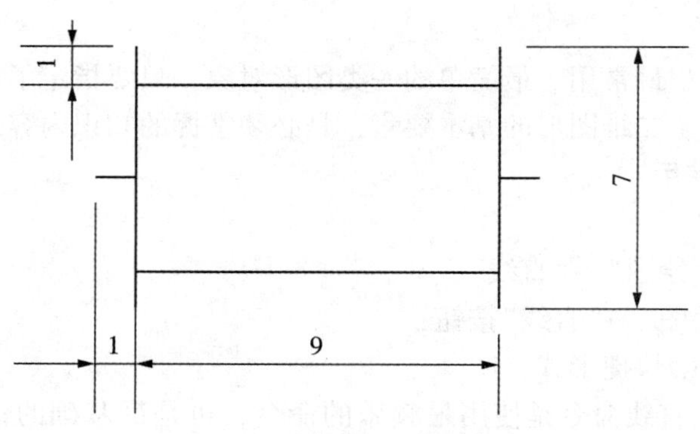

图 2-2　矿用绞车

绘图步骤:

文件保存命名为"矿用绞车",保存至固定文件位置。

命令:l　　//调用直线命令

指定第一点:　　//屏幕点选直线起点

指定下一点或[放弃(U)]:　<正交 开> 9　　//开启正交,指定 x 轴正方向,

绘制下侧的水平线段

指定下一点或［放弃(U)］：↓ //按回车键确定

命令：↓ //按回车键，重复调用直线命令

指定第一点： //捕捉水平线右侧端点

指定下一点或［放弃(U)］：1 //指定 y 轴负方向，绘制右侧的竖线

指定下一点或［放弃(U)］：7 //指定 y 轴正方向，绘制右侧的竖线

指定下一点或［闭合(C)/放弃(U)］：↓ //按回车键确定

命令：↓ //按回车键，重复调用直线命令

指定第一点： //捕捉右侧竖线上部端点

指定下一点或［放弃(U)］：1 //指定 y 轴负方向，绘制右侧的竖线

指定下一点或［放弃(U)］：9 //指定 x 轴负方向，绘制上侧水平线

指定下一点或［闭合(C)/放弃(U)］：1 //指定 y 轴正方向，绘制右侧竖线

指定下一点或［闭合(C)/放弃(U)］：7 //指定 y 轴负方向，绘制右侧竖线

指定下一点或［闭合(C)/放弃(U)］：↓ //按回车键确定

命令：l //调用直线命令

指定第一点： //捕捉左侧长竖线中点

指定下一点或［放弃(U)］：1 //指定 x 轴负方向，绘制左侧短横线

指定下一点或［放弃(U)］：↓ //按回车键确定

命令：↓ //按回车键，重复调用直线命令

指定第一点： //捕捉右侧长竖线中点

指定下一点或［放弃(U)］：1 //指定 x 轴正方向，绘制右侧短横线

指定下一点或［放弃(U)］：↓ //按回车键确定

2)单体液压支柱绘制

按 1：1 绘制，使用默认单位毫米。

命令：line↓ //执行直线命令

指定第一点： //在绘图区指定一点

指定下一点或［放弃(U)］：@150，0 //应用相对直角坐标，相对于指定的第一点，注意相对于新原点坐标的输入格式

指定下一点或［闭合(C)/放弃(U)］：<正交 开>1500 //打开正交，使用简易输入格式，直接输入直线长度(注意：鼠标指向一定是所绘直线的延展方向)

指定下一点或［闭合(C)/放弃(U)］：25

指定下一点或［闭合(C)/放弃(U)］：800

指定下一点或［闭合(C)/放弃(U)］：25 //如图 2-3(a)所示

指定下一点或［闭合(C)/放弃(U)］：50

指定下一点或［闭合(C)/放弃(U)］：150

指定下一点或［闭合(C)/放弃(U)］：50

指定下一点或［闭合(C)/放弃(U)］：25 //如图 2-3(b)所示

指定下一点或［闭合(C)/放弃(U)］：800

指定下一点或[闭合(C)/放弃(U)]：25

指定下一点或[闭合(C)/放弃(U)]：c //如图 2-3(c)所示

重复 line 命令，打开“对象捕捉”，将顶端及下部开口处封口，如图 2-3(d)所示。

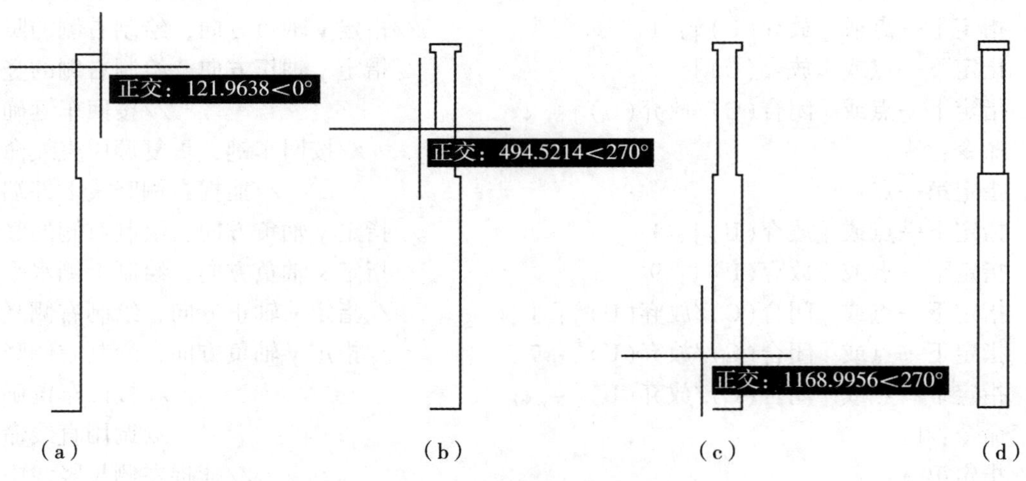

图 2-3 单体液压支柱绘制

2.1.2 构造线(xline)

2.1.2.1 命令使用

1)命令功能

创建无限长的线，通常用作辅助定位线。

2)命令调用方式

(1)单击“绘图”工具栏上的“构造线”工具按钮。

(2)执行“绘图”→“直线”菜单。

(3)在命令行中输入“xline”或命令缩写“xl”。

2.1.2.2 命令应用

1)应用示例

(1)通过两点绘制构造线，见图 2-4。

(2)绘制水平构造线。

(3)绘制垂直构造线。

(4)以指定的角度绘制构造线，见图 2-5。

(5)绘制二等分构造线，见图 2-6。

(6)绘制偏移构造线，见图 2-7。

2)操作说明

(1)构造线多用作辅助定位线；

(2)构造线可方便地绘制角平分线；

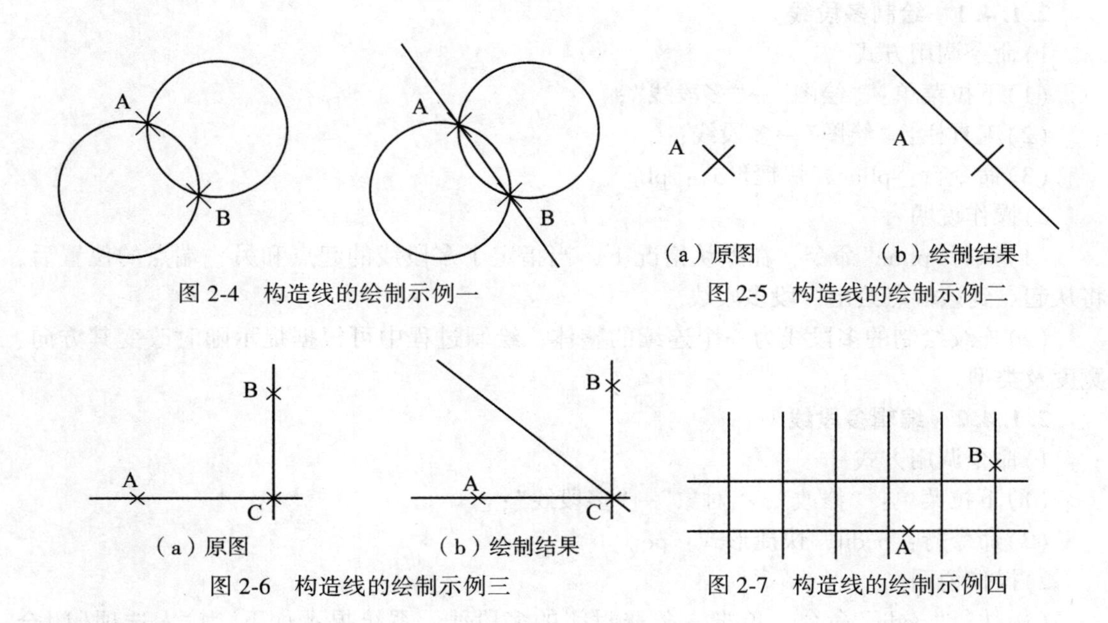

图 2-4　构造线的绘制示例一

（a）原图　（b）绘制结果

图 2-5　构造线的绘制示例二

（a）原图　（b）绘制结果

图 2-6　构造线的绘制示例三

图 2-7　构造线的绘制示例四

(3)构造线的夹点有三个，选中并拖动中点可执行移动命令，选中并拖动两侧夹点可执行旋转构造线命令，见图 2-8。

图 2-8　构造线的夹点

2.1.3　射线(ray)

2.1.3.1　命令功能

创建有一个端点的无限长线。

2.1.3.2　命令使用

1)命令调用方式

(1)单击“绘图” →“射线”菜单项。

(2)在命令行中输入“ray”。

2)操作说明

(1)射线与构造线一样，一般多用做辅助线。

(2)射线的夹点有两个，选中端点并拖放可执行移动射线，选中另一夹点可旋转射线。

2.1.4　多段线(pline)

多段线是由多段直线段或圆弧段组成的一个组合体，既可以一起编辑，也可以分别编辑，还可以具有不同的宽度。一般常用来绘制箭头或者宽度不同的连续线段。

2.1.4.1 绘制多段线

1)命令调用方式

(1)下拉菜单："绘图"→"多段线"；

(2)工具栏："绘图"→多段线；

(3)命令行：pline，快捷形式：pl。

2)操作说明

(1)执行"pline"命令，在默认情况下，当指定了多段线的起点和另一端点的位置后，将从起点到该端点绘出一段多段线。

(2)连续绘制的多段线为一个连续的整体，绘制过程中可根据提示随时改变其方向、宽度及类型。

2.1.4.2 编辑多段线

1)命令调用方式

(1)下拉菜单："修改"→"对象"→"多段线"；

(2)命令行：pedit，快捷形式：pe。

2)操作说明

(1)执行"pedit"命令，单击一条非封闭的多段线，系统提示如下：输入选项[闭合(C)/合并(J)/宽度(W)/编辑顶点(E)/拟合(F)/样条曲线(S)/非曲线化(D)/线型生成(L)/放弃(U)]。

(2)执行"explode"命令，可将多段线分解成多个图形单元。

2.1.4.3 操作实例

1)进风箭头

单击绘图工具栏的多段线按钮，指定起点： //指定一点

指定下一点或[圆弧(A)/半宽(H)/长度(L)/放弃(U)/宽度(W)]：w↓

指定起点宽度<0.0000>：↓ //使用默认宽度

指定端点宽度<0.0000>：1↓ //如图 2-9(a)所示

指定下一点或[圆弧(A)/半宽(H)/长度(L)/放弃(U)/宽度(W)]：<正交 开>l↓

指定直线长度：3↓ //如图 2-9(b)所示

指定下一点或[圆弧(A)/半宽(H)/长度(L)/放弃(U)/宽度(W)]：↓

//如图 2-9(c)所示

箭头绘制结束，见图 2-9。

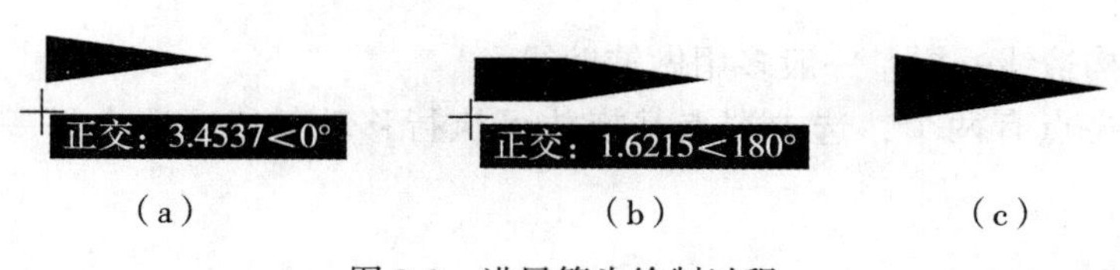

图 2-9 进风箭头绘制过程

2)绘制工作面推进符

单击绘图工具栏的多段线按钮，指定起点：　　　　　　　　　　　　//指定一点
指定下一点或[圆弧(A)/半宽(H)/长度(L)/放弃(U)/宽度(W)]：↓
指定起点宽度<1. 0000>：2↓　　　　　　　　　　　　　　　　　//使用默认宽度
指定端点宽度<2. 0000>：↓　　　　　　　　　　　　　　　　//如图 2-10(a)所示
指定下一点或[圆弧(A)/半宽(H)/长度(L)/放弃(U)/宽度(W)]：<正交 开>L↓
指定直线长度：1↓　　　　　　　　　　　　　　　　　　　　　//如图 2-10(b)所示
指定下一点或[圆弧(A)/半宽(H)/长度(L)/放弃(U)/宽度(W)]：w↓
指定起点宽度<2. 0000>：4↓
指定端点宽度<4. 0000>：0↓　　　　　　　　　　　　　　　　//如图 2-10(c)所示
指定下一点或[圆弧(A)/半宽(H)/长度(L)/放弃(U)/宽度(W)]：1↓
指定直线长度：1. 2↓　　　　　　　　　　　　　　　　　　　　//如图 2-10(d)所示
按回车键，推进符绘制结束。如图 2-10(e)所示。

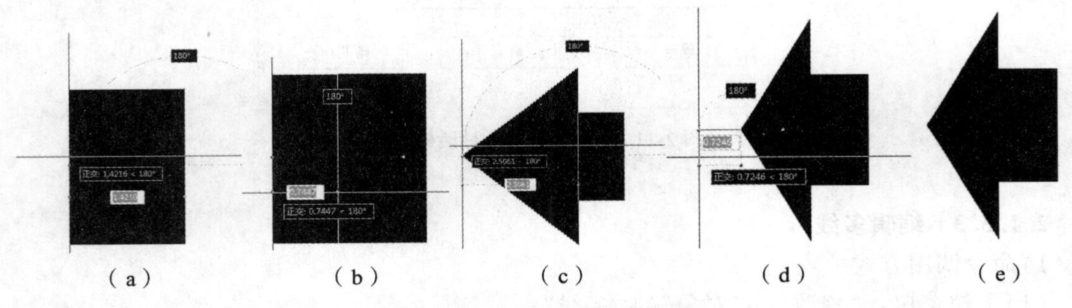

(a)　(b)　(c)　(d)　(e)

图 2-10　工作面推进符绘制过程

2. 1. 5　多线(mlstyle)

多线是由多条平行线构成的线型，平行线之间的间距和数目可以调整，可以具有不同的线型和颜色。多线对象突出的优点是能够提高绘图效率，保证图线之间的统一性，直接应用于巷道的绘制。

2. 1. 5. 1　定义多线样式

1)命令调用方式

(1)下拉菜单："格式"→"多线样式"；

(2)命令行：mlstyle。

2)操作说明

执行"mlstyle"命令时，系统弹出"多线样式"对话框，如图 2-11 所示。

2. 1. 5. 2　绘制多线

命令调用方式：

(1)下拉菜单："绘图"→"多线"；

(2)命令行：mline，快捷形式：ml。

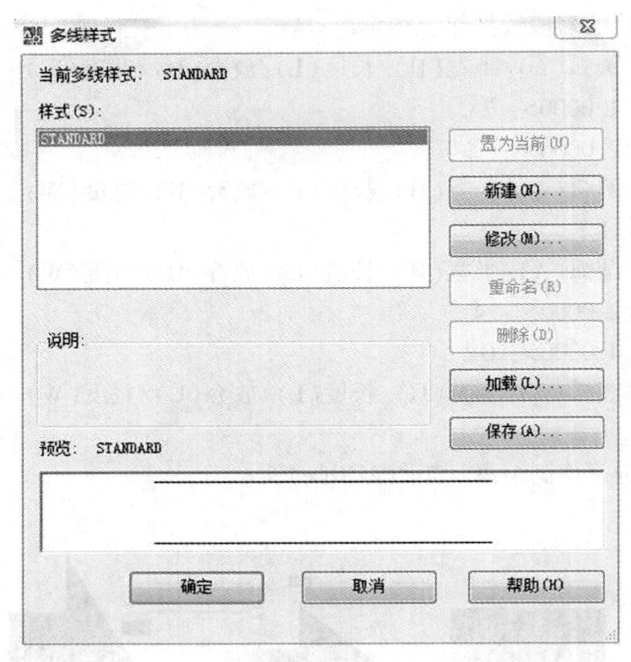

图 2-11 “多线样式”对话框

2.1.5.3 编辑多线

1)命令调用方式

(1)下拉菜单:“修改”→“对象”→“多线”;

(2)命令行:mledit;

(3)双击多线。

2)操作说明

执行“mledit”命令,系统将弹出“多线编辑工具”对话框,如图 2-12 所示。通过该对话框中的各图像按钮选择对应的编辑功能,然后按屏幕的提示进行操作。

2.1.5.4 应用实例

应用多线绘制倾斜长壁俯斜开采巷道布置平面图,见图 2-13。

在采矿工程图中,巷道宽度标准定为 2mm,输出小版面图形时常使用 1mm 宽巷道,该图采用 1mm 宽绘制,按小幅图纸绘制。

1)多线样式设定和绘制

(1)绘制运输大巷 1

单击下拉菜单“绘图”→“多线”。

当前设置:对正=上,比例=20.00,样式=Standard

指定起点或[对正(J)/比例(S)/样式(ST)]:s↓ //更改原多线比例

输入多线比例<20.00>:1 ↓

指定起点或[对正(J)/比例(S)/样式(ST)]: //指定一点

指定下一点:90↓ //大巷 1 在图中长 90mm

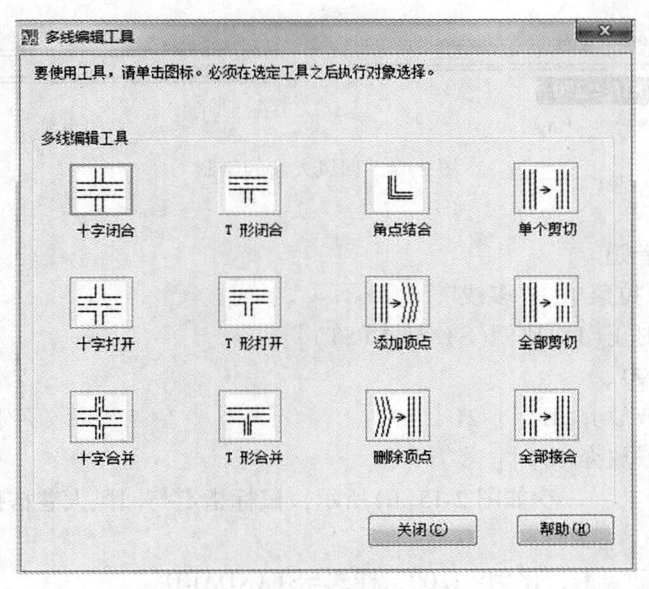

图 2-12　“多线编辑工具”对话框

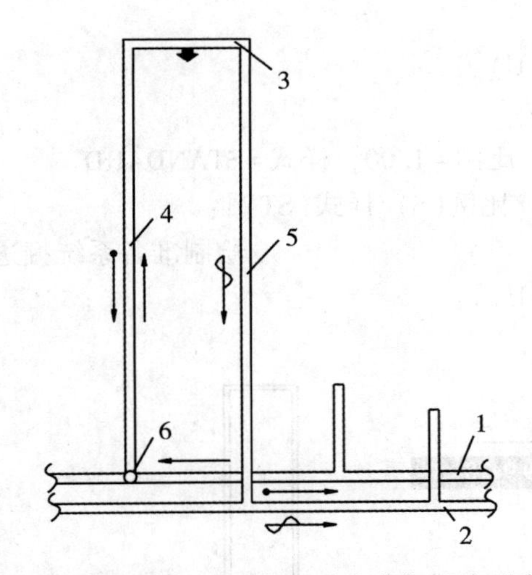

图 2-13　倾斜长壁俯斜开采巷道布置平面图

(2)绘制回风大巷 2

带基点复制运输大巷 1，粘贴于原基点，得到两条重合的巷道，鼠标选择其一后，单击修改工具栏的移动按钮。

指定基点或[位移(D)]<位移>：<对象捕捉 开>　　//选择左下角基点

指定基点或[位移(D)]<位移>：指定第二个点或<使用第一个点作为位移>：6↓

//鼠标指向移动方向，如图 2-14(a)所示

指定第二个点或［退出(E)/放弃(U)］<退出>：↓

//如图 2-14(b)所示，回风大巷绘制结束

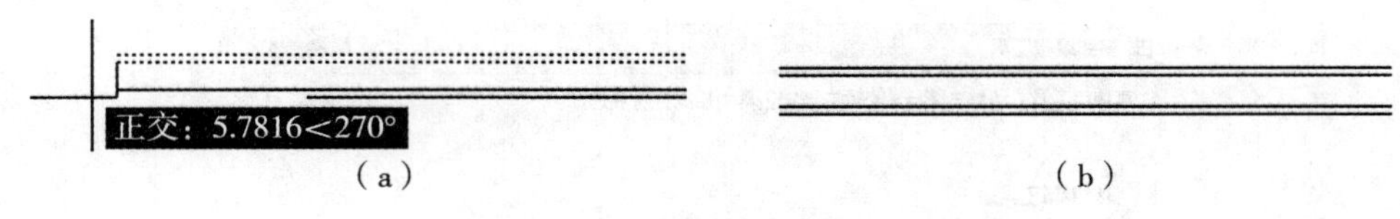

图 2-14 回风大巷的绘制

(3)绘制回采巷道

单击“绘图”下拉菜单→“多线”。

指定起点或[对正(J)/比例(S)/样式(ST)]： //指定起始位置点

指定下一点：90↓ //如图 2-15(a)所示

指定下一点[或放弃(U)]：21↓ //鼠标指向绘制方向

指定下一点[或放弃(U)]：↓

//如图 2-15(b)所示，鼠标指定与回风大巷搭接，按回车键结束

命令：ml

当前设置：对正=上，比例=1.00，样式=STANDARD

指定起点或［对正(J)/比例(S)/样式(ST)］：

指定下一点：21 //绘制准备系统掘进巷道

指定下一点或［放弃(U)］：

命令：ml

当前设置：对正=上，比例=1.00，样式=STANDARD

指定起点或［对正(J)/比例(S)/样式(ST)］：

指定下一点：21 //绘制准备系统掘进巷道，如图 2-15(c)所示

指定下一点或［放弃(U)］：

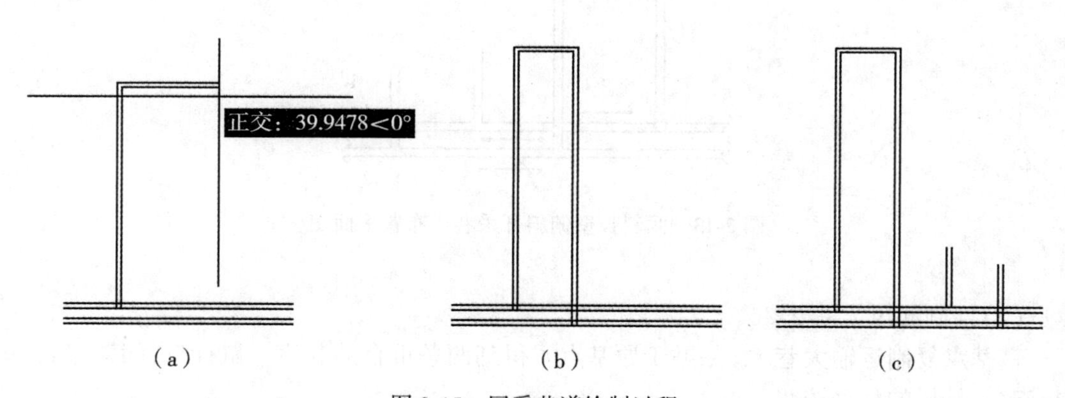

图 2-15 回采巷道绘制过程

2)多线编辑

选取菜单“修改”→“对象”→“多线”，弹出“多线编辑工具”对话框，如图 2-12 所示，单击对话框中“T 形打开”。

选择第一条多线：　　　　　　　　　　　　　　　　　//鼠标选择，如图 2-16(a)所示
选择第二条多线：　　　　　　　　　　　//鼠标选择，如图 2-16(b)所示，点击鼠标，
得到图 2-16(c)，完成第一个交点的 T 形打开操作

选择第一条多线或放弃(U)：
//与上述操作相同，进行其他点的 T 形打开，如图 2-16(d)所示

按空格键或回车键重复操作，再次打开“多线编辑工具”对话框，单击对话框中的“十字闭合”。

选择第一条多线：　　　　　　　　　　　　　　　　　//鼠标选择，如图 2-16(e)所示
选择第二条多线：　　　　　　　　　　　//鼠标选择，如图 2-16(f)所示，点击鼠标，
得到图 2-16(g)，完成操作两条巷道空间位置关系的体现

选择第一条多线或放弃(U)：
//与上述操作相同，完成另外一点的十字打开，如图 2-16(h)所示

添加标注及其他图例符号，完成绘制，如图 2-16(i)所示。

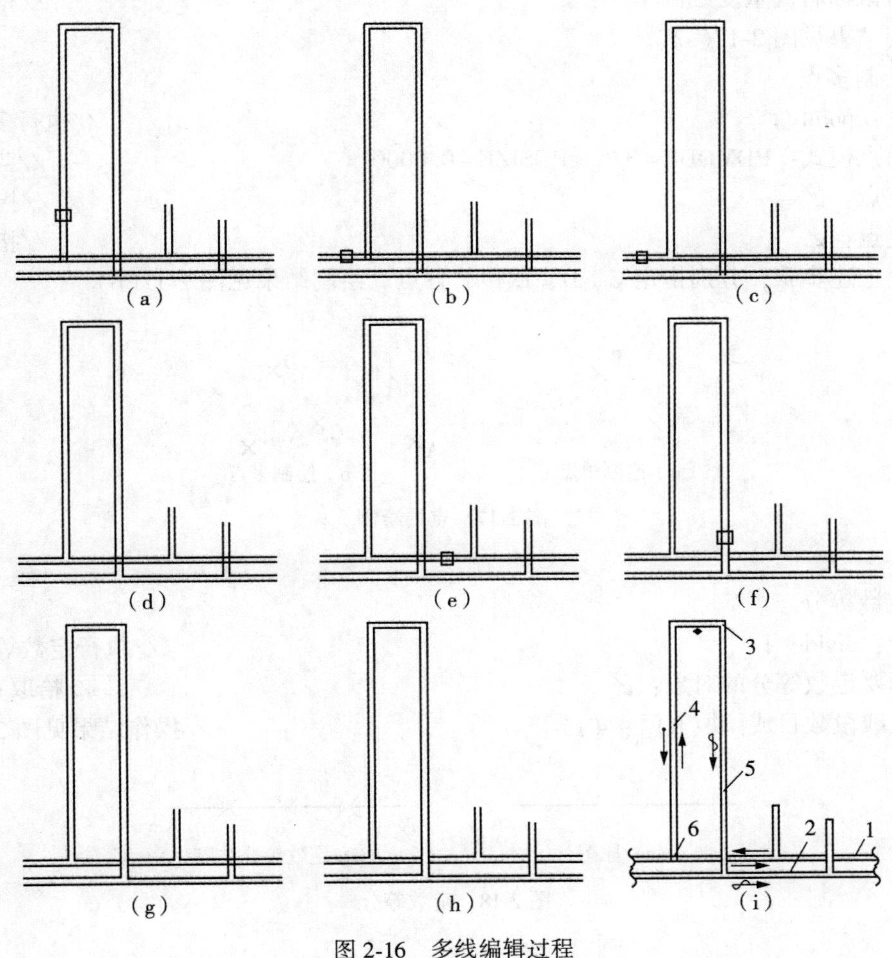

图 2-16　多线编辑过程

2.1.6 点(point)

结合不同点的 X、Y 和 Z 值指定创建点对象且以点等分对象。

2.1.6.1 命令调用方式

(1)单击“绘图”工具栏上的“点”工具按钮。
(2)执行“绘图” → “点”菜单项。
(3)在命令行中输入“point”或命令缩写“po”绘制单点或多点。
(4)在命令行中输入“divide”或“measure”等分对象。

2.1.6.2 命令应用

1)绘制单点

命令：point ↓ //执行点命令
当前点模式：PDMODE = 3 PDSIZE = 0.0000 //当前模式
指定点：↙ //指定 A 点
单击鼠标右键重复绘制单点：↙ //指点 B 点
绘制结果见图 2-17(a)。

2)绘制多点

命令：point ↓ //执行多点命令
当前点模式：PDMODE = 3 PDSIZE = 0.0000 //当前模式
指定点：↙ //指定 A 点
指定点：↙ //指定 B 点
重复上述步骤，分别指定 C、D、E 和 F 各点。绘制结果见图 2-17(b)。

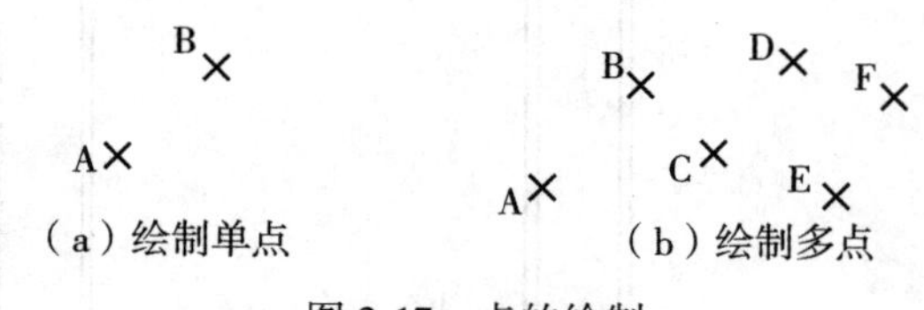

图 2-17 点的绘制

3)定数等分

命令：divide ↓ //执行定数等分命令
选择要定数等分的对象：↙ //拾取直线 AA
输入线段数目或[块(B)]：4 ↙ //操作结果见图 2-18(b)

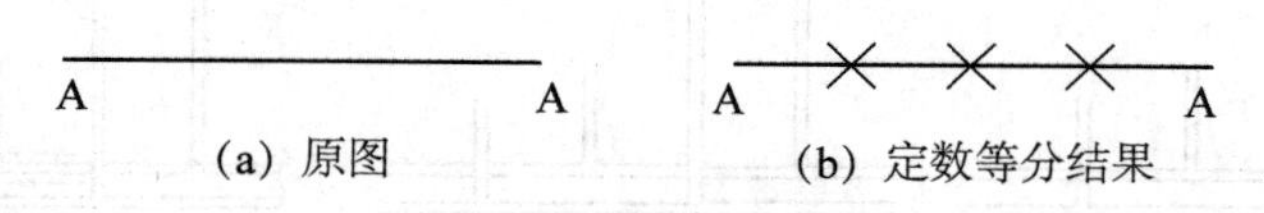

图 2-18 定数等分

4) 定距等分

命令：measure ↓　　　　　　　　　　　　　　　　　　　　//执行定距等分命令

选择要定距等分的对象：　↙　　　　　　　　　　　　　　　//拾取直线 AB 左半侧

指定线段长度或[块(B)]：10 ↓　　　　　　　　　　　　　　//输入直线长度并按回车键

操作结果见图 2-19(b)。

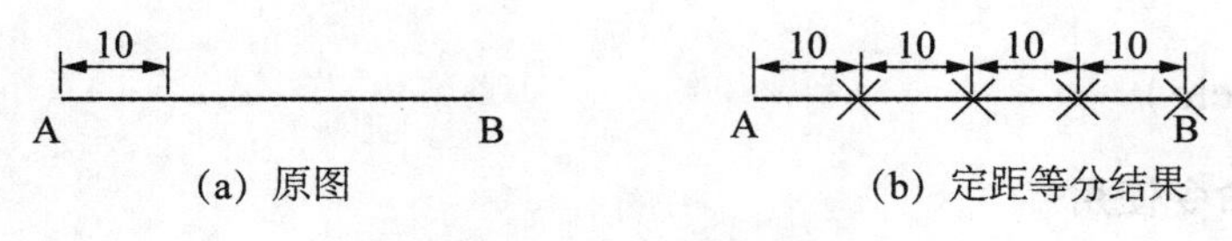

图 2-19　定距等分

2.1.6.3　点样式

执行"格式"→"样式"→"点样式"菜单项，弹出"点样式"对话框，见图 2-20，该对话框内各项组成含义如下：

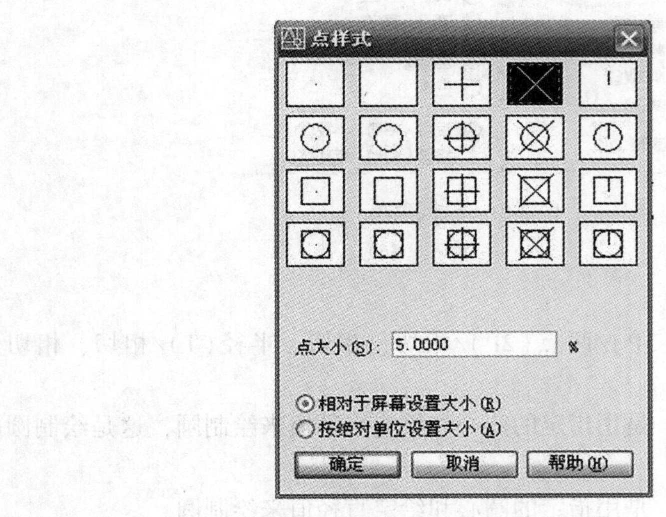

图 2-20　"点样式"对话框

(1)"点模式"提供 20 种点的样式组成，常用"点样式"是第一种小黑点。

(2)"点大小"可设置点的大小，一般默认是 5.00%。

(3)"相对于屏幕设置大小"用于设置显示的点对象大小，指定点对象相对于视口尺寸的百分比。

(4)"按绝对单位设置大小"用于设置显示的点对象大小，指定点大小的绝对值。

2.1.6.4　说明

(1)点的显示。AutoCAD 图像中的点一般作为一种特殊的符号或者标记，在绘制点以前应先设置点的当前样式。点的默认形式是一个小黑点，AutoCAD 提供了多种形式的点，可以根据需要设置点的形式。

(2)定距等分对象时，选择对象的位置不同，等分的结果也不相同，图 2-19 选择对象是在靠近 A 端选择的，在 B 端附近选择将从 B 端开始等分。

2.2 曲线类命令

2.2.1 圆(circle)

2.2.1.1 命令使用

1)命令调用方式

(1)下拉菜单："绘图"→"圆"；

(2)工具栏："绘图"→"圆"按钮(图 2-21)；

(3)命令行：circle，快捷形式：c。

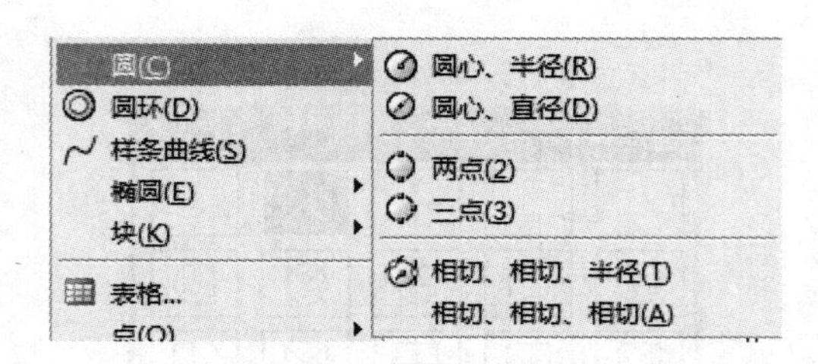

图 2-21 绘圆菜单

2)说明

指定圆的圆心或[三点(3P)/两点(2P)/相切、相切、半径(T)/相切、相切、相切(A)]：

(1)"圆心、半径"选项：是用指定的圆心和给定半径值来绘制圆，这是绘制圆的默认方式。

(2)"圆心、直径"选项：是用指定的圆心和给定直径值来绘制圆。

(3)"三点(3P)"选项：是用指定的圆周上的三点来绘制圆。

(4)"两点(2P)"选项：是用指定的圆直径上的两个端点来绘制圆。

(5)"相切、相切、半径(T)"选项：是用来绘制与两个已知对象相切，且半径为给定值的圆。

(6)"相切、相切、相切(A)"选项：是用来绘制与 3 个已知对象相切的圆。

2.2.1.2 应用实例

1)绘制小矿车，如图 2-22 所示。

(1)绘图步骤

文件保存命名为"小矿车"，保存至固定文件位置。

命令：c　　//调用圆命令

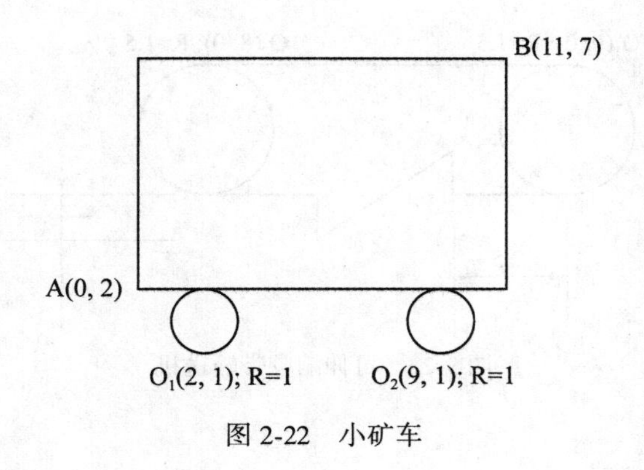

图 2-22　小矿车

指定圆的圆心或［三点(3P)/两点(2P)/相切、相切、半径(T)］：2，1

//指定 O_1 圆心

指定圆的半径或［直径(D)］：1　　//指定 O_1 圆半径

命令：↓　　//按回车键重复调用圆命令

指定圆的圆心或［三点(3P)/两点(2P)/相切、相切、半径(T)］：9，1

//指定 O_2 圆心

指定圆的半径或［直径(D)］<1.0000>：1　　//指定 O_2 圆半径

命令：l　　//调用直线命令

指定第一点：0，2　　//指定 A 点坐标

指定下一点或［放弃(U)］：　<正交 开> 11

//开启正交，指定 x 轴正方向，输入矿车底部长度

指定下一点或［放弃(U)］：5　　//指定 y 轴正方向，输入矿车高度

指定下一点或［闭合(C)/放弃(U)］：11　　//指定 x 轴负方向，输入矿车上部长度

指定下一点或［闭合(C)/放弃(U)］：c　　//闭合

双击鼠标滑轮查看图形。

(2)说明

①文件一般不存于系统盘内；

②绘制圆 O_2 应观察命令行，由于与圆 O_1 半径相同，此时不需要再输入半径，直接按回车键即可；

③绘制矩形时可以先输入 A 点坐标再输入 B 点坐标；

④绘制过程中或结束时可在命令行输入 Z 后按回车键，再输入 E 并按回车键或用“范围缩放”命令来查看图形；

⑤如果圆显示为折线状时，可执行“视图”→“重生成”菜单项使其光滑显示。

2)绘制可伸缩胶带输送机，如图 2-23 所示。

(1)分析组成

组成如下：两个半径相等的圆；一条圆的外公切线；两段长度、位置已知的水平线段；两段长度、位置已知的垂直线段；一段位置已知的斜线段。

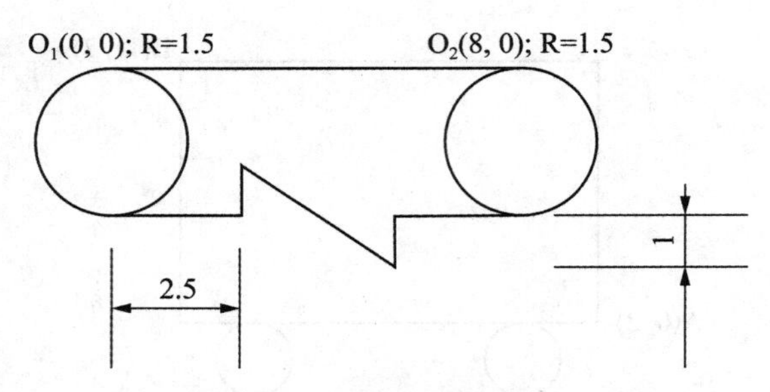

图 2-23 可伸缩胶带输送机

(2)绘图步骤

文件保存命名为“可伸缩胶带输送机”，保存至固定文件位置。

命令：c //调用圆命令

指定圆的圆心或［三点(3P)/两点(2P)/相切、相切、半径(T)］：0，0

//指定 O_1 圆心

指定圆的半径或［直径(D)］：1.5 //指定 O_1 圆半径

命令：↓ //按回车键重复调用圆命令

指定圆的圆心或［三点(3P)/两点(2P)/相切、相切、半径(T)］：8，0

//指定 O_2 圆心

指定圆的半径或［直径(D)］<1.5000>：↓ //指定 O_2 圆半径

命令：'_.zoom _e //双击鼠标滑轮全部显示

命令：_regen 正在重生成模型 //视图重生成

命令：l //调用直线命令

指定第一点： //对象捕捉开启象限点，绘制圆的外公切线

指定下一点或［放弃(U)］： //对象捕捉开启象限点，绘制圆的外公切线

指定下一点或［放弃(U)］：↓ //按回车键确定

命令：l //调用直线命令

指定第一点： //对象捕捉 O_1 下象限点

指定下一点或［放弃(U)］： <正交 开> 2.5

//开启正交，指定 x 轴正方向，绘制左侧的水平线段

指定下一点或［放弃(U)］：1 //指定 y 轴正方向，绘制左侧的竖线

指定下一点或［闭合(C)/放弃(U)］：↓ //按回车键确定

命令：↓ //按回车键重复调用直线命令

指定第一点： //对象捕捉 O_2 下象限点

指定下一点或［放弃(U)］：2.5 //指定 x 轴负方向，绘制右侧的水平线段

指定下一点或［放弃(U)］：1 //指定 y 轴负方向，绘制右侧的竖线

指定下一点或［闭合(C)/放弃(U)］：↓ //按回车键确定

命令：↓ //按回车键重复调用直线命令

指定第一点：　　　　　　　　　　　　　　　　　　//绘制斜线段
指定下一点或［放弃(U)］：　<正交 关>　　　　　//绘制斜线段
指定下一点或［放弃(U)］：↓　　　　　　　　　　//按回车键确定

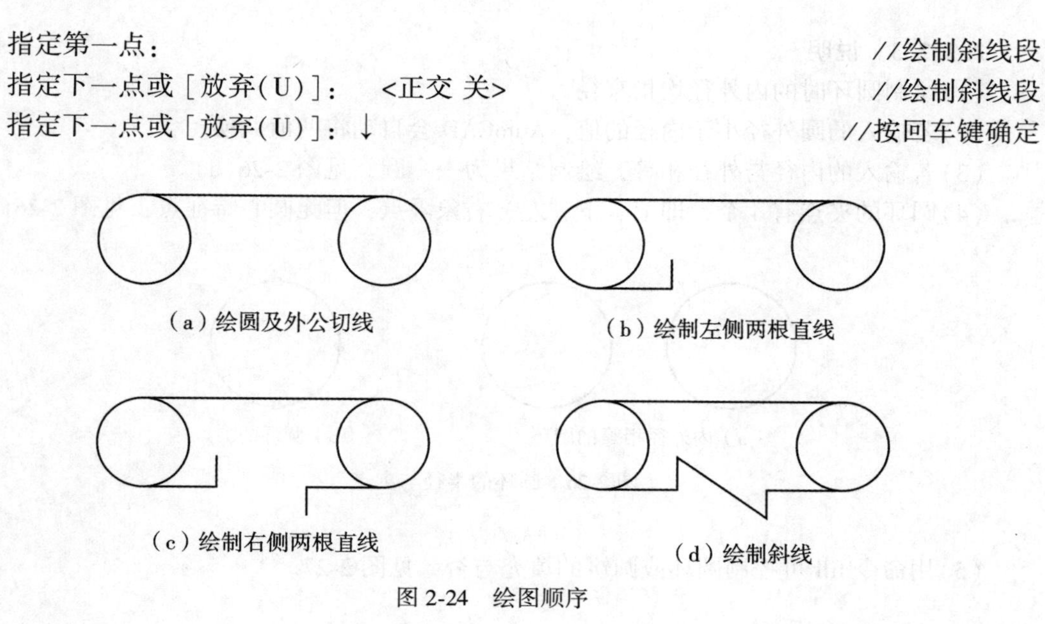

（a）绘圆及外公切线　　（b）绘制左侧两根直线

（c）绘制右侧两根直线　　（d）绘制斜线

图 2-24　绘图顺序

(3)说明

①对象捕捉：象限点和端点；

②按 F8 键开启"正交"；

③直线的绘制：给定方向输入距离。

2.2.2　圆环(donut)

绘制填充的圆和环。

2.2.2.1　命令调用

单击"绘图" →"圆环"菜单项。

在命令行中输入"donut"或命令缩写"do"。

2.2.2.2　命令应用

(1)绘制圆环，见图 2-25(a)；

(2)绘制圆饼，见图 2-25(b)。

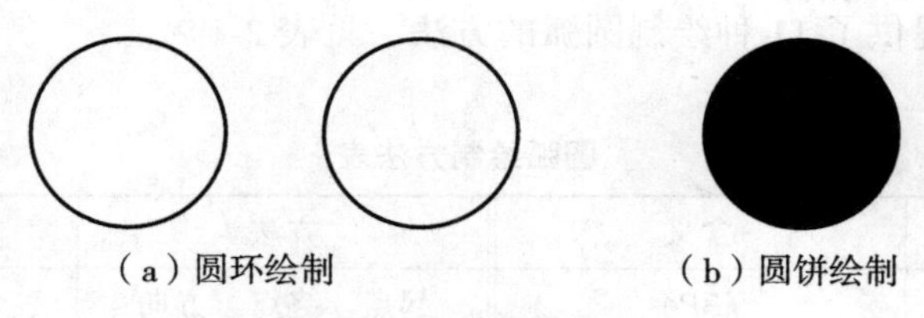

（a）圆环绘制　　（b）圆饼绘制

图 2-25　绘制圆环与圆饼

2.2.2.3 说明

(1)绘制圆环时的内外径均指直径。

(2)若输入的圆外径小于内径的值，AutoCAD 会自动将两值调换。

(3)若输入的内径与外径相等，绘制结果为一个圆，见图 2-26(a)。

(4)圆环的夹点有 4 个，即上、下、左、右象限点，但无圆心特征点，见图 2-26(b)。

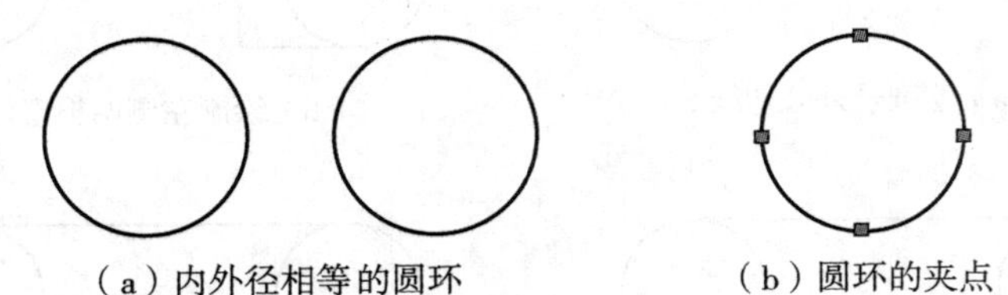

(a) 内外径相等的圆环　　(b) 圆环的夹点

图 2-26 圆环的半径与夹点

(5)用命令 fill 可控制圆环或圆饼的填充与否，见图 2-27。

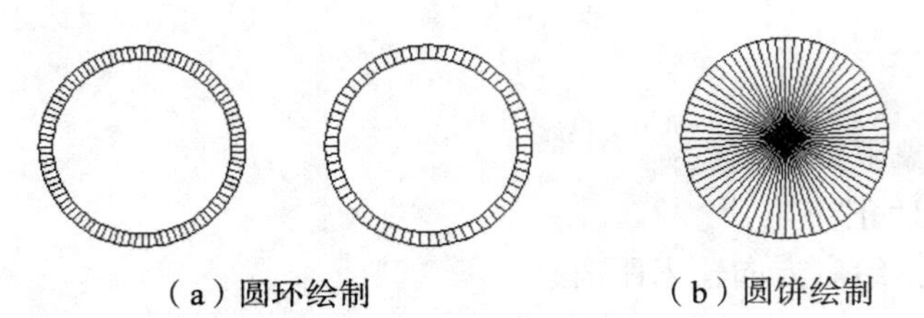

(a) 圆环绘制　　(b) 圆饼绘制

图 2-27 圆环的相关参数显示

2.2.3 圆弧(arc)

2.2.3.1 命令调用

(1)下拉菜单："绘图"→"圆弧"；

(2)工具栏："绘图"→"圆弧"按钮；

(3)命令行：arc，快捷形式：a。

2.2.3.2 命令应用

圆弧(arc)命令提供了 11 种绘制圆弧的方法，见表 2-1。

表 2-1 **圆弧绘制方法表**

方法	含义	方法	含义
三点	(3P)	起点、终点、方向	(S、E、D)
起点、圆心、终点	(S、C、E)	圆心、起点、终点	(C、S、E)
起点、圆心、角度	(S、C、A)	圆心、起点、角度	(C、S、A)

续表

方法	含义	方法	含义
起点、圆心、弦长	(S、C、L)	圆心、起点、弦长	(C、S、L)
起点、终点、角度	(S、E、A)	连续	(Continue)
起点、终点、半径	(S、E、R)		

(1)过三点(3P)绘弧，见图 2-28(a)、(b)；

(2)过起点、圆心、终点(S、E、C)绘弧，见图 2-28(c)、(d)；

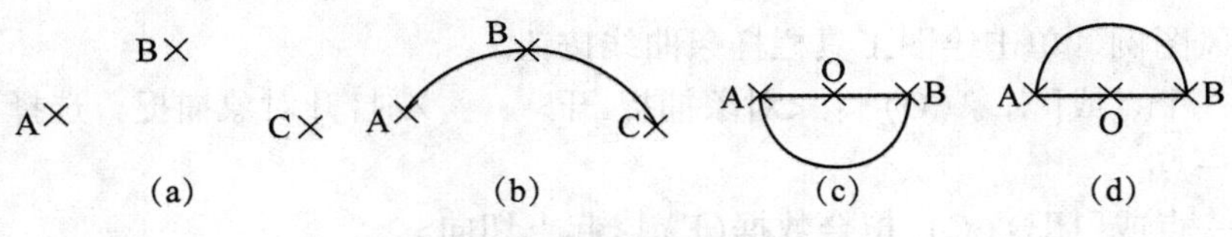

图 2-28　圆弧绘制示例一

(3)过起点、圆心、角度(S、E、A)绘弧，见图 2-29。

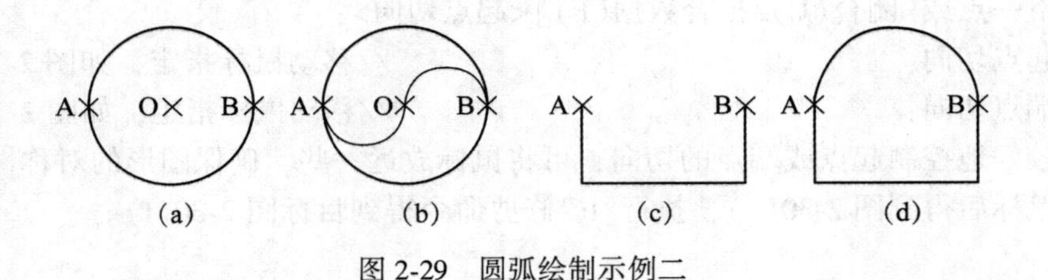

图 2-29　圆弧绘制示例二

2.2.3.3　说明

(1)理解圆的角度的概念，顺时针为负、逆时针为正。

(2)如果需要的圆弧不能由圆弧“arc”命令绘制，可先绘制一个圆，然后从圆上取下相应一段即可。

2.2.4　样条曲线(spline)

样条曲线是一种通过或接近指定点的拟合曲线，主要用于表达具有不规则变化曲率半径的曲线。

2.2.4.1　绘制样条曲线

1)命令调用方式

(1)下拉菜单：“绘图”→“样条曲线”；

(2)工具栏：“绘图”→“样条曲线”按钮；

(3)命令行：spline，快捷形式：spl。

2)说明

(1)执行命令，依据提示分别指定样条曲线上的第一个拟合点和下一个拟合点。按回车键后再依据提示，拖动鼠标确定样条曲线在起始点和终止点处的切线方向。

(2)绘制样条曲线过程中，如果执行“闭合(C)”选项，可使样条曲线封闭；执行“拟合公差(F)”选项，可根据给定的拟合公差绘制样条曲线；执行“对象(O)”选项，可将样条拟合多段线转换成等价的样条曲线并删除多段线。

2.2.4.2 编辑样条曲线

命令调用方式：

(1)下拉菜单：“修改”→“对象”→“样条曲线”；

(2)命令行：splinedit，快捷形式：spe。

2.2.4.3 应用实例

绘制回风图例。单击绘图工具栏样条曲线按钮。

指定第一个点或[对象(O)]：<对象捕捉 开> //打开对象捕捉，选择符号的端点

指定下一点： //鼠标指定

指定下一点或[闭合(C)/拟合数据(F)]<起点切向>：

//移动鼠标指定，如图 2-30(a)所示

指定下一点或[闭合(C)/拟合数据(F)]<起点切向>：

//移动鼠标指定，如图 2-30(b)所示

指定下一点或[闭合(C)/拟合数据(F)]<起点切向>：↓

指定起点切向： //移动鼠标指定，如图 2-30(c)所示

指定端点切向： //移动鼠标指定，如图 2-30(d)所示

为了较好地控制起点或端点的切向，可将鼠标放远一些，确保图形的对称性。

点击鼠标后得到图 2-30(e)，执行“tr”修剪命令得到目标图 2-30(f)。

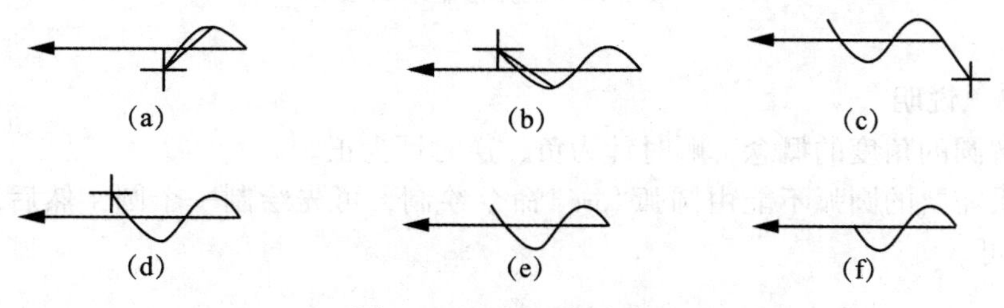

图 2-30 回风图例绘制

同理，可完成巷道省略标识的绘制。

2.2.5 椭圆(ellipse)

2.2.5.1 命令调用方式

(1)单击“绘图”工具栏上的“椭圆”工具按钮。

(2)执行“绘图”→“椭圆”菜单项。

(3)在命令行中输入“ellipse”或命令缩写“el”。

2.2.5.2　命令应用

1)已知中心点及长短轴

命令：ellipse↓　　//执行椭圆命令

指定椭圆的轴端点或[圆弧(A)/中心点(C)]：c↓　　//选中心点

指定椭圆的中心点：0，0↓　　//输入中心点 O 点坐标

指定轴的端点：0，10↓　　//输入指定轴 A 点坐标

指定另一条半轴长度或[旋转(R)]：5↓　　//输入另一半轴长度

绘制结果见图 2-31(b)。

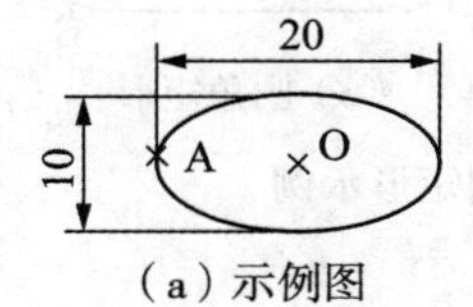

(a)示例图

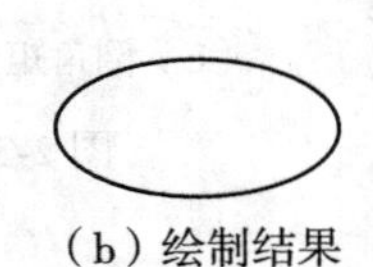

(b)绘制结果

图 2-31　椭圆的绘制示例一

2)已知长短轴

命令：ellipse↓　　//执行椭圆命令

指定椭圆的轴端点或[圆弧(A)/中心点(C)]：↓　　//指点 A 点

指定轴的另一个端点：@0，20↓　　//输入 B 点相对坐标

指定另一条半轴长度或[旋转(R)]：5↓　　//输入另一半轴长度

绘制结果见图 2-32(b)。

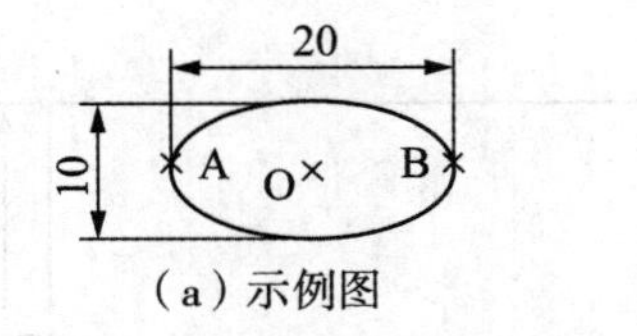

(a)示例图　　(b)绘制结果

图 2-32　椭圆的绘制示例二

2.2.5.3　说明

(1)在绘制椭圆时应注意第二条轴线的提示一般为半轴长。

(2)请读者自行练习倾斜椭圆的绘制。

2.3　规则图形绘制及填充

2.3.1　矩形(rectang)

2.3.1.1　命令调用

(1)下拉菜单："绘图"→"矩形"；

(2)工具栏:“绘图”→“矩形”按钮;

(3)命令行:rectang,快捷形式:rec。

2.3.1.2 命令应用

如图 2-33 所示为 3 种绘制矩形示例。

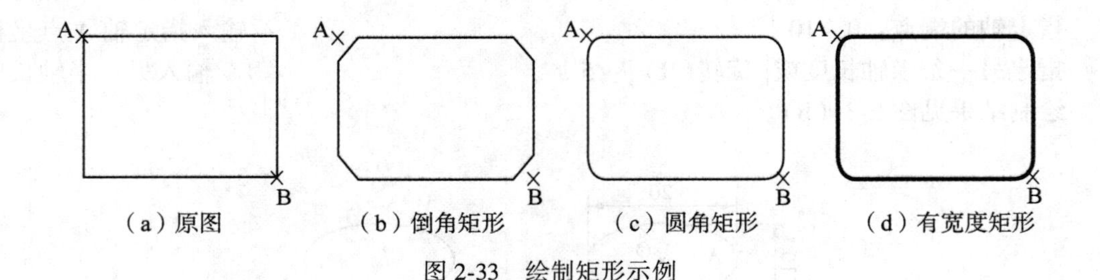

图 2-33 绘制矩形示例

2.3.1.3 应用实例

绘制矩形巷道,巷道高 2.2m,宽 4m。

命令:rec

指定第一个角点或[倒角(C)/标高(E)/圆角(F)/厚度(T)/宽度(W)]://指定一点

指定另一个角点或[面积(A)/尺寸(D)/旋转(R)]:d↓

指定矩形的长度 <10.0000>:4000↓

指定矩形的宽度 <10.0000>:2200↓

指定另一个角点或[面积(A)/尺寸(D)/旋转(R)]:

//移动光标,指定另一角点,矩形巷道绘制结束,如图 2-34 所示

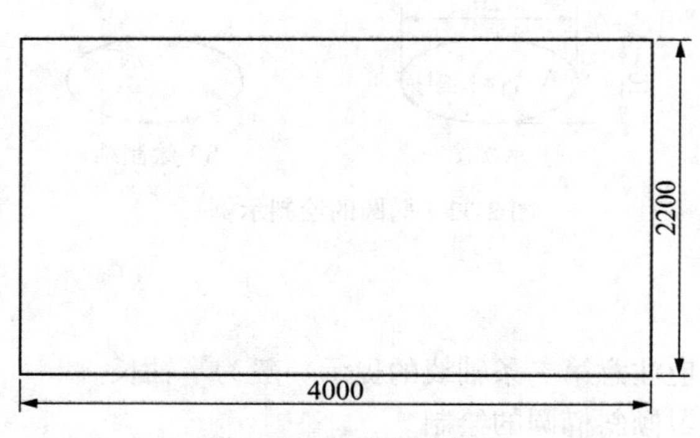

图 2-34 矩形巷道断面

2.3.1.4 说明

(1)AutoCAD 中的矩形实际上是一条封闭的多段线。

(2)绘制带有倒角的矩形时,两倒角距离之和不能大于或等于矩形短边长。如果绘制圆角矩形长宽相等,且半径为长宽的一半,则可用矩形命令绘制圆、圆筒等。

(3)矩形命令具有继承性,即如果改变了绘制矩形的各项参数,这些参数会始终起作

用，直至重新赋值或重新启动 AutoCAD。

2.3.2 正多边形(polygon)

2.3.2.1 命令调用

(1)单击“绘图”工具栏上的“正多边形”工具按钮。

(2)执行“绘图”→“正多边形”菜单项。

(3)在命令行中输入“polygon”。

2.3.2.2 命令应用

正多边形命令提供了3种绘制正多边形的方法。

(1)通过给定正多边形边长绘制正多边形。

命令：_polygon 输入边的数目 <4>：6

指定正多边形的中心点或［边(E)］：e

指定边的第一个端点：0，0

指定边的第二个端点：1，0 //开启“正交”，指定 x 轴正方向，如图 2-35(a)所示

(2)通过正多边形的中心点和外切圆半径绘制正多边形。

命令：_polygon 输入边的数目 <6>：

指定正多边形的中心点或［边(E)］： //指定图 2-35(c)的圆心 O

输入选项［内接于圆(I)/外切于圆(C)］<I>：c

指定圆的半径：8

(3)通过正多边形的中心点和内接圆半径绘制正多边形。

命令：_polygon 输入边的数目 <6>：

指定正多边形的中心点或［边(E)］： //指定图 2-35(c)的圆心 O

输入选项［内接于圆(I)/外切于圆(C)］<I>：i

指定圆的半径：8 //如图 2-35(d)所示

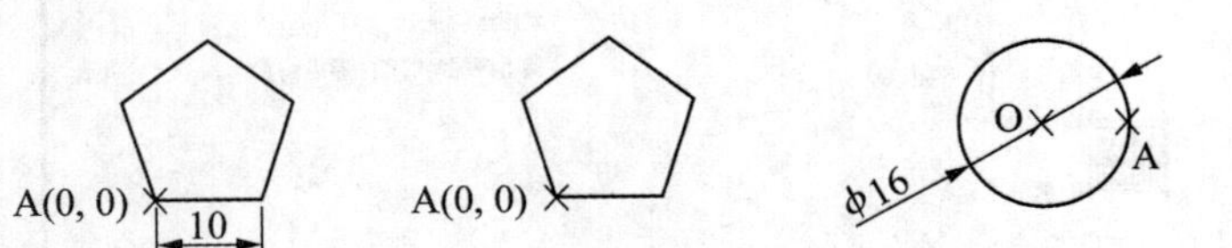

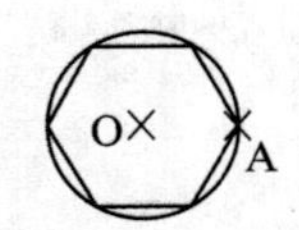

(a) 原图　(b) 绘制结果　(c) 内接圆　(d) 圆内接正六边形

图 2-35 正多边形的绘制

2.3.2.3 说明

(1)正多边形绘制的边数从 3~1024。

(2)注意在绘制过程中如何使正多边形的一边呈水平。

(3)对正多边形命令总结如下：

三边四边百千边，一零二四是极限。

给定边长直接绘，内切外切定半径。

2.3.3 图案填充(hatch)

图案填充是一种使用指定线条图案、颜色来充满指定区域的操作，常常用于表达剖切面和不同类型物体对象的外观纹理等，被广泛应用在绘制机械图、建筑图及地质构造图等各类图形中。在实际绘图和设计中，经常需要在一定的区域用规定的图案加以填充。

AutoCAD 提供了具有丰富图案的填充文件和使用方便的填充命令，还允许用户自定义图案填充文件，并提供了编辑和修改图案的方法。

2.3.3.1 命令调用

(1)单击“绘图”工具栏上的“图案填充”工具按钮。

(2)执行“绘图”→“图案填充”菜单项。

(3)在命令行中输入“hatch”或命令缩写“h”。

2.3.3.2 “图案填充和渐变色”对话框

执行“图案填充”命令，打开“图案填充和渐变色”对话框，见图 2-36。

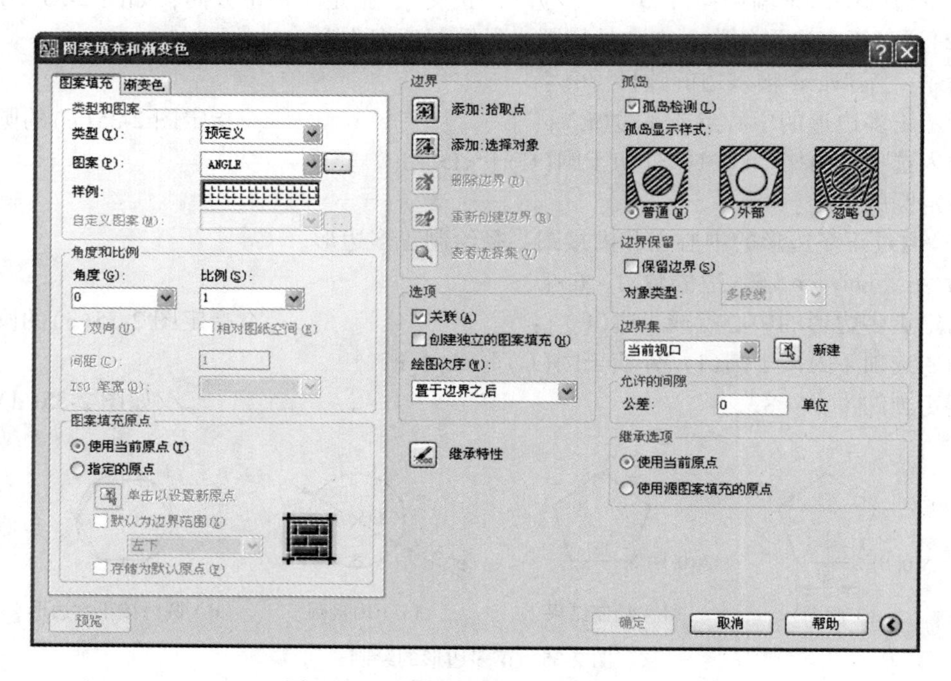

图 2-36 “图案填充和渐变色”对话框

在进行图案填充时，通常将位于一个已定义好的填充区域内的封闭区域称为孤岛。单击“图案填充和渐变色”对话框右下角的按钮，将显示更多选项，可以对孤岛和边界进行设置。

在“图案填充和渐变色”对话框中间位置，就是“边界”对话框。用户可以设置使用拾取点、选择对象、绘图次序、关联、继承特性等选项，以及设置其他内容。

2.3.3.3 命令应用

(1)执行“图案填充”命令，弹出“图案填充和渐变色”对话框。

(2)在“图案填充”选项卡中，单击“选择图案”按钮。

(3)在弹出的“填充图案选项板”(见图 2-37)对话框的“其他预定义”选项卡中选择混凝土(AR-CONC)类型图案。

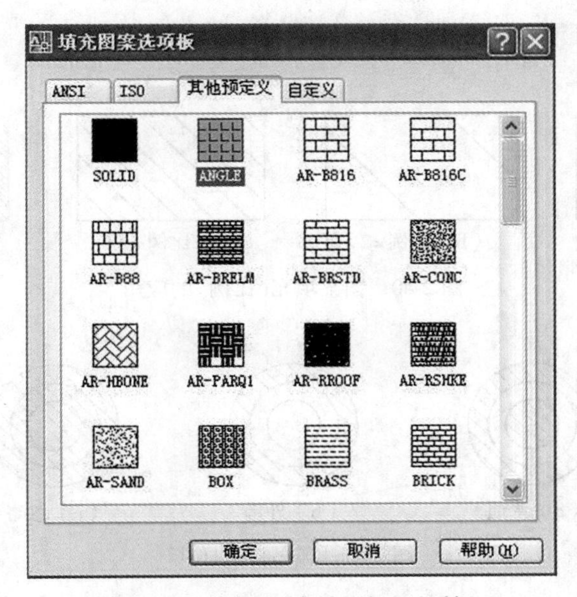

图 2-37 “填充图案选项板”对话框

(4)单击“确定”按钮，再单击“拾取点”按钮，在屏幕上拾取需要填充的对象，见图 2-38(b)。

(5)对填充效果进行预览，然后单击“确定”按钮，结果见图 2-38(c)。

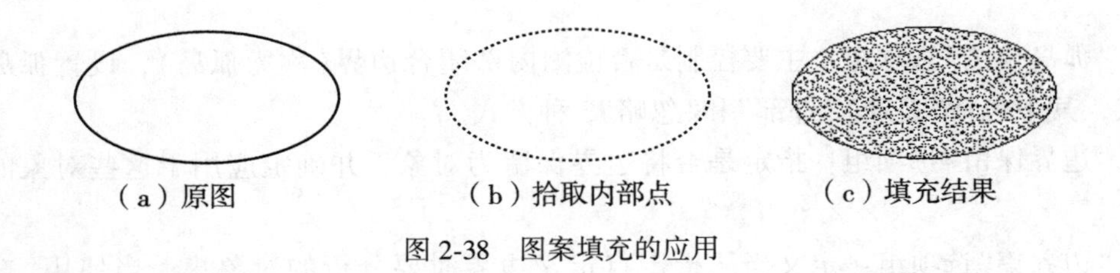

图 2-38 图案填充的应用

2.3.3.4 编辑图案

(1)在命令行中输入“hatchedit”或命令缩写“h”。

(2)执行“编辑图案”命令，根据提示选择需要编辑的对象后按回车键，弹出“图案填充和渐变色”对话框。

(3)常用编辑项有角度、比例、孤岛检测样式、关联和非关联组合，见图 2-39～图 2-43。

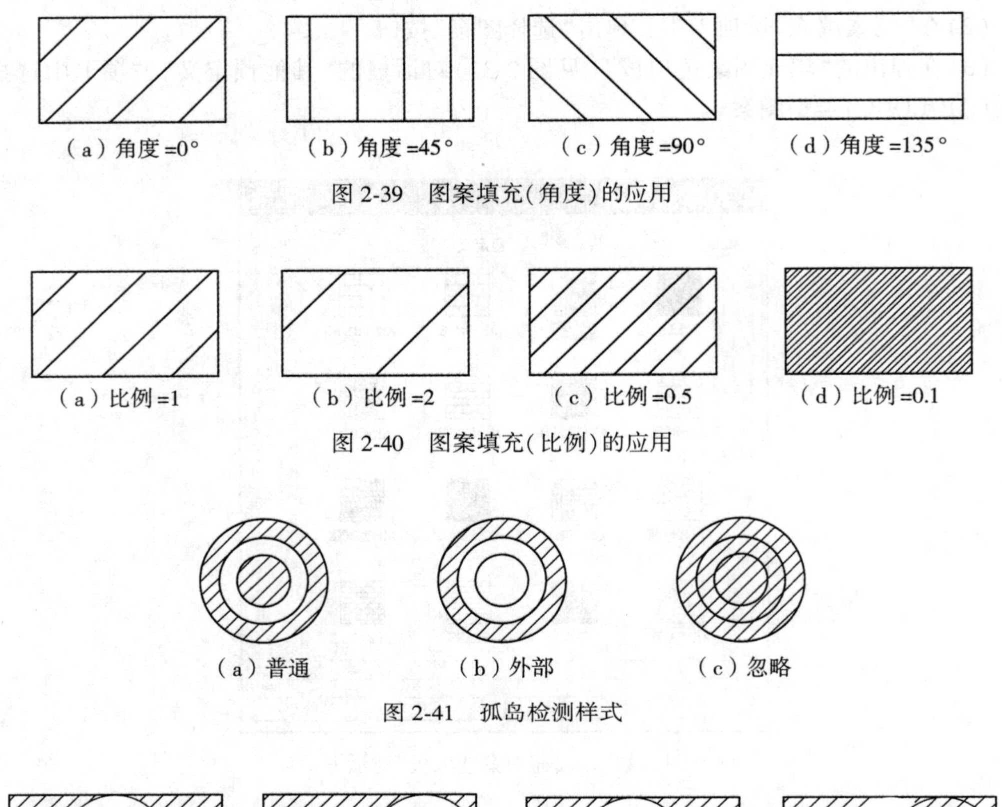

(a)角度=0°　(b)角度=45°　(c)角度=90°　(d)角度=135°

图 2-39　图案填充(角度)的应用

(a)比例=1　(b)比例=2　(c)比例=0.5　(d)比例=0.1

图 2-40　图案填充(比例)的应用

(a)普通　(b)外部　(c)忽略

图 2-41　孤岛检测样式

(a)原图

(b)移动结果

图 2-42　关联的图案填充

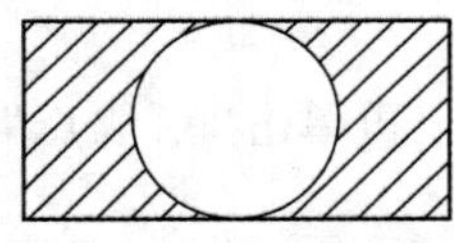

(a)原图

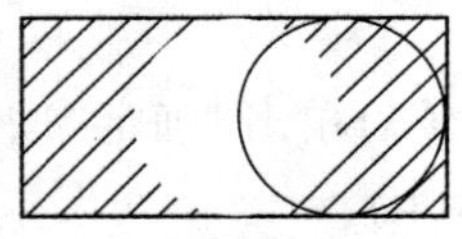

(b)移动结果

图 2-43　非关联的图案填充

①“孤岛检测”选项组：主要控制是否检测内部闭合边界(称为孤岛)，设置孤岛的填充方式，其中包括“普通”“外部”和“忽略”3 种方式。

②“边界保留”选项组：指定是否将边界保留为对象，并确定应用于这些对象的对象类型。

③“边界集”选项组：定义当从指定点定义边界时要分析的对象集。当使用“选择对象”定义边界时，选定的边界集无效。

④“允许的间隙”文本框：设置对象用作图案填充边界时可以忽略的最大间隙。在该参数范围内，可以将一个几乎封闭的区域看作一个闭合的填充边界。

⑤“继承选项”选项组：使用“继承特性”创建图案填充时，这些设置将控制图案填充原点的位置。

2.3.3.5　说明

(1)填充图案将被填充的区域在屏幕内最大化显示。

(2)如填充区域不封闭，则检查夹点。

(3)如填充区域封闭仍不能完成操作，则采用添加辅助线化整为零的方式，辅助线的添加应采取逐根添加的方式。

(4)如图案失真，重生成即可。

(5)对图案慎用分解命令。

(6)“工具选项板”内的图案可以根据需要自定义。

2.4　矿山图形绘制实例

2.4.1　矿区范围圈定

按照矿区拐点坐标 Excel 表(表 2-2)圈定矿区范围。表中拐点坐标编辑采用公式“=Y 点 &”，“&X 点”。

表 2-2　　矿区拐点坐标表

点	X	Y	拐点坐标 Y，X
1	4641260. 833	391600. 0648	391600. 0648，4641260. 833
2	4641461. 711	392100. 8798	392100. 8798，4641461. 711
3	4640911. 531	392300. 1998	392300. 1998，4640911. 531
4	4640794. 937	391850. 9319	391850. 9319，4640794. 937

绘图步骤：

命令：pline　　//调用“多段线”命令

指定起点：391600. 0648，4641260. 833

//复制拐点坐标数据区域数值(见图 2-44)，粘贴至命令行

点	X	Y	拐点坐标Y，X
1	4641260.833	391600.0648	391600.0648，4641260.833
2	4641461.711	392100.8798	392100.8798，4641461.711
3	4640911.531	392300.1998	392300.1998，4640911.531
4	4640794.937	391850.9319	391850.9319，4640794.937

图 2-44　拐点坐标数值区域复制

当前线宽为 0.0000

指定下一点或［圆弧(A)/半宽(H)/长度(L)/放弃(U)/宽度(W)］：392100.8798，4641461.711

指定下一点或［圆弧(A)/闭合(C)/半宽(H)/长度(L)/放弃(U)/宽度(W)］：392300.1998，4640911.531

指定下一点或［圆弧(A)/闭合(C)/半宽(H)/长度(L)/放弃(U)/宽度(W)］：391850.9319，4640794.937

指定下一点或［圆弧(A)/闭合(C)/半宽(H)/长度(L)/放弃(U)/宽度(W)］：c

//闭合

命令：'_. zoom _e　　//双击鼠标滑轮，图形显示结果如图 2-45 所示

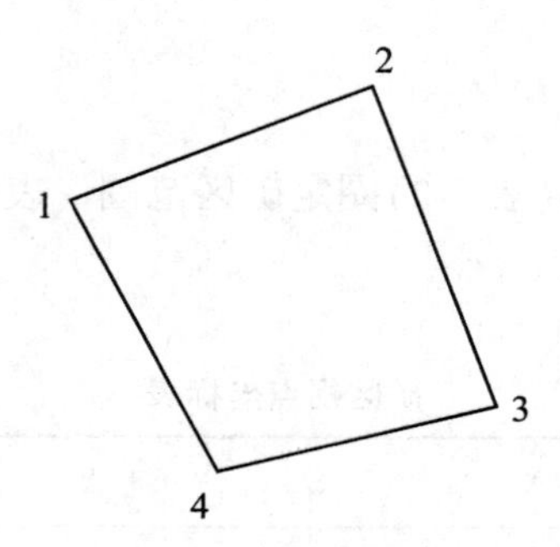

图 2-45　矿区范围圈定结果

2.4.2　指北针绘制

绘制如图 2-46 所示指北针。

2.4.2.1　绘图分析

图 2-46 中有一个圆与一个圆环，对称的两组线条及图案填充。

2.4.2.2　绘图过程

新建文件命名为“指北针”。

命令：c

指定圆的圆心或［三点(3P)/两点(2P)/相切、相切、半径(T)］：　　//指定圆心 O

指定圆的半径或［直径(D)］：12　　//内圆半径

命令：c

指定圆的圆心或［三点(3P)/两点(2P)/相切、相切、半径(T)］：　　//指定圆心 O

指定圆的半径或［直径(D)］<12.0000>：16　　//外圆半径

命令：l

指定第一点：　　//点选圆心 O

指定下一点或［放弃(U)］：　<正交 开> 50　　// 绘制 OA

指定下一点或［放弃(U)］：

命令：l

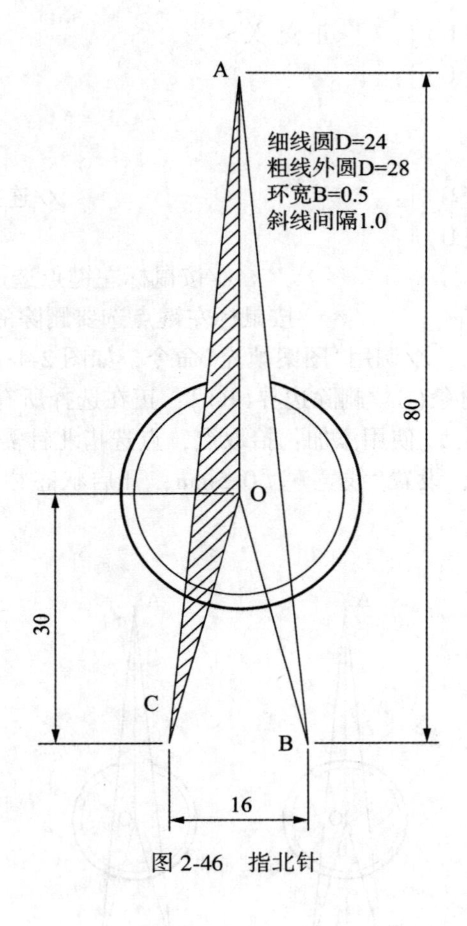

图 2-46　指北针

指定第一点：　//指定 A 点

指定下一点或［放弃(U)］：80

指定下一点或［放弃(U)］：8　//指定 x 轴负方向

指定下一点或［闭合(C)/放弃(U)］：　<正交 关>　//连接 AC

指定下一点或［闭合(C)/放弃(U)］：↓

命令：l

指定第一点：　//指定 O 点

指定下一点或［闭合(C)/放弃(U)］：　<正交 关>　//连接 OC，如图 2-47(a)所示

指定下一点或［闭合(C)/放弃(U)］：↓

命令：l

指定第一点：

指定下一点或［放弃(U)］：　<正交 开> 8　//指定 x 轴正方向

指定下一点或［放弃(U)］：↓

命令：l

指定第一点：　//指定 B 点

指定下一点或［放弃(U)］：　<正交 关>　//连接 BA
指定下一点或［放弃(U)］：↓
命令：l
指定第一点：　//指定 O 点
指定下一点或［放弃(U)］：　//连接 OB，如图 2-47(b)所示
指定下一点或［放弃(U)］：↓
命令：tr　//按鼠标左键点选边界，点击鼠标右键确定，按鼠标左键点选要删除的对象，如图 2-47(c)所示
命令：h　//调用“图案填充”命令，如图 2-48 所示，进行图案填充设置
拾取内部点或［选择对象(S)/删除边界(B)］：正在选择所有对象……
//使用添加：拾取点，点选指北针需要填充的区域，进行填充
线宽设置：点选外圆，设置“线宽”为 0.5mm，开启状态栏“线宽”按钮，显示线宽，如图 2-47(d)所示。

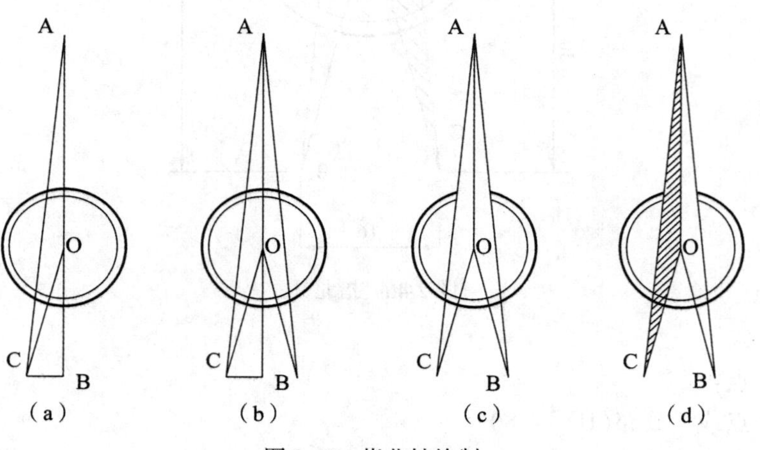

图 2-47　指北针绘制

2.4.3　梯形巷道断面绘制

如图 2-49 所示，顶板倾角 18°，巷道断面倒梯形设计，设计尺寸如图 2-49 所示，绘制巷道断面框架。

2.4.3.1　绘图分析

巷道断面框架主要是巷道壁和支护锚杆，由满足规定长度和倾斜角度的多个直线段组成，可采用直线绘制来完成。绘制时用相对极坐标输入绘制点，可满足要求。在绘制采矿工程图中，相对极坐标点的输入方式是常应用的手段。

2.4.3.2　绘图过程

1)巷道壁的绘制

巷道壁的绘制可从四个角点的任意位置开始，如从左下角开始：

图 2-48　图案填充设置

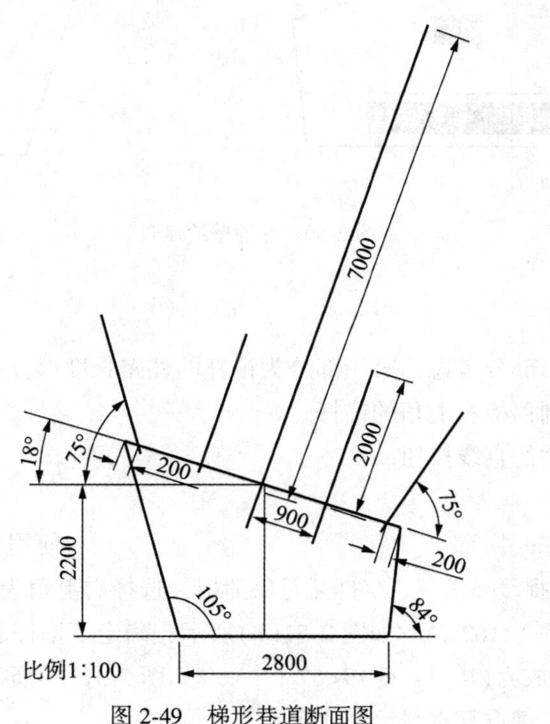

图 2-49　梯形巷道断面图

单击绘图工具栏的直线按钮。

指定第一点： //在绘图区指定一点

指定下一点或[放弃(U)]：@28<0↓

//如图 2-50(a)所示，注意相对极坐标的输入格式，也可以使用动态输入

指定下一点或[放弃(U)]：@16<84↓

//输入前需计算出右侧巷道壁的长度值，如图 2-50(b)所示

指定下一点或[放弃(U)]：@40<162↓ //如图 2-50(c)所示

指定下一点或[闭合(C)/放弃(U)]：c↓ //如图 2-50(d)所示，巷道壁绘制结束

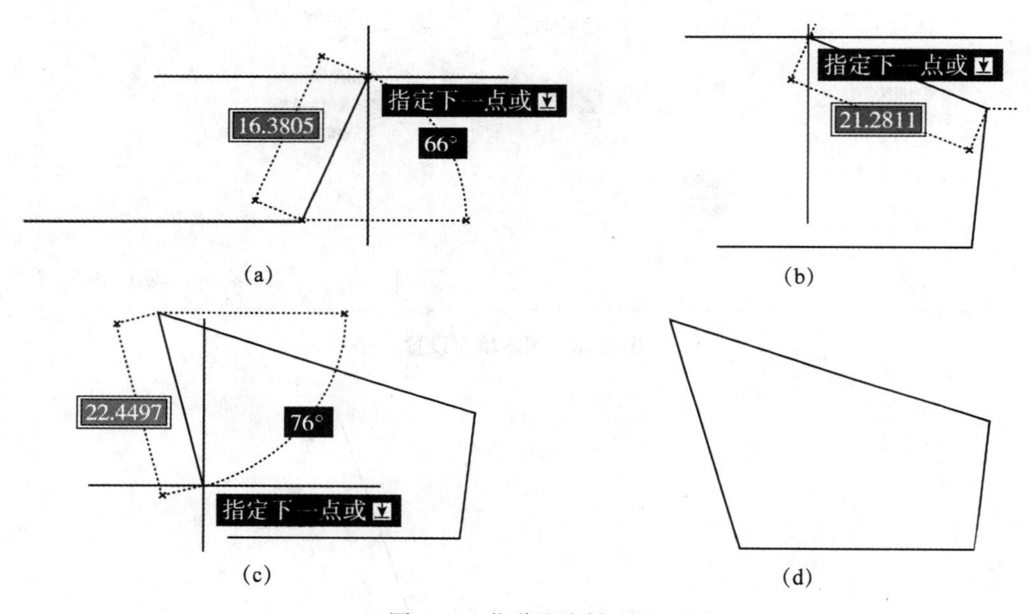

图 2-50 巷道壁绘制过程

2)锚杆的绘制

锚杆的绘制按两部分考虑，第一部分为锚杆的外露长度部分；第二部分为在顶板内的长度部分，首先绘制顶板右上角的锚杆。

单击绘图工具栏的直线按钮。

命令_line

指定第一点：from↓ //使用相对原点的极坐标输入法

基点：<对象捕捉 开> //打开对象捕捉，选择右上角为基点，如图 2-51(a)所示

基点：<偏移>@2<162↓ //如图 2-51(b)所示，确定了锚杆起始点，距右角点 200mm

指定下一点或[放弃(U)]：@19<57↓ //如图 2-51(c)所示，顶板内锚杆绘制结束

按空格键或回车键重复直线绘制命令：

指定第一点：　　　　　　　　　　//用对象捕捉选择锚杆下部端点，如图 2-51(d)所示

指定下一点或[放弃(U)]：@ 1<237↓

//如图 2-51(e)所示，绘制完外露部分，锚杆全长绘制结束

同理绘制出其他锚杆及锚索，如图 2-51(f)所示。对其进行标注后即完成了图 2-49 的绘制，标注知识内容将在后续章节中学习。

其他快捷绘制方法：因 4 根锚杆等长，绘制出 1 根锚杆后，可用带基点复制、复制后旋转或偏移等办法来完成，速度较快，在学习完第 3 章内容后要逐一掌握该操作方法。

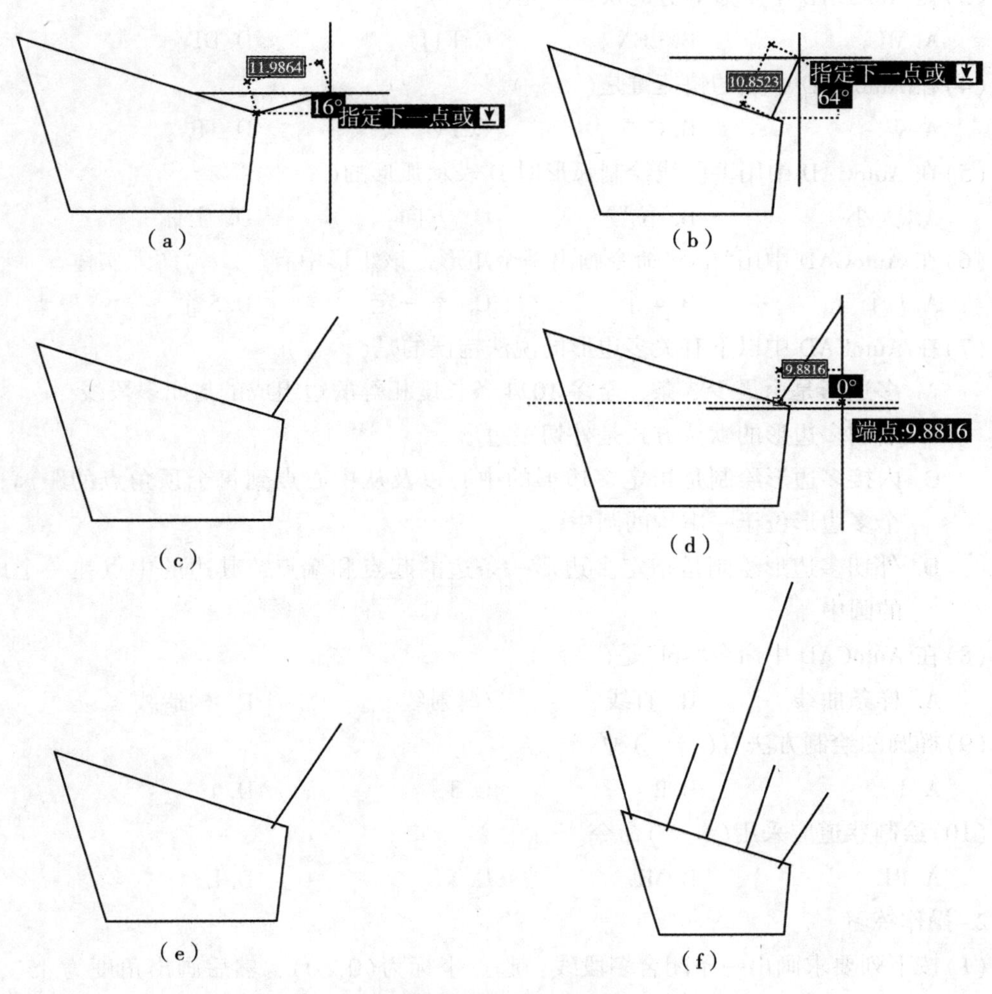

图 2-51　锚杆的绘制过程

习 题

1. 单选题

(1)用直线命令“l”绘制图形时，需要图形封闭可直接输入(　　)。

A. U　　B. C　　C. 回车　　D. 空格

(2)可以通过下面哪个系统变量控制点的样式(　　)。

A. pdmode　　B. pdsize　　C. pline　　D. point

(3)在 AutoCAD 中定数等分的快捷键是(　　)。

A. MI　　B. LEN　　C. F11　　D. DIV

(4)在 AutoCAD 中点的快捷键是(　　)。

A. W　　B. O　　C. PO　　D. TR

(5)在 AutoCAD 中用多段线绘制弧形时 D 表示弧形的(　　)。

A. 大小　　B. 位置　　C. 方向　　D. 坐标

(6)在 AutoCAD 中用“line”命令画出一个矩形，该矩形中有(　　)图元实体。

A. 1 个　　B. 4 个　　C. 不一定　　D. 5 个

(7)在 AutoCAD 中以下有关多边形的说法错误的是(　　)。

A. 多边形是由最少 3 条、至多 1024 条长度相等的边组成的封闭多段线

B. 绘制多边形的默认方式是外切多边形

C. 内接多边形绘制是指定多边形的中心以及从中心点到每个顶角点的距离，整个多边形位于一虚构的圆中

D. 外切多边形绘制是指定多边形一条边的起点和端点，其边的中点在一个虚构的圆中

(8)在 AutoCAD 中命令“spl”是(　　)。

A. 样条曲线　　B. 直线　　C. 射线　　D. 构造线

(9)椭圆的绘制方法有(　　)种。

A. 1　　B. 2　　C. 3　　D. 4

(10)绘制巷道应采用(　　)命令。

A. PL　　B. ML　　C. XL　　D. L

2. 操作练习

(1)按下列要求画出一条闭合多段线：起点坐标为(0，0)，然后画出角度为 45°、长度为 400 的线段确定第二点，第三点坐标为(500，300)，第四点坐标为(800，200)，第五点坐标为(700，50)，向左画长度为 350 的水平线段确定第六点，再向下画长度为 200 的垂直线段确定第七点，最后闭合。

(2)绘制矩形，矩形的左下顶点的坐标为(1000，-400)，矩形的长为 300、宽为 200。

对该矩形用“ANSI31”图案进行充填，图案填充的角度为“0”、比例为“10”、选项为“关联”、孤岛为“普通”。

（3）绘制图2-52。

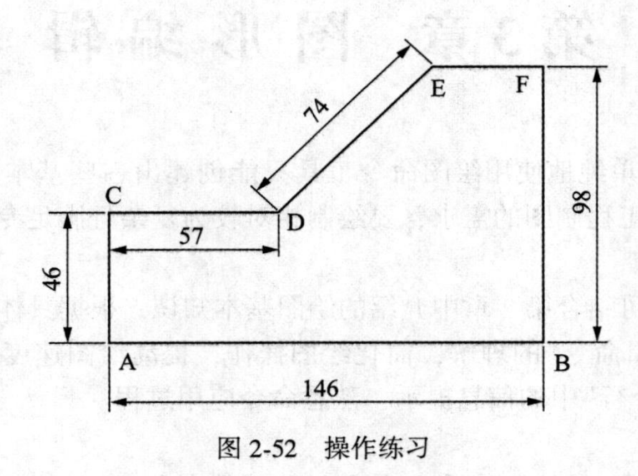

图2-52　操作练习

第3章　图形编辑

在 AutoCAD 中，单纯地使用绘图命令工具只能创建出一些基本图形对象，无法绘制复杂图形以满足采矿工程制图的需求，要绘制相对较为复杂且满足专业要求的图形就必须借助于图形编辑命令。

学习本章内容时可结合第 2 章中介绍的绘图基本知识，根据具体图形加以练习，加强对“绘制命令”与“编辑命令”的理解，简化绘图操作，提高绘图速度。绘图的同时要充分利用“文本窗口与命令行”中的信息提示，熟悉命令应用过程。

◎ **本章要点**

- 复制对象类命令：复制、镜像、偏移、阵列等命令。
- 修剪对象类命令：修剪、延伸、分解、倒角、圆角、打断等命令。
- 旋转缩放类命令：旋转、缩放、合并等命令。
- 矿山工程图编辑实例。

3.1　复制对象类

3.1.1　复制(copy)

对选中的对象进行一个或多个复制。

3.1.1.1　命令使用

1)命令调用

(1)单击“修改”工具栏上的“复制”工具按钮。

(2)执行“修改”→“复制”菜单项。

(3)在命令行中输入“copy”命令或命令缩写“co”。

2)操作说明

当所需对象形状完全相同时，可以使用复制命令生成新的对象，新的对象与原对象具有相同的特性。

以上述三种方式中任一种方式调用复制命令后，系统提示选择复制对象，选择对象并按回车键或空格键后，系统提示“指定基点或[位移(D)]<位移>”，其中，[ ]表示命令中的可选项，( )表示可选项的命令，< >表示默认值。

使用基点复制对象时，基点的选择尤为重要，应尽量选择具有特征的点作为基点，比如圆心、圆的象限点、直线的中点、直线的端点等。复制对象时，可以开启“栅格”和“捕捉”并合理设置栅格间距和捕捉间距以提高绘图效率和精度。

3.1.1.2　命令应用

复制(copy)命令提供两种方法复制对象。

(1)通过指定基点复制对象，如图 3-1(b)所示。

(2)通过指定位移复制对象，如图 3-1(d)所示。

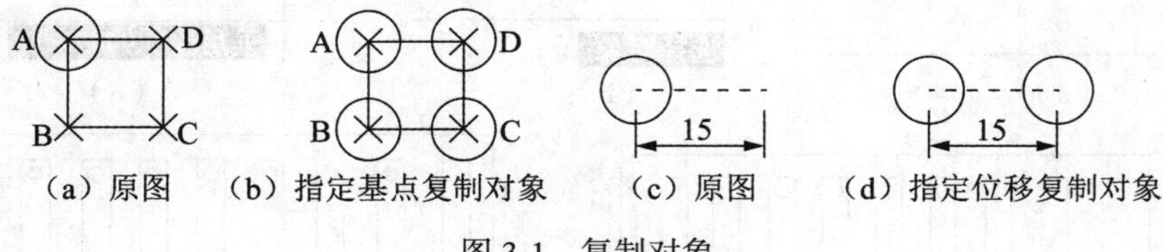

图 3-1　复制对象

3.1.1.3　应用实例

图 3-2(a)为工字钢支护的巷道俯视平面图，一根横梁已绘制出，完成其他横梁的绘制。

命令：co

选择对象：

指定对角点：找到 3 个　　　　//选择要复制的对象，框选横梁，如图 3-2(b)所示

选择对象：　　　　//按鼠标右键确定对象

指定基点或［位移(D)］<位移>：

指定第二个点或 <使用第一个点作为位移>：<对象捕捉 关>

//选择复制基点，如图 3-2(c)所示

指定第二个点或［退出(E)/放弃(U)］<退出>：<正交 开>

//依次向右选择要复制到的位置基点，如图 3-2(d)所示

指定第二个点或［退出(E)/放弃(U)］<退出>：　　//绘制结束，如图 3-2(e)所示

复制对象时还常用到指定具体位置复制，通过捕捉相对坐标原点，输入相对坐标将复制后的对象置于精确的位置。在绘制采矿工程相关图形时，通过复制命令与“正交”和“极轴追踪”相结合的方式可以加快绘制速度，即在“正交”模式和“极轴追踪”打开的同时，通过移动光标指示方向，然后直接输入距离数值来指定点。

3.1.2　镜像(Mirror)

镜像是指可以绕指定轴翻转对象创建对称的镜像图像。

3.1.2.1　命令使用

1)命令调用方式

(1)下拉菜单：“修改”→“镜像”；

(2)工具栏：“修改”→“镜像”按钮；

(3)命令行：mirror，快捷形式：mi。

2)操作说明

镜像对象时“镜像线”的给定很关键，尤其是第一点的选择更为重要，在给定第一点

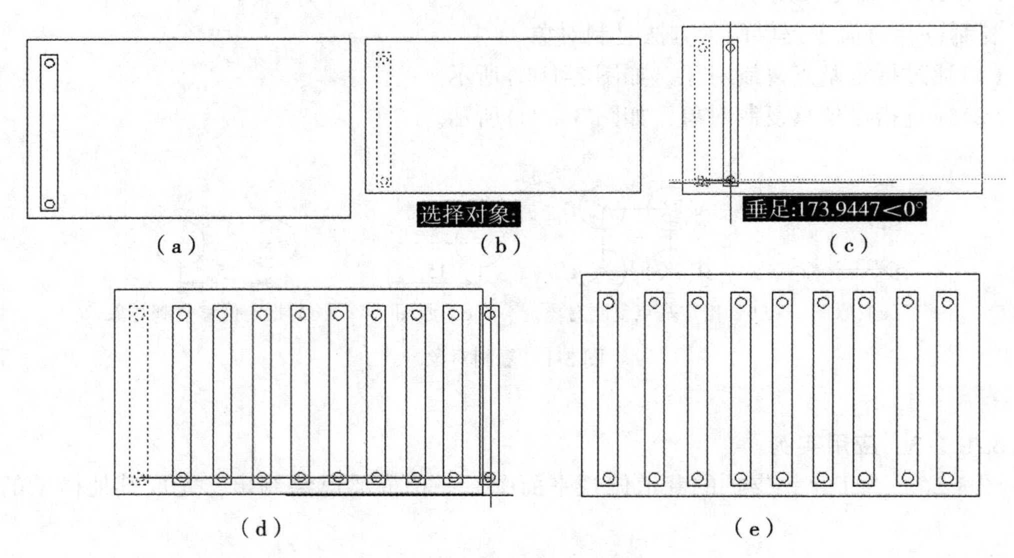

图 3-2 指定复制对象过程

后，第二点可以通过输入相对坐标的方式给定，以获得最佳镜像效果。

在使用镜像命令时可以开启“正交”模式，正交模式开启后，镜像轴第二点就可以直接通过点击垂直线或水平线的点位置获得。

3.1.2.2 应用实例

绘制采煤机滚筒及摇臂，如图 3-3 所示。

命令：mi //调用“镜像”命令

选择对象： //选择滚筒及摇臂，按鼠标右键或 Enter 键结束选择

指定镜像线的第一点： //使用对象捕捉快捷菜单(Ctrl+右键)捕捉机身上部中点

指定镜像线的第二点： //使用对象捕捉快捷菜单，捕捉机身下部中点

要删除源对象吗？[是(Y)/否(N)]<N>： //保留源对象

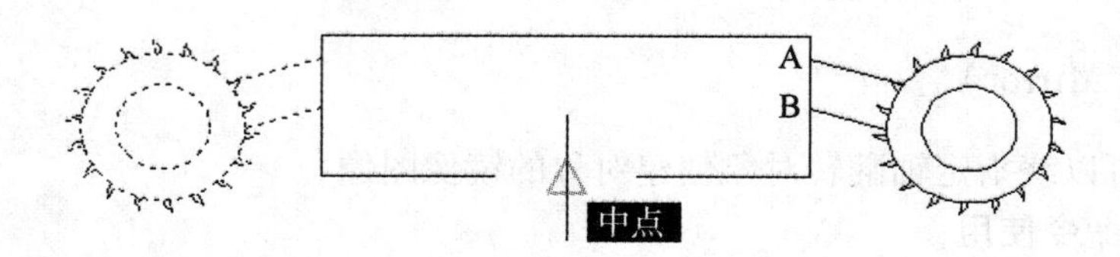

图 3-3 采煤机滚筒及摇臂

3.1.3 偏移(offset)

创建同心圆、平行线和平行曲线。

3.1.3.1 命令使用

1)命令调用

(1)单击“修改”工具栏上的“偏移”工具按钮。

(2)执行“修改”→“偏移”菜单项。

(3)在命令行中输入“offset”命令或命令缩写“o”。

2)操作说明

(1)偏移距离的指定可以在屏幕上直接拾取，也可以在命令行中直接输入距离，不论向原对象的哪一侧偏移，输入的数值总为正数。

(2)在“指定点以确定偏移所在一侧”的提示下指定点时，应注意“对象捕捉”的影响，此时应尽量选择在远离原对象和其他对象的空白处进行点击。

(3)用偏移命令创建平行线时，需要的参数是两根平行线之间的垂距。

(4)创建由多条直线连接成折线的平行线时，快捷方式是将原对象通过编辑，使其成为一条多段线，一次偏移出其平行线。

3.1.3.2 命令应用

偏移(offset)命令有两种方法可以偏移对象。

(1)以指定的距离偏移对象，如图3-4(b)所示。

(2)通过指定点偏移对象，如图3-4(d)所示。

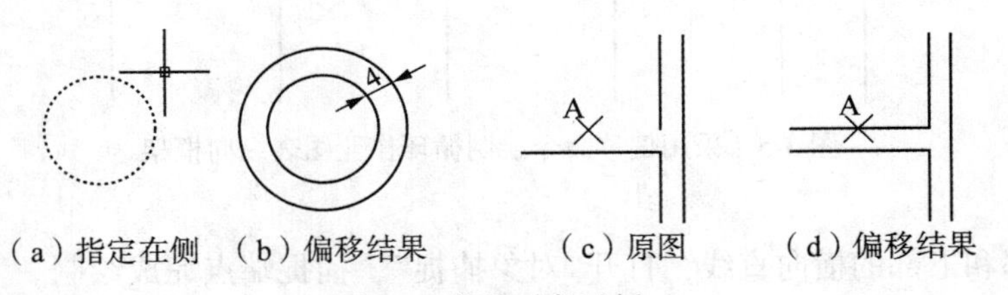

图3-4 偏移对象示例

3.1.3.3 应用实例

循环作业图表框架绘制。

先绘制纵向沿工作面方向的直线，工作面长120m，垂直方向先绘制出一条长120个单位的线段，对其进行偏移。

命令：o //调用偏移命令

指定偏移距离或[通过(T)/删除(E)/图层(L)]<通过>：30↓ //保留源对象

指定要偏移的那一侧上的点，或[退出(E)/多个(M)/放弃(U)]<退出>：

//指向偏移对象右侧

选择要偏移的对象，或[退出(E)/放弃(U)]<退出>：↓

按Enter键或空格键重复偏移命令：

指定偏移距离或[通过(T)/删除(E)/图层(L)]<30.0000>：60↓

选择要偏移的对象，或[退出(E)/放弃(U)]<退出>： //选择新偏移生成的对象

指定要偏移的那一侧上的点，或[退出(E)/多个(M)/放弃(U)]<退出>:
//指向右侧

选择要偏移的对象，或[退出(E)/放弃(U)]<退出>: //选择新偏移生成的对象

指定要偏移的那一侧上的点，或[退出(E)/多个(M)/放弃(U)]<退出>:
//指向右侧

选择要偏移的对象，或[退出(E)/放弃(U)]<退出>: //选择新偏移生成的对象

指定要偏移的那一侧上的点，或[退出(E)/多个(M)/放弃(U)]<退出>:
//指向右侧

选择要偏移的对象，或[退出(E)/放弃(U)]<退出>: //选择新偏移生成的对象

指定要偏移的那一侧上的点，或[退出(E)/多个(M)/放弃(U)]<退出>:
//指向右侧

绘制结果如图 3-5 所示。

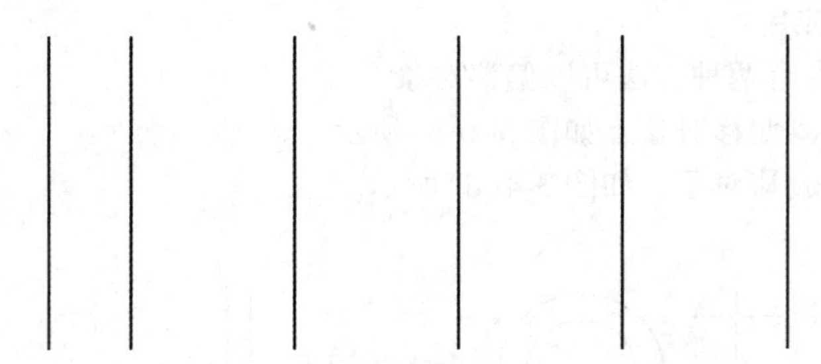

图 3-5 采用偏移命令绘制循环作业图表纵向框架

绘出上部和下部的横向直线，打开“对象捕捉”，捕捉端点完成绘制。

采用相同的操作，对上部横向直线分别向上偏移 7.5 个单位和 15 个单位；对下部横向直线向下偏移 15 个单位。工作面长度方向的短线标识，也可同样采用偏移命令逐个偏移复制出，偏移距离均为 10 个单位长度，如图 3-6 所示。

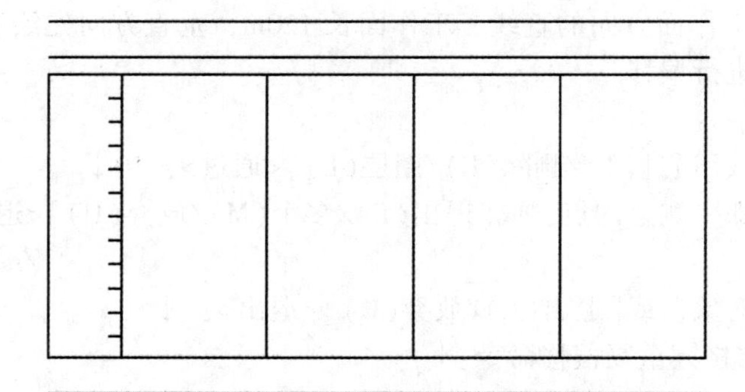

图 3-6 采用偏移命令绘制循环作业图表横向框架

3.1.4　阵列(array)

阵列是指创建按矩形或环形排列的多个重复的对象。

3.1.4.1　命令使用

1) 命令调用方式

(1)下拉菜单："修改"→"阵列"；

(2)工具栏："修改"→"阵列"按钮；

(3)命令行：array，快捷形式：ar。

阵列命令有"矩形阵列"和"环形阵列"两种阵列对象方式。

2)操作说明

(1)矩形阵列

创建矩形阵列的步骤：

第一步：调用阵列 ar 命令并选择矩形阵列，如图 3-7 所示。

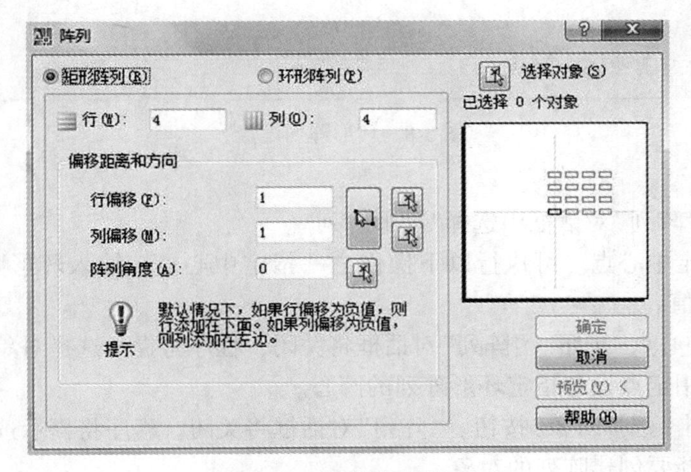

图 3-7　矩形阵列设置

第二步：单击"选择对象"按钮。"阵列"对话框将关闭，程序将提示选择对象。

第三步：选择要添加到阵列中的对象并按 Enter 键。

第四步：在"行"和"列"框中，输入阵列中的行数和列数。

第五步：使用以下方法之一指定对象间水平和垂直间距(偏移)。

在"行偏移"和"列偏移"框中，输入行间距和列间距。添加加号(+)或减号(-)确定方向。

单击"拾取行列偏移"按钮，使用定点设备指定阵列中某个单元的相对角点。此单元决定行和列的水平和垂直间距。

单击"拾取行偏移"或"拾取列偏移"按钮，使用定点设备指定水平和垂直间距。

第六步：要修改阵列的旋转角度，请在"阵列角度"文本框中输入新角度，默认角度为 0；方向设置可以在 units 命令中更改。

第七步：单击"确定"创建阵列。

(2)环形阵列

创建环形阵列的步骤：

第一步：调用阵列命令并选择环形阵列，如图 3-8 所示。

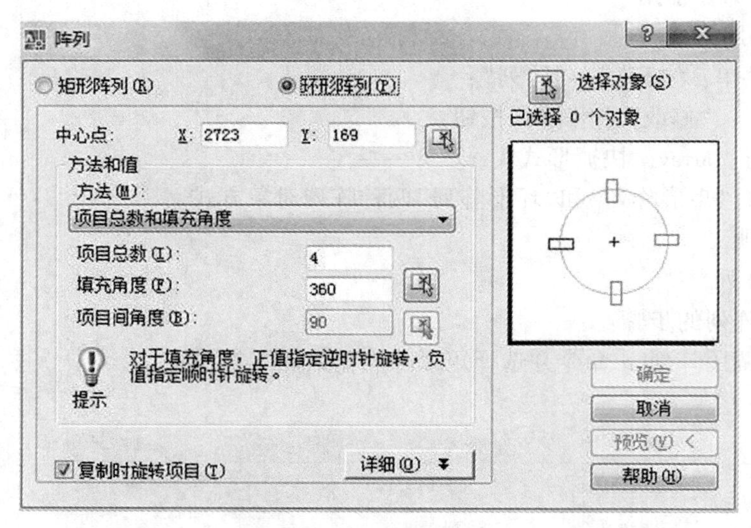

图 3-8 环形阵列设置

第二步：在“阵列”对话框中选择“环形阵列”。

第三步：指定中心点。可执行以下操作之一指定中心点：输入环形阵列中心点的 X 坐标值和 Y 坐标值。

单击“拾取中心点”按钮。“阵列”对话框将关闭，程序将提示选择对象。

第四步：使用定点设备指定环形阵列的圆心。

第五步：单击“选择对象”按钮。“阵列”对话框将关闭，程序将提示选择对象。

第六步：选择要创建阵列的对象。

第七步：在“方法”下拉列表框中，选择以下方法之一：项目总数和填充角度；项目总数和项目间的角度；填充角度和项目间的角度。

第八步：输入项目数目(包括源对象)，如果可用，使用以下方法之一：输入填充角度和项目间角度。如果可用，“填充角度”指定围绕阵列圆周要填充的距离，“项目间角度”指定每个项目之间的距离。单击“拾取要填充的角度”按钮和“拾取项目间角度”按钮，然后使用定点设备。

第九步：指定要填充的角度和项目间角度。

第十步：设置以下选项之一：要沿阵列方向旋转对象，请选择“复制时旋转项目”；要指定 X 和 Y 基点，请选择“其他”，取消选中“设为对象的默认值”选项并在 X 和 Y 文本框中输入值，或者单击“拾取中心点”按钮并使用定点设备指定点。

注意：矩形阵列对象时，行偏移和列偏移是指图形中相同点至相同点之间的距离。单行(列)多列(行)阵列对象时，行(列)偏移为 0 且不可忽略。环形阵列对象时，项目总数包括源对象在内。

3.1.4.2　应用实例

1)锚杆支护巷道俯视平面图绘制

锚杆支护间排距及巷道宽度如图 3-9 所示，托盘平面尺寸为 100mm×100mm，用阵列方法绘制出既定位置的锚杆支护。

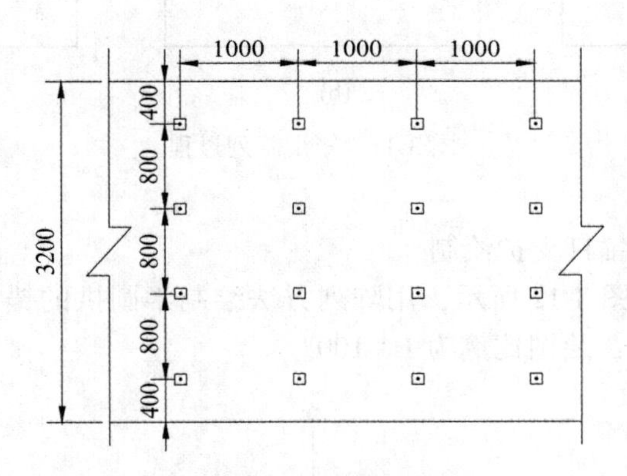

图 3-9　锚杆支护巷道俯视平面图

(1)单击修改工具栏的阵列按钮，弹出“阵列”对话框，选择“矩形阵列”；按照图 3-10，设置行为“4”、列为“4”、行偏移为“-800”、列偏移为“1000”。

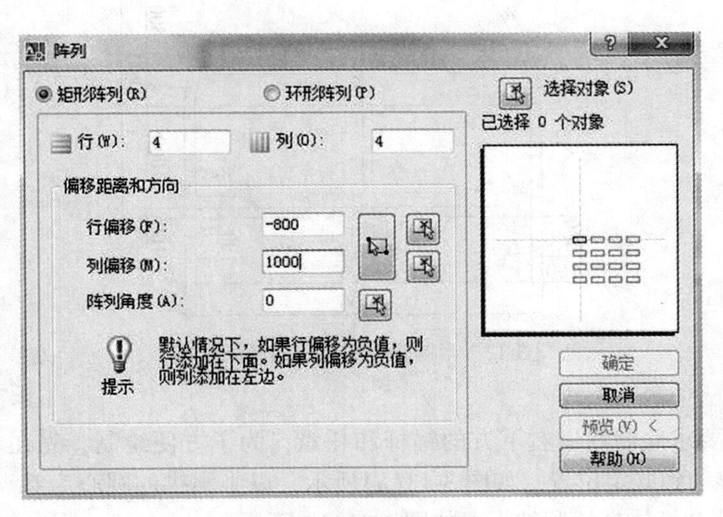

图 3-10　矩形阵列设置

(2)单击“选择对象”按钮，切换回绘图界面，选择托盘和锚杆外露点，如图 3-11(b)所示，按 Enter 键结束选择，重新返回图 3-10 所示对话框，单击“确定”阵列结束，得到如图 3-11(c)所示的矩形阵列图形。

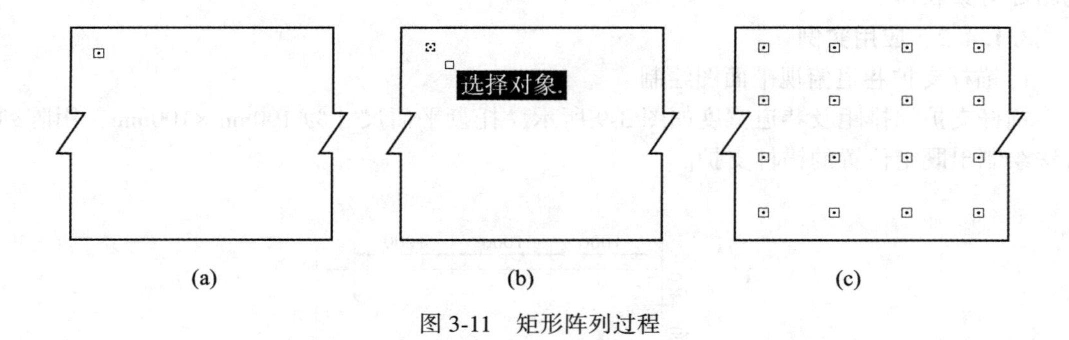

图 3-11 矩形阵列过程

2)半圆拱锚喷巷道锚杆支护绘制

半圆拱锚喷巷道如图 3-12 所示，用阵列方法绘制半圆拱的锚杆支护，左右两根锚杆与水平方向夹角均为 6°，绘图比例为 1∶100。

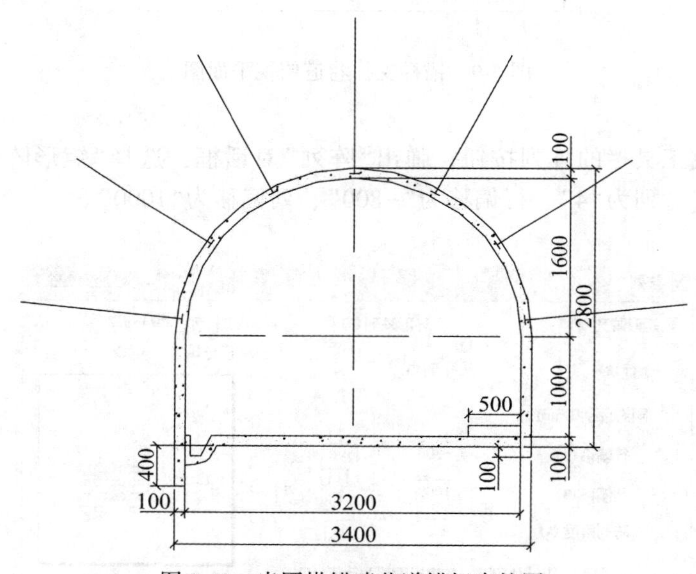

图 3-12 半圆拱锚喷巷道锚杆支护图

(1)按尺寸要求绘制巷道右下方的锚杆和托盘，为了方便绘制，先在水平方向完成，绘制后再将其移动到既定位置，如图 3-13(a)所示；以半圆拱的圆心为基点将锚杆逆时针旋转 6°，右侧第一根锚杆绘制结束，如图 3-13(b)所示。

(2)调用"阵列"对话框，选择"环形阵列"；单击"拾取中心点"按钮，切换回绘图界面，选择半圆拱的圆心，重新返回"阵列"对话框；锚杆总数为 7，故"项目总数"为 7；填充角度为 168°(除去首末端两锚杆的倾斜角度)，如图 3-14 所示。

(3)单击"选择对象"按钮，切换回绘图界面，选择锚杆和托盘，按 Enter 键结束选择，重新返回图 3-14 所示对话框，单击"确定"阵列结束，得到如图 3-12 所示的锚杆环形

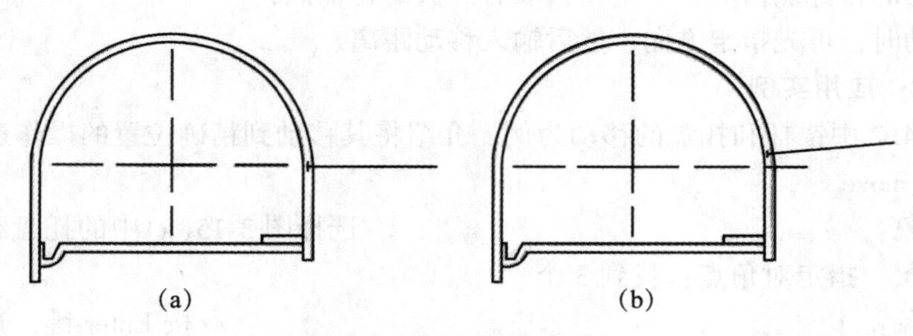

图 3-13　锚杆环形阵列准备

阵列图形。

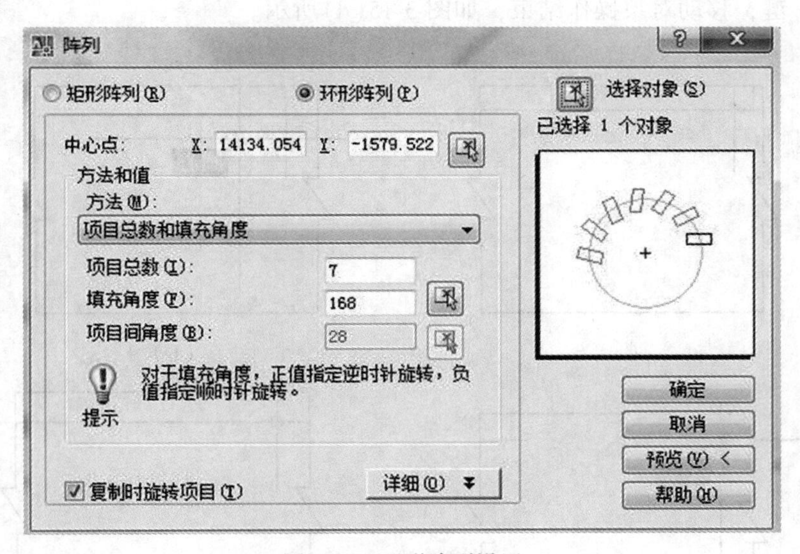

图 3-14　环形阵列设置

3.1.5　移动(move)

将对象在指定的方向进行平移。

3.1.5.1　命令使用

1)命令调用

(1)单击“修改”工具栏上的“移动”工具按钮；

(2)执行“修改”→“移动”菜单项；

(3)在命令行中输入“move”或“m”。

2)说明

(1)当命令行提示“指定基点或位移”时，基点要指定有意义的特征点，如圆心、端点、中点或交点等；

(2)移动的目标点拾取，一定要拾取有意义的特征点；

(3)移动时，可先指定方向，然后输入移动距离。

3.1.5.2 应用实例

以3.1.4.2中锚杆和托盘的移动为例，介绍将其移动到精确位置的操作过程。

命令：_move

选择对象： //选择图3-15(a)中的托盘和锚杆外露点

选择对象：指定对角点：找到3个

选择对象：↓ //按Enter键，选择对象结束

指定基点或[位移(D)]<位移>：

//指定托盘的中心，即内部小圆的圆心，如图3-15(b)所示

指定基点或[位移(D)]<位移>： //使用"对象捕捉"的交点，如图3-15(c)所示

按Enter键，移动对象操作结束，如图3-15(d)所示。

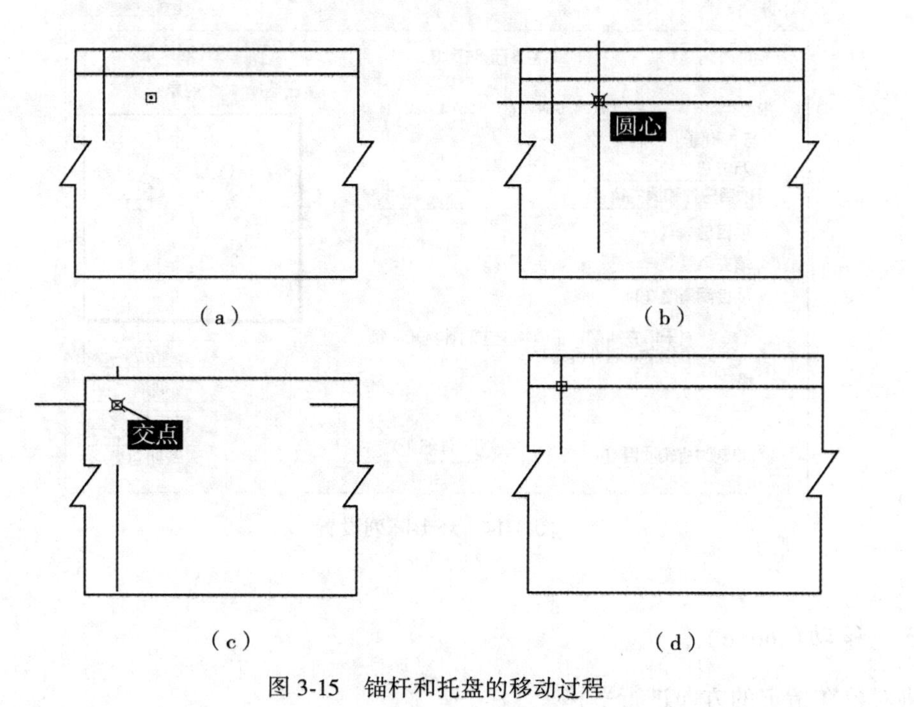

图3-15 锚杆和托盘的移动过程

3.2 修剪对象类

3.2.1 修剪(trim)

按其他对象定义的剪切边修剪对象。

3.2.1.1　命令使用

1)命令调用

(1)单击“修改”工具栏上的“修剪”工具按钮。

(2)执行“修改”→“修剪”菜单项。

(3)在命令行中输入“trim”命令或命令缩写“tr”。

2)说明

(1)可剪切的对象有圆、椭圆弧、直线、多段线、射线、样条曲线和构造线。

(2) 在有天然边界的情况下，若被修剪的对象为两个内切的圆或圆弧，此时最好选择边界后再执行修剪命令。

(3)AutoCAD 支持交叉窗口选择“修剪”命令中的边界对象和被修剪的对象。

3.2.1.2　命令应用

在执行剪切命令之后，出现的“选择对象”是指选择作为修剪边界的对象。如果有直接可以利用的边界，则称为天然边界。在有天然边界的情况下，可以不进行边界的选择，直接进行下一步的操作。另外，被选择作为边界的对象，也可以被修剪。

三字口诀：“左右左”。鼠标左键：选择修剪边界(可以多选边界)；鼠标右键：确定边界；鼠标左键：点选要修剪掉的对象。

3.2.1.3　应用实例

巷道交叉口修剪：

调用修剪 tr 命令→点击鼠标左键框选巷道，如图 3-16(b)所示，点击鼠标右键确定边界→鼠标左键点选要修剪删除的对象，如图 3-16(c)所示，按回车键确定，完成图 3-16(d)。

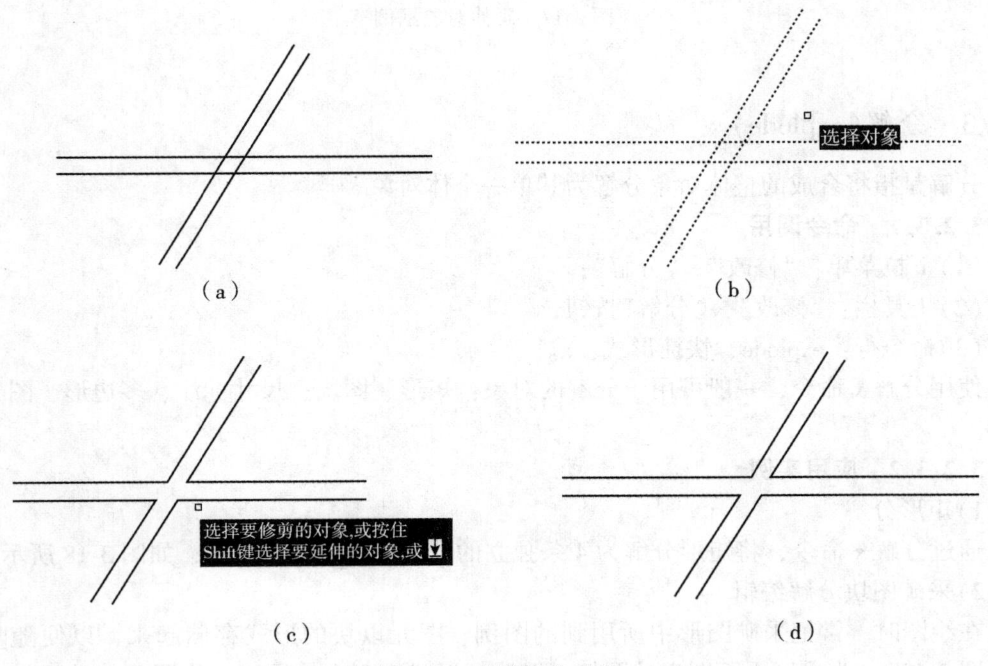

图 3-16　巷道修剪过程

3.2.2 延伸(extend)

将对象延伸到另一对象。

3.2.2.1 命令调用

(1)单击“修改”工具栏上的“延伸”工具按钮。

(2)执行“修改”→“直线”菜单项。

(3)在命令行中输入“extend”或命令缩写“ex”。

3.2.2.2 命令应用

同修剪命令一样，掌握“左右左”口诀：左边界、右确定、左对象，关键在于对边界的认识。

延伸命令的使用步骤：

(1)执行延伸命令，点击鼠标左键选择延伸边界 BB，点击鼠标右键确定，见图 3-17(a)；

(2)点击鼠标左键选择需要延伸的对象 A，见图 3-17(b)；

(3)延伸结果见图 3-17(c)。

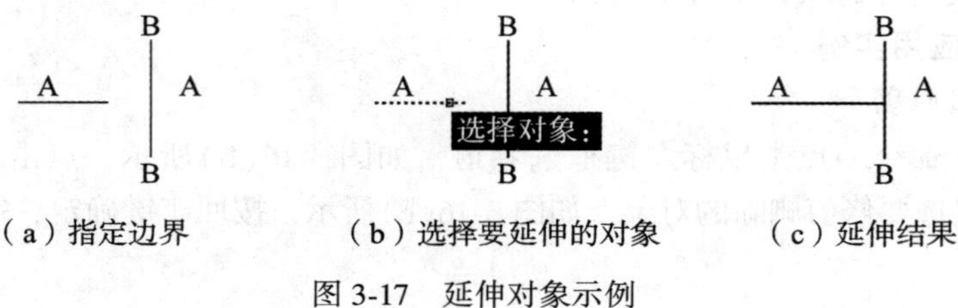

(a)指定边界　(b)选择要延伸的对象　(c)延伸结果

图 3-17　延伸对象示例

3.2.3 分解(explode)

分解是指将合成的整体对象分解为其单一个体对象。

3.2.3.1 命令调用

(1)下拉菜单：“修改”→“分解”；

(2)工具栏：“修改”→“分解”按钮；

(3)命令行：explode，快捷形式：x。

使用分解 x 命令，一般可用于分解的对象：矩形、图块、尺寸标注、多边形、图案填充等。

3.2.3.2 应用实例

1)矩形分解

通过分解 x 命令，将矩形分解为 4 条独立的直线，便于图形编辑，如图 3-18 所示。

2)采矿图块分解编辑

在绘图时，常把采矿图形中所用到的图例、图元以块的形式存储起来，以便随时调用，图 3-19(a)为采区平面图中的图例，以块的形式出现在绘图区，为了便于编辑，可采

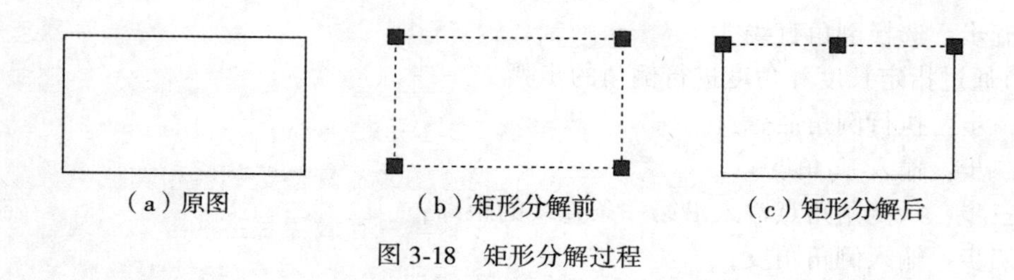

图 3-18　矩形分解过程

用对其进行直接分解的方法，然后对各个文字对象进行编辑利用。

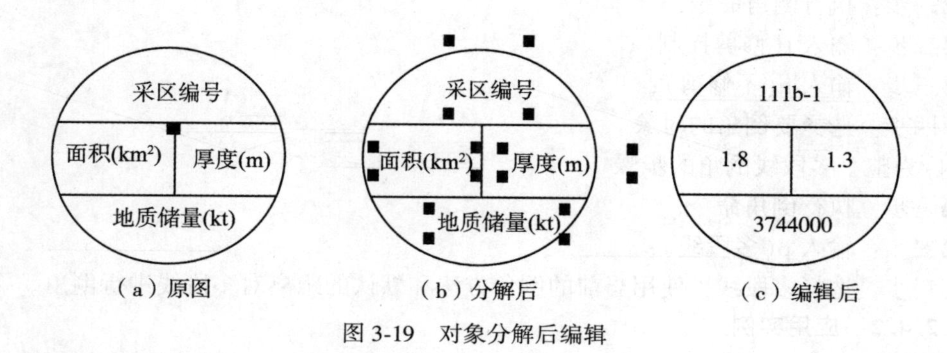

图 3-19　对象分解后编辑

命令：_explode

选择对象：找到 1 个　　　　　　　　　　　　　　　//选择图 3-19(a)的图例块

按 Enter 键或鼠标右键，结束选择，同时分解完成。对象分解后失去了关联性，转变为独立对象。选择文字对象如图 3-19(b)所示；对文字进行编辑后，如图 3-19(c)所示。

3.2.4　倒角(chamfer)

倒角是使用成角的直线，连接角点位置的两个对象。通常用于表示角点上的倒角边。

3.2.4.1　命令使用

1)命令调用

(1)下拉菜单："修改"→"倒角"；

(2)工具栏："修改"→"倒角"按钮；

(3)命令行：chamfer，快捷形式：cha。

2)操作说明

执行"倒角"命令后，会出现"选择第一条直线或［放弃(U)/多段线(P)/距离(D)/角度(A)/修剪(T)/方式(E)/多个(M)］"提示信息，了解各参数的意义。

(1)设置倒角距离的步骤

第一步：执行倒角命令；

第二步：输入 d(距离)；

第三步：输入第一个倒角距离；

第四步：输入第二个倒角距离；

第五步：选择倒角直线。

(2)通过指定长度和角度进行倒角的步骤

第一步：执行倒角命令；

第二步：输入 a(角度)；

第三步：从倒角角点输入沿第一条直线的距离；

第四步：输入倒角角度；

第五步：选择第一条直线，然后选择第二条直线。

(3)倒角而不修剪的步骤

第一步：执行倒角命令；

第二步：输入 t(修剪控制)；

第三步：输入 n(不修剪)；

第四步：选择要倒角的对象。

(4)为整个多段线倒角的步骤

第一步：执行倒角命令；

第二步：输入 p(多段线)；

第三步：选择多段线，使用当前的倒角方法和默认的距离对多段线进行倒角。

3.2.4.2　应用实例

命令：chamfer　　//执行倒角命令

(“不修剪”模式)当前倒角距离 1=6.0000，距离 2=6.0000　　//当前默认设置

选择第一条直线或[放弃(U)/多段线(P)/距离(D)/角度(A)/修剪(T)/方式(E)/多个(M)]：d↓　　//输入倒角距离

指定第一个倒角距离<6.0000>：10↓　　//输入第一个倒角距离

指定第二个倒角距离<6.0000>：15↓　　//输入第二个倒角距离

选择第一条直线或[放弃(U)/多段线(P)/距离(D)/角度(A)/修剪(T)/方式(E)/多个(M)]：t↓

输入修剪模式选项[修剪(T)/不修剪(N)]<不修剪>：t↓　　//执行修剪

选择第一条直线或[放弃(U)/多段线(P)/距离(D)/角度(A)/修剪(T)/方式(E)/多个(M)]：　　//选择直线 AA，如图 3-20(b)所示

选择第二条直线，或按住 Shift 键选择要应用角点的直线：

//选择直线 BB，如图 3-20 (b)所示

倒角操作结束，如图 3-20 (b)所示，同理执行巷道内侧边 CC、DD 的倒角，内侧边的倒角距离要比外侧边小一些，指定 CC 的倒角距离为 5，DD 的倒角距离为 8，倒角后如图 3-20 (c)所示。

对于该拐角巷道执行倒角的同时要执行修剪，不修剪的模式如图 3-21(c)所示。

3.2.5　圆角(fillet)

圆角是使用与对象相切并且具有指定半径的圆弧连接两个对象。

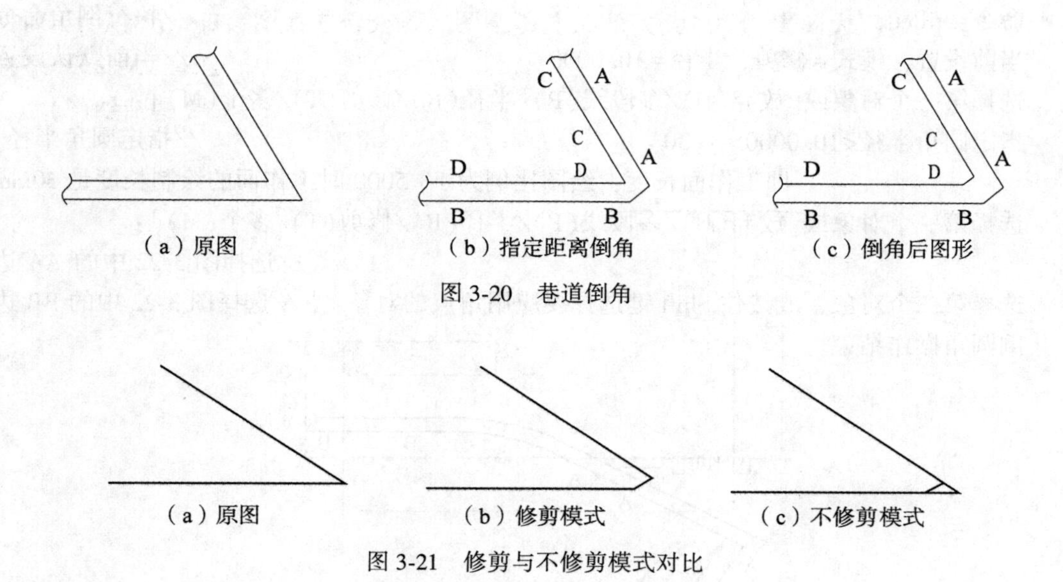

（a）原图　（b）指定距离倒角　（c）倒角后图形

图 3-20　巷道倒角

（a）原图　（b）修剪模式　（c）不修剪模式

图 3-21　修剪与不修剪模式对比

3.2.5.1　命令使用

1)命令调用

(1)下拉菜单："修改"→"圆角"；

(2)工具栏："修改"→"圆角"按钮；

(3)命令行：fillet，快捷形式：f。

圆角是以与对象相切的方式，并且具有指定半径的圆弧来连接两个对象，内角点称为内圆角，外角点称为外圆角，这两种圆角均可使用 fillet 命令创建。可以进行圆角的对象有圆弧、圆、椭圆、椭圆弧、直线、多段线、射线、样条曲线与构造线，使用单个命令便可以为多段线的所有角添加圆角。

2)说明

(1)给通过直线段定义的图案填充边界进行圆角会删除图案填充的关联性；如果图案填充边界是通过多段线定义的，将保留关联性。

(2)如果要进行圆角的两个对象位于同一图层上，那么将在该图层创建圆角弧；否则，将在当前图层创建圆角弧，此图层影响对象的特性(包括颜色和线型)。

(3)使用"多个"选项可以圆角多组对象而无须结束命令。

(4)若将圆角命令参数设置为"0"，该命令相当于延伸命令。

3.2.5.2　操作实例

上回风巷道倒圆角：工作面设计了实旋转中心进行调斜开采，且要保持工作面等长，调斜处的上回风巷要设计成以工作面长为半径的弧形巷道，弧形巷道可用倒圆角来完成，弧形巷道确定后，旋转中心即可确定，此旋转中心也就是下运输巷的拐点，拐点确定后，下运输巷的方位随之确定。由以上分析得出，对上回风巷道进行倒圆角是完成该工作面巷道设计的重要环节。

命令：fillet↓ //执行倒角命令

当前设置：模式=修剪，半径=10.0000 //当前默认设置

选择第一个对象或[放弃(U)/多段线(P)/半径(R)/修剪(T)/多个(M)]：r

指定圆角半径<10.0000>：30↓ //指定圆角半径，即工作面长度，绘图比例为1：5000时工作面的绘制长度是30mm

选择第一个对象或[放弃(U)/多段线(P)/半径(R)/修剪(T)/多个(M)]： //选择图3-22中的AA边

选择第二个对象，或按住Shift键选择要应用角点的对象： //选择图3-22中的BB边

倒圆角操作结束。

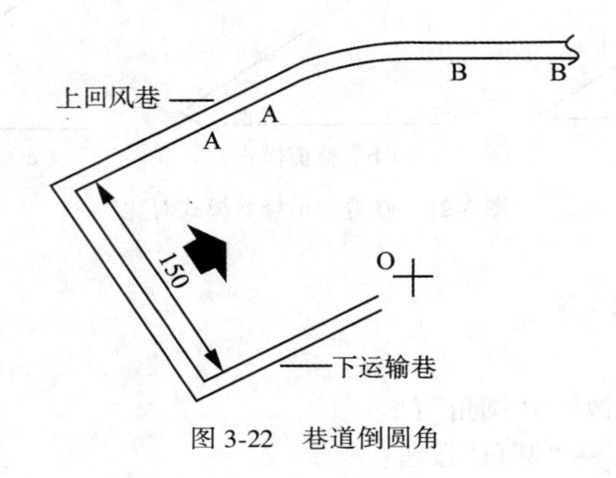

图3-22 巷道倒圆角

3.2.6 打断(break)

可以将一个对象打断为两个对象，对象之间可以具有间隙，也可以没有间隙。还可以将多个对象合并为一个对象。

3.2.6.1 命令使用

1)命令调用

(1)下拉菜单："修改"→"打断"；

(2)工具栏："修改"→"打断"按钮/"打断于点"按钮；

(3)命令行：break，快捷形式：br。

2)操作步骤

打断命令可以将一个对象打断为两个对象，打断命令使用后两个指定点之间的对象部分将被删除，对象之间具有间隙，而打断于点是使完整对象变为两个对象，对象之间不具有间隙。要打断对象而不创建间隙，需在相同的位置指定两个打断点。完成此操作的最快方法是在提示输入第二点时输入"@0，0"。可以在大多数几何对象上创建打断，但不包括以下对象：块、标注、多线、面域。

执行打断命令步骤如下：

(1)选择要打断的对象，默认情况下，在其上选择对象的点为第一个打断点。要选择

其他打断点，请输入 f(第一个)，然后指定第二个打断点。

(2)指定第二个打断点，要打断对象而不创建间隙，请输入“@ 0，0”，以指定下一点。打断于点操作与打断操作基本相同。打断于点命令只适用于“开口”对象，如直线、圆弧等，对封闭的圆或矩形等对象执行该命令无效。

3.2.6.2　应用实例

1)打断于点命令在标注等高线中的应用

命令：_break 选择对象：　　//选择 AB 所在的线段

指定第二个打断点或[第一点(F)]：f↓

指定第一个打断点：　　//指定 A 点

指定第二个打断点：　　//指定 B 点，也可用相对坐标输入；AB 之间断开添加标注数值后如图 3-23(a)所示

同理完成各条等高线的打断及标注，目标图形如图 3-23 (b)所示。

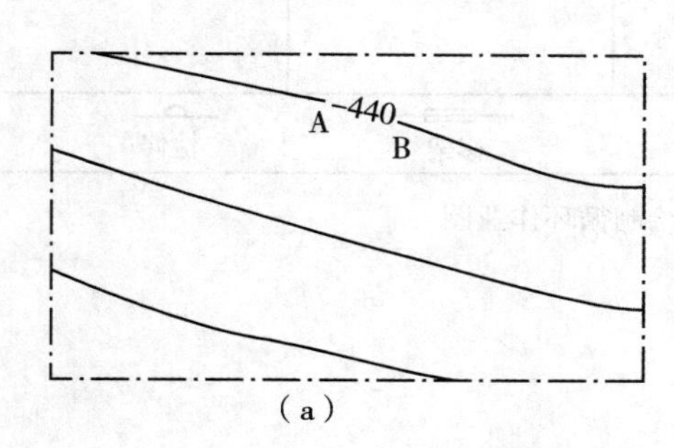

(a)

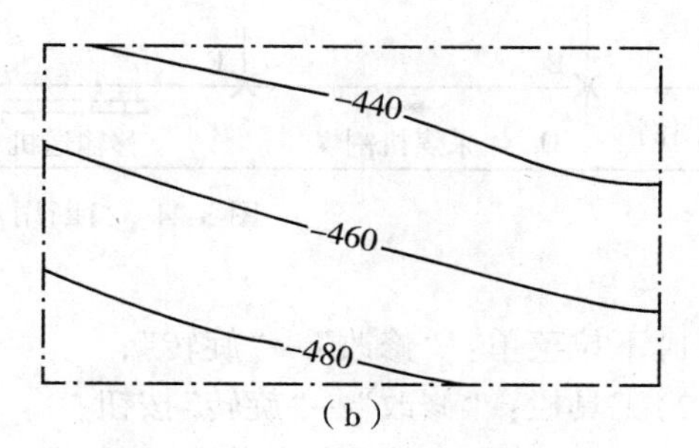

(b)

图 3-23　打断用于标注等高线

2)打断于点命令在绘制循环作业图表中的应用

单击修改工具栏的打断于点按钮。

命令：_break 选择对象：　　//选择 AB 所在直线

指定第二个打断点或[第一点(F)]：_f　　//选择 A 点，如图 3-24 所示

指定第一个打断点：

指定第二个打断点：@0，0　　//操作结束，A 点处已被打断

同理再在 B 点处打断，为绘制采煤工艺循环作准备，再将上下两时间横轴打断于 E 点和 F 点。

3.3　旋转缩放类

3.3.1　旋转(rotate)

可以绕指定基点旋转图形中的对象。

3.3.1.1　命令使用

1)命令调用

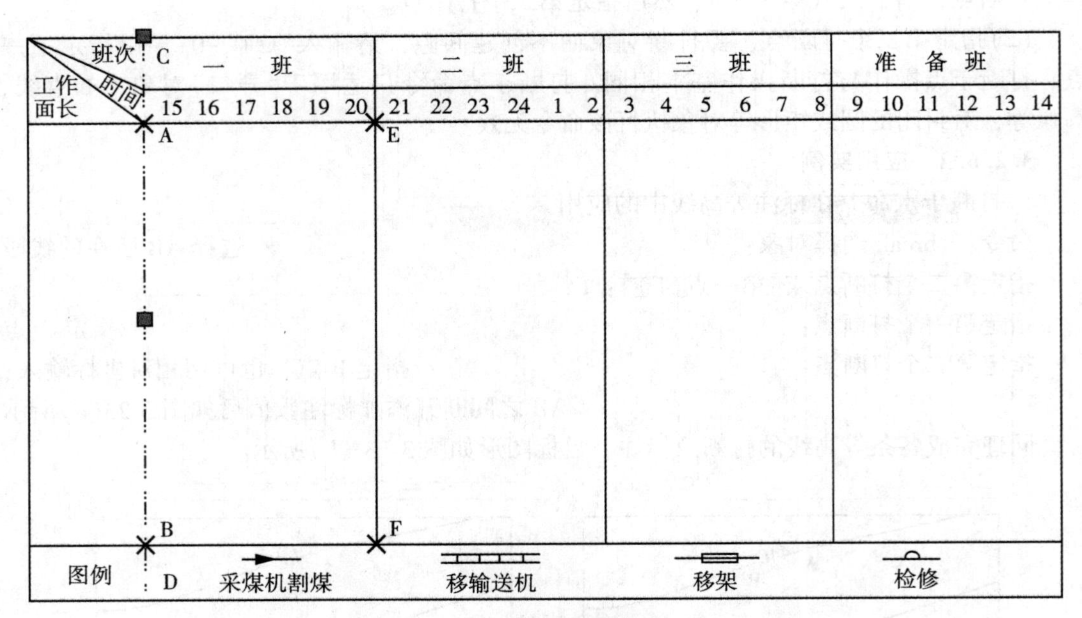

图 3-24 打断用于绘制循环作业图

(1)下拉菜单："修改"→"旋转"；

(2)工具栏："修改"→"旋转"按钮；

(3)命令行：rotate，快捷形式：ro。

2)操作步骤

(1)指定角度旋转对象

选择旋转对象并指定基点后直接输入角度值完成操作，输入角度值为0°~360°，还可以按弧度、百分度或勘测方向输入值。一般情况下，输入正角度值按逆时针旋转对象，输入负角度值按顺时针旋转对象。

(2)通过拖动旋转对象

选择对象并指定基点后，用鼠标拖动对象来指定第二点完成旋转操作。为了更加精确地完成旋转，可配合使用"正交""极轴追踪"或"对象捕捉"模式。

(3)旋转对象到绝对角度

使用"参照"选项，可以旋转对象，使其与绝对角度对齐。可使用"三点法"进行参照旋转，1点为基点，2点为原对象上的点，3点为新对象上的点。

"三点法"使用方法：

使用参照旋转，将实线"12"旋转至虚线"13"，如图3-25(f)所示。

命令：ro

当前的正角方向： ANGDIR=逆时针 ANGBASE=0

选择对象：找到1个 //选中实线"12"，如图3-25(b)所示

选择对象： //按鼠标右键确定

指定基点：　　//选"1"点，如图 3-25(c)所示

指定旋转角度，或[复制(C)/参照(R)]<0>：　r　　//参照旋转

指定参照角 <0>：　　//选"1"点

指定第二点：　　//选"2"点，如图 3-25(d)所示

指定新角度或[点(P)]<0>：　　//选"3"点，如图 3-25(e)所示

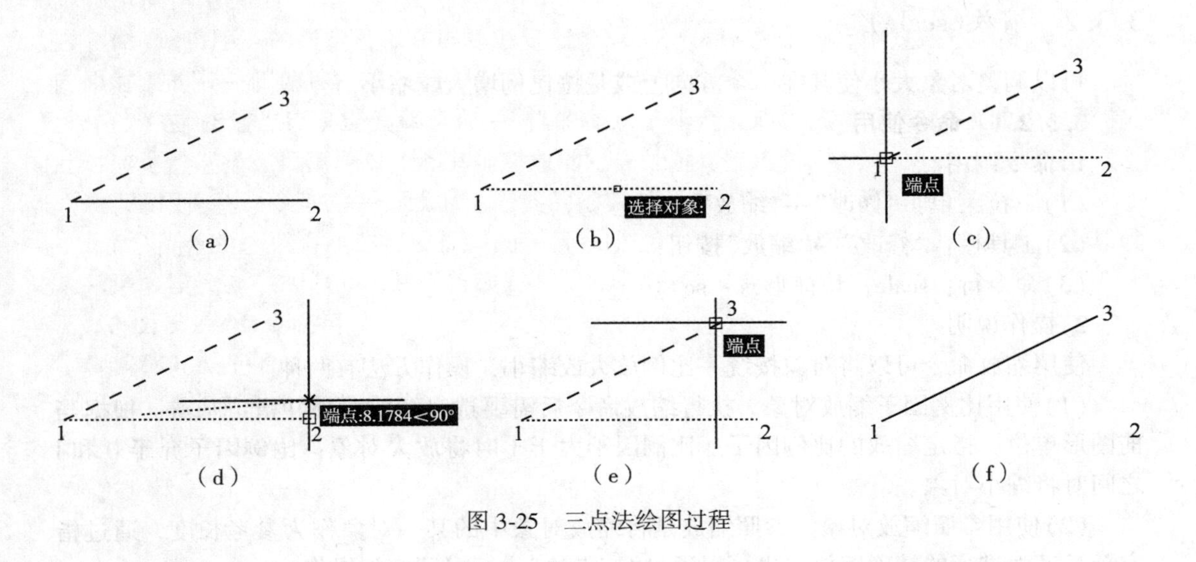

图 3-25　三点法绘图过程

3.3.1.2　应用实例

将图 3-26(a)所示的水平放置的进风符号旋转后与巷道平行，如图 3-26(c)所示。

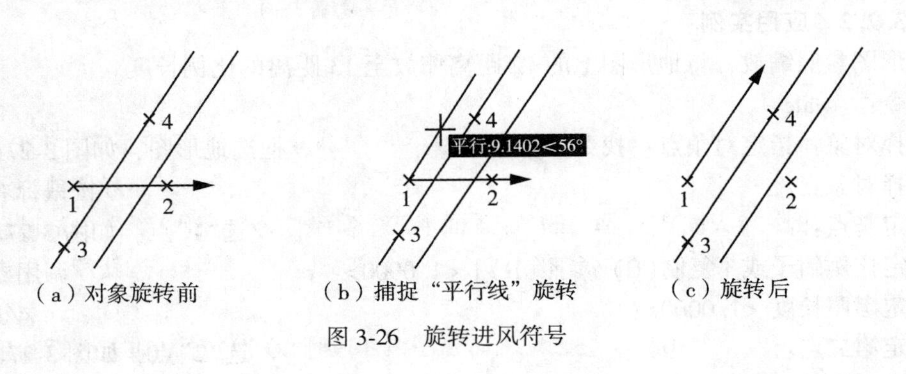

图 3-26　旋转进风符号

命令：_rotate　　//调用"旋转"命令

当前的正角方向：ANGDIR=逆时针 ANGBASE=0　　//当前状态

选择对象：指定对角点：找到 6 个　　//选择箭头及横线

选择对象：　　//按 Enter 键选择对象结束

指定基点：　　//指定"1"点

指定旋转角度，或[复制(C)/参照(R)]<0>：r↓　　//执行"参照"操作

指定参照角<0>： //指定"1"点
指定第二点： //指定"2"点
指定新角度或[点(P)]：p↓ //指定新角度另一边上两点
指定第一点： //指定"3"点
指定第二点： //指定"4"点，旋转结束，如图3-26(c)所示

3.3.2 缩放(scale)

可以调整对象大小使其在一个方向上或是按比例增大或缩小。

3.3.2.1 命令使用

1)命令调用

(1)下拉菜单："修改"→"缩放"；

(2)工具栏："修改"→"缩放"按钮；

(3)命令行：scale，快捷形式：sc。

2)操作说明

使用缩放命令可以将对象按统一比例放大或缩小，操作方法有两种：

(1)使用比例因子缩放对象。执行缩放命令后需要选定缩放对象并指定基点，根据当前图形单位，指定缩放的比例因子。比例因子大于1时将放大对象；比例因子介于0和1之间时将缩小对象。

(2)使用参照缩放对象。参照缩放是将缩放对象中的某一对象作为参考长度，通过指定新长度而进行的精确缩放，也可以通过"三点法"进行参照缩放操作。

缩放可以更改选定对象的所有标注尺寸，对象缩放后标注尺寸也随之更新；在缩放对象时可以结合"正交"和"栅格捕捉"进行精确操作。

3.3.2.2 应用实例

地形图参照缩放，将地形图上的12距离缩放至13距离的比例长度。

命令：_scale
选择对象：指定对角点：找到215个 //框选地形图，如图3-27(b)所示
选择对象： //按鼠标右键确定
指定基点： //选"1"点，如图3-27(c)所示
指定比例因子或［复制(C)/参照(R)］<1.0000>：r //调用参照缩放
指定参照长度 <1.0000>： //选"1"点
指定第二点： // 选"2"点，如图3-27(d)所示
指定新的长度或［点(P)］<1.0000>： // 选"3"点，如图3-27(e)所示

3.3.3 合并(join)

合并功能可以将多个多段线对象进行连接合并成一个连续对象。

3.3.3.1 命令调用

(1)菜单栏：选择"修改"→"合并"；

(2)工具栏：单击"合并"图标；

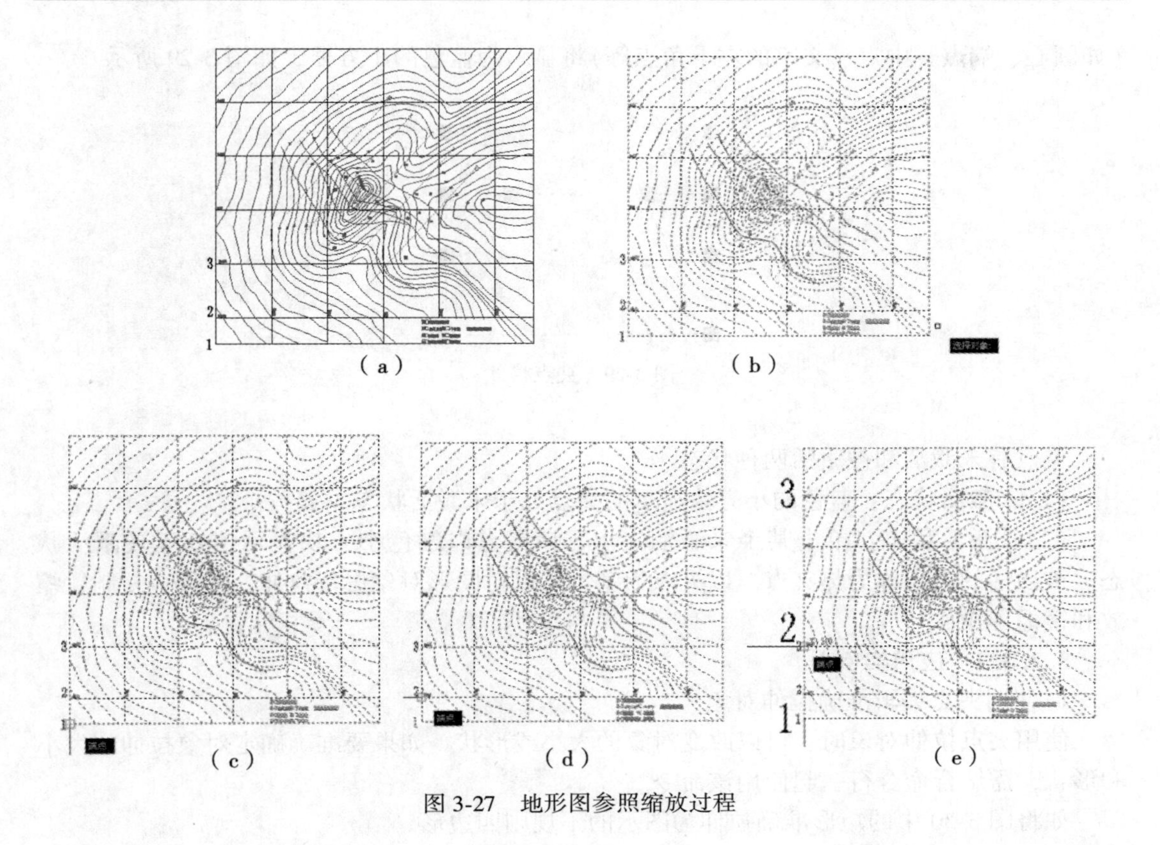

（a）　（b）　（c）　（d）　（e）

图 3-27　地形图参照缩放过程

(3)命令行：join，快捷形式：j。

3.3.3.2　命令应用

命令：j

选择源对象：　　//选择要合并的多个多段线，如图 3-28(a)所示

选择要合并到源的对象：　找到 1 个　　//按鼠标右键确定，如图 3-28(b)所示

选择要合并到源的对象：

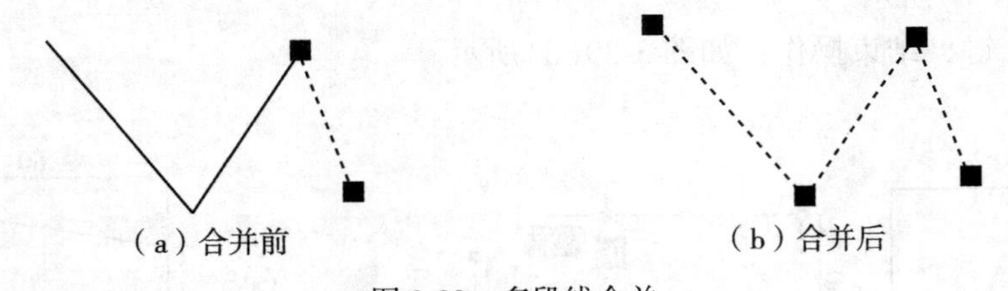

（a）合并前　　（b）合并后

图 3-28　多段线合并

3.3.4　夹点编辑

3.3.4.1　夹点模式

用鼠标单击某个图形对象，将进入夹点模式。图形对象以虚线显示，图形上的特征点

(如圆心、端点、中点、文字的左下角点等)将显示为蓝色的小方框，如图 3-29 所示。

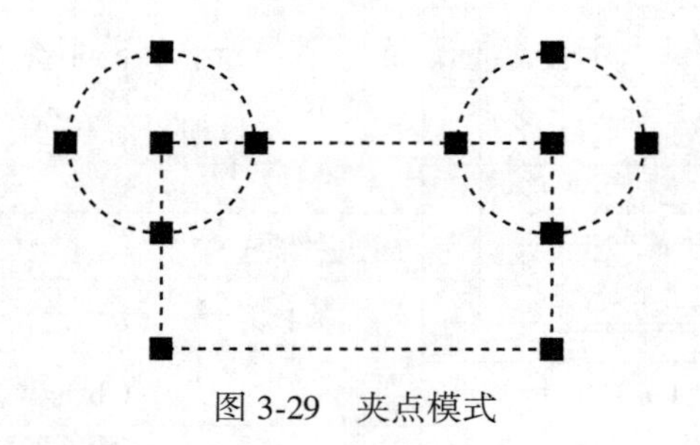

图 3-29 夹点模式

夹点有未激活和被激活两种状态。

(1)未激活状态：蓝色的小方块显示的夹点处于未激活状态。

(2)被激活状态：单击某个未激活夹点，该夹点以红色小方块显示，处于被激活状态。被激活的夹点称为热夹点。以夹点为基点可以对图形对象进行拉伸、平移、复制、缩放和镜像等操作。

3.3.4.2 应用实例

1)使用夹点编辑准确拉伸对象

使用夹点拉伸对象时，可以改变对象的大小或形状。如果要准确确定对象拉伸的大小和形状，需结合命令行一起使用该命令。

如将图 3-30 中的矩形准确拉伸为图示的不规则四边形。

操作步骤：

(1)单击鼠标左键选择图形，在矩形右上角夹点处停留，激活该夹点，如图 3-30(b)所示。

(2)此时命令行中显示：

拉伸

指定拉伸点或[基点(B)/复制(C)/放弃(U)/退出(X)]：

输入“B”，按回车键→选择左上角夹点为基点，按回车键，输入拉伸点坐标“@ 20, 10”，如图 3-30(c)所示。

(3)按 Esc 键，结束操作，如图 3-30(d)所示。

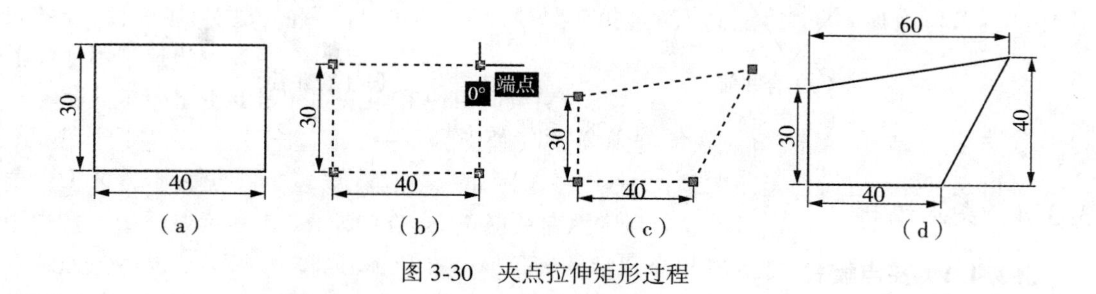

图 3-30 夹点拉伸矩形过程

2)使用夹点移动对象

操作步骤如下：

(1)选择直线，激活中点的夹点，将鼠标悬停在该夹点并单击右键，在弹出的快捷菜单中选择“移动”命令。

(2)将中点作为基点，捕捉矩形的右上端点，使直线的基点和矩形右上端点重合，如图3-31(b)所示。

(3)选择圆，激活圆心的夹点，将圆心作为基点，捕捉直线的右上端点，使圆的基点和直线的右上端点重合，如图3-31(c)所示。按下 Esc 键，结束操作。

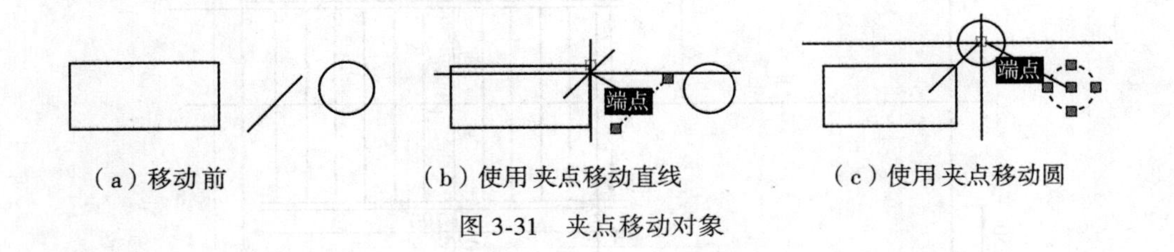

(a)移动前　(b)使用夹点移动直线　(c)使用夹点移动圆

图3-31　夹点移动对象

3.4 矿山图形编辑实例

3.4.1 并列式梯子间平面图

3.4.1.1 梯子间布置形式和要求

有安全出口作用的竖井必须设梯子间。梯子间除用作安全出口外，平时还用于竖井内各种设备的检修。梯子间一般布置在罐笼井中，箕斗井中可不设梯子间。梯子间通常布置在井筒的一侧，并用隔板与提升间、管缆隔开。

梯子间的布置形式：按上下两层梯子安设的相对位置不同，布置形式可以分为并列布置、交错布置和顺列布置三种形式。

梯子间布置要求：梯子倾角不大于80°；相邻两梯子平台的距离不大于8m，通常按罐梁层间距大小而定；上下相邻平台的梯子孔错开布置，梯子口尺寸不小于0.6m×0.7m；梯子上端应高出平台1m；梯子下端离开井壁不小于0.6m，脚踏板间距不大于0.4m，梯子宽度不小于0.4m。

3.4.1.2 并列式梯子间绘制过程

并列布置梯子口长度 L=1300mm，宽度 W=1200mm，梯子水平长度 B=700mm，脚踏板间距(斜长)L_1=300mm，梯子角度 α=80°，脚踏板间距(水平)L_2=52.1mm，梯子宽度 B_0=400mm，梯子距离梯子口边壁的间隙 B_1=B_2=150mm，如图3-32所示。

1)矩形绘制梯子口

命令：rectang　　//调用矩形命令

指定第一个角点或[倒角(C)/标高(E)/圆角(F)/厚度(T)/宽度(W)]：

//指定任一点

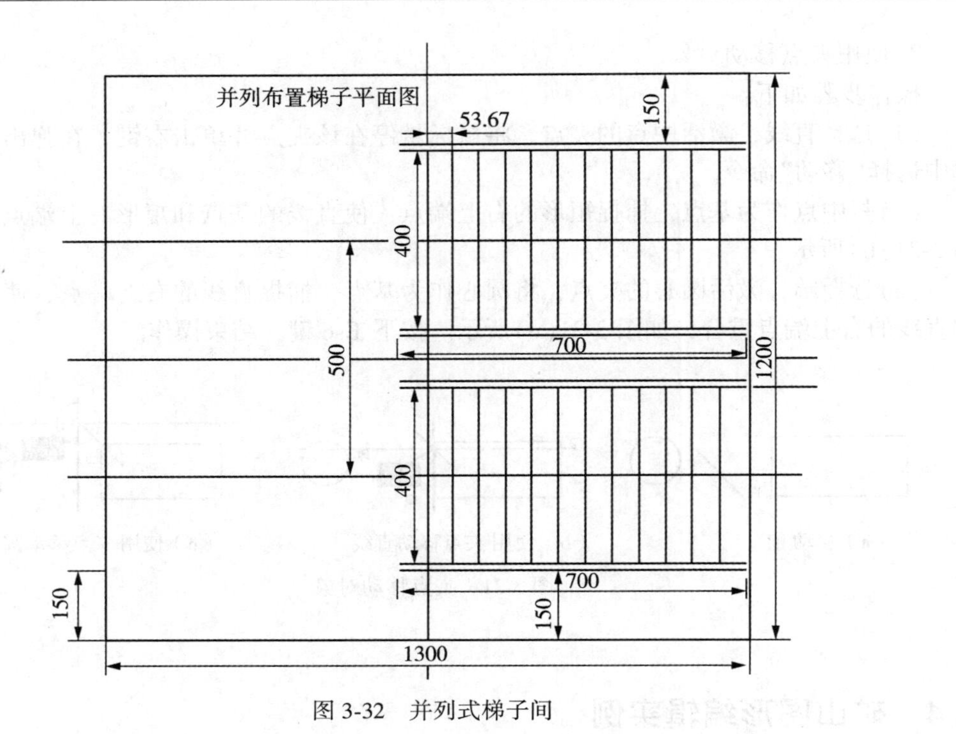

图 3-32 并列式梯子间

指定另一个角点或［面积(A)/尺寸(D)/旋转(R)］：d
指定矩形的长度 <10.0000>：1300
指定矩形的宽度 <100.0000>：1200
指定另一个角点或［面积(A)/尺寸(D)/旋转(R)］： //指定矩形另一对角点
2)偏移定位
*分解*矩形
命令：x
选择对象：找到 1 个 //选择矩形
选择对象： //按鼠标右键确定
绘制辅助中心线：调用直线命令，连接中点 E、F 和 G、H，如图 3-33(a)所示。
*偏移*定位梯子中线
命令：offset
当前设置：删除源=否 图层=源 OFFSETGAPTYPE=0
指定偏移距离或［通过(T)/删除(E)/图层(L)］<10.0000>：250
选择要偏移的对象，或［退出(E)/放弃(U)］<退出>： //选 EF
指定要偏移的那一侧上的点，或［退出(E)/多个(M)/放弃(U)］<退出>：
//EF 上侧
选择要偏移的对象，或［退出(E)/放弃(U)］<退出>：↓
*偏移*定位上扶手
命令：offset

当前设置：删除源=否　图层=源　OFFSETGAPTYPE=0
指定偏移距离或［通过(T)/删除(E)/图层(L)］<250.0000>：150
选择要偏移的对象，或［退出(E)/放弃(U)］<退出>：　//选 AB
指定要偏移的那一侧上的点，或［退出(E)/多个(M)/放弃(U)］<退出>：
//AB 下侧
选择要偏移的对象，或［退出(E)/放弃(U)］<退出>：↓
*偏移*定位下扶手
命令：offset
当前设置：删除源=否　图层=源　OFFSETGAPTYPE=0
指定偏移距离或［通过(T)/删除(E)/图层(L)］<10.0000>：　400
选择要偏移的对象，或［退出(E)/放弃(U)］<退出>：
指定要偏移的那一侧上的点，或［退出(E)/多个(M)/放弃(U)］<退出>：
选择要偏移的对象，或［退出(E)/放弃(U)］<退出>：↓
*偏移*梯子扶手
命令：offset
当前设置：删除源=否　图层=源　OFFSETGAPTYPE=0
指定偏移距离或［通过(T)/删除(E)/图层(L)］<400.0000>：10
选择要偏移的对象，或［退出(E)/放弃(U)］<退出>：
指定要偏移的那一侧上的点，或［退出(E)/多个(M)/放弃(U)］<退出>：
选择要偏移的对象，或［退出(E)/放弃(U)］<退出>：
指定要偏移的那一侧上的点，或［退出(E)/多个(M)/放弃(U)］<退出>：
选择要偏移的对象，或［退出(E)/放弃(U)］<退出>：↓　//结果如图 3-33(b)所示
*偏移*定位扶手长
命令：offset
当前设置：删除源=否　图层=源　OFFSETGAPTYPE=0
指定偏移距离或［通过(T)/删除(E)/图层(L)］<10.0000>：
选择要偏移的对象，或［退出(E)/放弃(U)］<退出>：　//选 BC
指定要偏移的那一侧上的点，或［退出(E)/多个(M)/放弃(U)］<退出>：
//BC 左侧
选择要偏移的对象，或［退出(E)/放弃(U)］<退出>：↓
命令：offset
当前设置：删除源=否　图层=源　OFFSETGAPTYPE=0
指定偏移距离或［通过(T)/删除(E)/图层(L)］<10.0000>：700
选择要偏移的对象，或［退出(E)/放弃(U)］<退出>：
指定要偏移的那一侧上的点，或［退出(E)/多个(M)/放弃(U)］<退出>：
选择要偏移的对象，或［退出(E)/放弃(U)］<退出>：↓　//结果如图 3-33(c)所示

3)修剪梯子扶手和踏步线

调用修剪 tr 命令→按鼠标左键选择边界→按鼠标右键确定→按鼠标左键选择要删除

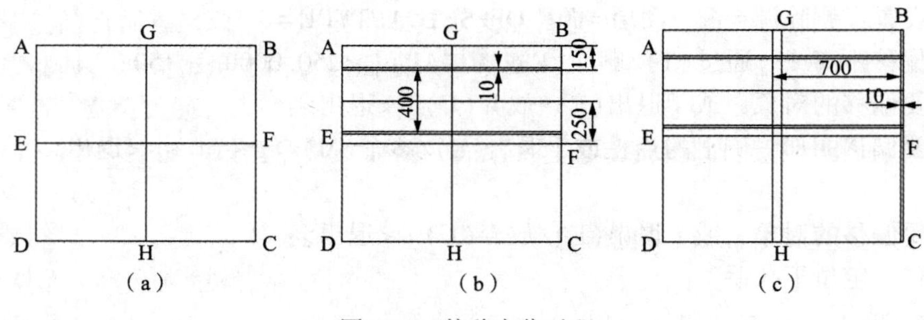

图 3-33　偏移定位过程

的部分，如图 3-34 所示。

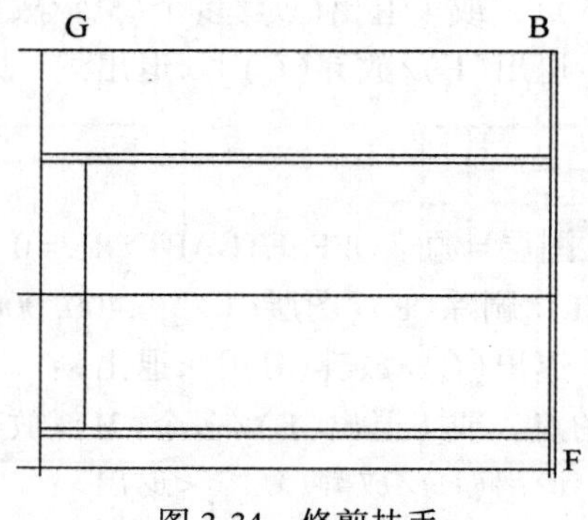

图 3-34　修剪扶手

4）阵列脚踏板

调用阵列 ar 命令，选择“矩形阵列”，按照图 3-35 参数设置，选择左侧踏步线，阵列结果见图 3-36。

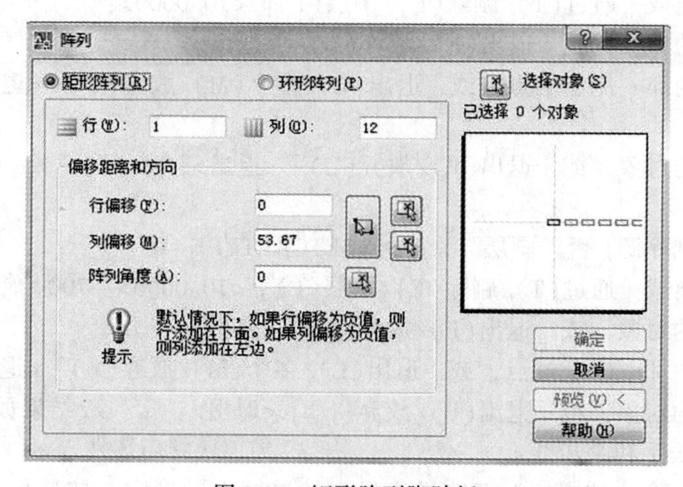

图 3-35　矩形阵列脚踏板

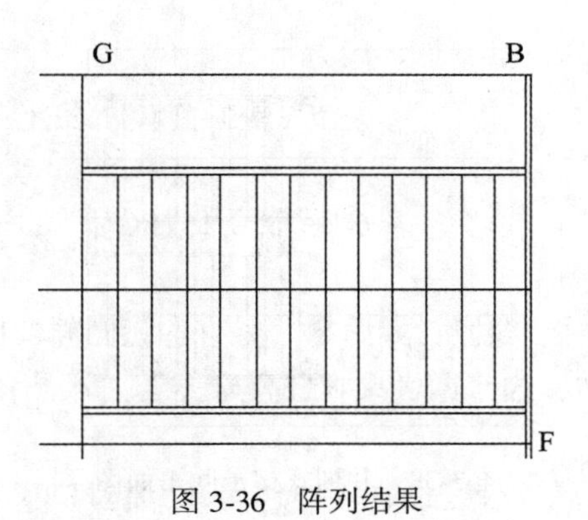

图 3-36　阵列结果

5）镜像梯子

命令：mirror

选择对象：

指定对角点：找到 16 个　　　　　　　　　　//框选梯子，如图 3-37(a)所示

选择对象：　　　　　　　　　　　　　　　　//按鼠标右键确定

指定镜像线的第一点：指定镜像线的第二点：　　//选 E、F 点，如图 3-37(b)所示

要删除源对象吗？［是(Y)/否(N)］<N>：↓　　//默认，镜像结果如图 3-37(c)所示

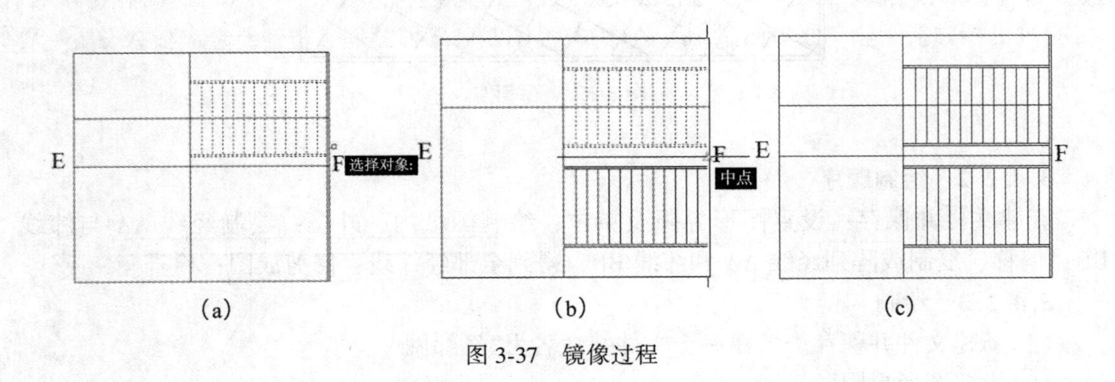

图 3-37　镜像过程

6）查看整理

按 Delete 键删除多余线，双击鼠标滑轮查看图形，绘图结果如图 3-38 所示。

3.4.2　经纬网

绘制经纬网，见图 3-39。

3.4.2.1　分析组成

两个矩形；两种射线或构造线。

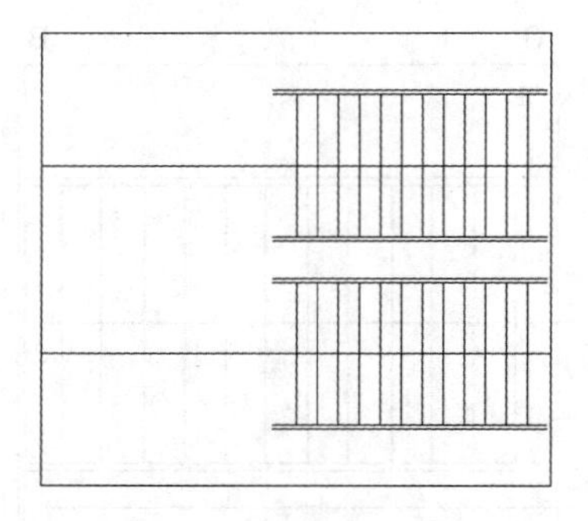

图 3-38　并列式梯子间平面图

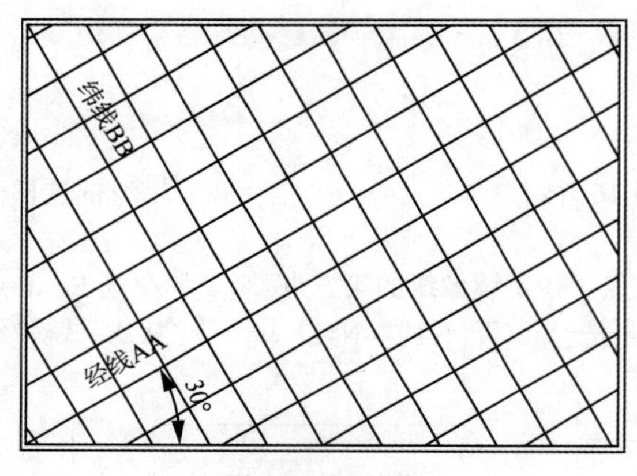

图 3-39　经纬网

3.4.2.2　绘制顺序

新建文件并保存；设置图形界限及单位；绘制图纸内、外框；绘制经线 AA 与纬线 BB；偏移、复制或阵列经线 AA 和纬线 BB，得到全部经纬线；修剪成图；检查。

3.4.2.3　绘制

(1)新建文件并保存。新建一个文件并命名为“经纬网”。

(2)设置图形界限。

(3)设置单位。

执行“格式”→“单位”菜单项。长度的类型选择小数型，精度为保留小数点后 4 位；角度的类型选择十进制类型，精度也为保留小数点后 4 位。拖放比例选择的单位为毫米。方向取默认值。

(4)绘制外图框。

(5)绘制内图框。

(6)绘制经线 AA 和纬线 BB，绘制结果见图 3-40。

(7)偏移经线 AA 和纬线 BB，偏移间距为 100，得到全部经纬线，见图 3-41。

(8)修剪和延长经纬线。

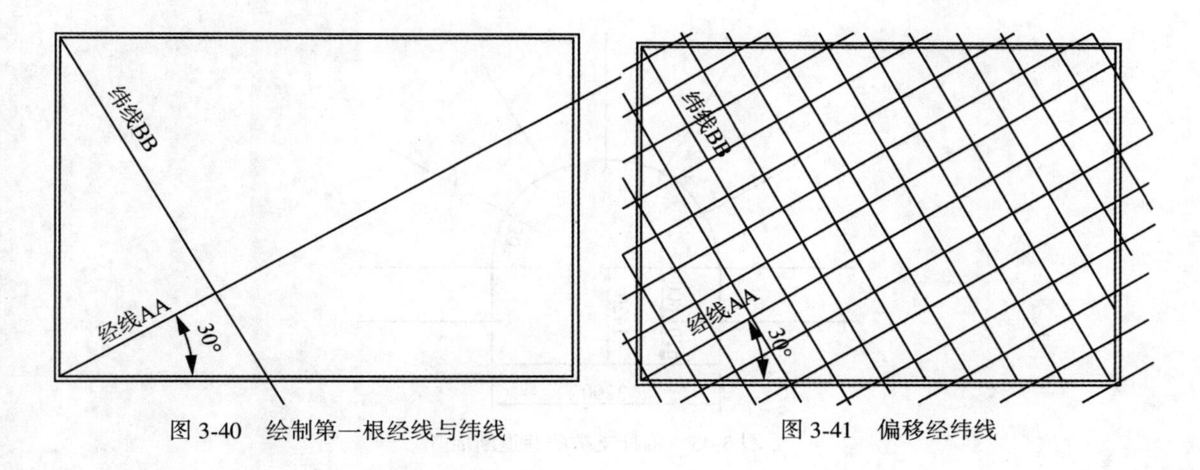

图 3-40　绘制第一根经线与纬线　　　　图 3-41　偏移经纬线

(9)用范围缩放命令检查图形，删除不需要的对象。绘制结果见图 3-42。

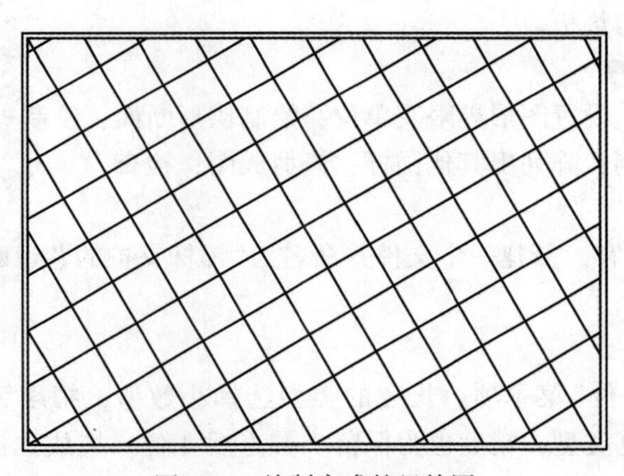

图 3-42　绘制完成的经纬网

3. 4. 2. 4　说明

(1)绘制之前应先建立新文件，在绘制过程中应实时存盘。

(2)内外图框的间距为 10，相邻经线或纬线的距离为 100。

(3)行修剪或延伸命令时可用栏选方式快速选择需要修剪或延伸的对象。

3. 4. 3　锚杆支护的巷道断面图

巷道断面的相关各参数：墙高 1420mm，净宽 3200mm，在巷道边帮锚杆距底板 620mm 处布置锚杆 2 根，间距 800mm；拱上均匀布置锚杆 5 根。锚杆尺寸 Φ20mm×2000mm，外露长度 100mm，托板尺寸长、宽、厚分别为 100mm、100mm、10mm，如图 3-43 所示。

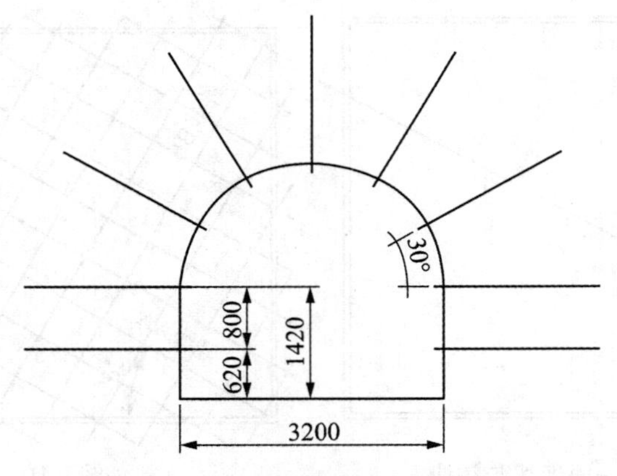

图 3-43　锚杆支护的巷道断面

3.4.3.1　分析组成

拱形断面；锚杆与垫板。

3.4.3.2　绘制顺序

新建文件并保存；设置图形界限及单位；绘制拱形断面；绘制一个锚杆及垫板；移动锚杆到实际位置并复制；阵列出其他锚杆；修剪成图；检查。

3.4.3.3　绘制

(1)新建文件并保存。新建一个文件并命名为“锚杆支护的巷道断面”。

(2)设置图形界限。

(3)设置单位。

执行“格式”→“单位”菜单项。长度的类型选择小数型，精度为保留小数点后 4 位；角度的类型选择十进制类型，精度也为保留小数点后 4 位。拖放比例选择的单位为毫米。方向取默认值。

(4)绘制拱形断面。

①绘制矩形。

调用菜单“绘图”→“矩形”命令：

指定第一个角点或[倒角(C)/标高(E)/圆角(F)/厚度(T)/宽度(W)]：　//指定 A 点

指定另一个角点或[面积(A)/尺寸(D)/旋转(R)]：@3200，1420　//输入 C 点

绘制结果如图 3-44(a)所示。

②绘制半圆弧。

调用菜单“绘图”→“圆弧”→“起点、圆心、端点”命令：

命令：_arc 指定圆弧的起点或[圆心(C)]：c↓　//执行先选取圆心

指定圆弧的圆心：　//拾取 BC 的中点 E

指定圆弧的起点：　//拾取圆弧的起点 C

指定圆弧的端点或[角度(A)/弦长(L)]：

//拾取圆弧的端点 B，绘制结果如图 3-44(b)所示

③删除 BC 边。

调用菜单“修改”→“修剪”命令：

选择对象或<全部选择>：　//选择圆弧作为修剪边界后按 Enter 键

选择对象：　//按 Enter 键或鼠标右键

[栏选(F)/窗交(C)/投影(P)/边(E)/删除(R)/放弃(U)]：

//选择 BC 边，按 Enter 键，绘制结果如图 3-44(c)所示

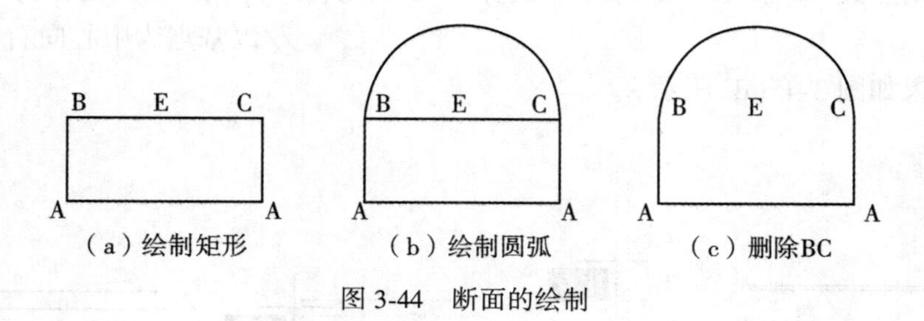

(a) 绘制矩形　(b) 绘制圆弧　(c) 删除BC

图 3-44　断面的绘制

(5)绘制锚杆及托盘并组装。

①绘制锚杆及托盘。

调用菜单“绘图”→“矩形”命令：

指定第一个角点或[倒角(C)/标高(E)/圆角(F)/厚度(T)/宽度(W)]：

//指定第一个角点

指定另一个角点或[面积(A)/尺寸(D)/旋转(R)]：@2000，20 ↓

//输入另一个角点坐标，锚杆绘制完成

调用菜单“绘图”→“矩形”命令：

指定第一个角点或[倒角(C)/标高(E)/圆角(F)/厚度(T)/宽度(W)]：

//指定第一个角点

指定另一个角点或[面积(A)/尺寸(D)/旋转(R)]：@10，100↓

//输入另一个角点坐标，托盘绘制完成，绘制结果如图 3-45(a)所示

②组装锚杆及托盘。

调用菜单“绘图”→“移动”命令：

选择对象：　//选择整个托盘

指定基点或[位移(D)]<位移>：　//指定托盘右边中点为基点，如图 3-45(b)所示

指定基点或[位移(D)]<位移>：指定第二个点或<使用第一个点作为位移>：

//移动对象使基点和锚杆杆体右边中点重合

绘制结果如图 3-45(c)所示。

③使用夹点编辑移动托盘至指定位置(锚杆外露长度 100mm)。

选择托盘，激活其中的一个夹点，将鼠标悬停在该夹点处并单击右键，在弹出的快捷菜单中选择“移动”命令：

命令：＊拉伸＊

指定拉伸点或[基点(B)/复制(C)/放弃(U)/退出(X)]：_move

＊移动＊

指定移动点或[基点(B)/复制(C)/放弃(U)/退出(X)]：b↓

指定基点： //将托盘右边中点作为基点

＊移动＊

指定移动点或[基点(B)/复制(C)/放弃(U)/退出(X)]：@-100，0↓

//以基点为中心向右平移 100mm

绘制结果如图 3-45(d)所示。

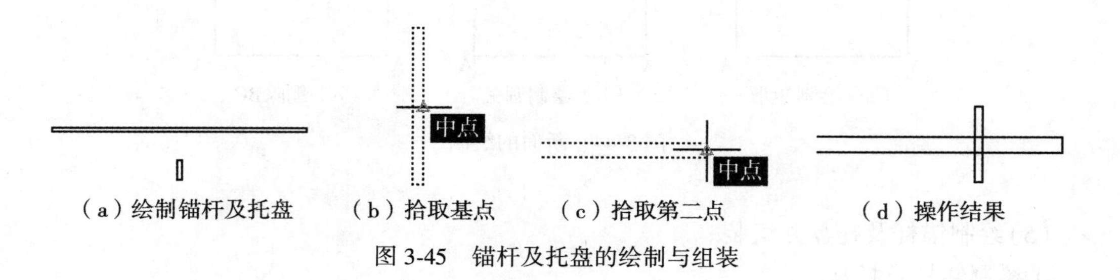

(a)绘制锚杆及托盘　(b)拾取基点　(c)拾取第二点　(d)操作结果

图 3-45　锚杆及托盘的绘制与组装

(6)移动锚杆和托盘偏移定位到实际位置。

①偏移定位。

命令：offset //调用偏移命令

当前设置：删除源=否　图层=源　OFFSETGAPTYPE=0

指定偏移距离或[通过(T)/删除(E)/图层(L)]<100.0000>：　620

选择要偏移的对象，或[退出(E)/放弃(U)]<退出>：

指定要偏移的那一侧上的点，或[退出(E)/多个(M)/放弃(U)]<退出>：

选择要偏移的对象，或[退出(E)/放弃(U)]<退出>：

命令：offset

当前设置：删除源=否　图层=源　OFFSETGAPTYPE=0

指定偏移距离或[通过(T)/删除(E)/图层(L)]<620.0000>：　800

选择要偏移的对象，或[退出(E)/放弃(U)]<退出>：

指定要偏移的那一侧上的点，或[退出(E)/多个(M)/放弃(U)]<退出>：

②移动锚杆和托盘到实际位置。

命令：m //调用移动命令

选择对象：指定对角点：找到 6 个 //选择锚杆和托盘

选择对象： //按回车键确定

指定基点或 [位移(D)/多个(M)] <位移>：　指定第二个点或 <使用第一个点作为位移>：

//托盘左侧竖线中点，如图 3-46(a)所示

③复制锚杆和托盘。

命令：_copy　//调用复制命令

选择对象：指定对角点：找到 6 个　//选择锚杆和托盘

选择对象：　//按回车键确定

指定基点或 [位移(D)] <位移>：　指定第二个点或 <使用第一个点作为位移>：

//底板向上 620mm，左侧边帮 F 点处，如图 3-46(b)所示

指定第二个点或 [退出(E)/放弃(U)] <退出>：

//底板向上 1420mm，左侧边帮 B 点处，如图 3-46(c)所示

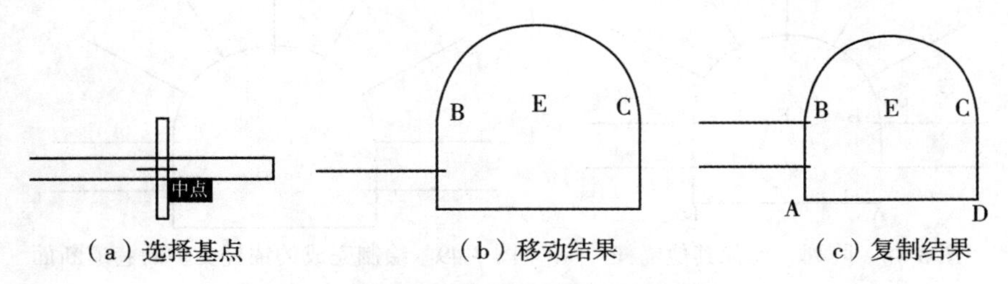

(a) 选择基点　(b) 移动结果　(c) 复制结果

图 3-46　移动锚杆和托盘到实际位置

(7)阵列、镜像其他锚杆。

① 环形阵列。

调用 ar 阵列命令，选择“环形阵列”，按照图 3-47 的阵列设置参数，选择对象→框选左侧边帮 B 点处的锚杆和托盘→按鼠标右键，返回对话框→点击“确定”，完成阵列。

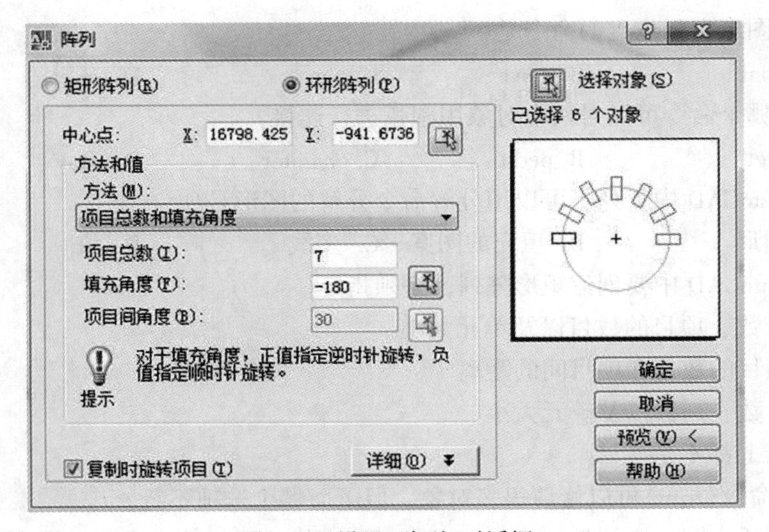

图 3-47　设置“阵列”对话框

② 镜像其他锚杆。

命令：mi

选择对象：指定对角点：找到 12 个 //框选左侧水平锚杆

选择对象： //按鼠标右键确定

指定镜像线的第一点： //选择 E 点

指定镜像线的第二点： //选择 AD 中点

要删除源对象吗？[是(Y)/否(N)] <N>：↓ //默认不删除源对象，如图 3-48 所示

(8)用范围缩放命令检查图形，删除不需要的对象，绘制结果见图 3-49。

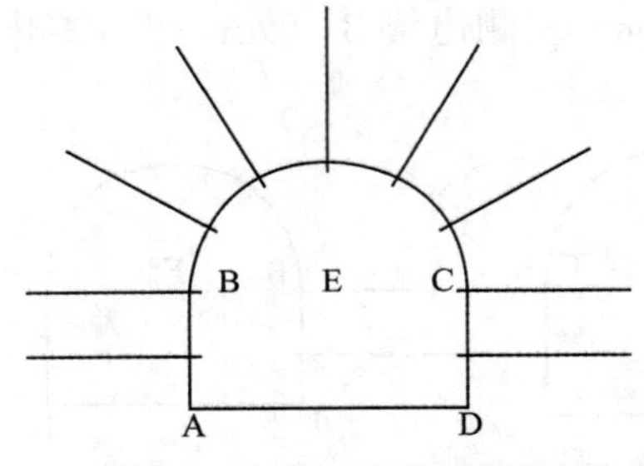

图 3-48 阵列、镜像其他锚杆

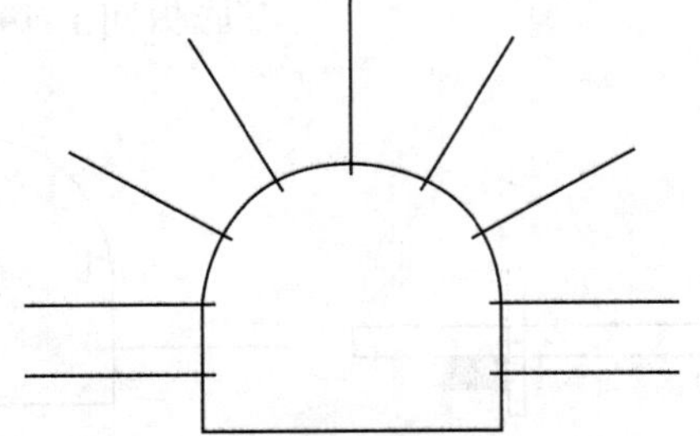

图 3-49 绘制完成的锚杆支护的巷道断面

习 题

1. 单选题

(1)按比例改变图形实际大小的命令是( )。

A. offset B. zoom C. scale D. stretch

(2)改变图形实际位置的命令是( )。

A. zoom B. move C. pan D. offset

(3)下面哪个命令可以对两个对象用圆弧进行连接？( )

A. fillet B. pedit C. chamfer D. array

(4)在 AutoCAD 中下列不可以用分解命令分解的图形是( )。

A. 圆形 B. 填充的图案 C. 多线 D. 块

(5)在 AutoCAD 中要创建矩形阵列，必须指定( )。

A. 行数、项目的数目以及单元大小

B. 项目的数目和项目间的距离

C. 行数、列数以及单元大小

D. 以上都不是

(6)修剪命令(trim)可以修剪很多对象，但下面哪个选项不行？( )

A. 圆弧、圆、椭圆弧 B. 直线、开放的二维和三维多段线

C. 射线、构造线和样条曲线　　　D. 多线(mline)

(7)下列对象执行“偏移”命令后，大小和形状保持不变的是(　　)。

A. 椭圆　　B. 圆　　C. 圆弧　　D. 直线

(8)如果想把直线、弧和多线段的端点延长到指定的边界，则应该使用哪个命令？(　　)

A. extend　　B. pedit　　C. fillet　　D. array

(9)(　　)命令用于绘制多条相互平行的线，每一条线的颜色和线型可以相同，也可以不同，此命令常用来绘制采矿工程中的巷道线。

A. 多段线　　B. 多线　　C. 样条曲线　　D. 直线

(10)在 CAD 中一组同心圆可由一个已画好的圆用(　　)命令来实现。

A. 拉伸(stretch)　　B. 移动(move)

C. 延伸(extend)　　D. 偏移(offset)

2. 操作练习

(1)用圆角(fillet)和倒角(chamfer)命令将图 3-50(a)修改为图 3-50(b)。

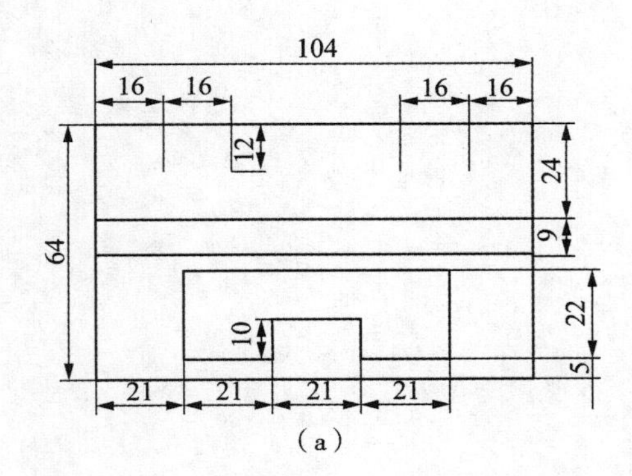

(a)

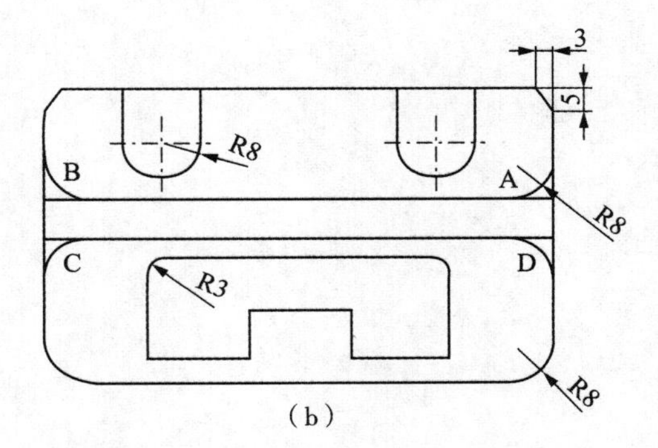

(b)

图 3-50　练习(1)

(2)用阵列命令绘制图 3-51。

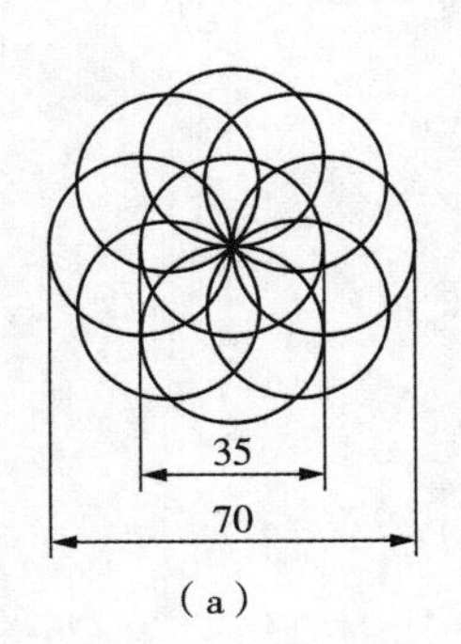

(a)

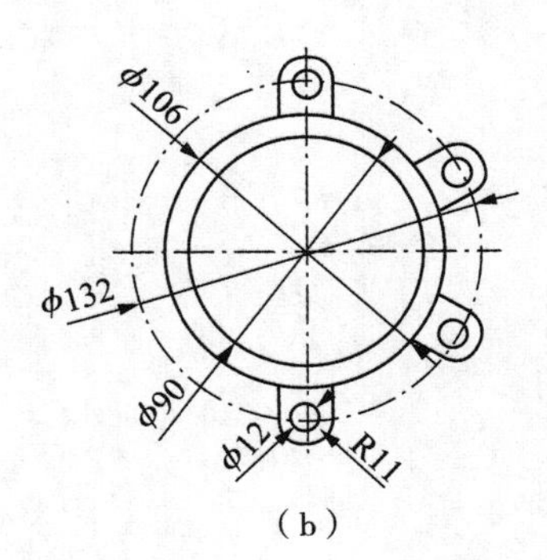

(b)

图 3-51　练习(2)

(3)用镜像、旋转、偏移等命令绘制图 3-52。

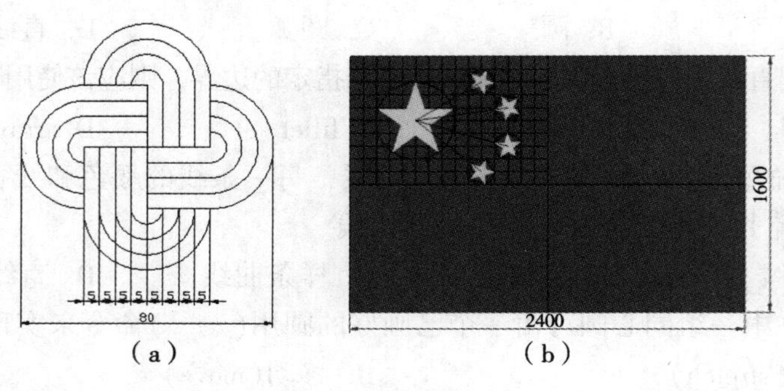

(a) (b)

图 3-52 练习(3)

第4章　文字和表格

文字对象是 AutoCAD 图形中很重要的图形元素，也是采矿工程图形必不可少的组成部分。在图形绘制过程中，井巷名称标注、设备型号表、劳动组织表、图例表等多种内容都需要文字和表格的应用。在 AutoCAD 中，使用表格功能可以创建不同类型的表格，还可以在其他软件中复制插入表格，以简化制图操作。

◎ **本章要点**

➢ 文字：文字样式、单行文字、多行文字、特殊文字、编辑文字。

➢ 表格：表格样式、创建表格、修改表格。

➢ 应用实例。

4.1　文字

图纸中的文字一般有两种形式：一种是较短的字或词等，一般以单行或灵活方式出现的文字，称之为单行文字；另一种是大段的注释文字或带有内部格式的较长输入内容的文字，称之为多行文字。换句话说，在单行文字中一般不使用回车；在多行文字中既可以使用软回车(即自动换行)，也可以使用硬回车(即手工换行)。

文字操作可单击"文字"工具栏上的各按钮完成，"文字"工具栏见图 4-1。

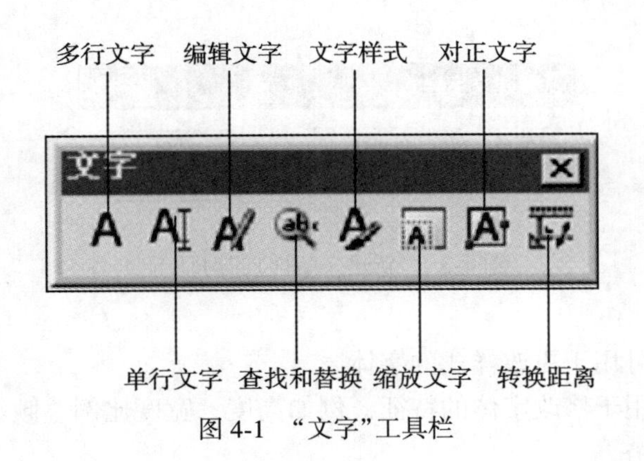

图 4-1　"文字"工具栏

4.1.1　文字样式

4.1.1.1　命令功能

创建、修改或设置命名文字样式。

4.1.1.2 命令调用方式

(1)单击“文字”工具栏上的“文字样式”工具按钮。

(2)执行“格式” → “文字样式”菜单项。

在命令行中输入“style”或命令缩写“st”。

4.1.1.3 “文字样式”对话框

执行“文字样式”命令，打开“文字样式”对话框，见图 4-2。

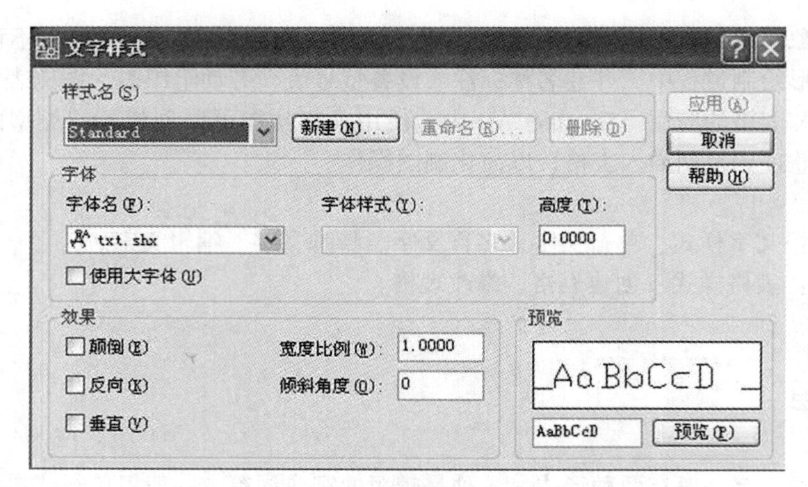

图 4-2 “文字样式”对话框

对话框中各项含义如下：

(1)“样式名”区：用于显示文字样式名、添加新样式以及重命名和删除现有样式，“新建文字样式”见图 4-3。

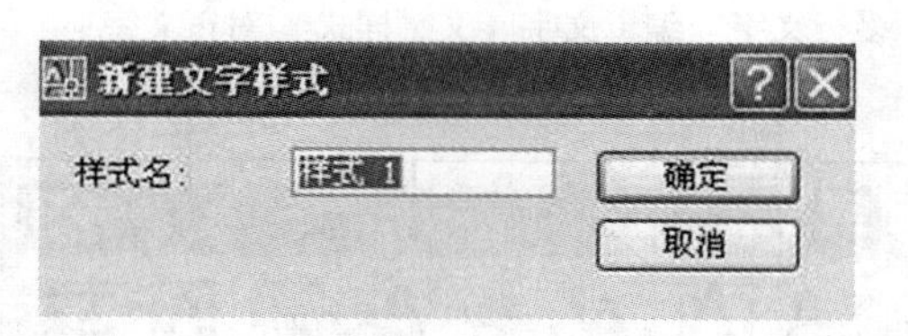

图 4-3 “新建文字样式”对话框

(2)“字体”区：可用于更改样式的字体。

(3)“效果”区：用于修改字体的特征，例如高度、宽度比例、倾斜角度以及是否颠倒显示、反向或垂直对齐。

(4)“预览”区：可对创建的样式名或各种效果进行实时预览。

(5)“应用”按钮：将对话框中所做的样式更改应用到图形中具有当前样式的文字。

4.1.1.4 命令应用

创建文字样式的步骤如下：

(1)执行“文字样式”命令，打开“文字样式”对话框。

(2)单击“新建样式”按钮，为新样式命名。

(3)选择字体名和设置文字高度，注意去掉勾选“使用大字体”。

(4)设置各种效果。

(5)单击“预览”按钮，对创建的文字进行效果预览。

(6)预览正确后，单击“关闭”按钮。

4.1.1.5　说明

(1)样式名的命名要有可读性。如要创建一个宋体字高为 8 的样式，可将其命名为 ST8，其中 ST 表示宋体，8 表示字高。

(2)选择汉字字体时，应注意字体名中有没有“@”符号。虽然字体名完全一样，但效果却完全不同，见图 4-4。采矿工程绘图时，一般不使用带该符号的字体。

(3)除非有特殊需要，一般不选择使用“大字体”。

辽宁科技学院

(a)TT 宋体　　(b)TT@宋体

图 4-4　文字示例

4.1.2　单行文字

4.1.2.1　命令功能

创建单行文字对象。

4.1.2.2　命令调用方式

(1)单击“文字”工具栏上的“单行文字”工具按钮。

(2)执行“绘图” → “文字” → “单行文字”菜单项。

(3)在命令行中输入“text”或命令缩写“t”。

4.1.2.3　命令应用

以“中下”方式标注单行文本。

命令：dtext ↓　//执行单行文本命令

当前文字样式：TNR2　当前文字高度：2.0000　//当前设置

指定文字的起点或[对正(J)/样式(S)]：j ↓　//选“对正(J)”项

输入选项[对齐(A)/调整(F)/中心(C)/中间(M)/右(R)/左上(TL)/中上(TC)/右上(TR)/左中(ML)/正中(MC)/右中(MR)/左下(BL)/中下(BC)/右下(BR)]：bc ↓　//选“中下(BC)”项

指定文字的中下点：_ from 基点↙　//指定 A 点，如图 4-5(a)所示

<偏移>：@0，1　//输入文字偏移直线的距离

指点文字的旋转角度<0.0000>：↓　//按回车键取默认值

输入文字：采矿工程↓　　　　　　//输入需要标注的文本，文字标注结果见图 4-5(b)。

采矿工程　　　　采矿工程

（a）中下位置　　　　（b）标注结果

图 4-5　单行文本标注位置

4.1.2.4　说明

(1)标注单行文字之前必须先设好文字样式。

(2)标注前应把需要的文字样式置为当前。

(3)如果用“ * 中”的方式对正文字，可使用辅助线定位。

(4)单行文字内容输入完毕后需按回车键后才能确定文字的位置是否正确。

4.1.3　多行文字

4.1.3.1　命令功能

创建多行文字对象。

4.1.3.2　命令调用方式

(1)单击“文字”工具栏上的“多行文字”工具按钮。

(2)执行“绘图” → “文字” → “多行文字”菜单项。

(3)在命令行中输入“mtext”或命令缩写“mt”。

4.1.3.3　“多行文字编辑器”窗口

执行“多行文字”命令后，可弹开“多行文字编辑器”窗口，见图 4-6 和图 4-7。

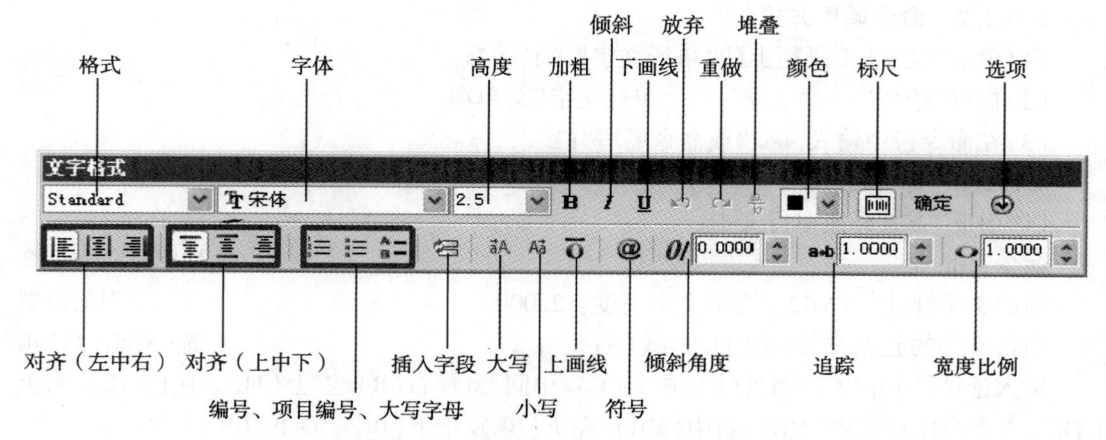

图 4-6　“多行文字编辑器”工具栏窗口

在“多行文字编辑器”中单击右键可弹出“多行文字编辑器”快捷菜单。在快捷菜单中单击“符号”可弹出“符号”子菜单，见图 4-8。

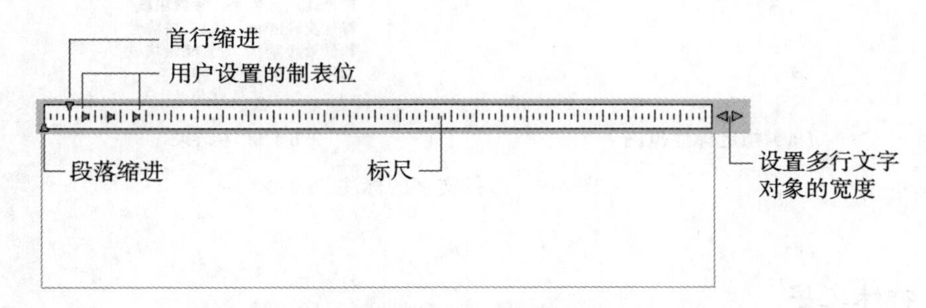

图 4-7　“多行文字编辑器”文字输入窗口

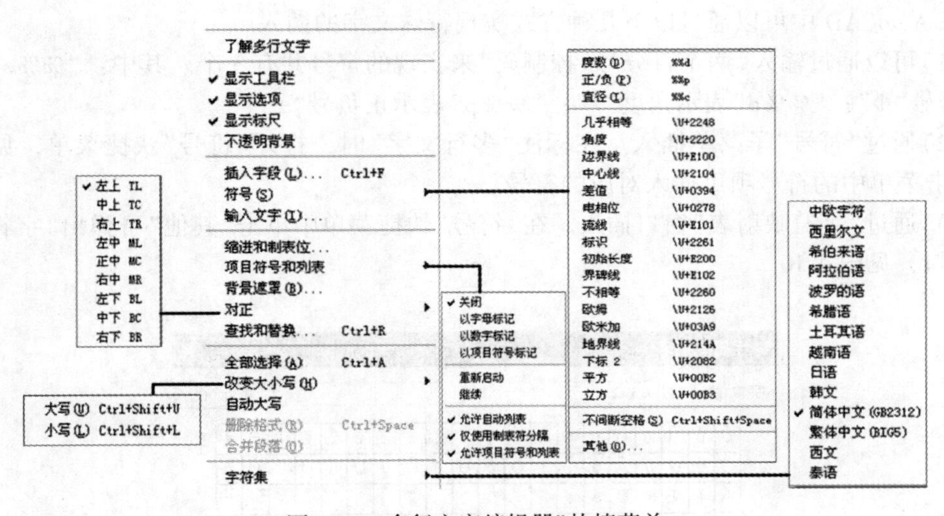

图 4-8　“多行文字编辑器”快捷菜单

4.1.3.4　命令应用

命令：mtext ↓

执行多行文本命令

当前文字样式：“标注 2”　当前文字高度：2.0000　　　　//显示当前设置

指定第一角点：↙　　　　//指定 A 点

指定对角点或[高度(H)/对正(J)/行距(L)/旋转(R)/样式(S)/宽度(W)]：↙

　　　　//指定 B 点

在弹出的“多行文字编辑器”中输入需要标注的文本后单击“确定”按钮。

标注结果见图 4-9(b)，为达到好的效果应调整 B 点的位置。

4.1.3.5　说明

(1)标注文字之前必须先设好文字样式，并把该样式置为当前。

(2)一般不采取在多行文字管理器中更改文字大小及字体的方式。

(3)如果指定的矩形框过小则会自动换行。

(4)对多行文字执行“分解”命令后会转变为单行文字。

A×
B×
根据比例尺大小，储量块段
符号直径20mm。（1）块段号
和储量级别；（2）储量块段
面积；（3）储量（万
t）；（4）矿体倾角（°）。

（a）指定标注范围　　（b）标注结果

图 4-9　多行文字的标注

4.1.4　特殊文字

4.1.4.1　特殊字符

在 AutoCAD 中可以通过以下几种方式实现特殊文字的插入。

（1）可以通过输入“两个百分号+控制码”来实现的符号共有 3 个。其中：“%%c”表示直径符号“Φ”；“%%d”表示角度“°”；“%%p”表示正负号“±”。

（2）通过“符号”子菜单插入。在标注“多行文字”时，打开“符号”快捷菜单，见图 4-8，单击菜单中的符号项可插入对应的符号。

（3）通过“字符映射表”窗口插入。在“符号”快捷菜单中单击“其他”可弹出“字符映射表”窗口，见图 4-10。

字符映射表
字体(F): Arial
帮助(H)
α
复制字符(A):
选择(S)
复制(C)
高级查看(V)
U+03B1: 希腊文小写字母 Alpha

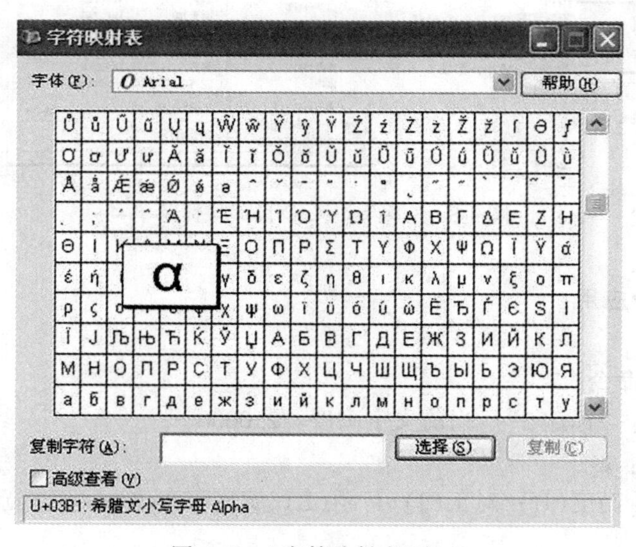

图 4-10　“字符映射表”窗口

在该窗口中选中需要的特殊字符，单击“选中”后再单击“复制”，然后在“多行文字编辑器”中执行“粘贴”命令即可。

4.1.4.2　特殊效果

（1）堆叠文字

堆叠文字可用来标注公差或测量单位的文字或分数（堆叠文字功能目前不支持中文字

符）。使用特殊字符可以指示选定文字的堆叠位置。可以使用的特殊字符有 3 个：斜杠(/)以垂直方式堆叠文字，由水平线分隔；磅符号(#)以对角线形式堆叠文字，由对角线分隔；插入符(^)创建公差堆叠，不用直线分隔。

(2)文字的上下标

文字的上下标可以使用堆叠完成，也可以在“多行文字编辑器”中选择需要上标或下标的字符后，弹出快捷菜单并单击“上标(或下标)”。

4.1.5　编辑文字

4.1.5.1　通过文字编辑器编辑文字的步骤

(1)命令行为空时选中需要编辑的文字对象。

(2)将光标置于文字的笔画上，双击鼠标左键，可弹出“编辑文字”窗口或“多行文字”的格式栏。

(3)单击“确定”按钮。

4.1.5.2　通过“查找和替换”编辑文字的步骤

(1)执行“编辑” → “查找”菜单项，弹出“查找和替换”对话框，见图 4-11。

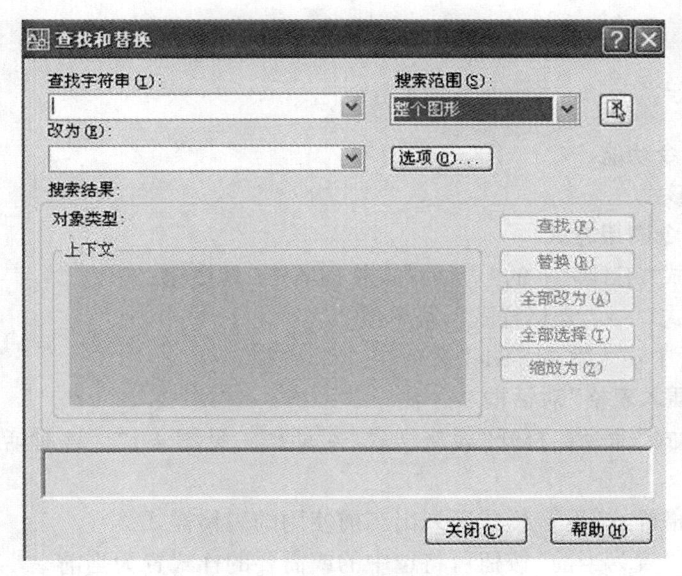

图 4-11　“查找和替换”对话框

(2)在对话框中的“查找字符串”列表框中输入要查找的内容，在“改为”列表框内输入需要更改的内容。

(3)单击“查找”按钮，在找到需要更改的对象后单击“全部改为”按钮。

4.1.5.3　通过“对象特征”编辑文字的步骤

(1)命令行为空时选中需要编辑的文字对象。

(2)执行“修改” → “特性”菜单项，在弹出的“对象特征”窗口中对需要更改文字样式、字高或内容的文章进行编辑后按回车键。

4.1.5.4 检查拼写

(1)执行“工具” → “拼写检查”菜单项或在命令行中输入“spell”命令。

(2)选择需要检查拼写的对象。

(3)如果有拼写错误的单词，AutoCAD会提示，并给出“建议表”，可在建议表中选择需要更改的单词或忽略。

(4)重复上步操作或按回车键结束检查拼写。

4.1.5.5 说明

(1)图纸中有几种字型，就建立几种文字样式。

(2)标注哪种字型的文字时，必须把该文字的样式置为当前；修改时亦然。

(3)优先使用单行文字。

(4)对多行文字执行“分解”命令后，可生成单行文字，但建议不进行此操作。

(5)拖拽多行文字的夹点可控制多行文字的宽度，以调整行数。

(6)控制文字是否显示为空心字的系统变量是Textfill。

4.2 表格

4.2.1 表格样式

4.2.1.1 命令功能

定义新表格形式。

4.2.1.2 命令调用方式

(1)单击“样式”工具栏上的“表格样式管理器”工具按钮。

(2)执行“格式” → “表格样式” 菜单项。

(3)在命令行中输入“tablestyle”命令。

4.2.1.3 “插入表格”对话框

执行“表格样式”命令，打开“表格样式”对话框，见图4-12。该对话框内各项含义如下：

(1)“当前表格样式”区：样式区列出当前使用的表格样式。

(2)按钮区：“置为当前”按钮可将选中的或需要的样式置为当前。

4.2.2 创建表格

4.2.2.1 命令功能

在图形中创建空表格对象，图4.13所示为“新建表格样式”对话框。

4.2.2.2 命令调用方式

(1)单击“绘图”工具栏上的“表格”工具按钮。

(2)执行“绘图” → “表格”菜单项。

(3)在命令行中输入“table”命令。

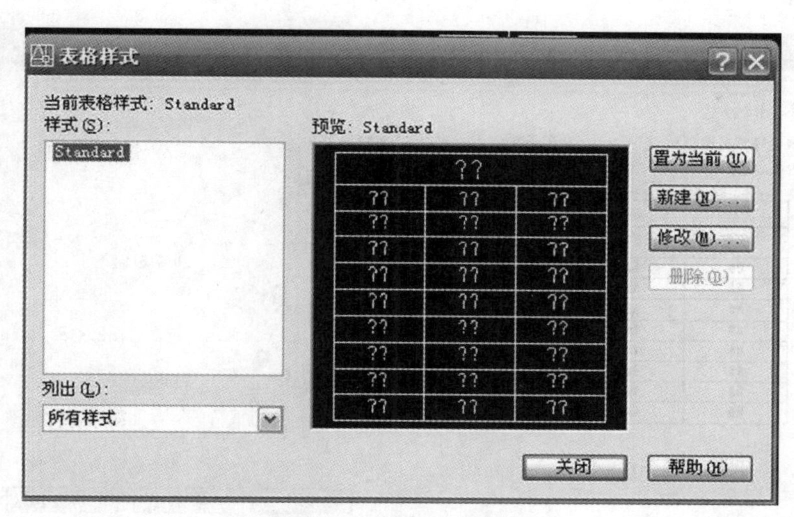

图 4-12　“表格样式”对话框

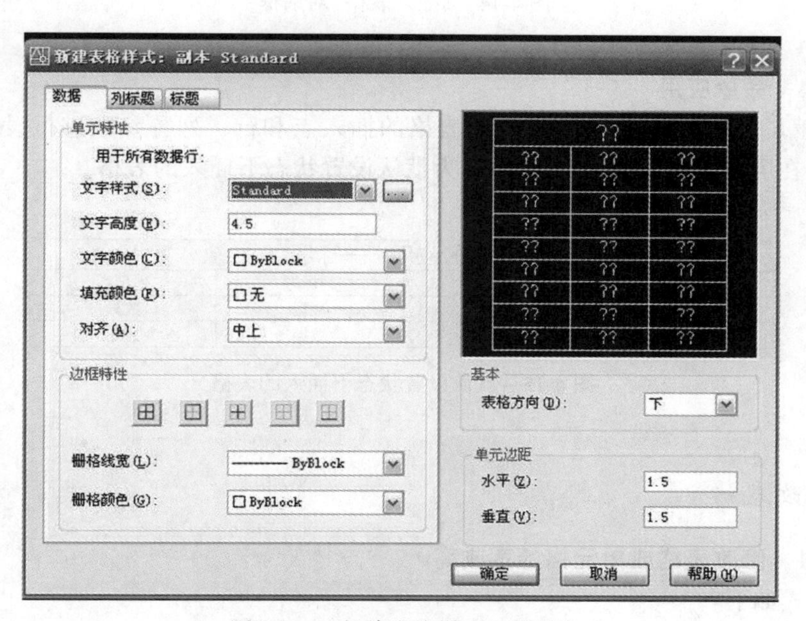

图 4-13　“新建表格样式”对话框

4.2.2.3　“插入表格”对话框

执行“表格”命令，打开“插入表格”对话框，见图 4-14。

(1)“表格样式设置”区：用于设置表格的外观。

(2)“插入方式”区：用于指定表格的插入方式。

(3)“列和行设置”区：用于设置列和行的数目和大小。

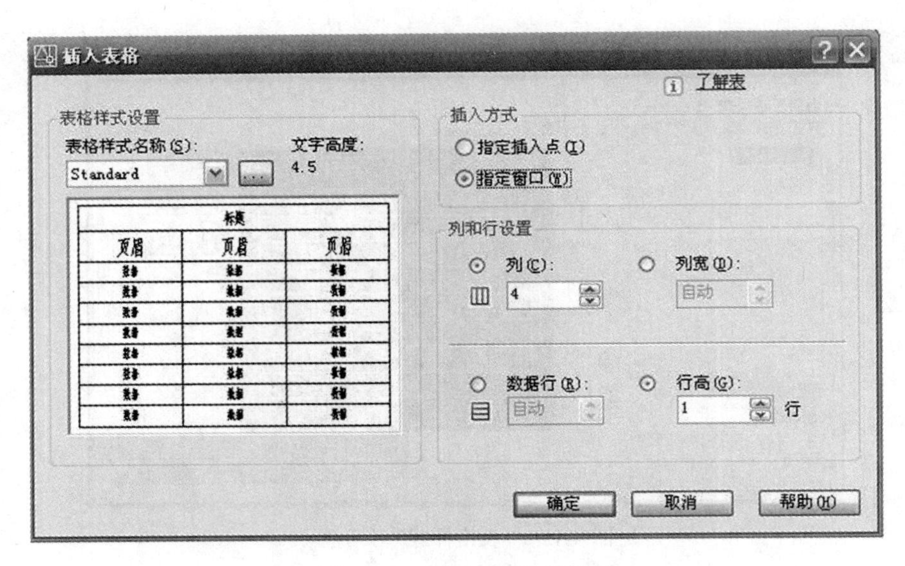

图 4-14 “插入表格”对话框

4.2.2.4 命令应用

执行“插入表格”命令后，按需要对表格的插入点和行、列等参数进行设置后，单击“确定”即可在屏幕上插入表格。图 4-15 为默认设置状态下插入的表格。

表格的应用——标题			
列标题	列标题	列标题	列标题
数据	数据	数据	数据
数据	数据	数据	数据

图 4-15 默认设置状态下插入的表格

4.2.3 修改表格

4.2.3.1 修改表格或单元格的宽或高

修改方式如下：

(1)在需要修改的单元格内单击或按住 Shift 键选中多个单元格。

(2)在单元边框的中央显示夹点，拖动单元上的夹点使单元格加大或缩小。

(3)弹出右键快捷菜单，根据需要进行选择。

4.2.3.2 修改单元格的内容

修改方式如下：

(1)选中需要修改内容的单元格。

(2)在选中的单元格内双击鼠标左键，弹出“多行文字编辑器”。

(3)单元格的内容修改完毕后，单击“确定”按钮即可。

4.3　文字和表格应用实例

4.3.1　标题栏

绘制标题栏，见图 4-16。

4.3.1.1　绘制顺序

(1)新建一个文件，命名为“标题栏”。

(2)执行“文字样式”命令，按表 4-1 建立 3 种文字样式。

表 4-1　　**文 字 样 式**

序号	样式名	字体	字高	宽度比例	应用对象
1	FS6	TT 仿宋_GB2312	6	1	标题
2	HT8	TT 黑体	8	1	列标题
3	FS4. 5—0. 75	TT 仿宋_GB2312	4. 5	0. 75	数据

图 4-16　标题栏的绘制

4.3.1.2　绘制顺序

(1)新建一个文件，命名为“标题栏”。

(2)执行“文字样式”命令，按表 4-1 建立 3 种文字样式。

(3)执行“表格样式”命令，按表 4-2 建立表格样式，样式名为“标题栏”。

表 4-2　　**表 格 样 式**

序号	样式名	文字样式	对齐	填充颜色	备注
1	数据	FS4. 5—0. 75	正中	无	
2	列标题	HT8	正中	无	选择有标题行
3	标题	FS6	中下	无	选择包含标题行

(4)绘制表格。

执行“绘制表格”命令，在“插入表格”对话框中(见图 4-17)，按图形卡进行设置后，单击“确定”按钮，在屏幕上指定合适的插入点，绘制结果见图 4-18。

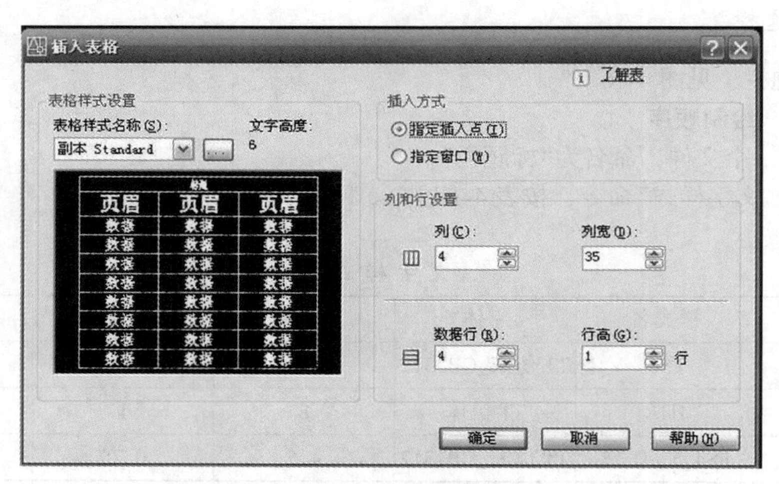

图 4-17 “插入表格”对话框

(5)编辑表格。

①选择各单元格，使用“Ctrl+1”快捷键调用“对象特性”，修改对应单元格的高度，如图 4-19 所示。

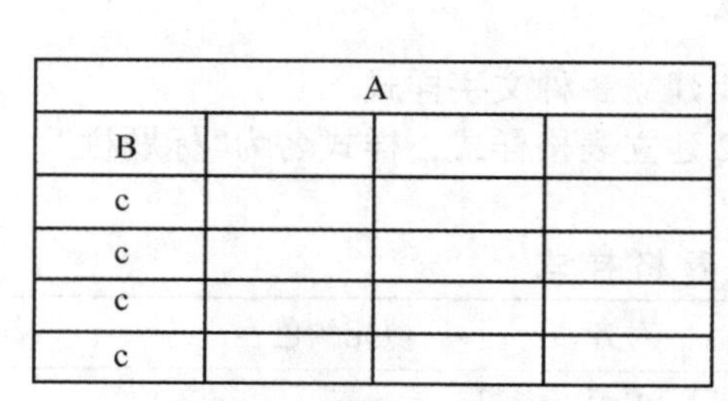

A			
B			
c			
c			
c			
c			

图 4-18 绘制完成的表格

图 4-19 “对象特性”工具

②点选单元格 B，按住 Shift 键，选择 B 行所有单元格，按鼠标右键→合并单元→按行，如图 4-20 所示，合并 B 行单元格。

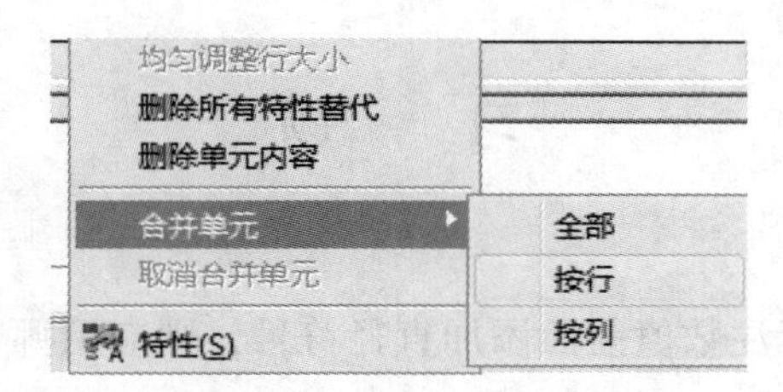

图4-20　表格合并单元格

③双击各对应单元格位置，进行文字编辑。全部内容输入完成后，使用“分解”X命令分解表格，删除A、B行间的直线，即可完成表格，如图4-18所示。

注意：一定要确认全部内容编辑好后，再使用“分解”命令，一旦表格分解后，所有对象被分解为单独个体，无法进行表格中各单元格的编辑功能，只能使用文字编辑功能。

4.3.2　标注经纬网

(1)打开第3章所绘经纬网文件(见第3章图3-42)。

(2)创建文字样式TNR2.2(样式为TNR，字体为Times New Roman，字高为2.2)。

(3)对各经线和纬线用单行文字进行标注，假定经线AA的数值为11500，向右每根递增500，纬线BB的数值为76000，向右每根递增500。

(4)经纬网四周所标注的文字对齐方式见表4-3。

表4-3　**经纬网四周文字的对齐方式及偏移距离**

序号	项目	对齐	偏移距离	序号	项目	对齐	偏移距离
1	左侧数字	右中	1.0mm	3	上侧数字	中下	2.0mm
2	右侧数字	左中	1.0mm	4	下侧数字	中上	3.0mm

(5)经纬网四角点标注结果见图4-21，其中黑色方块表示文字对齐方式。

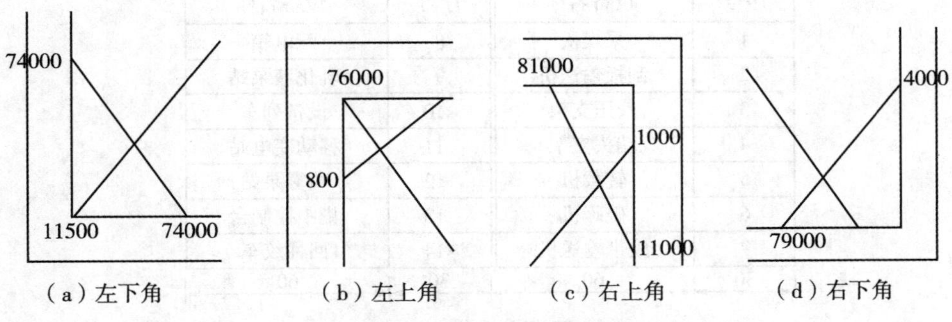

图4-21　标注完成的经纬网四角点示意图

习 题

1. 单选题

(1)如果在一个线性标注数值前面添加直径符号，则应用哪个命令？(　　)

A. %%C　　B. %%O　　C. %%D　　D. %%%

(2)定义表格样式执行的命令是(　　)。

A. tablestyle　　B. table　　C. insert　　D. style

(3)定义“表格样式”时，不包含哪个选项卡？(　　)

A. 文字　　B. 表头　　C. 基本　　D. 边框

(4)使用“指定插入点”插入表格时，该点将确定表格的(　　)。

A. 正中心位置　　B. 左上角位置　　C. 左下角位置　　D. 右下角位置

(5)下列哪些不属于文字的对正方式？(　　)

A. 对正　　B. 对齐　　C. 调整　　D. 中间

2. 操作练习

(1)创建如图 4-22 所示的多行文字，字体为仿宋，文字高度为 12。

设计说明

1. 本设计针对缓倾斜中厚矿体开展设计；

2. 设计矿量为15000t，设计参数为：

图 4-22　练习(1)

(2)创建如图 4-23 所示的设备名称表，文字样式见表 4-4，表格样式见表 4-5。

设备名称表			
序号	设备名称	序号	设备名称
1	采煤机	8	配电箱
2	刮板输送机	9	乳化液泵站
3	液压支架	10	设备列车
4	端头支架	11	移动变电站
5	转载机	12	喷雾泵站
6	破碎机	13	集中控制台
7	胶带输送机	14	回柱绞车
30	60	30	60

图 4-23　练习(2)

表 4-4　　文字样式

序号	样式名	字体	字高	宽度比例	应用对象
1	HT10—0. 6	TT 黑体	10	0. 6	标题
2	FS7—0. 6	TT 仿宋_GB2312	7	0. 6	数据、列标题

表 4-5　　表格样式

序号	样式名	文字样式	对齐	填充颜色	备注
1	数据	FS7—0. 6	正中	无	
2	列标题	FS7—0. 6	正中	无	选择有标题行
3	标题	HT10—0. 6	正中	无	选择包含标题行

第5章　图层和图块

绘图过程中图形对象较多，各类对象繁杂时，图层可以对图形中的各个对象进行分门别类的管理，每个对象对应一个图层，每个图层都对应有名称、状态、颜色、线型和线宽的定义，从而提高绘图效率。同时，如果图形中存在大量相同或相似的内容，或者要绘制的图形与已存在的图形文件相同，即可将这些重复绘制的图形创建成块，并根据需要定义其属性，在需要时直接插入块，从而提高绘图的效率。

◎ **本章要点**

- ➢ 图层：图层特性管理器、图层的创建、图层的管理。
- ➢ 图块：图块的创建和插入、写块、编辑块、属性块。
- ➢ 查询：坐标、距离、面积、列表查询。
- ➢ 矿山图层和图块应用实例。

5.1　图层

图层可以对图形中的各个对象进行分门别类的管理，每个对象对应一个图层，每个图层都对应有名称、状态、颜色、线型和线宽的定义，从而提高绘图效率。

5.1.1　图层特性管理器

5.1.1.1　命令功能

(1)显示图形中的图层的列表及其特性。

(2)添加、删除和重命名图层，修改图层特性或添加说明。

(3)控制图层的显示。

5.1.1.2　命令调用方式

(1)单击“图层”工具栏上的“图层”工具按钮。

(2)执行“格式”→“图层”菜单项。

(3)在命令行中输入“layer”或命令缩写“la”。

5.1.1.3　“图层特性管理器”对话框

(1)执行“图层”命令，打开“图层特性管理器”对话框，见图5-1。该对话框内各项含义如下：

“新特性过滤器”可显示“图层过滤器特性”对话框。

“新建组过滤器”创建一个图层过滤器，其中包含选定添加到该过滤器的图层。

“图层状态管理器”显示图层状态管理器。

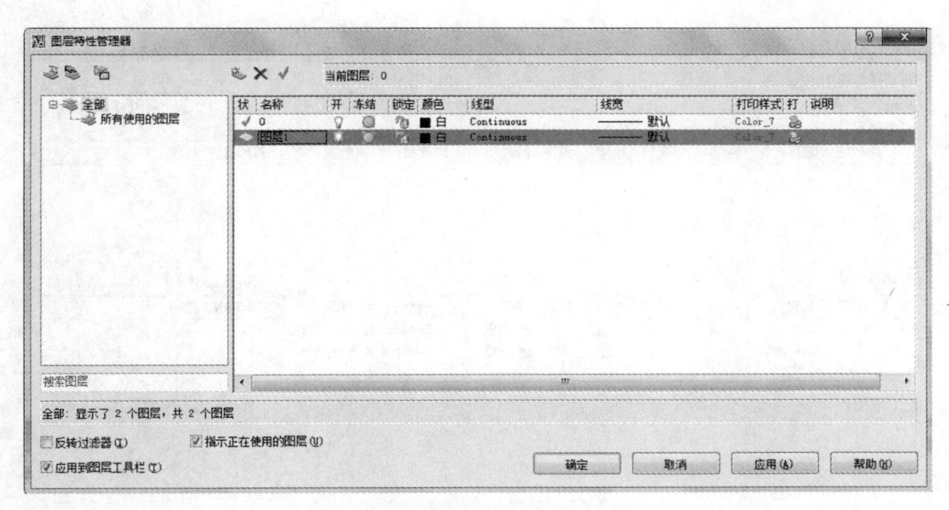

图 5-1　“图层特性管理器”对话框

“新建图层”创建新图层，列表中将显示名为图层 1、2……的图层。

“删除图层”标记选定图层，以便进行删除，单击“应用”或“确定”按钮后，即可删除相应图层。

“当前图层”用于显示当前图层的名称。

“搜索图层”可快速过滤图层列表。

“状态行”显示当前过滤器的名称、列表图中所显示图层的数量和图形中图层的数量。

“反向过滤器”复选框，显示所有不满足选定图层特性过滤器中条件的图层。

“应用到图层工具栏”通过应用当前图层过滤器，控制图层列表中图层的显示。

“应用”按钮，应用对图层和过滤器所做的更改，但不关闭对话框。

(2)单击“新特性过滤器”按钮，打开“图层过滤器特性”对话框，见图 5-2。该对话框内各项含义如下：

“过滤器名称”提供用于输入图层特性过滤器名称的空间。

“显示样例”在图层过滤器样例中显示图层特性过滤器定义的样例。

“过滤器定义”显示图层特性。

“过滤器预览”预览显示根据定义进行过滤的结果。

5.1.2　图层的创建

通过将对象分类放到各自的图层中，可以快速、有效地控制对象的显示以及对其进行修改，对图层的命名应像文件命名一样，应具有较强的可识别性，即体现对象的分类性。

5.1.2.1　图层的新建及命名

1)新建图层

在命令行中输入“la”调用“图层”命令，点击“图层特性”中的“新建图层”按钮或者按“Alt+N”快捷键新建图层。在一个图形中可以创建的图层数以及在每个图层中可以创建的

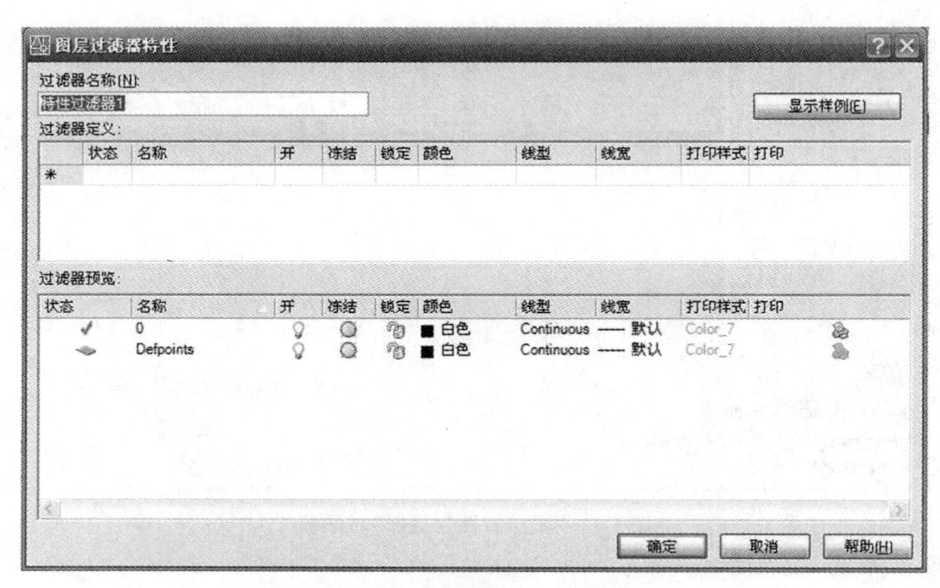

图 5-2 “图层过滤器特性”对话框

对象数是无限的。

2)图层命名

点击要进行命名的图层行中的“名称”位置，当呈现光标闪烁状态时，即可进行图层名称编辑命名。图层命名应体现该图层内对象的主要特征或类别，图层最长可使用 255 个字符的字母、数字进行命名。图层特性管理器按名称的字母顺序排列图层，所以为了能更有效地管理图层，在对图层命名时应体现成组性，同一类对象所在的图层的首字符应相同。

5. 1. 2. 2 图层颜色、线型及线宽的加载

(1)图层颜色的加载步骤：单击图层所在行的颜色块→选择合适的颜色→单击“确定”按钮。

(2)图层线型的加载步骤：单击图层所在行的线型(Continue)→单击“加载”按钮→选择合适的线型→单击“确定”按钮→选中刚刚加载上的线型→再单击“确定”按钮。

(3)图层线宽的加载步骤：单击图层所在行的线宽(默认)→选择合适的线宽→单击“确定”按钮。示例的创建结果见图 5-3。

图 5-3 图层颜色、线型及线宽的加载

创建好的图层可以通过单击“图层”下拉框或双击对应的图层的方式将新建的图层置

为当前。

5.1.3　图层的管理

5.1.3.1　图层的开关、冻结与锁定

1) 图层的开关

灯泡的亮灭可控制图层对象的显示与否；被关闭的图层仍然可以进行绘制及修改操作。在开的状态下，灯泡的颜色为黄色，该图层上的图形是可见的，也可以在输出设备上打印，图层内所有对象均可见。在关的状态下，灯泡的颜色为灰色，该图层上的图形不可见，也不能打印输出。

2) 图层的冻结

被冻结的图层内的对象用重生成命令无效，且在屏幕内不可见。AutoCAD 不在冻结图层上显示、打印、隐藏、渲染或重生成对象。

通过单击"冻结"列对应的太阳或雪花图标可以冻结或解冻图层。冻结图层可以加快缩放、平放、平移和许多其他操作的运行速度，增强对象选择的性能并减少复杂图形的重生成时间。

3) 图层的锁定

被锁定的图层内的对象不能执行删除、移动等操作，但可以执行复制、阵列等操作。

5.1.3.2　更改对象的图层

通过将对象重新指定给另一图层，修改对象在原图层中的特性。

1) 通过图层列表框更改对象图层

(1) 选中需要修改的对象；

(2) 点击"图层"下拉框的方式，找到变更后的图层名称；

(3) 在特性对话框中选择合适的图层，见图 5-4(a)。

2) 特性匹配更改对象的图层

还可以选择想要变更到的图层中的任一对象，点击工具栏中的对象"特性匹配"命令，再点击要修改的对象，即可完成图层更改，见图 5-4(b)。

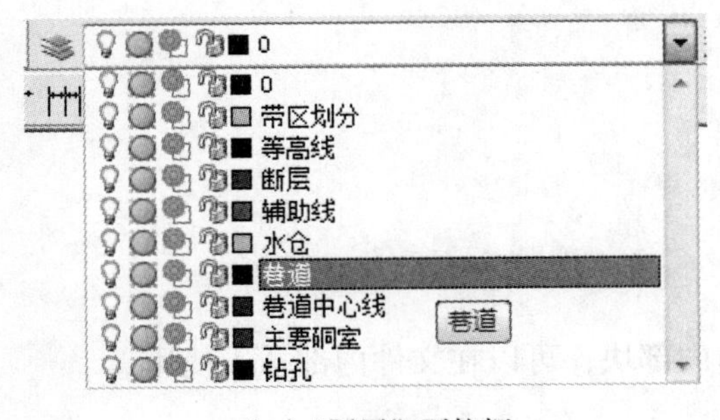

(a)"图层"下拉框

(b)"特性匹配"工具

图 5-4　更改对象的图层方法

5.1.3.3 说明

(1)删除 0 层、当前图层、依赖外部参照的图层或包含对象的图层时，会弹出"AutoCAD"信息提示框，见图 5-5。

0 图层是每个图形文件创建时自动生成的初始层，对该层执行删除无效。定义点(Defpoints)层是创建标注时自动生成的参照图层，也不可以被删除；依赖外部参照的图层可将外部参照对象删除或拆离后再删除；若删除当前图层，必须将其他图层置为当前后再删除；删除包含对象的图层时，必须首先将该层内的对象删空后方可删除。

(2)在命令行中输入"purge"或执行"文件" →"绘图实用程序" →"清理"菜单项，弹出"清理"对话框，见图 5-6。

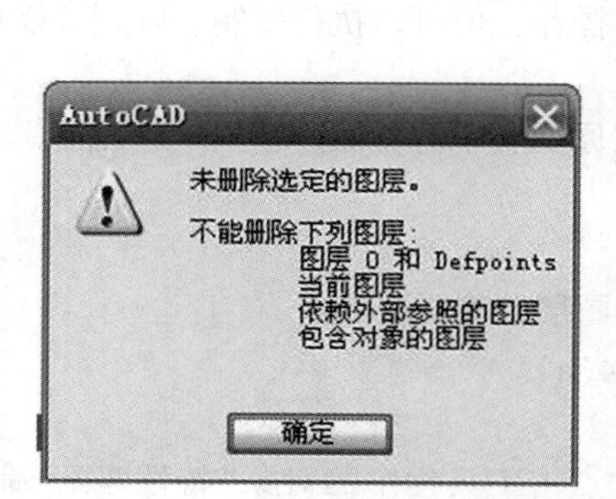

图 5-5 "AutoCAD"信息提示框

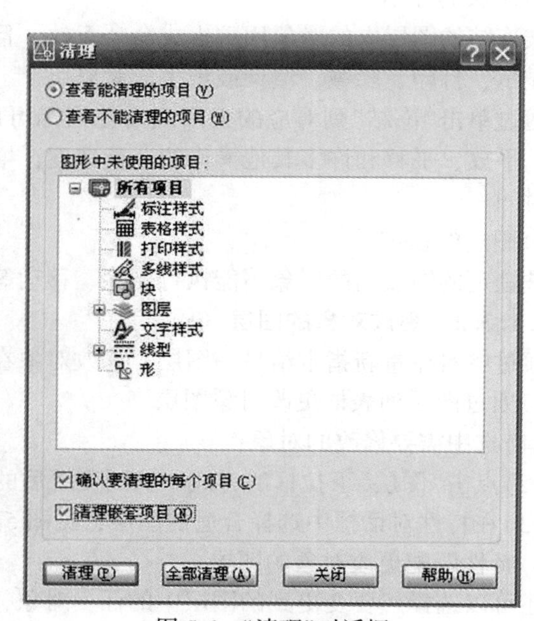

图 5-6 "清理"对话框

5.2 图块

5.2.1 块的创建

5.2.1.1 命令功能

根据选定对象创建块定义，也称为内部块，可以在文件内部插入使用。

5.2.1.2 命令调用

(1)单击"绘图"工具栏上的"创建块"工具按钮。

(2)执行"绘图"→"块"→"创建"菜单项。

(3)在命令行中输入"block"或命令缩写"b"。

5.2.1.3　命令应用

(1)执行“创建块”，调用“创建块”命令，弹出“插入”窗口，如图 5-7 所示。

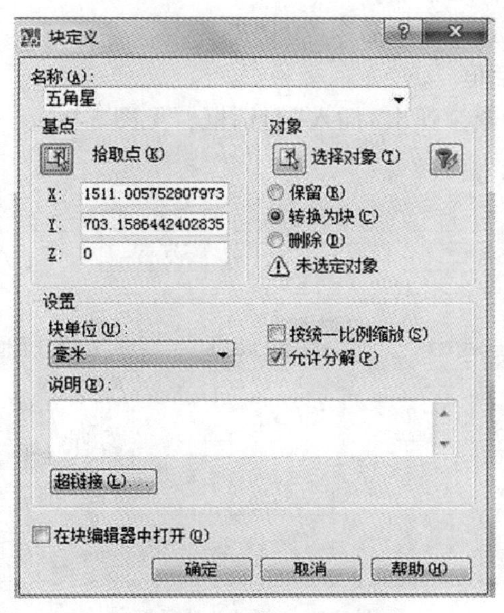

图 5-7　“块定义”对话框

在“名称”列表中输入块的名称。

(2)在“基点”区，选择“拾取插入基点”按钮，窗口切换至绘图区，选择适合的插入点后即可返回窗口，自动拾取到块的插入点坐标。

(3)在“对象”区，根据实际可以对原对象选择保留、转换为块、删除三种方式，默认为转换为块；点击“选择对象”按钮，切换至绘图区进行图块对象的选择，也可以使用“快速选择”按钮进行对象的快速选择。选择好图块对象后，点击鼠标右键，即可返回窗口。

(4)点击“确定”按钮，完成创建，见图 5-8(d)。

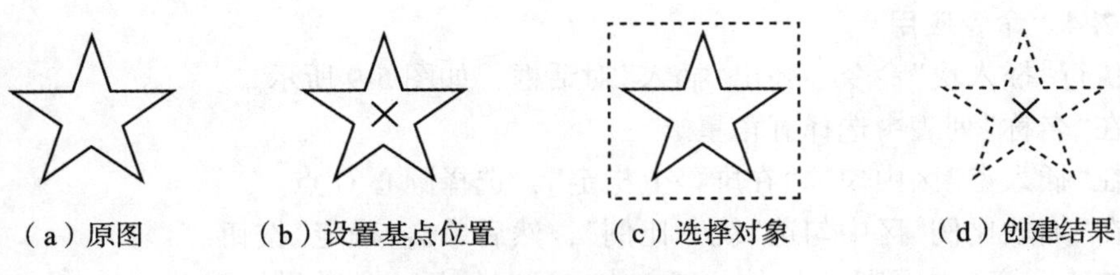

图 5-8　创建块对象

5.2.2　插入块

5.2.2.1　命令功能

向当前图形中插入内部块或者外部块。

5.2.2.2 命令调用

(1)单击“绘图”工具栏上的“插入”工具按钮。

(2)执行“插入”→“块”菜单项。

(3)在命令行中输入“insert”或命令缩写“i”。

5.2.2.3 “插入”对话框

执行“插入”对话框命令，弹出“插入”对话框，见图 5-9。

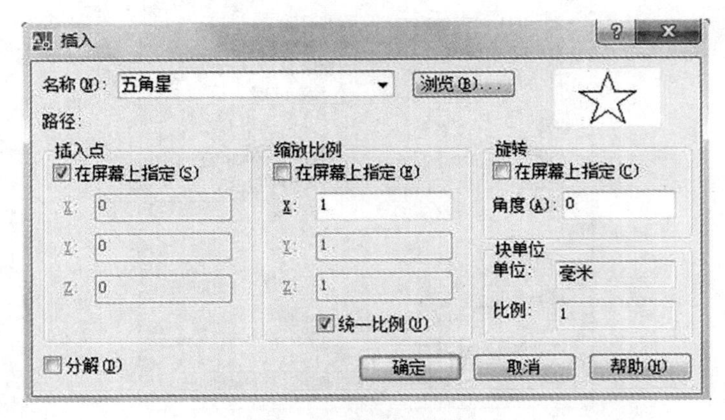

图 5-9 “插入”对话框

该对话框内各项含义如下：

(1)“名称”列表可用于选择块或图形的名称，也可单击“浏览”按钮，弹出“选择图形”对话框，选择文件。

(2)“插入点”区：用于设置块的插入点位置，也可以在 X、Y、Z 文本框中输入点的坐标，还可以通过选中“在屏幕上指定”选择开关，在屏幕上插入点的坐标。

(3)“缩放比例”用于设置块的比例，且 X、Y、Z 三个方向可以不一致。

(4)“旋转”用于设置块插入时的旋转角度。

(5)“分解”可以将插入的块分解成创建块时的原始对象。

5.2.2.4 命令应用

(1)执行“插入块”命令，弹出“插入”对话框，如图 5-9 所示。

(2)在“名称”列表中选择五角星。

(3)在“插入点”区中勾选“在屏幕上指定”，选择圆心 O 点。

(4)在“缩放比例”区中勾选“统一比例”，然后单击“确定”按钮。

(5)在绘图窗口中需插入块的位置单击，这时块插入的效果见图 5-10(b)。

5.2.3 写块

5.2.3.1 命令功能

将对象保存到文件或将块转换为文件，也称为外部块，可以在文件之间插入使用。

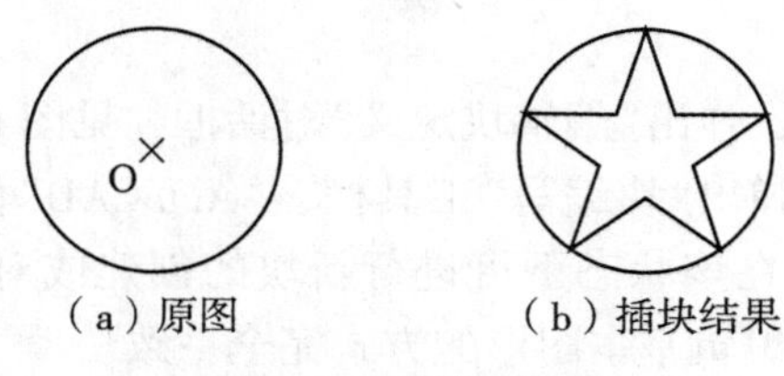

图 5-10　插块示例

5.2.3.2　命令调用

在命令行中输入“wblock”或命令缩写“w”。

5.2.3.3　命令应用

(1)执行“写块”命令，弹出“写块”对话框，见图 5-11；

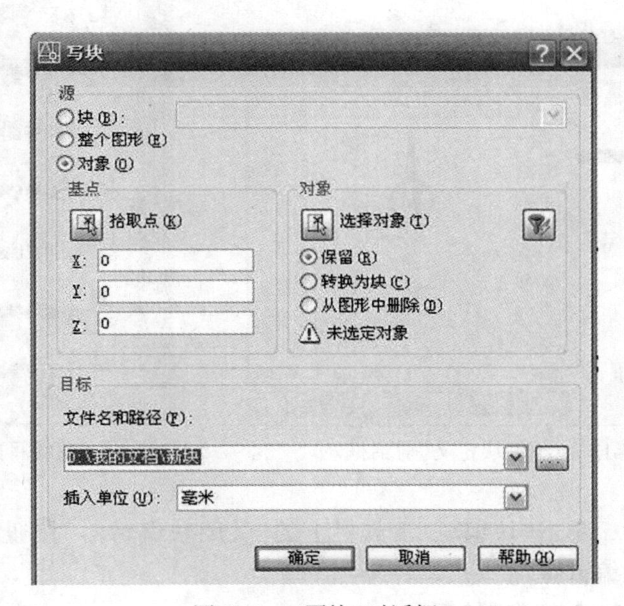

图 5-11　“写块”对话框

(2)在“基点”区选择基点(拾取点)；

(3)在“对象”区选择对象(选择对象)；

(4)在“目标”区输入文件名和选择系统合理的文件夹保存路径并命名，点击“确定”按钮完成写块。

5.2.4　编辑块

5.2.4.1　命令调用

(1)单击“标准”工具栏上的“块编辑器”工具按钮。

(2)执行“工具”→“块编辑器”菜单项。

(3)用鼠标左键双击图块。

5.2.4.2 命令应用

(1)执行“编辑块”命令，弹出“编辑块定义”对话框，见图5-12。

(2)单击“确定”按钮后弹出“块编写”工具栏、“AutoCAD”信息提示框和“块编写选项板”窗口(如图5-13所示)。在该状态下可进行新块的创建或对已有块的编辑工作，创建与编辑的操作命令和创建与编辑基本图形的方式完全一致。

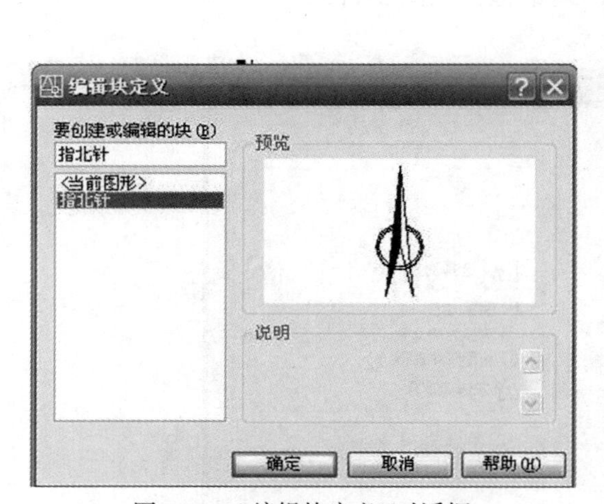

图5-12 “编辑块定义”对话框

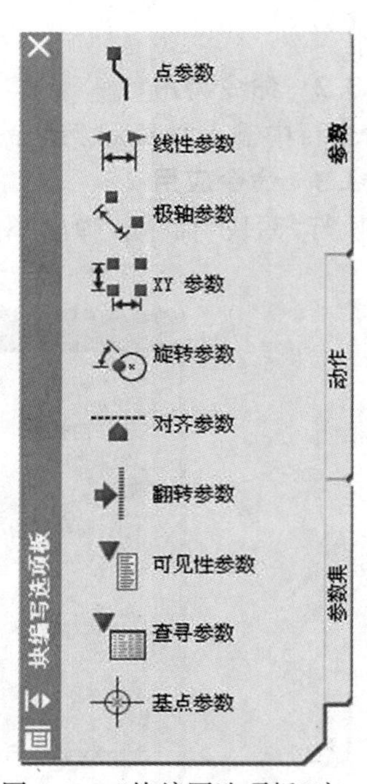

图5-13 “块编写选项板”窗口

(3)编辑完毕后，单击“块编写”工具栏上的“关闭块编辑器”按钮，即可对当前编辑进行保存并退出“块编辑器”。

5.2.4.3 块的创建与编辑技巧

1)单位块与原块

单位块是指生成块的对象的最大尺寸；原块是指生成块的对象的起初角度；块的插入点一定要选择符合实际需要的点。

2)块的命名与存储

块的命名要有可读性；块的存储要系统合理化。

3)块的分解及嵌套

(1)对插入当前图形文件中的块执行“分解”命令后，块被分解为创建该块时的对象，如果该块嵌套有别的块时，嵌套的块不会被分解。

(2)新创建的块可以将已创建的块对象作为新块的一部分，但块不能直接嵌套自身。

4)块与图层的关系

(1)块中的对象不从当前设置中继承颜色、线型和线宽特性。

(2)不管当前设置如何，块中对象的特性都不会改变。

(3)在创建块定义时可对每个对象单独设置颜色、线型和线宽特性。创建这些对象时，对象继承已明确设置的当前颜色、线型和线宽特性，即这些特性已设置成取代指定给当前图层的颜色、线型和线宽。如果未进行明确设置，则继承指定给当前图层的特性。

5.2.5　属性块

5.2.5.1　命令调用

(1)执行“绘图”菜单→“块”→“定义属性”菜单项。

(2)在命令行中输入“attdef”。

5.2.5.2　命令应用

(1)执行“定义属性”命令，弹出“属性定义”对话框，如图 5-14 所示。

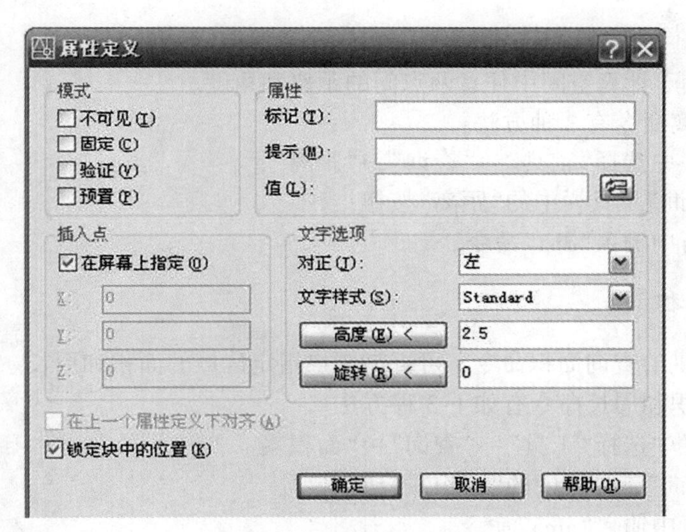

图 5-14　“属性定义”对话框

(2)“模式”区是显示在图形中插入块时，设置与块关联的属性值选项。

(3)“属性”区用于设置属性数据，由“标记”“提示”和“值”组成。

(4)“插入点”区用于指定属性位置。

(5)“文字选项”区用来设置属性文字的对正、样式、高度和旋转。

(6)“在上一个属性定义下对齐”用于将属性标记直接置于前一个定义的属性下面。

(7)单击“确定”按钮，完成属性定义。

5.3　查询

在工程绘图中，需要查询与图形相关的信息。AutoCAD 提供了多种图形查询功能，如查询距离、面积、周长、质量特性、点坐标、时间、状态和系统变量等。

5.3.1 查询点坐标

AutoCAD 提供的查询点坐标命令，可以方便用户查询指定点的坐标。

启动查询点坐标命令有 3 种方法：

(1)在菜单栏中选择“工具”→“查询”→“点坐标”；

(2)单击“查询”工具栏中的“定位点”按钮；

(3)在命令行中输入“id”命令。

“id”命令在命令行列出了指定点的 X，Y，Z 值，并将指定点的坐标存储为最后一点。用户可以通过在要求输入点的下一个提示中输入“@”来引用最后一点。

命令：id

指定点：X=8.4708　Y=178.7590　Z=0.0000

5.3.2 查询距离

“dist”命令用于计算空间中任意两点间的距离和角度。

启动查询距离命令有 3 种方法：

(1)在菜单栏中选择“工具”→“查询”→“距离”；

(2)单击“查询”工具栏中的“距离”按钮；

(3)在命令行中输入“dist”命令。

5.3.3 查询面积

AutoCAD 提供的查询面积命令，可查询用户指定区域的面积和周长。

启动计算面积和周长命令有如下 3 种方法：

(1)在菜单栏中选择“工具”→“查询”→“面积”；

(2)单击“查询”工具栏中的“面积”按钮；

(3)在命令行中输入“area”命令。

5.3.4 查询列表

AutoCAD 提供的查询实体特征参数命令，可以方便用户查询所选实体的类型、所属的图层、空间等特征参数。

启动查询实体特征参数命令有如下 3 种方法：

(1)在菜单栏中选择“工具”→“查询”→“列表”；

(2)单击“查询”工具栏中的“列表显示”按钮；

(3)在命令行中输入“list”命令。

执行查询实体特征参数命令后，系统打开如图 5-15 所示查询结果窗口。该窗口会显示对象类型、对象图层、相对于当前用户坐标系(UCS)的 X，Y，Z 值以及对象位于模型空间还是图纸空间。

提示：用“list”命令可显示所选对象的实体类型、所属图层、颜色、实体在当前坐标

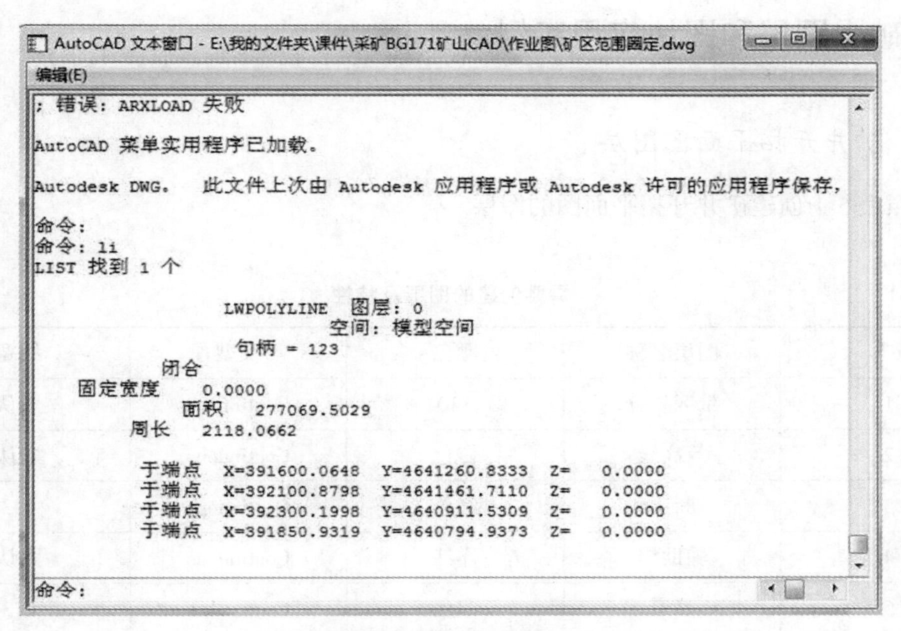

图 5-15　列表查询结果

系中的位置以及对象的面积、周长等特征参数，便于快速获取对象信息。

5.3.5　查询时间和状态

5.3.5.1　查询时间

在 AutoCAD 中，调用“time”命令可以在文本窗口显示关于图形的日期和时间的统计信息，如当前时间、图形的创建时间等。

启动查询时间命令有如下 2 种方法：

(1)在菜单栏中选择“工具”→“查询”→“时间”；

(2)在命令行中输入“time”命令。

AutoCAD 在显示时间时使用 24 小时制，可精确显示到毫秒。在累计编辑时间中不包括打印时间。该计时器由 AutoCAD 更新，不能重置或停止。

5.3.5.2　查询状态

用户可以在 AutoCAD 中使用“status”命令查询当前图形的基本信息，如当前图形范围、各种图形模式等。

启动查询图形文件特征信息命令有 2 种方法：

(1)在菜单栏中选择“工具”→“查询”→“状态”；

(2)在命令行中输入“status”命令。

打开的文本窗口将显示当前图形的对象、模型空间图形界限、图形范围、图形插入点、X 和 Y 方向上的捕捉间距、栅格间距、当前激活的空间、图形的当前布局、图形的当前图层、图形的当前颜色、图形的当前线型、图形的当前线宽。

5.4 矿山图层和图块应用实例

5.4.1 矿井开拓平面图图层

按照表 5-1 创建矿井开拓平面图的图层。

表 5-1 **需要创建的图层及特性**

序号	图层名称	颜色	线型	线宽
1	带区划分	130	Continuous	默认
2	等高线	白色	Continuous	默认
3	断层	红色	Continuous	0. 3
4	辅助线	洋红	Continuous	默认
5	巷道	白色	Continuous	0. 3
6	水仓	青色	ACAD_ISO02W100	0. 3
7	巷道中心线	蓝色	Continuous	默认
8	主要硐室	红色	Continuous	0. 3
9	钻孔	白色	Continuous	0. 3

操作过程：

(1)新建文件并保存，将文件命名为“矿井开拓平面图”；

(2)打开图层特性管理器，单击“新建图层”按钮，创建 9 个新图层；

(3)对各图层分别进行命名，图层颜色、线型及线宽的加载；

(4)点击“确定”按钮，结果如图 5-16 所示。

5.4.2 采矿基本图元图块

绘制如图 5-17 所示的采矿常用设备。

5.4.2.1 执行“写块”命令

分别对图 5-17 中的 3 个图元执行“写块”操作，具体操作为：在命令行中输入“wblock”命令或缩写“w”，弹出“写块”对话框，见图 5-18。

5.4.2.2 输入块名和块的存储路径

(1)创建专门用于存储块的文件夹，如“采掘机械”。

(2)按照图元的名称分别进行命名，如“双滚筒采煤机”。

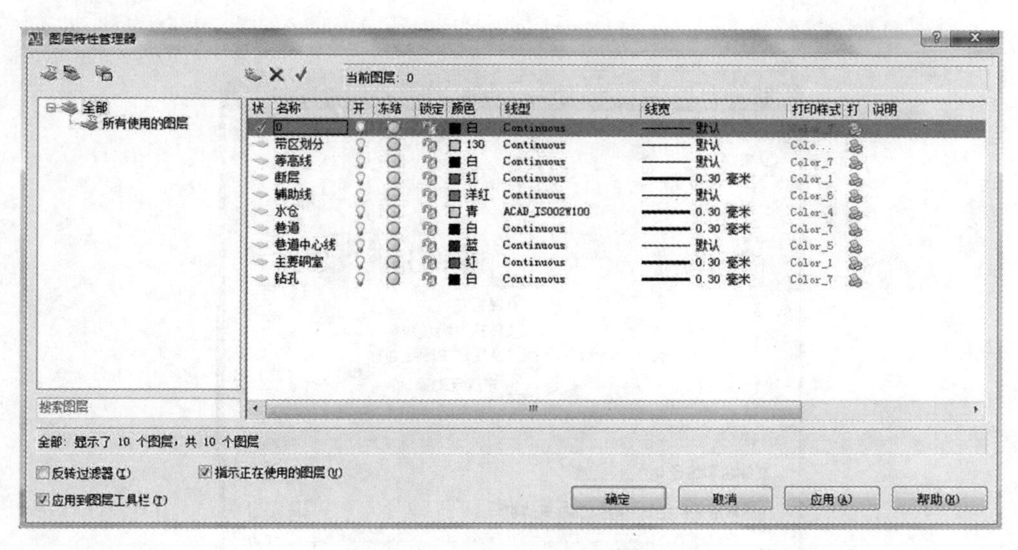

图 5-16　矿井开拓平面图图层

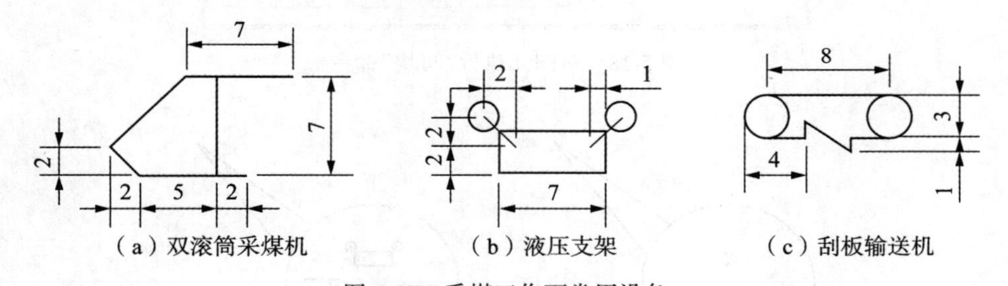

（a）双滚筒采煤机　　（b）液压支架　　（c）刮板输送机

图 5-17　采煤工作面常用设备

5.4.2.3　选择基点

(1)在“辅助层”中做出各图元的几何重心点，单击“基点”区内的“拾取点”按钮，以该点作为各块的插入点。

(2)再对新块的名称和存储路径以及基点、选择对象操作完毕后，单击“确定”按钮出现“写块预览”对话框。

(3)重复上述步骤，分别将液压支架和刮板输送机执行“写块”操作。

5.4.2.4　插块应用

执行“插入块”命令，在绘图区指定插入基点位置，进行对应图块的插入，结果如图 5-19 所示。

5.4.3　钻孔属性块

用“属性块”命令创建钻孔 ZK1 属性块，并用“插入块”命令插入钻孔 ZK2，如图 5-20 所示。

5.4.3.1　属性块定义

(1)调用“属性定义”命令：“绘图”菜单→“块”→“定义属性”。

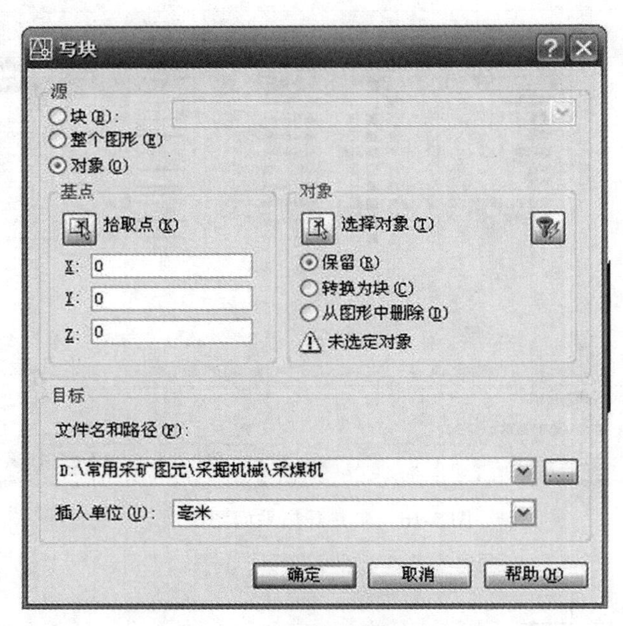

图 5-18　对图元执行“写块”命令

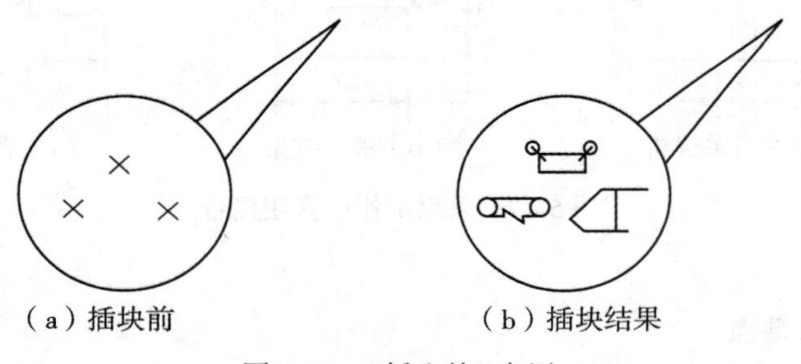

（a）插块前　　　　（b）插块结果

图 5-19　“插入块”应用

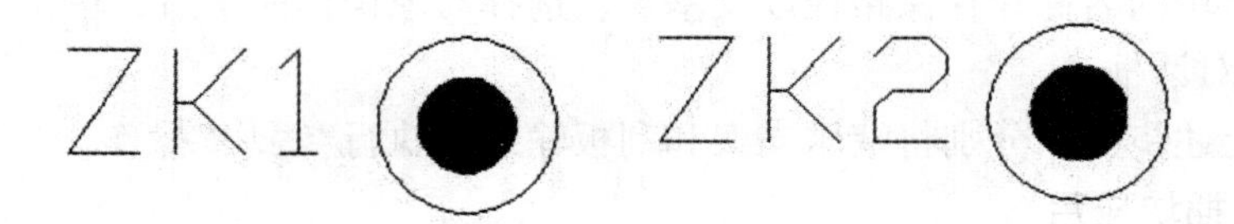

图 5-20　钻孔属性块

(2)在弹出的“属性定义”对话框中，设置属性参数(标记、提示、值)，设置文字选项(对正、文字样式、高度)，如图 5-21 所示。

(3)点击“确定”按钮，在绘图区域指定块的插入点，指定在靠近钻孔点的左侧位置，如图 5-22 所示。

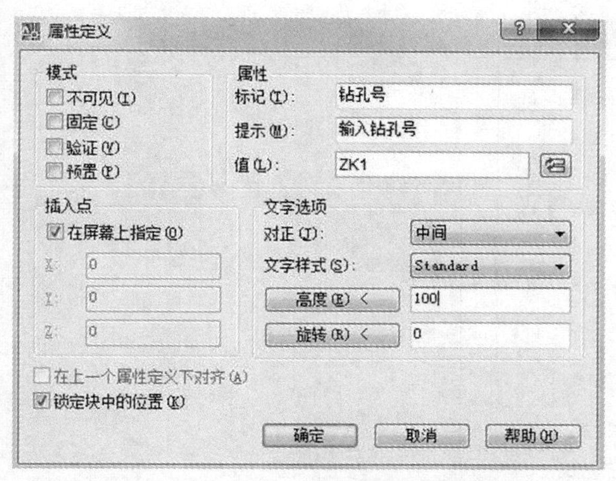

图 5-21　“属性定义”对话框参数设置

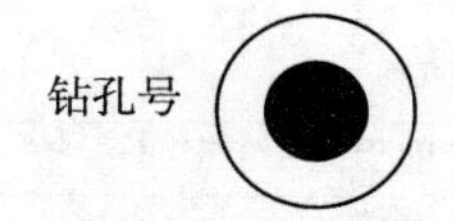

图 5-22　指定属性插入点

5.4.3.2　写块

命令：wblock　　//执行写块命令

指定插入基点：　<对象捕捉 开>

//开启对象捕捉，拾取钻孔圆心，如图 5-23(a)所示

选择对象：指定对角点：找到 4 个　　//框选钻孔和属性块，如图 5-23(b)所示

选择对象：　　//单击鼠标右键确定

按照图 5-24 所示对话框设置文件名和路径，然后点击“确定”按钮，弹出“编辑属性”对话框(见图 5-25)，再点击“确定”按钮，写块结果如图 5-23(c)所示。

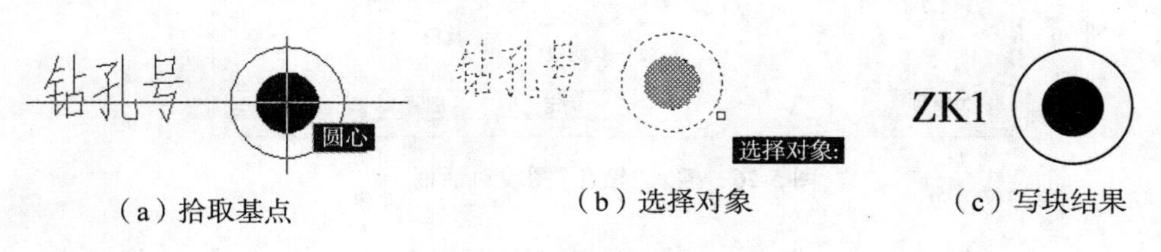

(a) 拾取基点　　(b) 选择对象　　(c) 写块结果

图 5-23　钻孔写块过程

5.4.3.3　插入块

命令：insert　　//插入“钻孔”块，如图 5-26 所示

指定插入点或[基点(B)/比例(S)/旋转(R)]：　　//指定钻孔 ZK2 插入点位置

输入钻孔号 <ZK1>：ZK2↓　　//输入值，结果如图 5-27 所示

5.4.4　标题栏属性块

以第 4 章图 4-16 标题栏为例，创建标题栏的属性块。

图 5-24 “写块”对话框设置

图 5-25 “编辑属性”窗口

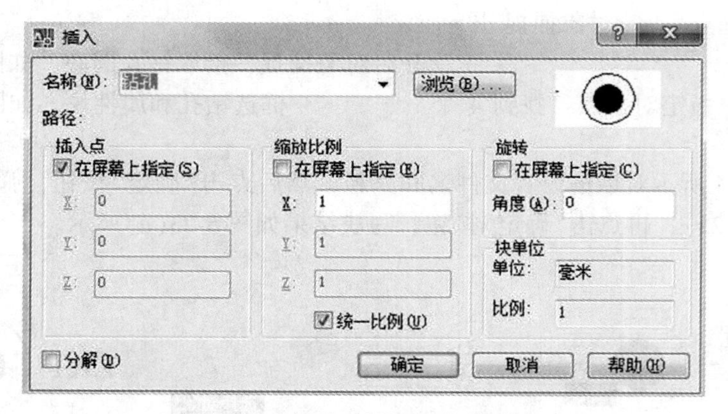

图 5-26 插入“钻孔”图块对话框

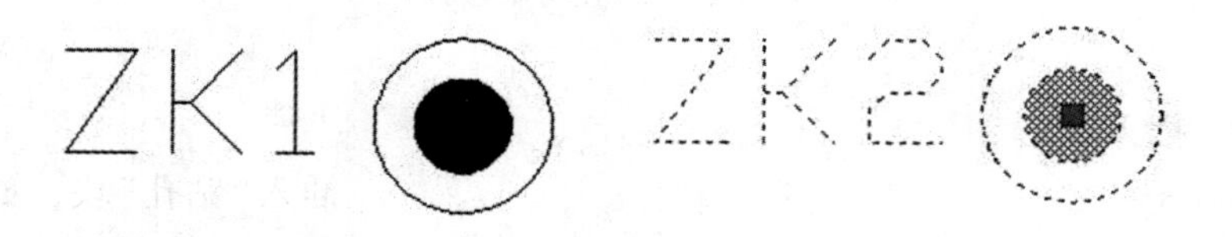

图 5-27 钻孔属性块插入结果

5.4.4.1 定义属性

执行属性块命令，弹出“属性定义”对话框，按图 5-28 中显示设置“属性”区，拾取插入点的位置为图 5-29 中 A 点处。

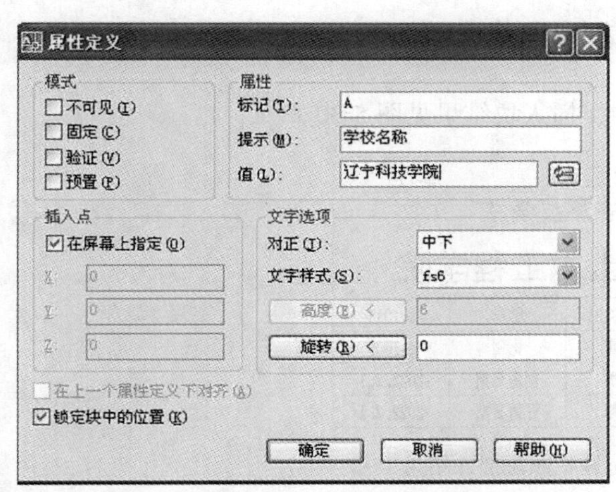

图 5-28　“属性定义”对话框

A B			
专业班级	C	学　号	G
设计制图	D	比　例	H
指导教师	E	制图日期	I
评阅教师	F	评阅日期	J

图 5-29　“写块”前的标题栏

注意：如果是在新的图形文件中定义属性，则应执行“文字样式”命令，弹出“文字样式”对话框后，分别创建 FS6. 0、HT8. 0 和 FS4. 5-0. 75 三种字体，并按照图 4-16 所示尺寸标注进行表格的创建。

重复执行属性块命令，在图 5-28 中设置“属性”区中的值，各项值见表 5-2。

表 5-2　**属性参数值表**

序号	标记(T)	提示	值(L)	拾取点	对正(J)	文字样式
1	A	学校名称	辽宁科技学院	A	中下	FS6. 0
2	B	学院名称	资源与土木工程学院	B	正中	HT8. 0
3	C	专业班级	采矿 BG191	C	正中	FS4. 5-0. 75
4	D	设计制图	李雷	D		
5	E	指导教师	李娜	E		
6	F	评阅教师	李娜	F		
7	G	学号	101011	G		
8	H	比例	1 : 1000	H		
9	I	制图日期	2022. 2. 1	I		
10	J	评阅日期	2022. 2. 1	J		

5. 4. 4. 2　写块

执行“写块”命令后设置合适的文件名和保存路径。具体操作见“写块”命令。“写块”前的标题栏见图 5-29，此时图中显示的是“属性块”标记，如 A、B、C 等。

单击“写块”对话框中的“确定”，将快速闪现出“写块预览”，然后出现“编辑属性”对话框，在此对话框中显示“属性块”中设置的“提示”和“值”。

写块结果标题栏中所定义的属性块的“标记”将被“值”取代。

5.4.4.3 插入属性块

将带有属性的标题栏块插入绘图区中，插入块结果见图 5-30。

辽宁科技学院			
资源与土木工程学院			
专业班级	采矿BG191	学号	101011
设计制图	李 雷	比例	1:1000
指导教师	李 娜	制图日期	2022.2.1
评阅教师	李 娜	评阅日期	2022.2.1

图 5-30 标题栏图块插入结果

习 题

1. 单选题

(1)下面哪个层的名称不能被修改或删除？(　　)

A. 未命名的层　　B. 标准层　　C. 0 层　　D. 缺省的层

(2)在 AutoCAD 中以下有关图层锁定的描述，错误的是(　　)。

A. 在锁定图层上的对象仍然可见

B. 在锁定图层上的对象不能打印

C. 在锁定图层上的对象不能被编辑

D. 锁定图层可以防止对图形的意外修改

(3)在 AutoCAD 中图层上的对象不可以被编辑或删除，但在屏幕上还是可见的，而且可以被捕捉到，则该图层被(　　)。

A. 冻结　　B. 锁定　　C. 打开　　D. 未设置

(4)在 AutoCAD 中可以给图层定义的特性不包括(　　)。

A. 颜色　　B. 线宽　　C. 打印/不打印　　D. 透明/不透明

(5) AutoCAD 提供的(　　)命令可以用来查询所选实体的类型、所属图层空间等特性参数。

A. dist　　B. list　　C. time　　D. status

(6)“0”图层是系统的默认图层，用户可以对它进行的操作是(　　)。

A. 改名　　B. 删除

C. 将颜色设置为红色　　D. 不能做任何操作

(7)用下面哪个命令可以创建图块，且只能在当前图形文件中调用，而不能在其他图形中调用？(　　)

A. block　　B. wblock　　C. explode　　D. mblock

(8)在创建块时，在“块定义”对话框中必须确定的要素为(　　)。

A. 块名、基点、对象　　B. 块名、基点、属性

C. 基点、对象、属性　　　　　　　　D. 块名、基点、对象、属性

(9)在 AutoCAD 中把用户定义的块作为一个单独文件存储在磁盘上可用(　　)命令。

A. w　　　　　　　　　　　　　　　B. ave(菜单为"File"→"Save")

C. s　　　　　　　　　　　　　　　D. block(菜单为"Draw"→"Block")

(10)使用块的主要目的是(　　)。

A. 批量绘制图形对象

B. 应用属性

C. 快速绘制图形中多处相同的对象

D. 简化绘图操作

2. 操作练习

(1)按照表 5-3 进行图层创建。

表 5-3　　**图层设置参数表**

序号	图层名称	颜色	线型	线宽
1	虚线	40	ACAD_ISO02W100	0.3
2	中心线	红色	CENTER	0.15
3	煤柱线	黑色	FENCELINE1	0.25
4	采区边界	黑色	CENTERX2	0.5
5	长点划线	黑色	ACAD_ISO04W100	0.3
6	点线	黑色	ACAD_ISO07W100	0.15

(2)将第 2 章 2.4.2 指北针实例(图 5-31)创建为图块，并进行"插入块"操作。

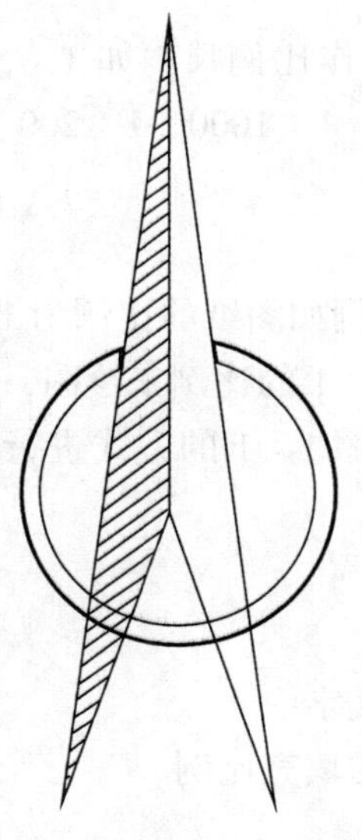

图 5-31　指北针图块

第6章 尺寸标注

在工程制图中，通过尺寸标注，能准确地反映物体的形状、大小和相互关系，它是识别图形和指导现场施工的主要依据。本章主要介绍尺寸标注样式的设置、标注图形、编辑标注、采矿工程图纸中的标注标准等。通过本章的学习，熟练使用尺寸标注命令，可以有效地提高绘图质量和绘图效率。

◎ **本章要点**

➢ 比例尺与比例因子；

➢ 尺寸标注概念；

➢ 尺寸标注样式；

➢ 尺寸标注；

➢ 编辑尺寸标注；

➢ 采矿图形尺寸标注标准。

6.1 比例尺与比例因子

6.1.1 比例尺

图上距离与实际距离的比例叫作比例尺，如1∶50。常用的采矿工程图纸的比例尺有：1∶10000、1∶5000、1∶2000、1∶1000、1∶200、1∶100、1∶50、1∶25等。

6.1.2 比例因子

比例尺的倒数称为比例因子。例如图纸的比例为1∶50，则比例因子为50。

使用AutoCAD的优点是能以1∶1的比例来绘图，而无须考虑图纸尺寸的限制。为了能够不随比例因子的不同而均可按照1∶1的方式进行绘图，在创建对象前，下列内容必须放大，放大的倍数为比例因子。

(1)图纸图框，即图形界限。

(2)文字高度。

(3)尺寸标注中直线、箭头及文字。

(4)非连续型的线型、非实体的填充比例。

6.2　尺寸标注概念

6.2.1　尺寸标注的组成

一个完整的尺寸标注由尺寸线、尺寸界线、标注文字和箭头等组成，见图6-1。

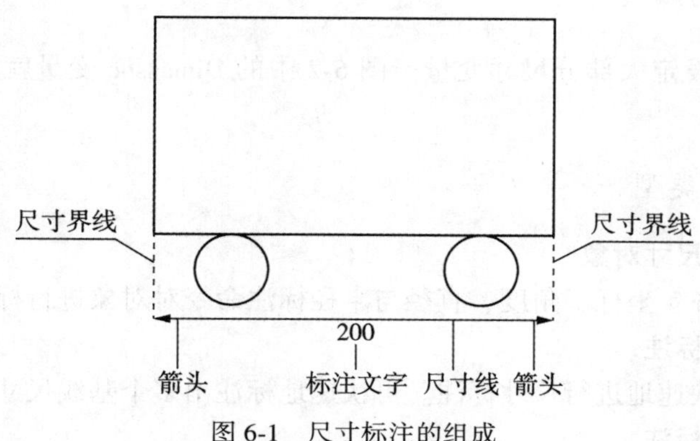

图6-1　尺寸标注的组成

(1)“尺寸线”用于指示标注的方向和范围。对于角度标注，尺寸线是一段圆弧。

(2)“尺寸界线”也称为投影线，从标注基点延伸到尺寸线并超过尺寸线。

(3)“标注文字”用于指示测量值的字符串。文字还可以包含前缀、后缀和公差。

(4)“箭头”也称为终止符号，显示在尺寸线的两侧。

6.2.2　关联和非关联的尺寸标注

6.2.2.1　关联尺寸标注(Dimassoc=2)

尺寸标注的各部分为一个整体，尺寸具有关联特性，即标注文字的数值随图形比例的变化而变化，当标注的一部分被选中，则全部选中。如图6-2(b)所示，矩形被拉伸后，关联的尺寸标注随图形的变化而变化。

6.2.2.2　非关联尺寸标注(Dimassoc=1)

尺寸标注的各部分是独立的各个实体，标注文字的数值不随图形比例的变化而变化，但标注文字的字高、箭头的大小均随图形比例的变化而变化。如图6-2(c)所示，矩形被拉伸后，非关联的尺寸标注不随图形的变化而变化。

6.2.3　尺寸变量

AutoCAD的设置和特性基本都是通过系统变量决定的。在尺寸标注中也给出了很多变量，用来决定尺寸标注的方法和形式，如尺寸标注时，各尺寸元素的大小与形状、放置位置等。通过改变尺寸变量的状态或数值可以改变它们。尺寸变量有的是开关变量，有的是数值，可在命令行中键入尺寸变量命令进行重新设置；也可以用于对话框

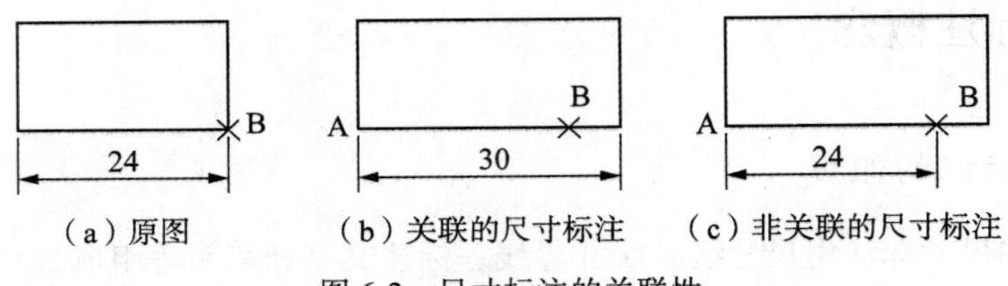

（a）原图　　（b）关联的尺寸标注　　（c）非关联的尺寸标注

图 6-2　尺寸标注的关联性

进行对话的方式来设定大部分尺寸变量。图 6-2 中的 Dimassoc 变量就是控制尺寸标注关联性与否的变量。

6.2.4　尺寸标注类型

6.2.4.1　标注尺寸对象

通过线性、对齐、坐标、角度、直径与半径标注命令对对象进行标注。

6.2.4.2　快速标注

快速标注用于快速地进行尺寸标注。可快速地标注出多个基线尺寸、连续尺寸。

6.2.4.3　注释标注

注释标注主要有引线、圆心标记与行位公差标注等类型。

6.3　尺寸标注样式

尺寸标注样式是通过“尺寸标注样式设置”对话框来设置的。像文字标注一样，在开始尺寸标注之前必须建立尺寸标注样式。

6.3.1　标注样式管理器

6.3.1.1　命令调用

(1)单击“标注”工具栏中的“标注样式”工具按钮。

(2)执行“标注”→“样式”菜单项。

(3)在命令行中输入“dimstyle”命令。

6.3.1.2　标注样式管理器

执行“标注样式”命令，弹出“标注样式管理器”对话框，见图 6-3。该对话框内各项含义如下：

(1)“当前标注样式”：显示当前标注样式的名称。

(2)“样式”：列出图形中的标注样式。

(3)“列出”：控制样式显示。

(4)“预览”：显示“样式”列表中选定样式的图示。

(5)“说明”：“样式”列表中与当前样式相关的选定样式。

(6)“置为当前”：将选定的标注样式设置为当前标注样式。

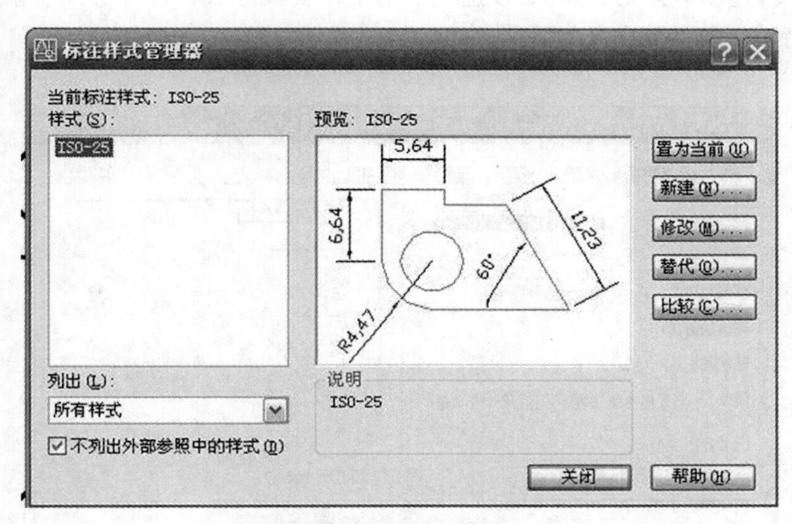

图 6-3 “标注样式管理器”对话框

(7)“新建”：弹出“创建新标注样式”对话框，定义新的标注样式。

(8)“修改”：弹出“修改标注样式”对话框，修改标注样式。

(9)“替代”：显示“替代当前样式”对话框，设置标注样式的临时替代。

(10)“比较”：弹出“比较标注样式”对话框，比较两个标注样式或列出一个标注样式的所有特性。

6.3.1.3 创建新标注样式

在图 6-3 中单击“新建”按钮，弹出“创建新标注样式”对话框，见图 6-4。该对话框内各项含义如下：

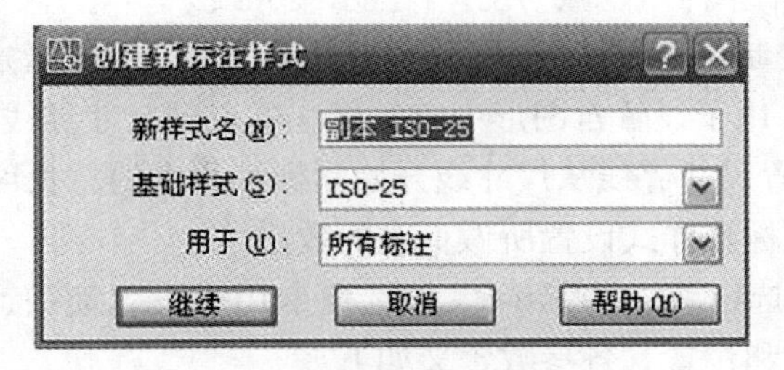

图 6-4 “创建新标注样式”对话框

“新样式名”用于命令新的样式名称。

“基础样式”列出基于哪种样式创建新的标注样式。

“用于”确定新创建的样式适用于哪些标注类型。

输入合适的样式名称后，单击“继续”按钮，弹出“新建标准样式”对话框，进行样式的创建。

(1)“直线”选项卡，见图 6-5。该选项卡用于设置尺寸线、尺寸界线、箭头和圆心标记的格式和特性。各参数含义如下：

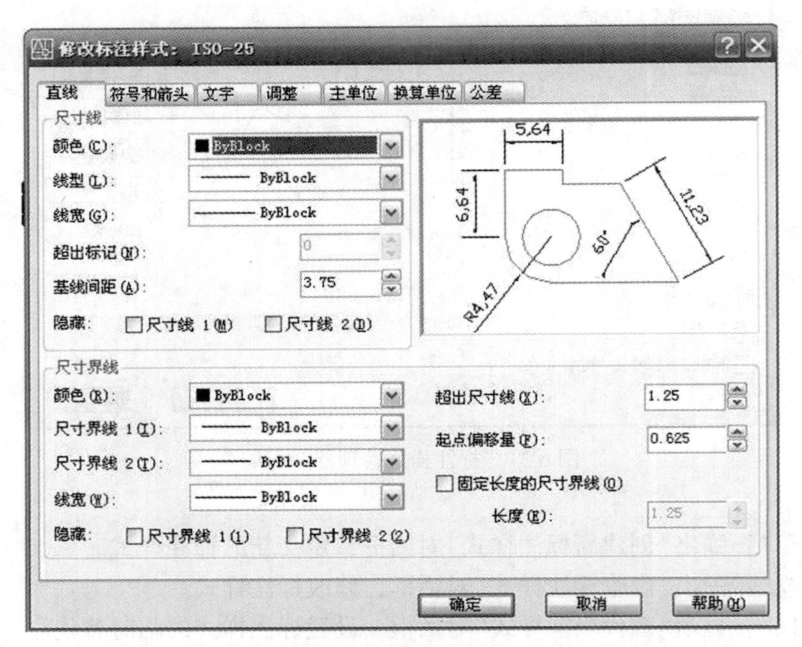

图 6-5 “直线”选项卡

“尺寸线”用于设置尺寸线的特性。“颜色”用于显示并设置尺寸线的颜色；“线型”用于设置尺寸线的线型；“线宽”用于设置尺寸线的线宽；“超出标记”用于指定当箭头使用倾斜、建筑标记、积分和无标记时尺寸线超过尺寸界线的距离；“基线间距”用于设置基线标注的尺寸线之间的距离；“隐藏”用于不显示尺寸线。

“尺寸界线”用于控制尺寸界线的外观。“超出尺寸线”用于指定尺寸界线超出尺寸线的距离；“起点偏移量”用于设置自图形中定义标注的点到尺寸界线的偏移距离；“固定长度的尺寸界线”用于设置尺寸界线从尺寸线开始到标注原点的总长度；“预览”用于显示样例标注图像，可显示对标注样式设置所做更改的效果。

(2)“符号和箭头”选项卡，见图 6-6。该选项卡用于设置箭头、圆心标记、弧长符号和折弯半径标注的格式和位置。各参数含义如下：

“箭头”：控制标注箭头的外观。

“圆心标记”：控制直径标注和半径标注的圆心标记和中心线的外观。

“弧长符号”：控制弧长标注中圆弧符号的显示。

(3)“文字”选项卡，见图 6-7。该选项卡用于设置标注文字的格式、放置和对齐。各参数含义如下：

“文字外观”：控制标注文字的格式和大小。

“文字位置”：控制标注文字的位置。

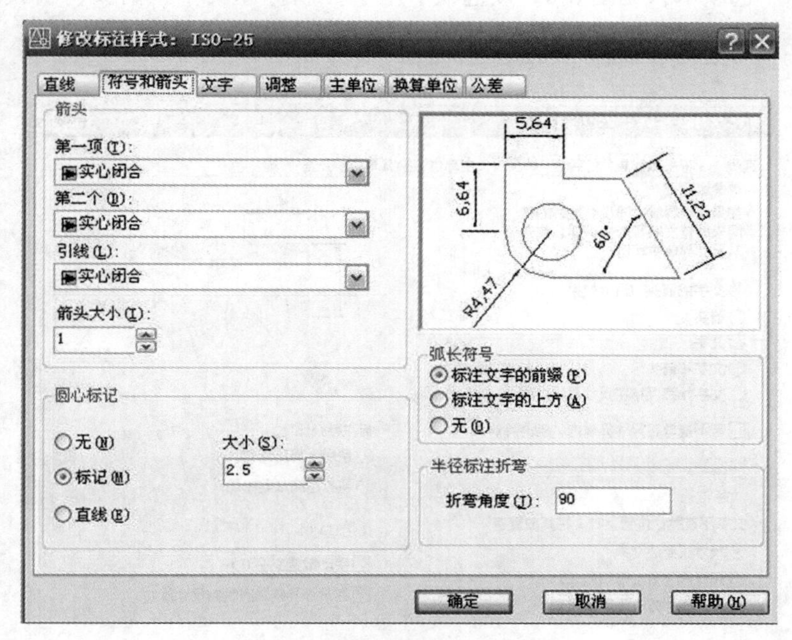

图 6-6　“符号和箭头”选项卡

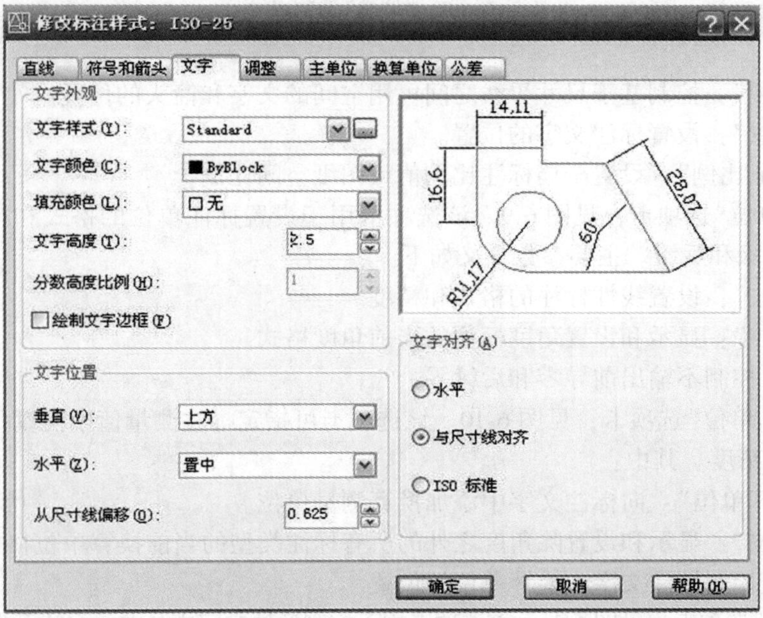

图 6-7　“文字”选项卡

“文字对齐”：控制标注文字放在尺寸界线外面或里面时的方向是保持水平还是与尺寸界线平行。

(4)“调整”选项卡，见图6-8。该选项卡用于控制标注文字、箭头、引线和尺寸线的放置。主要参数含义如下：

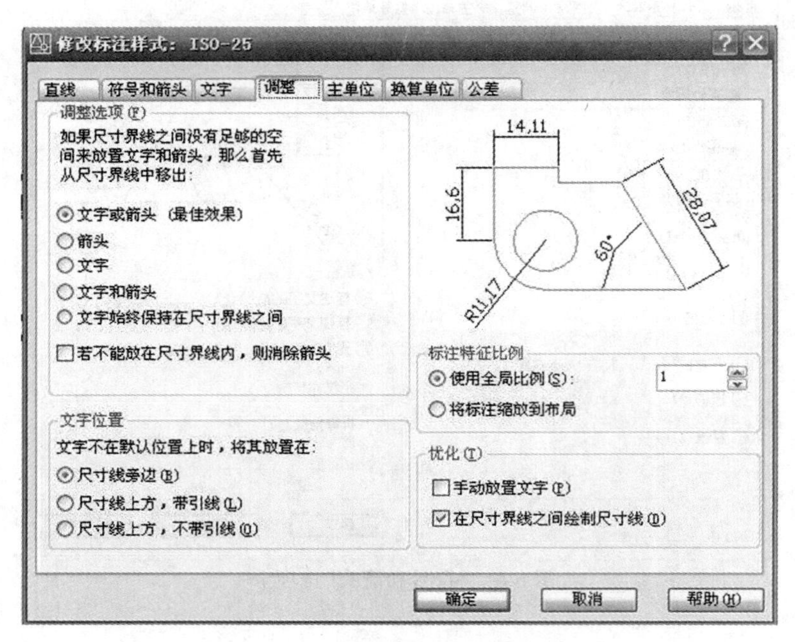

图6-8　“调整”选项卡

“调整选项”：控制基于尺寸界线之间可用空间的文字和箭头的位置。

“文字位置”：设置标注文字的位置。

“标注特征比例”：设置全局标注比例值或图纸空间比例。

(5)“主单位”选项卡，见图6-9。该选项卡用于设置标注单位的格式和精度，并设置标注文字的前缀和后缀。主要参数含义如下：

“线性标注”：设置线性标注的格式和精度。

“角度标注”：显示和设置角度标注的当前角度格式。

“消零”：控制不输出前导零和后续零。

(6)“换算单位”选项卡，见图6-10。该选项卡可指定标注测量值中换算单位的显示并设置其格式和精度。其中：

“显示换算单位”：向标注文字中添加换算测量单位。

“换算单位”：显示和设置除角度之外的所有标注类型的当前换算单位格式。

“位置”：控制标注文字中换算单位的位置。

(7)“公差”选项卡，见图6-11。该选项卡用于控制标注文字中公差的格式及显示。其中：

“公差格式”：控制公差格式。

“消零”：控制不输出前导零和后续零以及零英尺和零英寸部分。

“标注特征比例”：设置全局标注比例值或图纸空间比例。

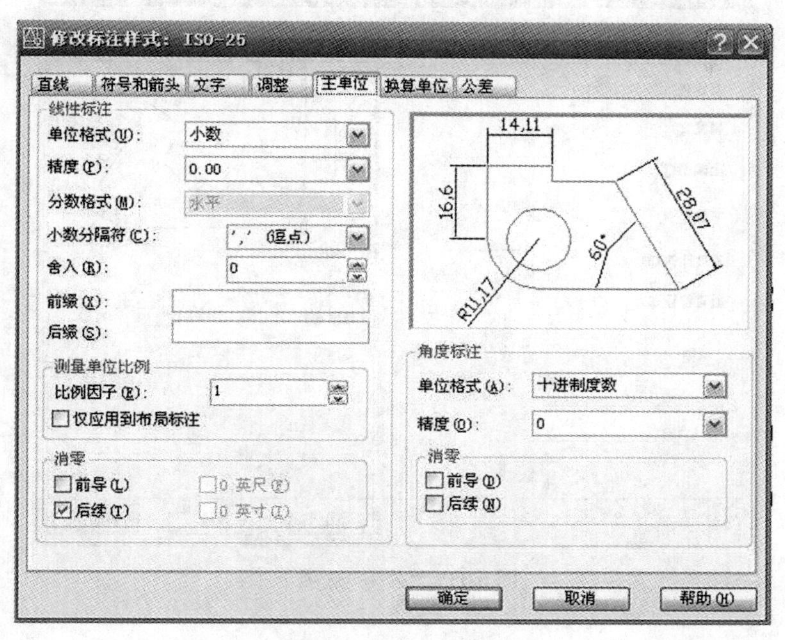

图 6-9　“主单位”选项卡

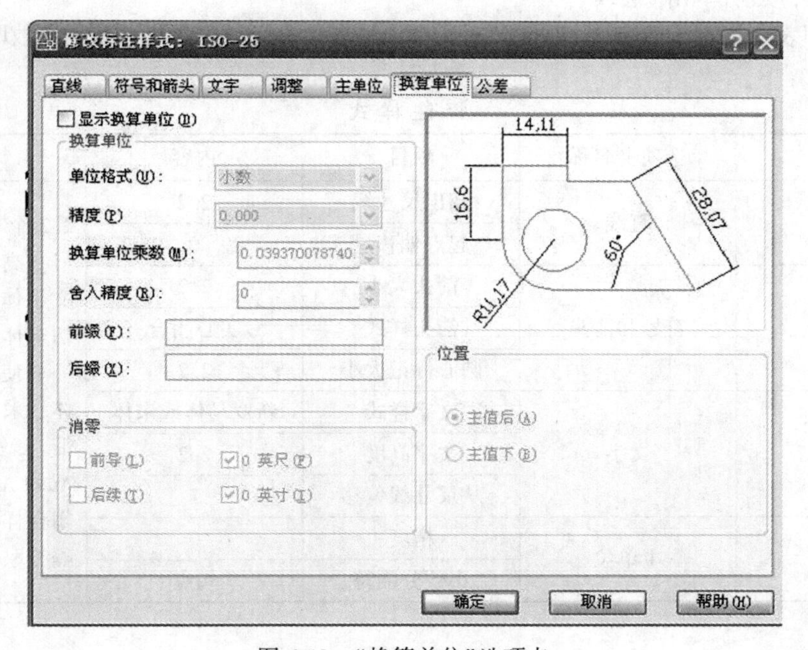

图 6-10　“换算单位”选项卡

6.3.1.4　命令应用

(1)执行“格式”→“标注样式”菜单项，弹出“标注样式管理器”对话框。

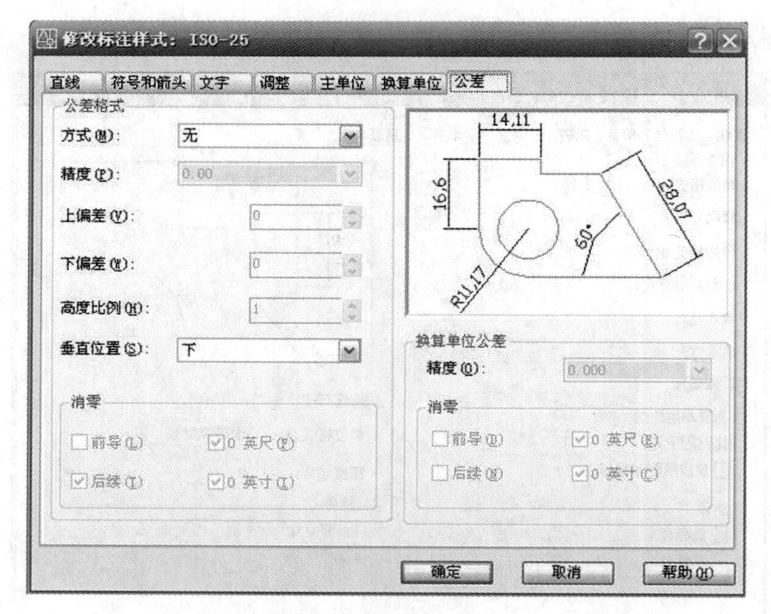

图 6-11 “公差”选项卡

(2)单击“新建”按钮，在弹出的“创建新标注样式”对话框中的“新样式名”中输入样式名称：6-1，然后单击“继续”。

(3)按照表 6-1 对“创建新标注样式”对话框内的参数进行设置，未涉及的参数取默认值。

表 6-1 标 注 样 式

序号	选项卡名称	项目	内容	说明
1	直线	超出尺寸线	2. 2	2. 2 个单位为小五号字高的大小，中文字体使用宋体或仿宋体，数字符号一般使用新罗马字体，采矿工程中的箭头一般选择 AutoCAD 中的实心闭合样式，小数分隔符取句号样式
		起点偏移量	0	
2	符号和箭头	箭头大小	2. 2	
		箭头样式	实心闭合	
		圆心标记大小	2. 2	
3	文字	文字样式	新罗马体或宋体	
		文字高度	2. 2	
		从尺寸线偏移	1	
4	主单位	精度	0	
		小数分隔符	句点	

6. 3. 2 修改标注样式

6. 3. 2. 1 修改与替代标注样式

执行“标注样式”命令，弹出“标注样式管理器”对话框后，选择需要修改或替代的标注样式名称后，单击“修改”或“替代”，可弹出“替代当前样式”对话框，见图 6-12。该对话框的 7 个选项卡和“新建标注样式”对话框中的使用方法完全一致。

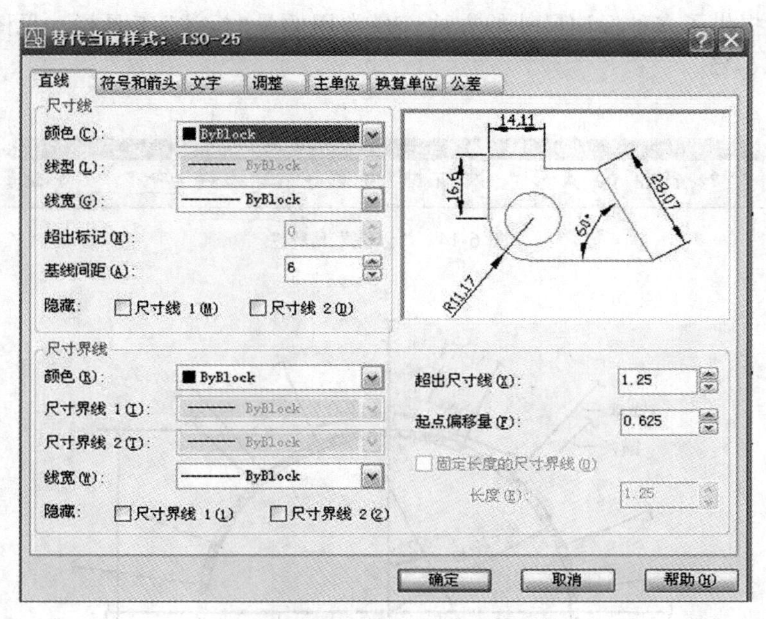

图 6-12　“替代当前样式”对话框

6.3.2.2　比较标注样式

执行“标注样式”命令，弹出“标注样式管理器”对话框后，选择需要修改或替代的标注样式名称后，单击“比较”，可弹出“比较标注样式”对话框，见图 6-13。该对话框中“比较”列表用于指定要进行比较的第一个标注样式；“与”用于指定第二个标注样式；比较结果自动显示在下列标题下。

比较标注样式

比较(C)：<样式替代>

与(W)：ISO-25

AutoCAD 发现 2 个区别：

说明	变量	<样式替代>	ISO-25
尺寸线间距	DIMDLI	6.0000	3.7500
箭头大小	DIMASZ	5.0000	2.5000

关闭　帮助

图 6-13　“比较标注样式”对话框

6.4 尺寸标注

AutoCAD 提供了多种标注尺寸的方式，最常用的是"标注"工具栏，见图 6-14。尺寸标注应用见图 6-15。

图 6-14 "标注"工具栏

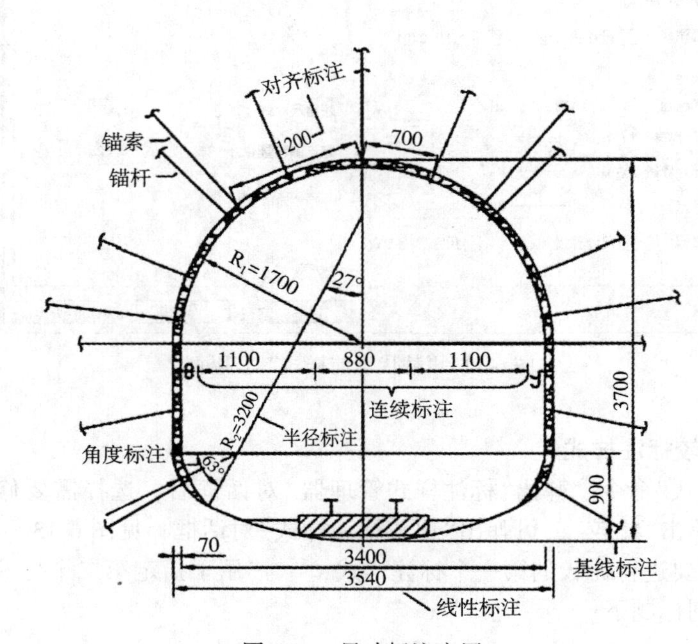

图 6-15 尺寸标注应用

6.4.1 线性尺寸标注

6.4.1.1 命令功能

创建线性标注。

6.4.1.2 命令调用

(1)单击"标注"工具栏中的"线性标注"工具按钮。

(2)执行"标注"→"线性"菜单项。

(3)在命令行中输入"dimlinear"命令。

6.4.1.3 命令应用

操作结果见图 6-16(b)、(c)。

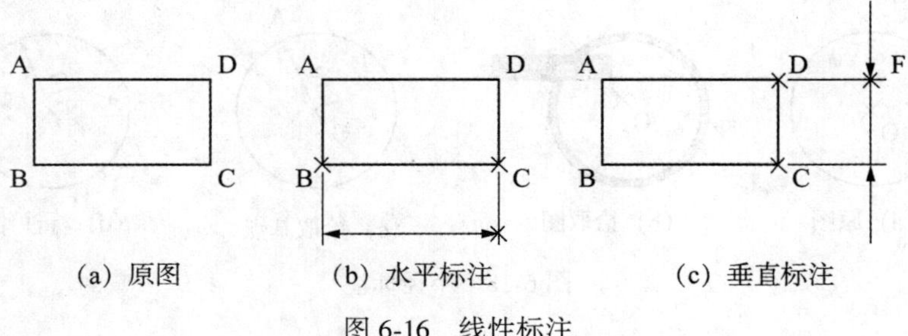

(a) 原图 (b) 水平标注 (c) 垂直标注

图6-16 线性标注

6.4.2 对齐尺寸标注

6.4.2.1 命令功能

创建对齐线性标注。

6.4.2.2 命令调用

(1)单击“标注”工具栏中的“对齐标注”工具按钮。

(2)执行“标注”→“对齐”菜单项。

(3)在命令行中输入“dimaligned”命令。

6.4.2.3 命令应用

操作结果见图6-17(b)。

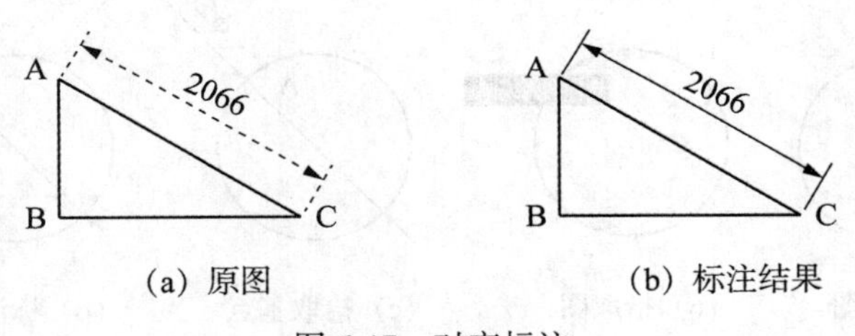

(a) 原图 (b) 标注结果

图6-17 对齐标注

6.4.3 标注半径

6.4.3.1 命令功能

创建半径标注。

6.4.3.2 命令调用

(1)单击“标注”工具栏中的“半径标注”工具按钮。

(2)执行“标注”→“半径”菜单项。

(3)在命令行中输入“dimradius”命令。

6.4.3.3 命令应用

操作结果见图6-18(d)。

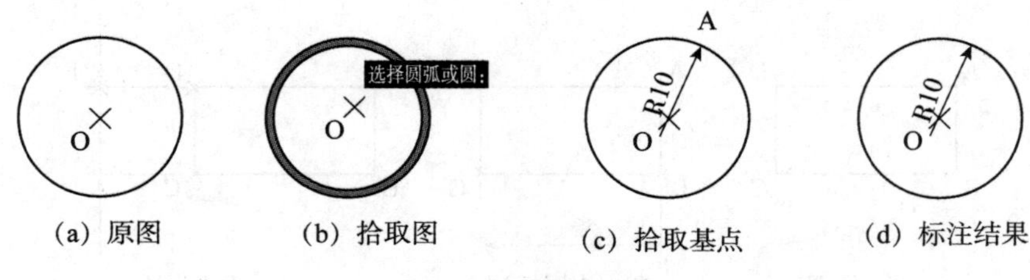

图 6-18　半径标注

6.4.4　标注直径

6.4.4.1　命令功能

创建直径标注。

6.4.4.2　命令调用

(1)单击“标注”工具栏中的“直径标注”工具按钮。

(2)执行“标注”→“直径”菜单项。

(3)在命令行中输入“dimdiameter”命令。

6.4.4.3　命令应用

操作结果见图 6-19(d)。

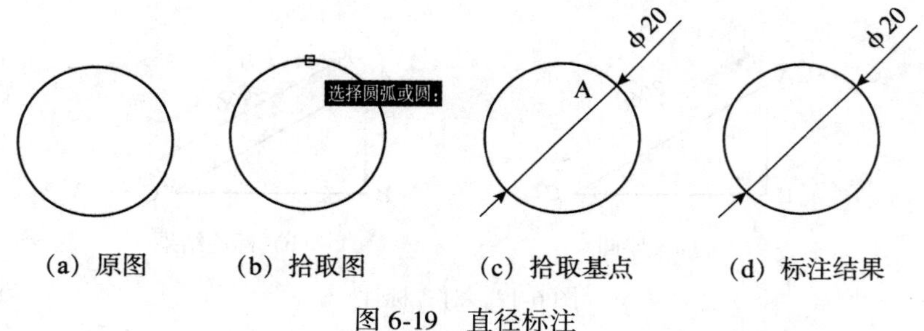

图 6-19　直径标注

6.4.5　标注角度

6.4.5.1　命令功能

创建角度标注。

6.4.5.2　命令调用

(1)单击“标注”工具栏中的“角度标注”工具按钮。

(2)执行“标注”→“角度”菜单项。

(3)在命令行中输入“dimangular”命令。

6.4.5.3　命令应用

操作结果见图 6-20(d)。

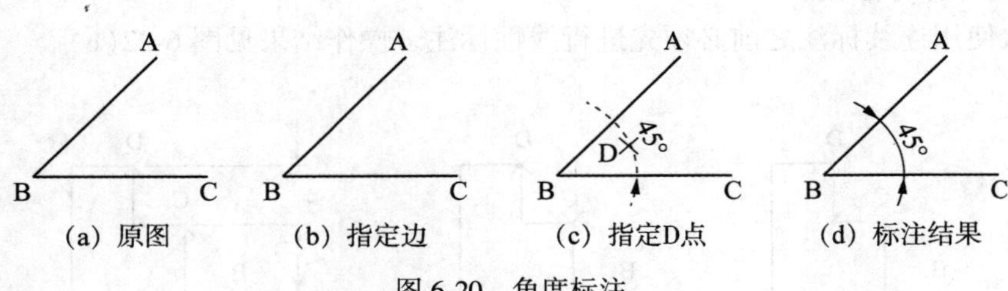

图 6-20 角度标注

6.4.6 基线标注

6.4.6.1 命令功能

创建基线标注。

6.4.6.2 命令调用

(1)单击“标注”工具栏中的“基线标注”工具按钮。

(2)执行“标注”→“基线”菜单项。

(3)在命令行中输入“dimbaseline”命令。

6.4.6.3 命令应用

在首次创建基线标注时必须先进行线性标注。操作结果见图 6-21(c)。

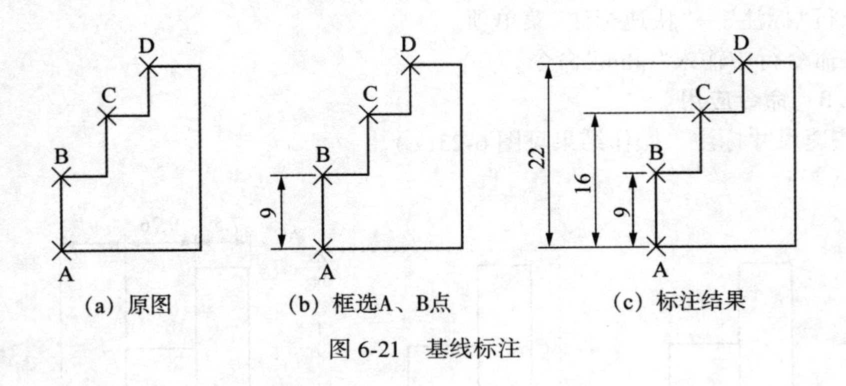

图 6-21 基线标注

6.4.7 连续标注

6.4.7.1 命令功能

创建连续线性标注。

6.4.7.2 命令调用

(1)单击“标注”工具栏中的“连续标注”工具按钮。

(2)执行“标注”→“连续”菜单项。

(3)在命令行中输入“dimcontinue”命令。

6.4.7.3 命令应用

在首次使用连续标注之前必须先进行线性标注。操作结果见图 6-22(c)。

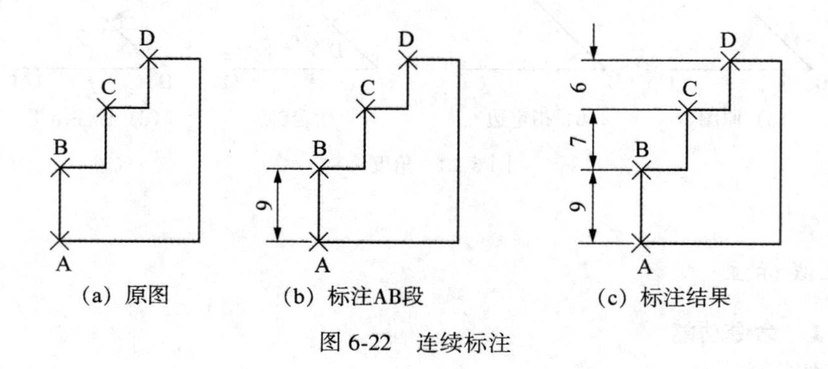

图 6-22 连续标注

6.4.8 快速标注

6.4.8.1 命令功能

创建快速标注。

6.4.8.2 命令调用

(1)单击“标注”工具栏中的“快速标注”工具按钮。

(2)执行“标注”→“快速标注”菜单项。

(3)在命令行中输入“qdim”命令。

6.4.8.3 命令应用

创建快速尺寸标注。操作结果见图 6-23(c)。

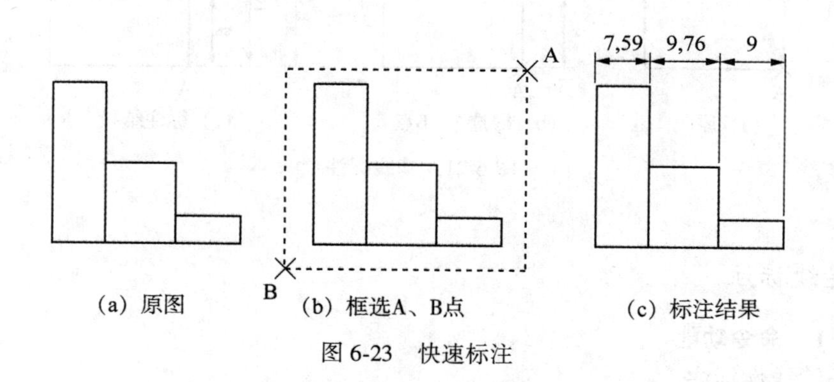

图 6-23 快速标注

6.4.9 引线标注

6.4.9.1 命令功能

创建引线标注。

6.4.9.2　命令调用

(1)单击“标注”工具栏中的“快速引线”工具按钮。

(2)执行“标注”→“引线”菜单项。

(3)在命令行中输入“qleader”命令。

6.4.9.3　命令应用

标注结果见图 6-24(c)。

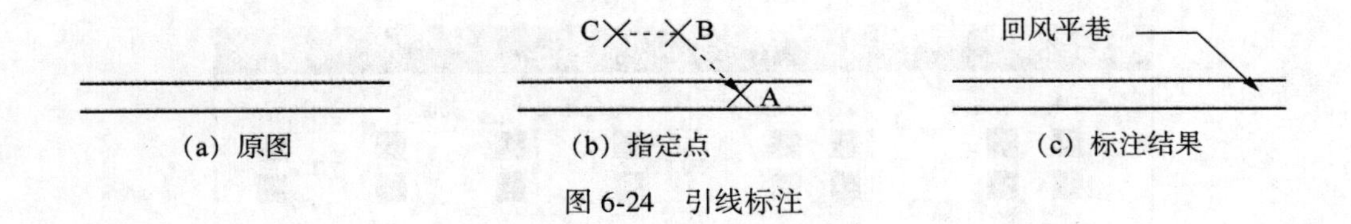

图 6-24　引线标注

6.4.10　坐标标注

6.4.10.1　命令功能

创建坐标标注。

6.4.10.2　命令调用

(1)单击“标注”工具栏中的“坐标标注”工具按钮。

(2)执行“标注”→“坐标”菜单项。

(3)在命令行中输入“dimordinate”命令。

6.4.10.3　命令应用

标注结果见图 6-25(c)。

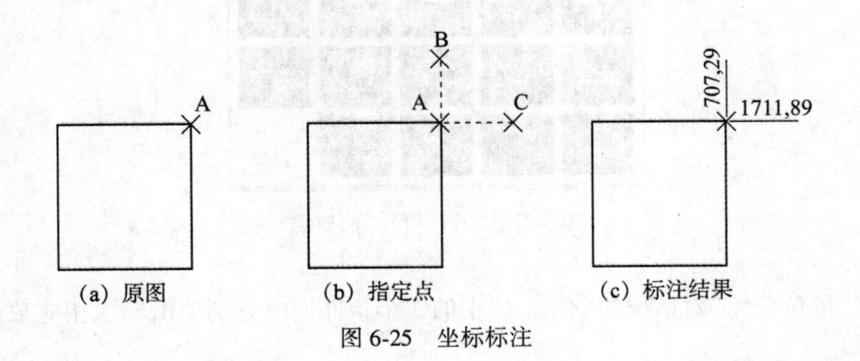

图 6-25　坐标标注

6.4.11　公差标注

6.4.11.1　命令功能

创建坐标标注。

6.4.11.2 命令调用

(1)单击“标注”工具栏中的“公差”工具按钮。

(2)执行“标注”→“公差”菜单项。

(3)在命令行中输入“tolerance”命令。

6.4.11.3 命令应用

(1)执行形位公差标注命令，弹出“形位公差”对话框，见图 6-26。

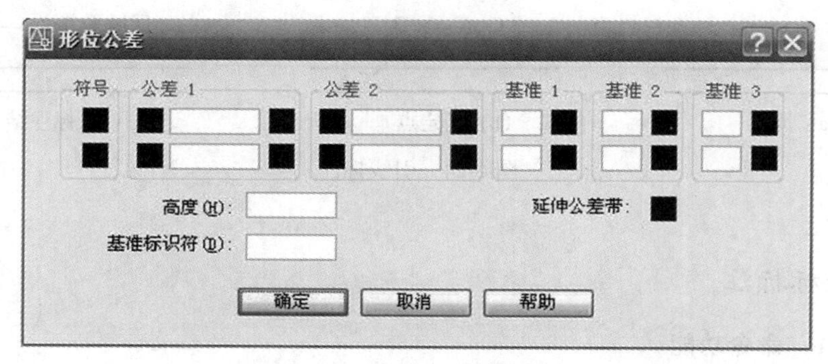

图 6-26 “形位公差”对话框

(2)在弹出的“特征符号”选择框(图 6-27)中选择“⊥”。“特征符号”选择框一共提供了 14 种形位公差的符号，这里以垂直度为示例。

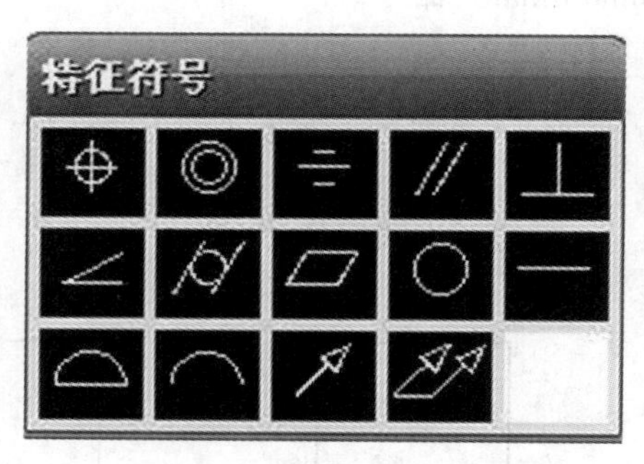

图 6-27 “特征符号”选择框

(3)在“形位公差”对话框的“公差 1”中的 3 个条件框中分别单击输入相应数值后，按“确定”按钮。

(4)在绘图区进行需要点的指定。

6.4.12 圆心标记

6.4.12.1 命令功能

创建圆心标记。

6.4.12.2　命令调用方式

(1)单击“标注”工具栏中的“圆心标记”工具按钮。

(2)执行“标注”→“圆心标记”菜单项。

(3)在命令行中输入“dimcenter”命令。

6.4.12.3　命令应用

标注结果见图 6-28(b)。

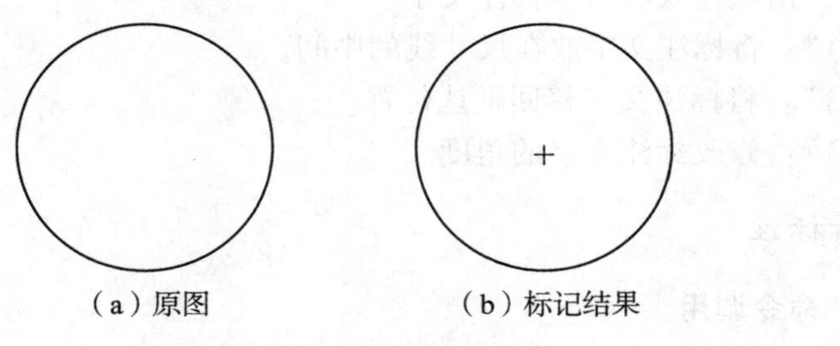

图 6-28　圆心标记

6.5　编辑尺寸标注

6.5.1　编辑标注

6.5.1.1　命令调用

(1)单击“标注”工具栏中的“编辑标注”按钮；

(2)直接在命令行中输入“dimedit”。

6.5.1.2　命令应用

执行“编辑标注”命令后提示如下：

输入编辑标注类型［默认(H)/新建(N)/旋转(R)/倾斜(O)］<默认>：

其中各命令选项功能如下：

“默认(H)”：将编辑后的标注文字设置为默认状态。

“新建(N)”：使用在位文字编辑器更改标注文字。

“旋转(R)”：旋转标注文字。

“倾斜(O)”：调整线性标注尺寸界线的倾斜角度，当尺寸界线与图形的其他部件冲突时，“倾斜”选项将很有用处。

6.5.2　编辑标注文字

6.5.2.1　命令调用

(1)单击“标注”工具栏中的“编辑标注文字”按钮；

(2)执行“标注”→“对齐文字”菜单项；

(3)直接在命令行中输入“dimtedit”。

6.5.2.2 命令应用

执行“编辑标注文字”命令，选择标注对象后，提示如下：

指定标注文字的新位置或［左(L)/右(R)/中心(C)/默认(H)/角度(A)］。

其中各命令选项功能如下：

“标注文字的新位置”：拖拽时动态更新标注文字的位置。

“左(L)”：沿尺寸线左对正标注文字。

“右(R)”：沿尺寸线右对正标注文字。

“中心(C)”：将标注文字放在尺寸线的中间。

“默认(H)”：将标注文字移回默认位置。

“角度(A)”：修改标注文字的角度。

6.5.3 更新标注

6.5.3.1 命令调用

(1)“标注”工具栏：“标注更新”按钮；

(2)执行“标注”→“更新”菜单项；

(3)直接在命令行中输入“-dimstyle”。

6.5.3.2 命令应用

执行“更新标注”命令，提示如下：

输入标注样式选项[保存(S)/恢复(R)/状态(ST)/变量(V)/应用(A)/?]

其中各命令选项功能如下：

“保存(S)”：将标注系统变量的当前设置保存到标注样式。

“恢复(R)”：将标注系统变量设置恢复为选定标注样式的设置。

“状态(ST)”：显示所有标注系统变量的当前值。

“变量(V)”：列出某个标注样式或选定标注的标注系统变量设置，但不修改当前设置。

“应用(A)”：将当前尺寸标注系统变量设置应用到选定标注对象，永久替代应用于这些对象的任何现有标注样式。

6.6 采矿图形尺寸标注标准

6.6.1 采矿图形尺寸标注

采矿图形尺寸标注应符合以下规定：

(1)视图上标注的尺寸数据应与比例尺度量相符。

(2)视图中的尺寸，以毫米或米为单位时，可不标注计量单位的名称或符号；当采用其他单位时，应标明相应计量单位的名称或符号，并应在图纸附注中标明单位。

(3)视图尺寸宜只标注一次，并应标注在反映该结构最清晰的图形上；仅在特殊情况下或实际需要时可重复标注。

(4)规划图、开拓平面图、剖面图等图中尺寸宜以米为单位；施工图中除高程外，宜以毫米为单位。

6.6.2　采矿图形尺寸线绘制

采矿图形尺寸线绘制应符合下列规定：

(1)尺寸线应采用带双箭头或单箭头的细实线绘制。当尺寸界线密集或间距过小无法采用箭头表示时，可用圆点代替箭头；在CAD绘图中，尺寸线也可采用斜交短线代替箭头表示。

(2)标注线性尺寸时，尺寸线必须与所标注的线段平行。

(3)圆的直径和圆弧半径应分别采用带双箭头或单箭头的尺寸线标注。

(4)当圆弧的半径过大或在图纸范围内无法标出其圆心位置时，尺寸线可采用折断形式标注。

(5)标注角度时，尺寸线应画成圆弧，圆弧的圆心为该角的顶点。

6.6.3　采矿图形尺寸数字标注

尺寸数字标注应符合下列规定：

(1)线性尺寸数字宜标注在尺寸线的上方。

(2)角度数字宜写成水平方向，必要时也可将角度引出注写。

(3)标注高程时宜采用“米”为单位，并应符合下列规定：零点高程为±0.000；正数高程为+5.000；负数高程为-5.000。

(4)在一幅图纸上有两个或两个以上视图时，尺寸应详尽标注在主要视图上，辅助视图上只标注相关位置尺寸，当辅助视图不在一幅图纸上时，应在该视图上详尽标注尺寸。

6.6.4　采矿图形尺寸标注符号

采矿图形标注尺寸的符号应符合下列规定：

(1)标注直径时，应在尺寸数字前加注符号“φ”或“D”；标注半径时，应在尺寸数字前加注符号“R”。

(2)在平面图上标注倾斜巷道斜长尺寸时，应将尺寸数字加注括号。

(3)倾斜巷道标注坡度时，在剖面图中直接标注巷道坡度，见图6-29(a)。在平面图中，在巷道旁标注箭头，箭头指向巷道下坡方向，巷道倾角标注在箭头上方，见图6-29(b)。

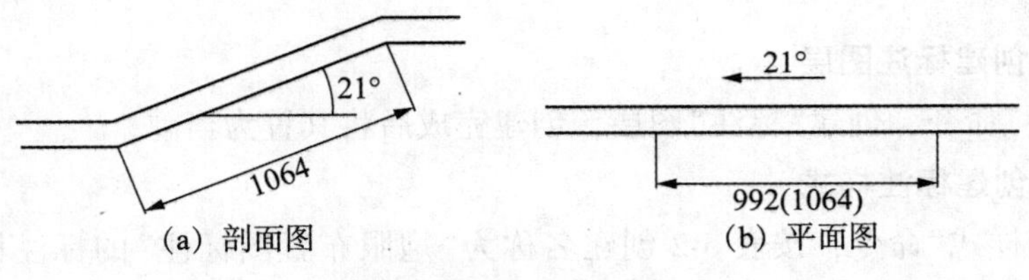

图6-29　巷道坡度标注

6.7 炮眼布置尺寸标注实例

以炮眼布置图为例，介绍创建尺寸标准的步骤。图 6-30(a)为标注完成后的结果，图 6-30(b)为用符号 A_i表示需要标注的尺寸及相对位置，其中：A、B、C 表示线性标注，D 表示对齐标注，E 表示半径标注；i 表示标注的顺序。

6.7.1 分析组成

炮眼布置图的标准包含：线性标注、对齐标注、半径标注和连续标注。

6.7.2 绘制顺序

(1)创建标注图层；

(2)创建标注样式；

(3)按图 6-30(b)进行顺序标注。

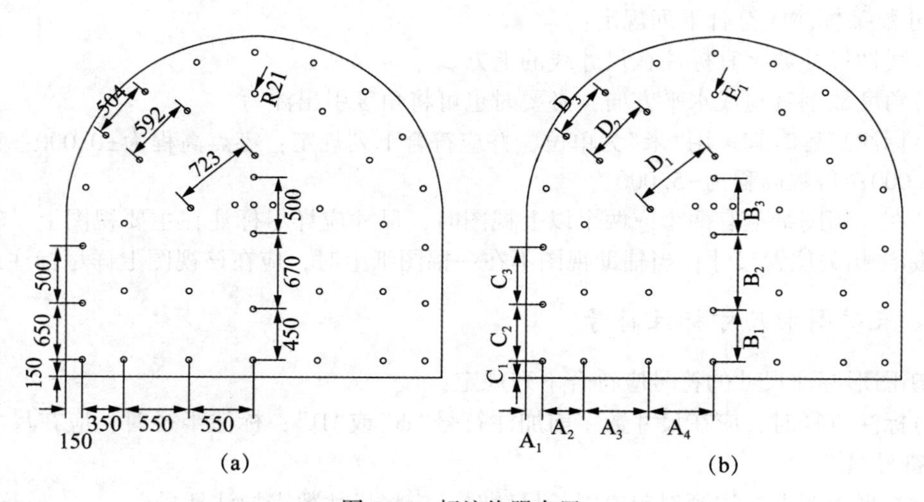

图 6-30 标注炮眼布置

6.7.3 绘制

6.7.3.1 创建标注图层

执行“图层”命令，创建“标注”图层，创建完成后将其置为当前。

6.7.3.2 创建标注样式

执行“标准样式”命令，按表 6-2 创建名称为“炮眼布置图标注”的标注样式，创建完成后将其置为当前。

表6-2 “炮眼布置图标注”的尺寸样式

序号	选项卡名称	项目	内容
1	直线	超出尺寸线	110
		起点偏移量	0
2	符号和箭头	箭头大小	110
		箭头样式	实心闭合
3	文字	文字样式	Times New Roman
		文字高度	110
		从尺寸线偏移	40
4	调整	调整选项	文字
		文字位置	尺寸线上方，不带引线
5	主单位	精度	0

6.7.3.3 尺寸标注

(1)创建线性标注和连续标注，以 A_1、A_2、A_3、A_4为例。

命令：dimlinear //执行线性标注命令

指定第一条尺寸界线原点或<选择对象>： //指定 a 点

指定第二条尺寸界线原点： //指定 b 点

指定尺寸线位置或[多行文字(M)/文字(T)/角度(A)/水平(H)/垂直(V)/旋转(R)]： //指定 c 点

标注文字=150 //A_1标注结束

标注结果如图 6-31(a)所示。

命令：dimcontinue //执行连续标注命令

指定第二条尺寸界线原点或[放弃(U)/选择(S)]<选择>： //指定 d 点

标注文字=350

指定第二条尺寸界线原点或[放弃(U)/选择(S)]<选择>： //指定 e 点

标注文字=550

指定第二条尺寸界线原点或[放弃(U)/选择(S)]<选择>： //指定 f 点

标注文字=550 //A_2、A_3、A_4标注结束

标注结果如图 6-31(b)所示。

同理标注 B_1、B_2、B_3、C_1、C_2、C_3，如图 6-31(c)所示。

(2)创建对齐标注，以 D_1为例。

命令：dimaligned ↓ //执行对齐标注命令

指定第一条尺寸界线原点或<选择对象>： //指定 a 点

指定第二条尺寸界线原点： //指定 b 点

指定尺寸线位置或[多行文字(M)/文字(T)/角度(A)]： //将尺寸标注拖放于 c 点

标注文字＝700

标注结果如图 6-31(d)所示。同理标注 D_2、D_3，不再作介绍。

(3)创建半径标注。

命令：dimradius ↓ //执行半径标注命令

选择圆弧或圆： //指定标注的圆

标注文字＝20

最终标注结果如图 6-30(a)所示。

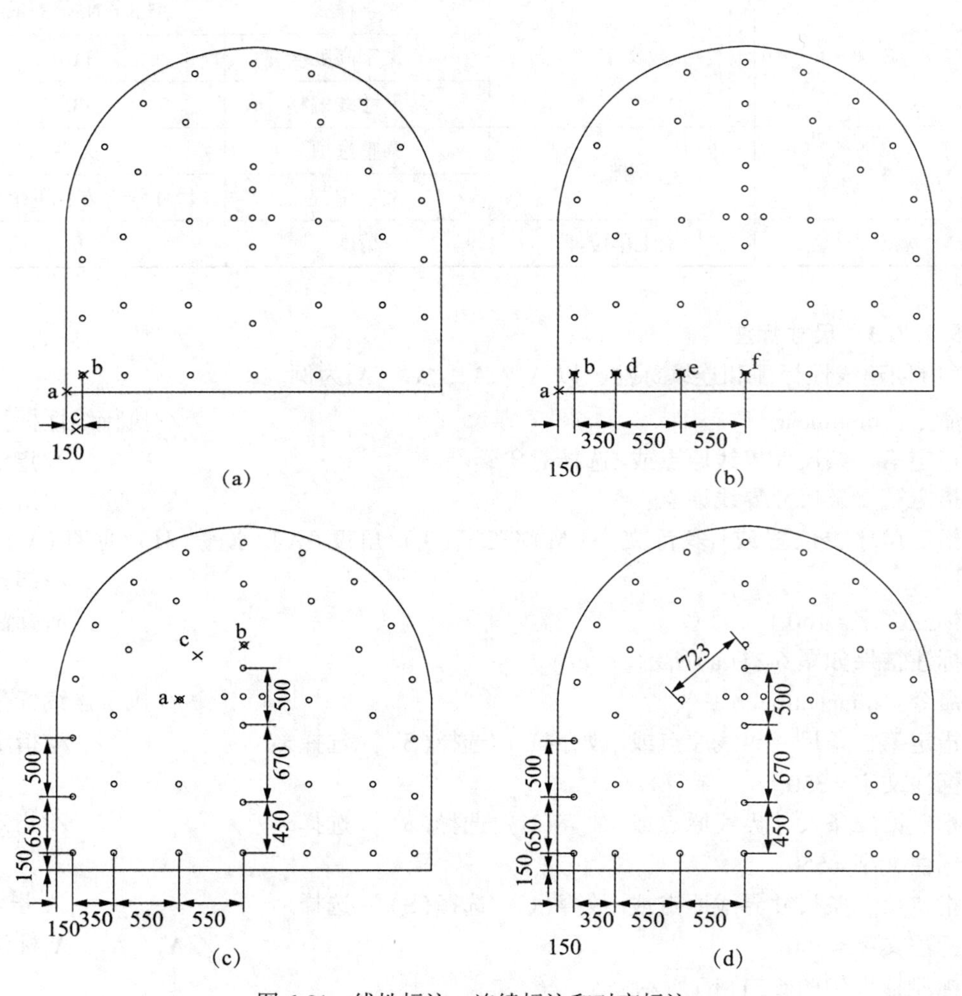

图 6-31 线性标注、连续标注和对齐标注

习 题

1. 绘制矩形巷道锚杆支护断面图并标注。

矩形巷道锚杆支护断面如图 6-32 所示，绘制后按表 6-2 建立相应的尺寸样式进行标注。

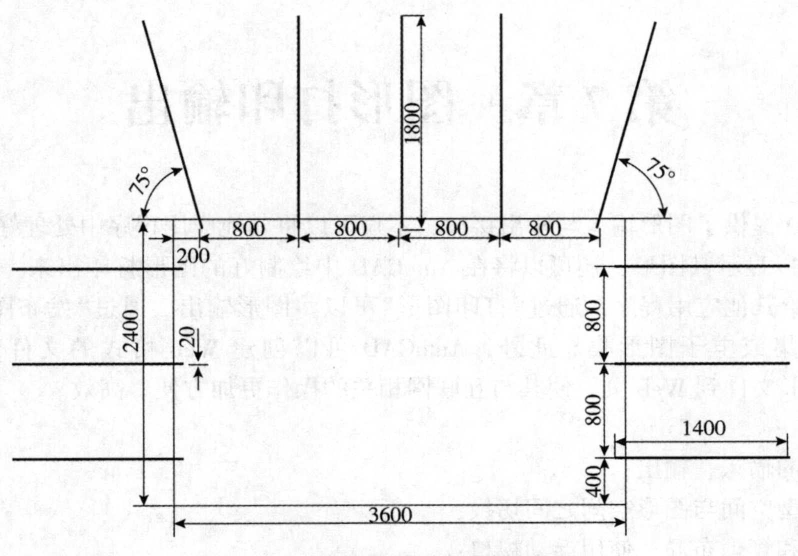

图 6-32　矩形巷道锚杆支护断面图

2. 绘制拱形巷道混凝土支护断面并标注。

拱形巷道混凝土支护断面如图 6-33 所示，绘制后按表 6-2 建立相应的尺寸样式进行标注。

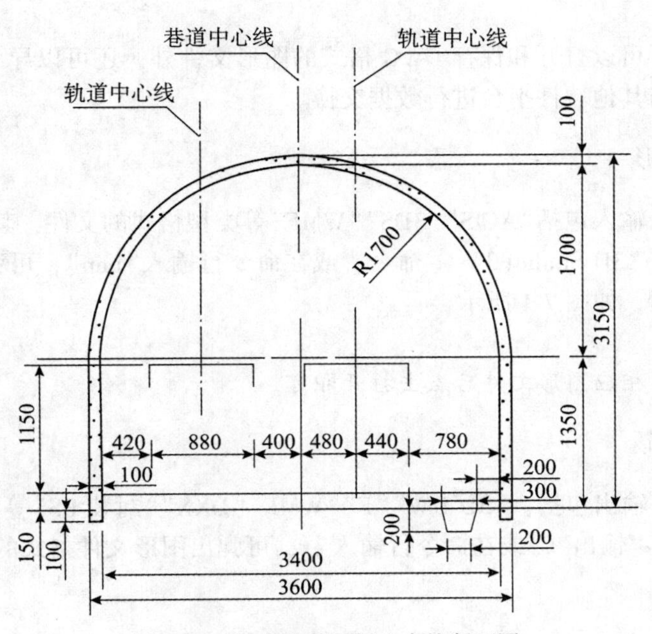

图 6-33　拱形巷道混凝土支护断面图

第 7 章　图形打印输出

AutoCAD 提供了图形输入与输出接口，不仅可以将其他应用程序中处理好的数据传送给 AutoCAD 以显示其图形，还可以将在 AutoCAD 中绘制好的图形打印出来，或者把它们的信息传送给其他应用程序。通过“打印图形”可以将图形输出。通过“发布图形”可以创建图纸图形集或电子图形集。此外，AutoCAD 可以创建 Web 格式的文件，以及发布 AutoCAD 图形文件到 Web 页，使其与互联网相关的操作更加方便、高效。

◎ **本章要点**

➢ 图形的输入、输出；
➢ 在模型空间与图形空间之间切换；
➢ 创建和管理布局、使用浮动视口；
➢ 打印图形；
➢ 发布 DWF 文件与将图形发布到 Web 页；
➢ 应用举例。

7.1　图形的输入输出

AutoCAD 除了可以打开和保存 DWG 格式的图形文件外，还可以导入或导出其他格式的图形，以便其与其他软件平台进行数据交换。

7.1.1　输入图形

AutoCAD 可以输入包括“ACIS”“3DS”“WMF”等类型格式的文件，其输入方法相似。

选择“插入”→“3D Studio(3)…”命令，或在命令行输入“imp”，可弹出输入对应格式图形文件的对话框，如图 7-1 所示。

说明：

选择要输入的相应图形文件后点击打开即可。

7.1.2　输出图形

AutoCAD 可以输出包括：“3D DW”“F”“WMF”“DXX”“封装 PS”等类型格式的文件。

选择“文件”→“输出”，或在命令行输入 ex，可弹出图形文件格式的对话框，如图 7-2 所示。

说明：

设置文件的输出路径、名称及文件类型后，单击对话框中的“保存”按钮，切换到绘

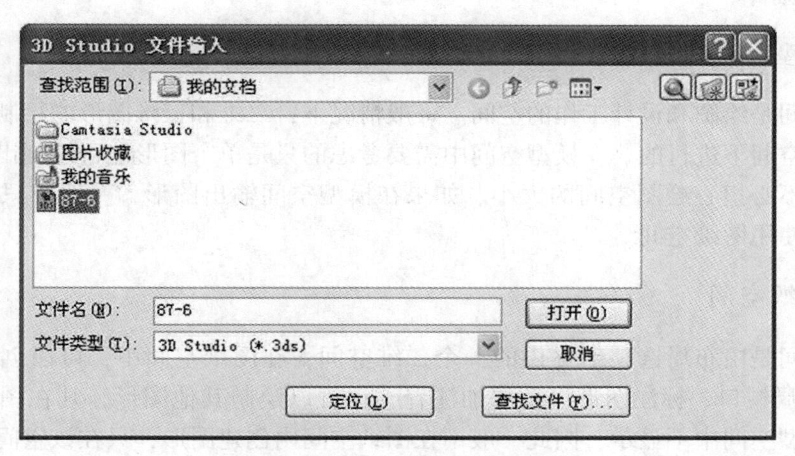

图 7-1　“3D Studio 文件输入”对话框

图 7-2　“输出图形”对话框

图窗口，这时可以查看以指定格式保存的对象。

7.2　在模型空间与图纸空间之间切换

在 AutoCAD 中绘制和编辑图形时，可以采用模型空间和图纸空间。这两种空间的主要区别为：模型空间是针对图形的实体空间，而图纸空间则是针对图纸的布局空间，一般用于打印，又叫作打印空间。使用模型空间可以创建和编辑模型，使用图纸空间可以构造图纸和定义视图。

7.2.1 模型空间

模型空间是绘图和设计工作的空间。一般情况下，二维和三维图形的绘制与编辑工作都是在模型空间下进行的。在模型空间中需要考虑的只是单个图形能否绘制出或绘制得正确与否，而不必担心绘图空间的大小。如果在模型空间输出图形，一般应只涉及一个视图，否则应使用图纸空间。

7.2.2 图纸空间

图纸空间是由布局选项卡提供的一个二维空间，在图纸空间中，可以创建用于显示“视图”的布局视口、标注图形以及添加注释，也可以绘制其他图形，凡在图纸空间绘制的图形在模型空间中不显示，因此一般不在图纸空间内创建图形，只在该空间输出图形。

7.2.3 模型空间和图纸空间的切换

在 AutoCAD 中，模型空间和图纸空间的切换可通过绘图底部的选项卡来实现。单击“模型”选项卡，即可进入模型空间，单击“布局”选项卡，则可以进入图形空间，如图 7-3 所示。默认状态下，AutoCAD 启动后自动进入模型空间。

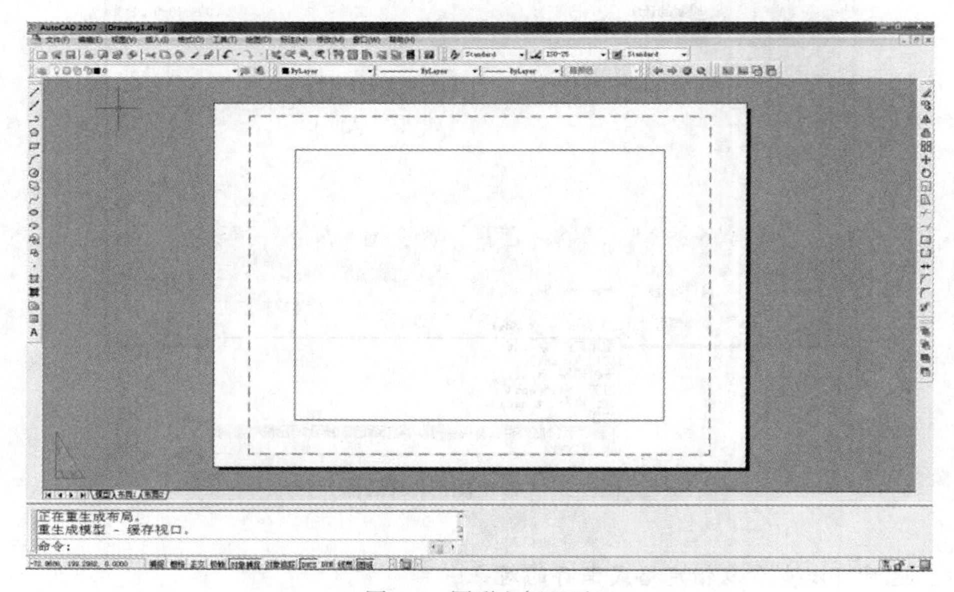

图 7-3 图形空间显示

7.3 创建和管理布局

在 AutoCAD 中，可以创建多种布局，每个布局都代表一张单独的打印输出图纸。创建新布局后就可以在布局中创建浮动视口。视口中的各个视图可以使用不同的打印比例，并能够控制视口中图层的可见性。

7.3.1 创建及修改布局

选择“插入”菜单→“布局”→“新建布局”命令，或在“布局”工具栏中单击“新建布局”按钮，或在命令行中输入“layout”，触发“新建布局”命令。

执行“新建布局”命令后，在命令行中输入布局名称(如：“project”)作为新布局的名称，命令完成后即可得到新创建的布局，如图7-4所示。

```
输入布局选项 [复制(C)/删除(D)/新建(N)/样板(T)/重命名(R)/另存为(SA)/设置(S)/?] <设置>: n
输入新布局名 <布局3>: project
```

图7-4 新建布局命令

注意：除了直接创建布局外，用户还可以使用布局向导创建新的布局。

7.3.2 布局向导创建布局

选择“插入”→“布局”→“创建布局向导”，或“工具”→“向导”→“创建布局”，或在命令行中输入“layoutwizard”，可触发“创建布局”命令，按照各选项卡的提示即可创建新的布局。

利用布局向导创建布局的操作步骤如下：“开始”→“输入新的布局名称”→“打印机”→“图纸尺寸”→“图纸方向”→“标题栏”→“定义视口”→“拾取位置”→“完成”。

说明：

通过布局向导可以快捷地创建新的布局，但更快捷的方式是直接利用已有的图形布局。

7.3.3 管理布局

鼠标右键点击“布局”标签，利用弹出的快捷菜单中的命令，可以删除、重命名、移动或复制布局，如图7-5所示。

说明：

如果要继续修改页面布局，点击鼠标右键，在快捷菜单中选择“页面设置管理器”，通过修改布局的页面设置，将图形按不同比例打印到不同尺寸的图纸中。

7.3.4 布局的页面设置

选择“文件”→“页面设置管理器”命令，或在打印面板中单击“页面设置管理器”，或鼠标右键单击“布局”选项卡，打开“页面设置管理器”对话框，单击“新建”按钮，打开“新建页面设置”对话框，在其中创建新的布局，单击“修改”按钮，打开页面设置对话框。其主要选项有：“打印机/绘图仪”选项区域、“打印样式表”选项区域、“图纸尺寸”“打印区域”“打印偏移”选项区域，如图7-6所示。

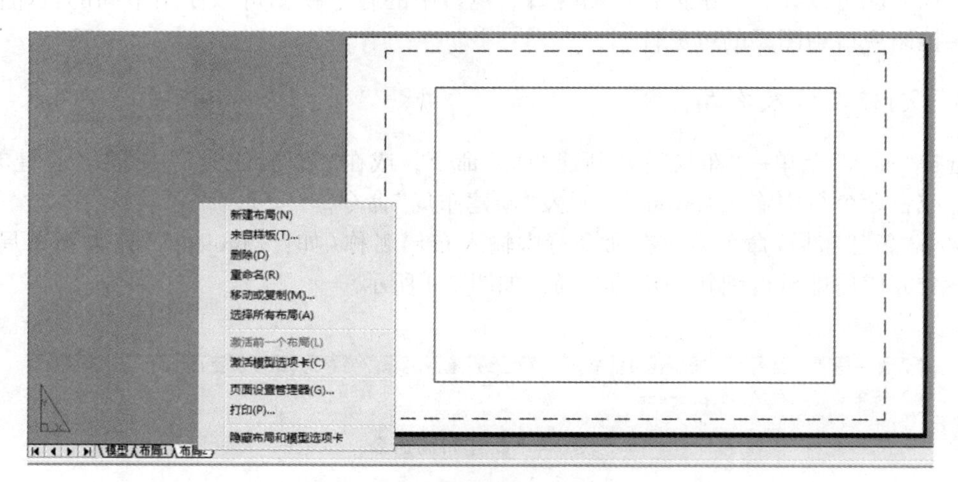

图 7-5 “布局”标签的快捷菜单

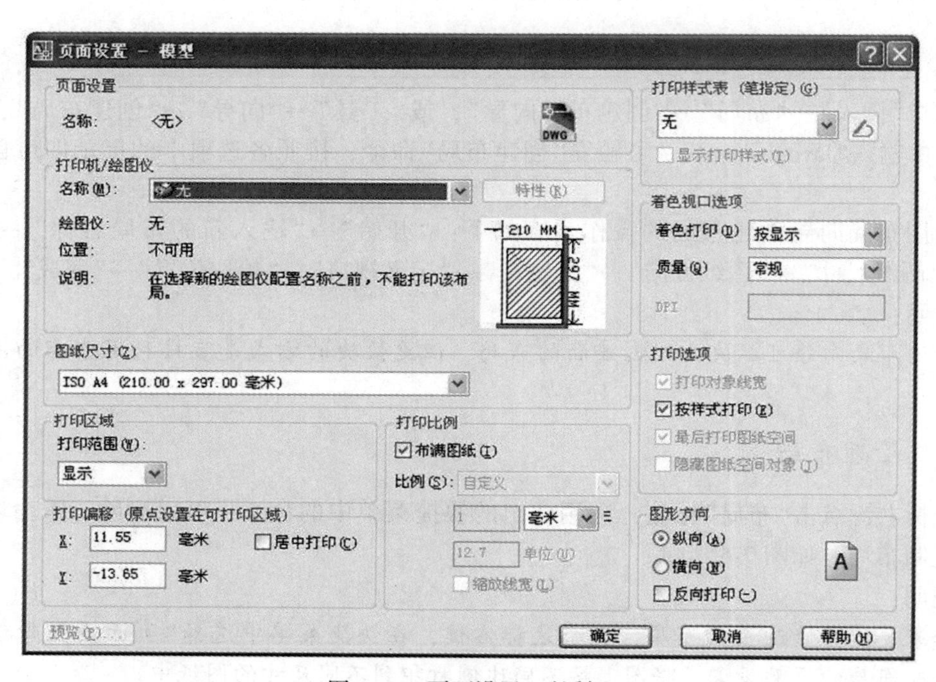

图 7-6 “页面设置”对话框

7.4 使用浮动视口

在图纸空间中也可以创建视口，称为浮动视口。浮动视口可以重叠，或进行编辑。在构造布局时，可以将浮动视口视为模型空间中的视图对象，对它进行移动和调整大小。浮动视口可以相互重叠或者分离。使用浮动视口的好处是可以在每个视口中选择性地冻结图层。冻结图层后，就可以查看每个浮动视口中的不同几何对象。通过在视口中平移和缩放，还可以指定显示不同的视图。

7.4.1　命令使用

7.4.1.1　命令调用

(1)下拉菜单："视图"→"视口"→"多边形视口"/"对象"；

(2)工具栏："视口"→"添加单个视口"按钮/"创建多边形视口"按钮。

7.4.1.2　将图形对象转化为视口的方法

(1)下拉菜单："视图"→"视口"；

(2)工具栏："视口"→"将对象转换为视口"；

(3)在命令行中输入"vports"。

注意：在图纸空间中可采用如下两种方式创建各种非矩形视口：

(1)指定一系列的点来定义一个多边形的边界，并以此创建一个多边形的浮动视口；

(2)指定一个在图纸空间绘制的对象，并将其转换为视口对象。

7.4.1.3　操作步骤

(1)执行"视口"命令后，即可创建和转化视口。

(2)单击"新建视口"，选择需要的视口类型后点击"确定"，即可创建所需要的视图，如图 7-7 所示。例如：执行"视图"菜单→"新建视口"→"四个：右"→"确定"，结果如图 7-8 所示。

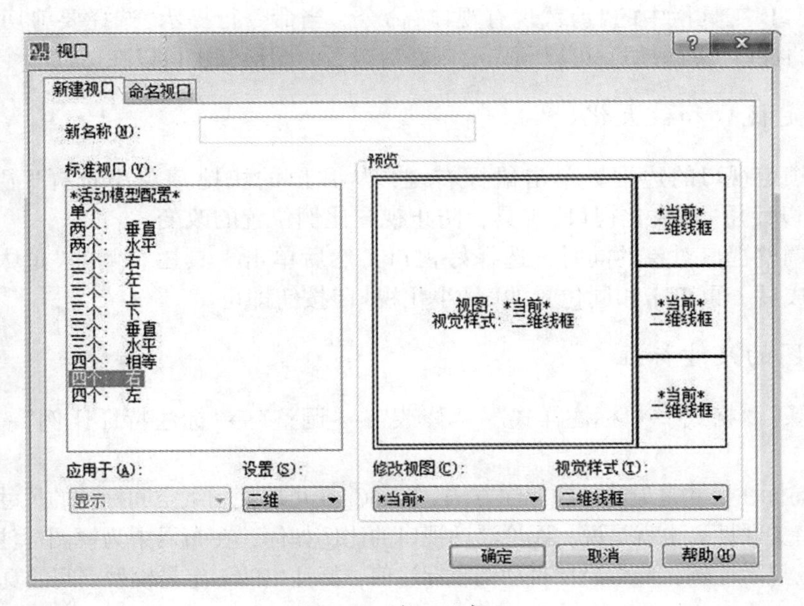

图 7-7　"视口"窗口

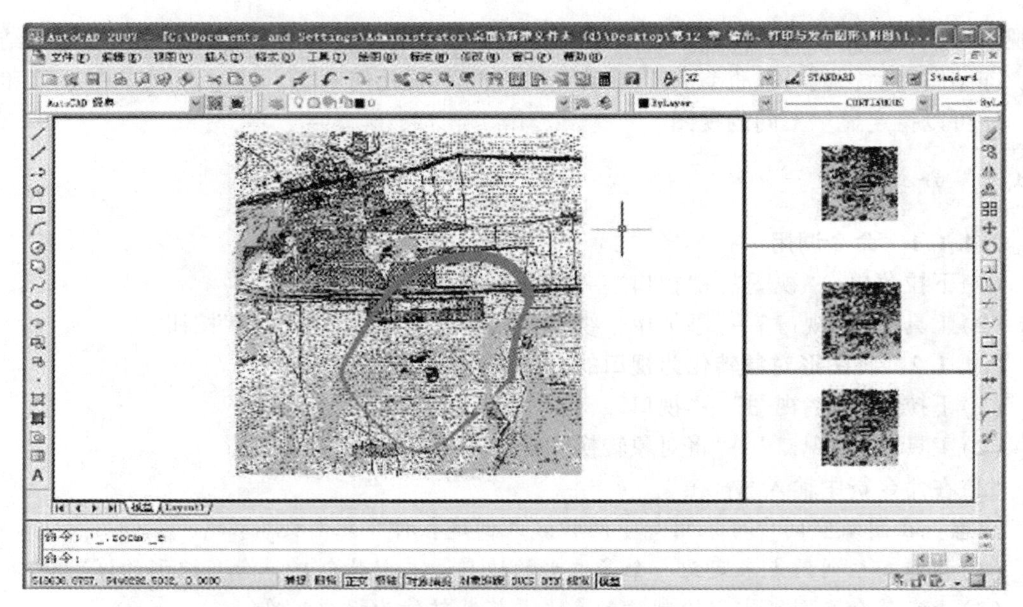

图 7-8　创建完成的“四个图形视口”

7.4.2　视口的编辑与调整

可以通过移动、复制等命令进行浮动视口的调整，还可以通过编辑视口的夹点调整视口的大小和形状。另外，通过“剪裁现有视口”命令，还可对视口边界进行裁剪。

选择“视口”工具栏中的“剪裁现有视口”命令。当命令行提示“选择要剪切的视口”时，选择要剪切的视口进行剪切，可以预先绘制好剪裁后的图形，也可以在剪裁命令中指定。

7.4.3　锁定视口和最大化

选择要锁定视口的边框。单击鼠标右键，从弹出的快捷菜单中选择“显示锁定”→“是”。还可以使用“最大化视口”工具，防止视图比例位置的改变。

方法：调整视口对象的同时，选择好视口，然后单击工具栏右侧的“最大化视口”按钮，修改完成后，再单击相同位置的“最小化视口”按钮即可。

7.4.4　视图的尺寸标注

操作步骤：“格式”→“标注样式”→“修改”→“调整”→“标注特征比例”→“将标注缩放到布局”。

通过布局标注尺寸是最简单的标注方法。AutoCAD 可以使图纸空间标注的尺寸与模型空间对象之间保持关联性。也就是说，无论浮动视口的比例如何，在布局中为视图标注尺寸时，根据每个视口的显示比例，AutoCAD 自动调整标注值，标注出的一定是模型空间的真实尺寸。

7.4.5　视口对象的修改

在图纸空间中，视口也是图形对象，因此具有对象的特性，如颜色、图层、线型、线型比例、线宽和打印样式等。

可以使用 AutoCAD 的任何一个修改命令对视口进行操作，如移动、复制、移除等，也可以利用视口的夹点和特性进行修改。

7.4.6　说明

只有在图纸空间中才能创建和操作浮动视口，但是在浮动视口中不能编辑模型。如果冻结非矩形视口的边界图层，将不显示边界，也不剪裁视口。如果关闭边界图层而不是冻结它，视口仍会被剪裁。在布局中工作时，可在图纸空间中添加注释或其他图形对象，并且不会影响模型空间或其他布局。而如果需要在布局中编辑图形，则可使用如下办法在视口中访问模型空间：双击浮动视口内部、单击状态栏上的“模型”按钮、在命令行中输入“ms”。

从视口中进入模型空间后，可以对模型空间的图形进行操作。在模型空间中对图形所做的任何修改都会反映到所有图纸空间的视口以及平铺视口中。如果需要从视口中返回图纸空间，则可相应使用如下方法：双击布局中浮动视口以外的部分、单击状态栏上的“图纸”按钮、在命令行中输入“ps”。

7.5　打印图形

用户完成绘图工作后，打印出纸质图形前，还应该进行输出图形的准备工作，如：打印机的准备、图形文件的准备。

当存在以下情形时，对象不可打印：

(1)关闭或冻结图层内的对象；

(2)打印设置为 OFF 图层内的对象；

(3)彩色打印时，色号为 255 的对象；

(4)定义点(defpoint)图层内的对象。

打印图形的步骤：

(1)打开“打印设置”对话框；

(2)设置图纸尺寸和图形单位、方向；

(3)指定打印区域，选择或指定打印比例；

(4)预览无误后，确定打印。

7.5.1　打印图形

选择“文件”→“打印”或在命令行中输入“print”或“plot”，触发打印命令后，系统弹出“打印”对话框，由于没有进行页面设置，而无法直接打印，因此应先进行页面设置。

注意：可以对多个设备进行配置，也可为同一设备配置不同的打印方案，使用不同的输出选项，保存多份配置文件。

7.5.2　页面设置

(1)选择“文件”→“页面设置管理器”，打开“页面设置管理器”对话框，如图 7-9 所示。

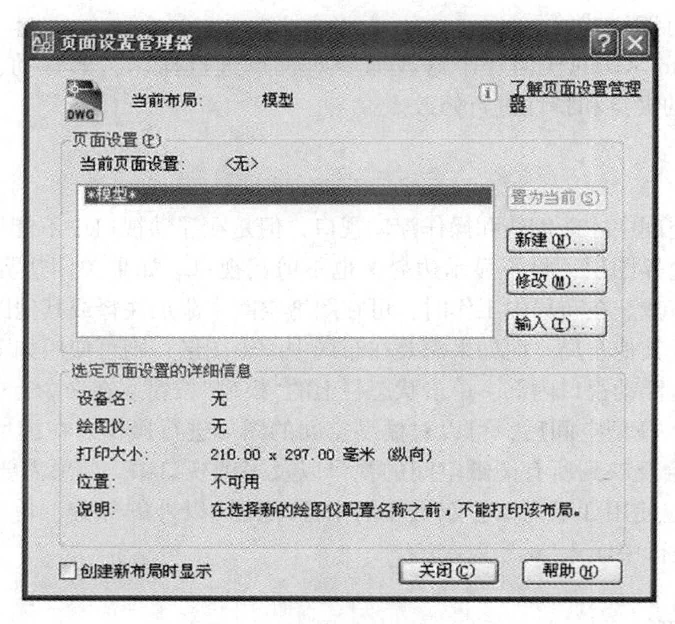

图 7-9 “页面设置管理器”对话框

(2)在“页面设置管理器”对话框中单击“修改”按钮，打开“打印-模型”对话框，如图 7-10 所示。

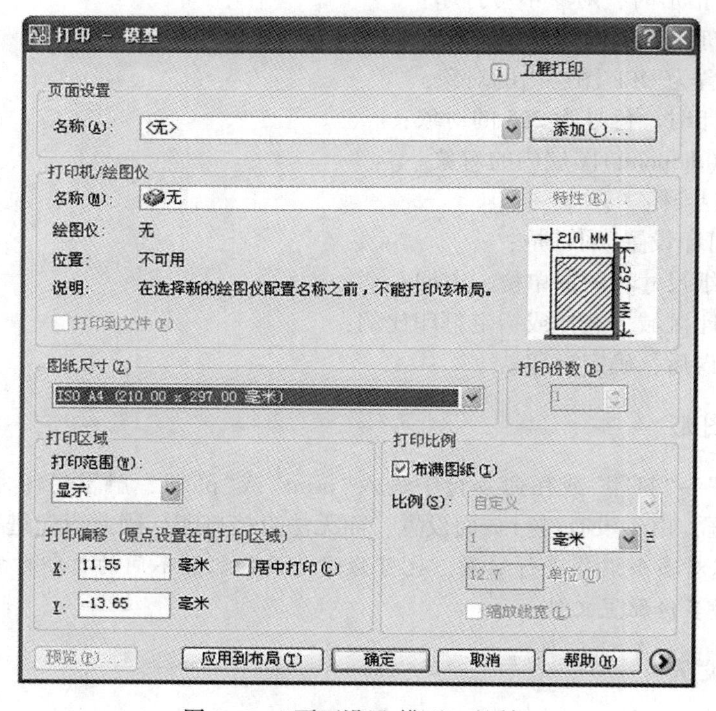

图 7-10 “页面设置-模型”对话框

(3)在“打印机/绘图仪”选项组中的“名称”下拉列表中选择一种打印机，如图 7-11 所示。

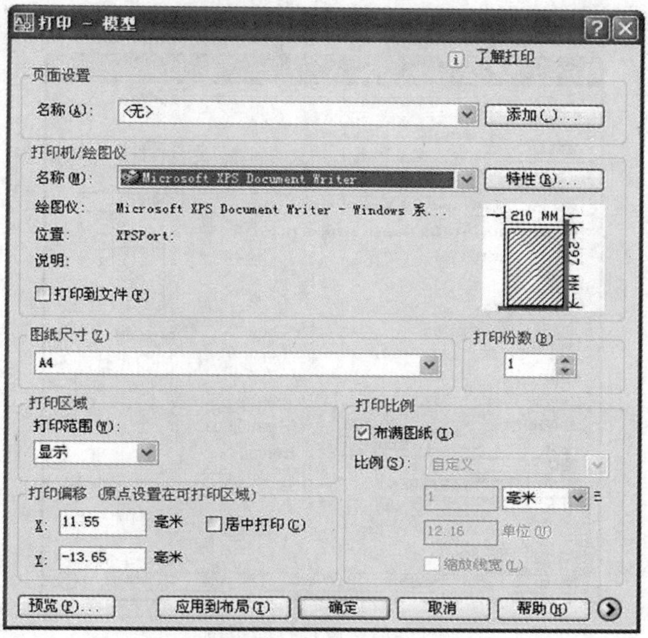

图 7-11　设置打印机名称

(4)在“打印样式表”下拉列表中选择已定义的打印样式，这时将会弹出“问题”对话框，在对话框中单击“是”按钮，如图 7-12 所示。

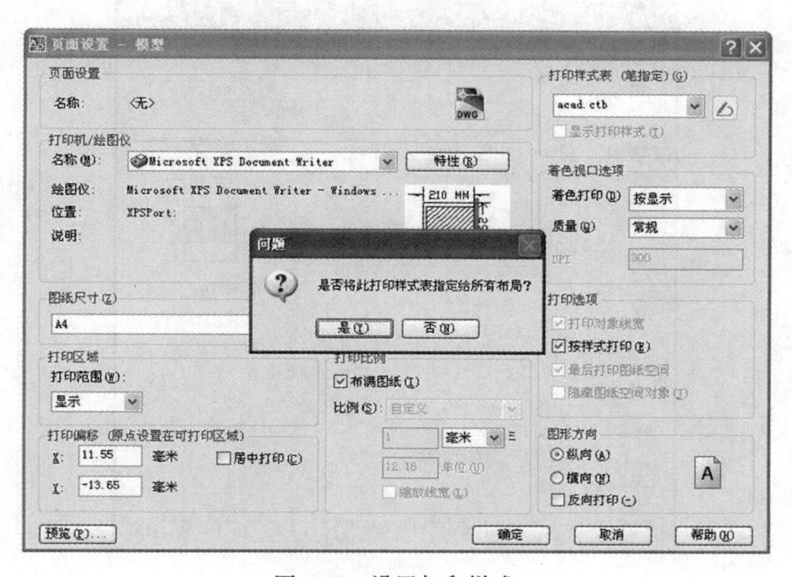

图 7-12　设置打印样式

(5)返回“打印”对话框，在“图纸尺寸”选项的下拉列表中选择“A4”选项，然后在“打印范围”下拉列表中选择“图形界限”选项，如图 7-13 所示。

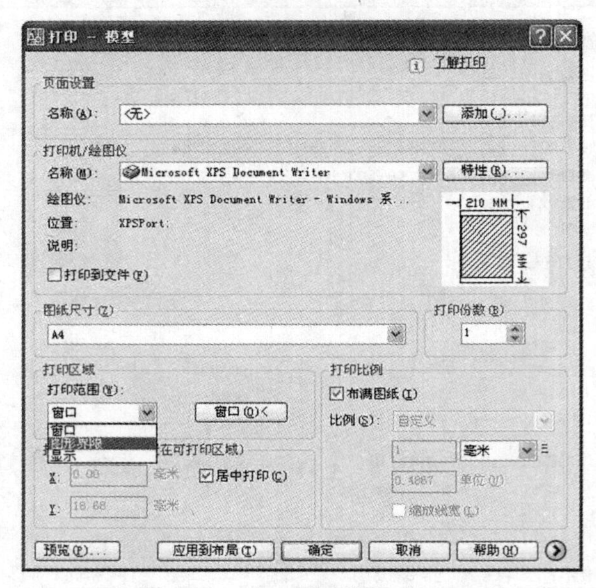

图 7-13 设置打印范围

(6)单击“确定”按钮，执行“打印”命令，完成模型空间基本的打印页面设置，如图 7-14 所示。

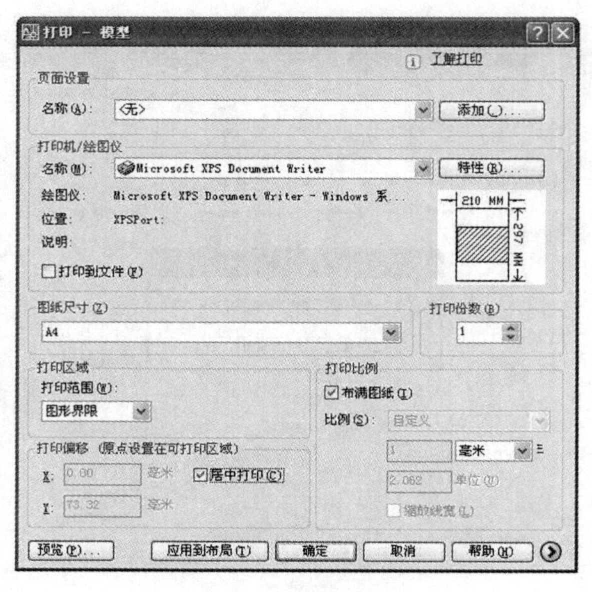

图 7-14 完成打印

7.6 发布DWF文件

国际上通常采用DWF图形文件格式。DWF文件是矢量压缩格式的文件，完整地保留了打印输出属性和超链接信息，并且在进行局部放大时，基本能够保持图形的准确性，可提高图形文件打开和传输的速度，缩短下载时间，支持图形文件的实时移动和缩放，并支持控制图层、命名视图和嵌入链接显示效果。

DWF文件有以下优点：在AutoCAD中，DWF文件是通过Export命令生成的，而在AutoCAD中可以使用ePlot特性发布电子图形(即DWF文件)。AutoCAD中包括ePlot. pc3和Classic. pc3两个可以创建DWF的配置文件，ePlot. pc3配置文件可创建具有白色背景和图纸边界的DWF文件，Classic. pc3文件可创建具有黑色背景的DWF文件。

7.6.1 DWF的配置

(1)压缩的设置：在缺省情况下，DWF文件都是以压缩二进制格式输出的。

(2)分辨率的设置：DWF文件的分辨率越高，其精度越高(可以观察得更仔细)，但是文件尺寸也越大，受网上传输速度的限制也越大。

(3)附加设置：创建DWF文件的同时还可以指定DWF的背景色、包含的图层、缩放比例和测量等信息。

7.6.2 输出DWF文件

选择“文件”|“发布”或命令行：publishtoweb，可输出DWF文件。

要输出DWF文件，必须先创建DWF文件，在这之前还应创建ePlot配置文件。通过AutoCAD的ePlot功能，可将电子图形文件发布到Internet上。在使用ePlot功能时，系统先按照建议的名称创建一个虚拟电子图。通过ePlot可指定多种设置，如指定画笔、旋转和图纸尺寸等，所有这些设置都会影响DWF文件的打印外观。

7.6.3 外部浏览器浏览DWF文件

如果在计算机系统中安装了4.0或以上版本的WHIP插件和浏览器，则可在IE浏览器中查看DWF文件。如果DWF文件包含图层和命名视图，还可以在浏览器中控制其显示特征。

说明：

AutoCAD图形的网上发布，可为共享和协作工程设计以及开展采矿工程的网络远程教育提供基础。通过在网上发布DWF格式的图形，还能控制其他用户是否具有足够的权限访问实际的图形文件。

7.6.4 将图形发布到网络

在AutoCAD中，利用AutoCAD的ePlot特性可以直接在Internet上发布电子图形数据文件，所发布的文件被保存成DWF格式。

操作过程中可以通过下拉菜单：“文件”|“网上发布”打开网上发布向导，根据向导

提示进行操作，即使不熟悉“HTML”代码，也可以方便、迅速地创建格式化 Web 页，该 Web 页包含有 AutoCAD 图形的“DWF”“. png”或“. jpg”等格式图像。一旦创建了 Web 页，就可以将其发布到 Internet。

将 Autodesk 的 WHIP4. 0 和网络浏览器一起使用，就可以打开、查看和打印 DWF 文件。

7.7 应用举例

学习了输出、打印与发布图形的内容之后，根据 AutoCAD 在采矿中的具体应用，进行下一步的练习。

7.7.1 插入位图图像

点击下拉菜单“插入”→“光栅图像参照”，选择所要插入的图形文件(如图 7-15 所示)，在“图像”选项卡中指定图像的插入点、图像的旋转角度(可屏幕指定)、图像的缩放比例，如图 7-16 所示，即可插入该光栅图像。

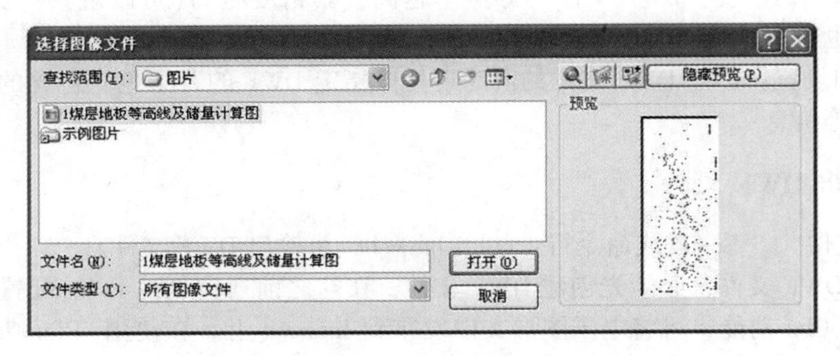

图 7-15 选择光栅图像

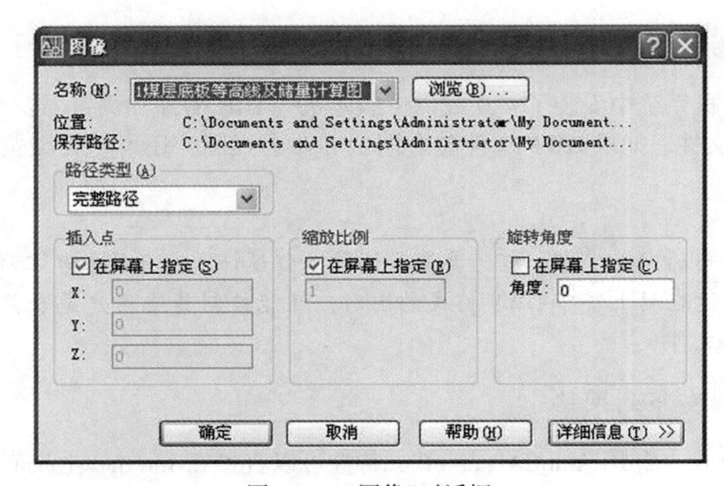

图 7-16 “图像”对话框

注意：图像参照法插入的图像只是一个参照图像，DWG 文件中并没有包含图像文件，当删除文件夹中的图像文件时，DWG 文件中的图像也就不会显示。由于 AutoCAD 找不到图像文件，所以只是显示原图像文件所在的路径。因此，利用图形文件来交流时，就必须连同图像文件所在的文件夹一并发给对方，以免丢失光栅图像造成交流的不方便。

7.7.2　插入位图图像 OLE 对象法

选择“插入”→“OLE 对象”，在弹出的“插入对象”对话框中选择“新建”，并在对象类型中选择“画笔图片”，如图 7-17 所示。点击“确定”后会自动弹出一个名为“位图图像在 XXX 中”的画图程序，如图 7-18 所示，转到待插入图像文件所在的文件夹中，用画图程序打开图像文件，在画图程序中选择“全选”后复制图形，再次打开上面步骤中自动打开的“位图图像在 XXX 中”的画图程序，把刚才复制的文件粘贴到此文件中，最后关闭此文件即可。

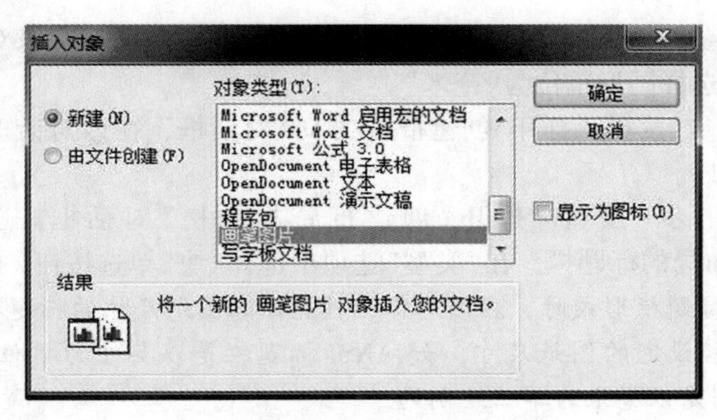

图 7-17　插入对象

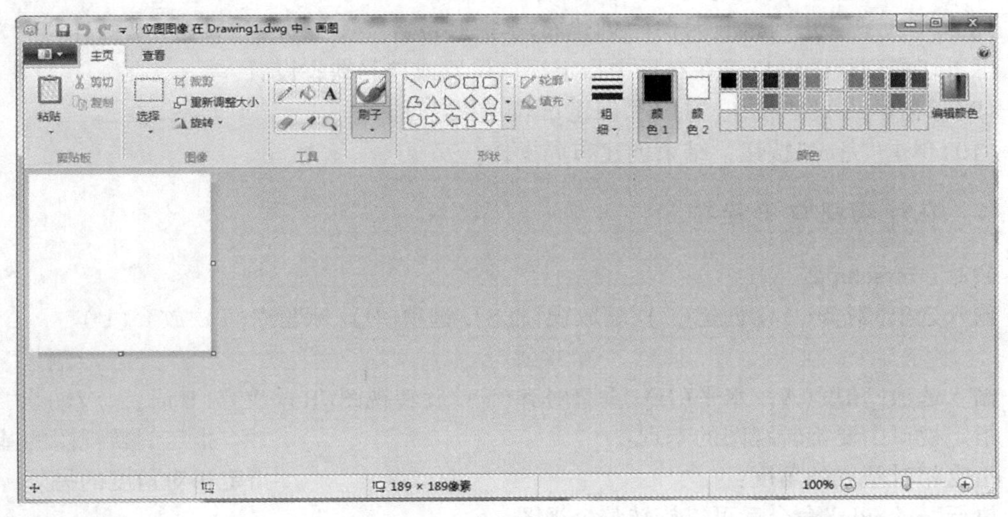

图 7-18　画图程序

说明：

经过以上步骤后，在 AutoCAD 中就会显示所插入的图形，按照作图的需要调整图片的大小和位置，就可以对位图进行矢量化。此种内部嵌入的方法，使得所插入的图形文件包括了外部的图像文件，因此在删除插入的原图像时，在 AutoCAD 中依然会显示所插入的图像。

7.7.3　使用布局向导创建布局

操作步骤：

(1)打开所需的素材图形。

(2)执行选择“插入”→“布局”→“创建布局向导”操作，打开“创建布局-开始”对话框，在“输入新布局的名称”文本框中输入“Project”作为新布局的名称。

(3)单击“下一步”按钮，打开“创建布局-打印机”对话框，选择“DWF6 ePlot. pc3”作为打印输出设备。

(4)单击“下一步”按钮，打开“创建布局-图纸尺寸”对话框，在该对话框中选择图纸尺寸为“ISO A2”，选择图形单位为“毫米”。

(5)单击“下一步”按钮，打开“创建布局-方向”对话框，在该对话框中选择图形在图纸上的方向为“横向”。

(6)单击“下一步”按钮，打开“创建布局-标题栏”对话框，选择“ISO A2 title block. dwg”作为该布局的标题栏，在“类型”选项中选择“块”单选按钮。

注意：在选择标题栏形式时，应该选择一种能匹配图纸尺寸的标题栏，否则选定的标题栏可能不适合已经设定的图纸尺寸，如 ANSI 标题栏是以英寸为单位绘制的，而 TSO、DIN 和 JIS 标题栏则是以毫米为单位绘制的。

(7)单击“下一步”按钮，打开“创建布局-定义视口”对话框，在该对话框中“视口设置”为“单个”，选定“视口比例”为“按图纸空间缩放”。

(8)单击“下一步”按钮，打开“创建布局-拾取位置”对话框。如果单击“选择位置”按钮，可以切换到绘图窗口，在布局中指定视口位置或接受缺省设置。

(9)单击“下一步”按钮，打开“创建布局-完成”对话框。

(10)单击“完成”按钮，结束创建布局操作。

7.7.4　在浮动视口中旋转

命令：mvsetup↙

输入选项[对齐(A)/创建(C)/缩放视口(S)/选项(O)/标题栏(T)/放弃(U)

//输入“A”

输入选项[角度(A)/水平(H)/垂直对齐(V)/旋转视图(R)/放弃(U)]：　//输入“R”

指定视口中要旋转视图的基点：　//指定旋转视图的基点

指定相对基点的角度：　//指定相对角度的另外一点

执行“mvsetup”命令后可以旋转整个视图。

7.7.5　创建 DWF 文件

操作步骤：

(1)命令行：plot↙

(2)在“打印机/绘图仪”选项区域中的“名称”下拉列表中选择“DWF ePlot(optimized for plotting).pc3”项，该配置文件即用于 DWG 文件的打印输出，且对打印进行优化。

(3)单击“特性”按钮，弹出“绘图仪配置编辑器-DWF6 ePlot.pc3”对话框，选择“端口”选项卡，选择“打印到文件”。

(4)配置完毕后，单击“确定”按钮，弹出“浏览打印文件”对话框，用户可以在“文件名称”文本框中指定 DWF 文件的名称，并在“保存于”下拉列表框中指定保存 DWF 文件的位置。

(5)利用 AutoCAD 自动安装的 Autodesk DWF Viewer，可以直接查看 DWF 文件内容。

第8章　采矿制图标准

统一采矿设计制图标准，是为了实现制图标准化，提高制图效率，保证图面质量，不用或少用文字说明便能表达设计意图，使设计、施工和生产之间有简洁的共同语言。

8.1　基本规定

(1)图纸应首先考虑视图简便，在符合各咨询和各设计阶段内容深度要求的前提下，力求制图简明、清晰、易懂。

(2)工程咨询和设计图纸的度量单位，无论是图面上还是图中的文字说明，均应以法(规)定的计量单位表示。

(3)各咨询和各设计阶段的图纸均应编制图纸目录，应符合图8-1的规格、内容、要求，图纸目录的序号应按各咨询、设计单位自行规定的各设计专业的编号顺序、子项(施工图设计阶段)编号顺序和孙项(施工图设计阶段)编号顺序进行编制。

(4)应根据不同咨询设计阶段、不同设计专业要求，采用适当规格和比例的图纸；图面布局要合理，图面表达设计内容、要求应完整、简明，图形投影正确；图中数字、文字、符号表示准确，各种线条粗细符合本标准规定。

(5)本标准技术术语应采用：YS/T 5022—1994《冶金矿山采矿术语标准》的相关规定。

8.1.1　图纸规格

(1)各阶段设计图纸的幅面及图框尺寸，应符合图8-2及表8-1的规定。特殊情况下可将表8-1中的A_0—A_3图纸的长度或宽度加长。A_0图纸只能加长长边，A_1—A_3图纸长、宽边都可以加长。加长部分应为原边长的1/8及其整数倍数，按图幅规格表8-2选取。

表8-1　**图纸幅面及图框尺寸(mm)**

幅面代号	A_0	A_1	A_2	A_3	A_4
B×L	841×1189	594×841	420×594	297×420	210×297
a	25				
c	10			5	
规格系数	2	1	0.5	0.25	0.125

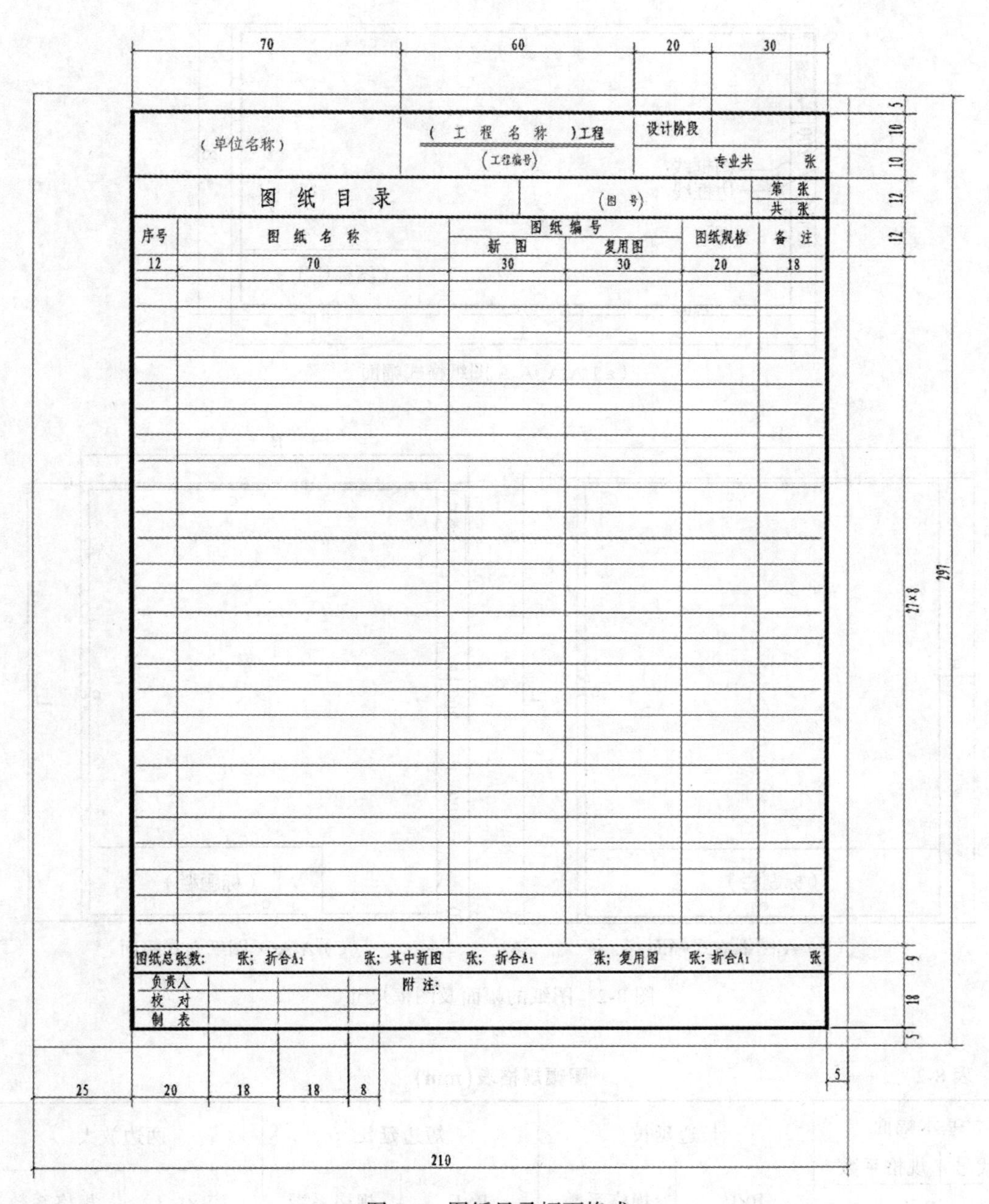

图 8-1　图纸目录幅面格式

(2) A_0、A_1、A_2图纸内框应有准确标尺，标尺分格应以图内框左下角为零点，按纵横方向排列。尺寸大格长 100mm，小格长 10mm，分别以粗实线和细实线标界，标界线段长分别为 3mm 和 2mm。标尺数值应标于大格标界线附近。

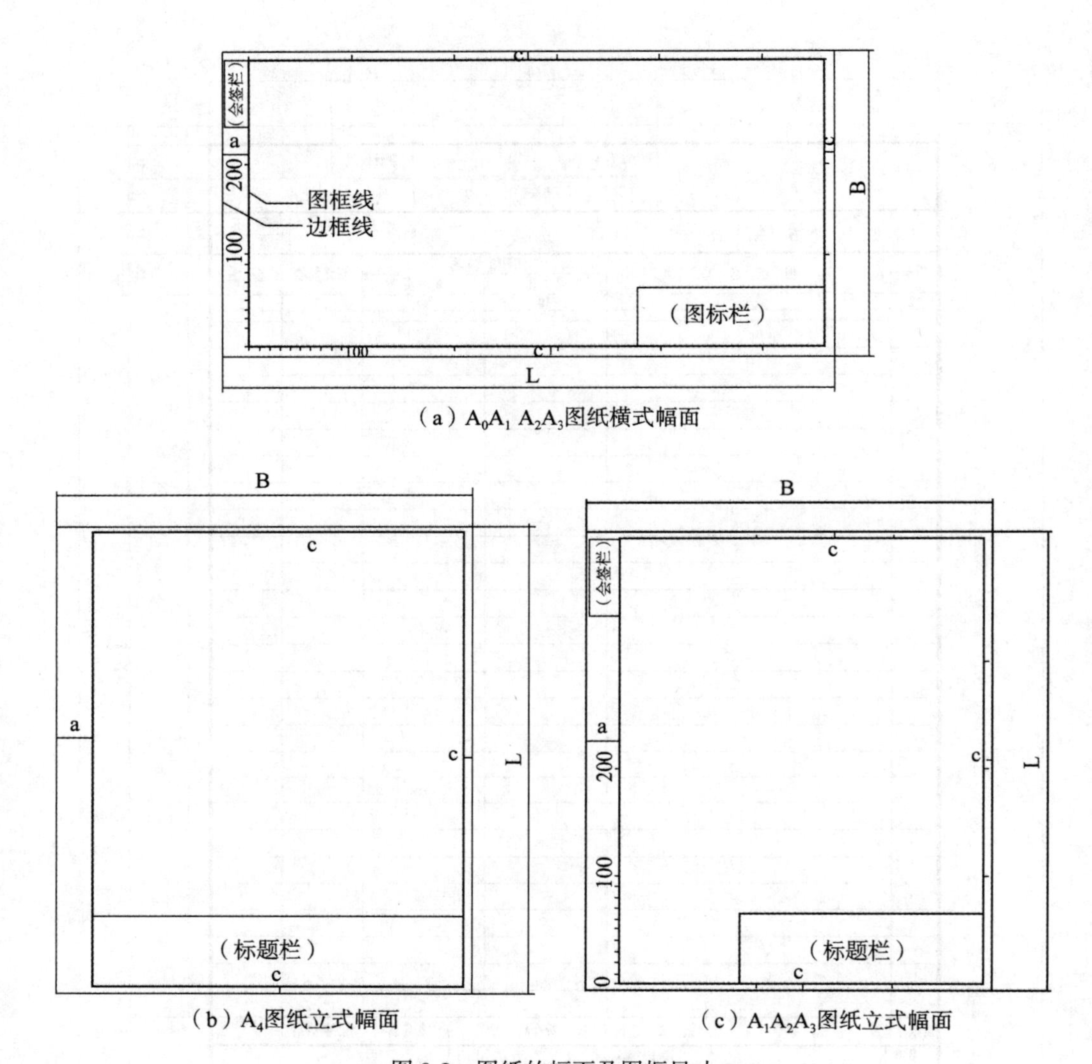

（a）A_0A_1 A_2A_3图纸横式幅面

（b）A_4图纸立式幅面

（c）$A_1A_2A_3$图纸立式幅面

图 8-2　图纸的幅面及图框尺寸

表 8-2　**图幅规格表(mm)**

基本幅面 代号 | 规格系数 B×L	长边延长		短边延长		两边放大	
	B×L	规格系数	B×L	规格系数	B×L	规格系数
A_0 | 2 841×1189	841×1337	2. 25				
	841×1486	2. 5				
	841×1635	2. 75				
	841×1783	3. 0				

续表

基本幅面 代号 | 规格系数 B×L	长边延长		短边延长		两边放大	
	B×L	规格系数	B×L	规格系数	B×L	规格系数
A_1 | 1 594×841	594×946	1.125	668×841	1.125	668×946	1.27
	594×1051	1.25	743×841	1.25	743×1051	1.56
	594×1156	1.375	817×841	1.375	817×1156	1.89
	594×1261	1.5	892×841	1.5		
	594×1336	1.625				
	594×1472	1.75				
A_2 | 0.5 420×594	420×743	0.625	525×594	0.625		
	420×892	0.75	631×594	0.75		
	420×1040	0.875	736×594	0.875		
	420×1189	1.0				
	420×1337	1.125				
	420×1486	1.25				
A_3 | 0.25 297×420	297×525	0.3125	371×420	0.3125		
	297×631	0.375				
	297×736	0.4375				
	297×841	0.5				
	297×946	0.5625				
	297×1051	0.625				
A_4 | 0.125 210×297	210×297					

8.1.2　图纸标题栏

(1)图纸必须设标题栏，以表明该图纸名称、设计阶段、设计日期、版本、设计者和各级审核者等。标题栏应位于图纸右下角，A_4图纸位于图纸下边。特殊情况时可位于图纸右上角。

(2)国内外工程图纸标题栏均宜采用以下两种格式，见图 8-3 和图 8-4 所示。格式一主要用于 A_0—A_3图纸，格式二主要用于 A_4和 A_3立式图纸。国内工程设计图纸无特殊要求时，可以不注释外文。

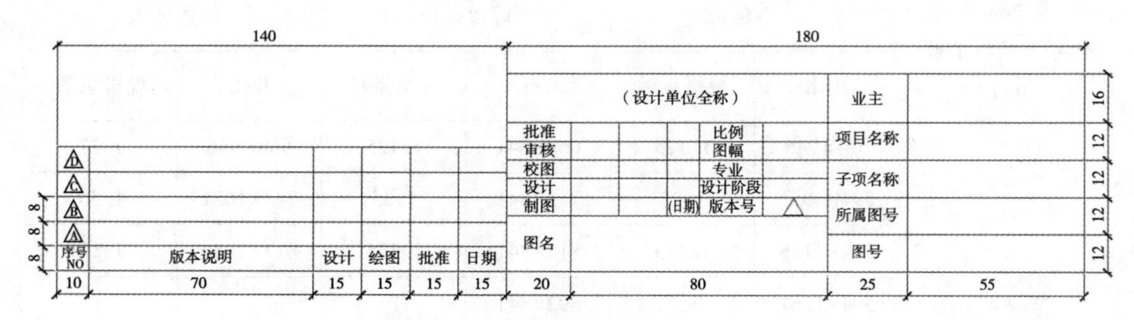

图 8-3　图纸标题栏格式一(320×64)

（设计单位全称）						业主	
批准				比例		项目名称	
审核				图幅			
检图				专业		子项名称	
设计				设计阶段			
制图			(日期)	版本号	△	所属图号	
图名							
						图号	
20	15	15	10	20	20	25	55

图 8-4　图纸标题栏格式二(180×64)

(3)竣工图图纸标题栏应符合下列规定：

①竣工图与原施工图不一致，需重新制图时，在图纸标题栏格式中的设计阶段栏填写竣工图。

②竣工图与原施工图完全一致时，可以在原施工图图纸标题栏左边加盖竣工图签章，签章格式应符合图 8-5 的规定。

(4)复制和复用已有整套或部分图纸时，鉴定人应在原图纸标题栏左边加盖复制(用)图签章，签章格式应符合图 8-6 和图 8-7 的规定。

竣工图	工程号		6
	校　核		6
	编　制		6
	编制时间	年　月　日	6
10	20	30	

图 8-5　竣工图签章格式

复制图	工程号		6
	审核人		6
	鉴定人		6
	编制时间	年　月　日	6
10	20	30	

图 8-6　复制图签章格式

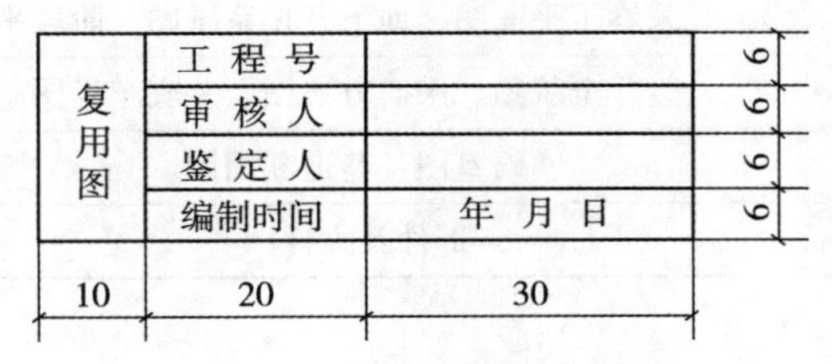

复用图	工程号		6
	审核人		6
	鉴定人		6
	编制时间	年　月　日	6
10	20	30	

图 8-7　复用图签章格式

(5)图纸内容需要几个专业共同确认时，必须在图纸内框外左上角设会签栏，其格式应符合图 8-8 的规定。

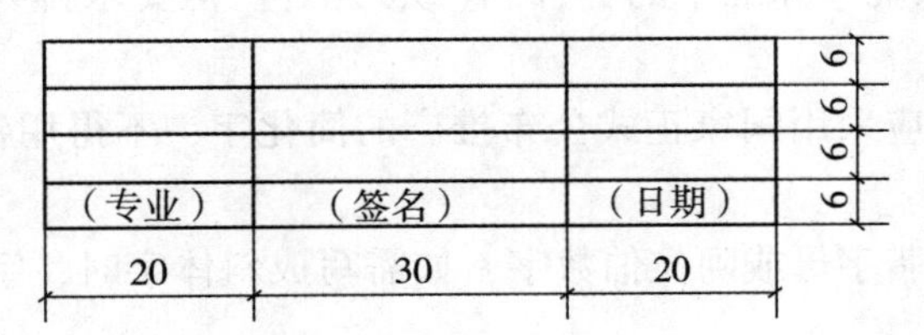

			6
			6
			6
（专业）	（签名）	（日期）	6
20	30	20	

图 8-8　图纸会签栏格式

8.1.3　比例

(1) 图纸必须按比例绘制，不能按比例绘制时，要加以说明。

(2)应适当选取制图比例，使图面布局合理、美观、清晰、紧凑，制图比例宜按 1 :（1，2，5）×10^n系列选用，特殊情况时可取其间比例。

(3)同一视图，采用纵向和横向两种不同比例绘制时，应加以注明；长细比较大，且不需要详细标注的视图，可不按比例绘制。

(4)比例的表示方法和注写位置应符合下列规定：

①表示方法：比例必须采用阿拉伯数字表示，例如 1 : 2，1 : 50 等。

②注写位置：(a)全图只有一种比例时，应将比例注写在标题栏内；(b)不同视图比例注写在相应视图名的下方，应符合图 8-9 的规定。

(5)工程图常用比例宜按表 8-3 选取。

平面图	I－I
1∶50	1∶50

图 8-9 视图比例标注法

表 8-3 **采矿制图常用比例表**

图纸类别	常用比例
露天开采终了平面图，地下开拓系统图，阶段平面图	1∶2000，1∶1000，1∶500
竖井全貌图、采矿方法图、井底车场图	1∶200，1∶100
硐室图、巷道断面图	1∶50，1∶30，1∶20
部件及大样图	1∶20，1∶10，1∶5，1∶2，1∶1，2∶1

8.1.4 文字与数字

(1)图纸中的各种文字体(汉字和外文)、各种符号、字母代号、各种尺寸数字等的大小(号数)，应根据不同图纸的图面、表格、标注、说明、附注等的功能表示需要，可选择采用计算机文字输入统一标准中的一种和(或)几种。但要求排列整齐、间隔均匀、布局清晰。

(2)图纸中的汉字应采用国家正式公布推广的简化字，不得用错别字(尤其是同音错别字)、生造字。

(3)拉丁字母、希腊字母或阿拉伯数字，如需写成斜体字时，字头向右倾斜并与水平线成75°夹角。

(4)图纸中表示数量的数字，应采用阿拉伯数字表示。

8.1.5 图线

(1)图线宽度系列应为0.18mm、0.25mm、0.35mm、0.5mm、0.7mm、1.0mm、1.4mm和2.0mm。缩微的图纸不宜采用0.18mm。

(2)绘图时应根据图样复杂程度和比例大小确定基本图线宽度b，b宽宜采用0.35mm、0.5mm、0.7mm、1.0mm、1.4mm、2.0mm。根据基本图线宽度b确定其他图线宽度。图线类型及宽度见表8-4。

表 8-4 **图线名称、型式、宽度**

名称	型式	图线宽度		用途
		相对关系	宽度/mm	
粗实线	▬▬▬	b	1.0~2.0	图框线、标题栏外框线

续表

名称	型式	图线宽度		用　途
		相对关系	宽度/mm	
中实线	━━━	b/2	0.5~1.0	勘探线、可见轮廓线、粗地形线、平面轨道中心线
细实线	———	b/4	0.25~0.7	改扩建设计中原有工程轮廓线，局部放大部分范围线，次要可见轮廓线，轴测投影及示意图的轮廓线
最细实线	———	b/5	0.18~0.25	尺寸线、尺寸界线、引出线地形线、坐标线、细地形线
粗虚线	▬ ▬ ▬	b	1.0~2.0	不可见轮廓线、预留的临时或永久的矿柱界限
中虚线	━ ━ ━ ━	b/2	0.5~1.0	不可见轮廓线
细虚线	- - - - - - -	b/3	0.35~1.0	次要不可见轮廓线、拟建井巷轮廓线
粗点划线	━ ▪ ━ ▪ ━	b	1.0~2.0	初期开采境界线
中点划线	- — - — - — -	b/2	0.5~1.0	
细点划线	—·—·—·—	b/3	0.35~1.0	轴线、中心线
粗双点划线	▪ ▪ ▪ ━ ▪ ▪	b	1.0~2.0	末期开采境界线
中双点划线	━ ·· ━ ·· ━	b/2	0.5~1.0	
细双点划线	—··—··—	b/3	0.35~1.0	假想轮廓线、中断线
折断线	—\/—	b/3	0.35~1.0	较长的断裂线
波浪线	∿∿∿∿	b/3	0.35	短的断裂线，视图与剖视的分界线，局部剖视或局部放大图的边界线
断开线	▬　▬		1.0~1.4	剖切线

(3)平行线间隔不应小于粗线宽度的 2 倍，且不小于 0.7mm。

(4) 图线绘制时，必须遵守下列规定：

①虚线、点划线及双点划线的线段长短和间隔应大致相等。虚线每段线长 3~5mm，间隔 1mm；点划线每段线长 10~20mm，间隔 3mm；双点划线每段线长 10~20mm，间隔 5mm。

②绘制圆的中心线时，圆心应为线段的交点。

③点划线和双点划线的首末两段，应是线段而不是点。点划线与点划线或尺寸线相交时，应交于线段处。

④当图形比较小时，用最细点划线绘制有困难时，可用细实线代替。

⑤采用直线折断的折断线，必须全部通过被折断的图面。当图形要素相同，呈有规律

分布时，可采用中断的画法，中断处以两条平行的最细双点划线表示。

(5)对需要标注名称的设备、部件、设施和井巷工程以及局部放大图和轨道曲线要素等，应采用细实线作为引出线引出标注(号)，需要时应进行有规律的编号。同一张图上标号和指引线宜保持一致。

8.1.6 字母与符号

(1)常用技术术语字母符号宜参照表 8-5 的规定执行。

表 8-5 常用技术术语字母符号

名称	符号	名称	符号	名称	符号
度量、面积、体积		质量		时间	
长度	L、l	质量	m	时间	T、t
宽度	B、b	重量	G、g	支护与掘进	
高度或深度	H、h	比重	γ	巷道壁厚	T
厚度	δ、d	力		巷道拱厚	d_0
半径	R、r	力矩	M	充填厚	δ
直径	D、d	集中动荷载	T	掘进速度	v
切线长	T	加速度	a	其他物理量	
眼间距	a	重力加速度	g	转数	n
排距	b	均布动荷载	F	线速度	v
最小抵抗线	W	集中静荷载	P	风压	H、h
坡度	i	均布静荷载	Q	风量	Q
角度	α、β、θ	垂直力	N	风速度	V
面积	S	水平力	H	涌水量	Q、q
净面积	S_J	支座反力	R	岩(矿)石硬度系数	f
掘进面积	S_M	剪力	Q	摩擦角、安息角	φ
通风面积	S_t	切向应力	τ	松散系数	k
体积	V、v	制动力	T	巷道通风摩擦系数	α
坐标		摩擦力	F	渗透系数、安全系数	K
经距	Y	摩擦系数	μ、f	动力系数	K
纬距	X	温度		弹性模量	E
标高	Z	温度	t	惯性矩	I
比例	M	华氏	℉	截面系数	W
方位角	α	摄氏	℃	压强	P

(2)工程常用钢筋(丝)种类及符号应按表 8-6 的规定执行。

表 8-6　**钢筋(丝)种类及符号**

序号	种类		符号	直径 d/mm
1	热轧钢筋	HPB235(Q235)	ϕ	8~20
2		HRB335(20MnSi)	$\underline{\phi}$	6~50
3		HRB400(20MnSiV、20MnSiNb、20MnTi)	ϕ	6~50
4		RRB400(K20MnSi)	ϕ^{R}	8~40
5	钢绞线	1×3	ϕ^{S}	8.6、10.8
6				12.9
7		1×7		9.5、11.1、12.7
8				15.2
9	消除应力钢丝	光面螺旋肋	ϕ^{P}	4、5
10				6
11			ϕ^{H}	7、8、9
12		刻痕	ϕ^{I}	5、7
13	热处理钢筋	$40Si_2Mn$	ϕ^{HT}	6
14		$48Si_2Mn$		8.2
15		$45Si_2Cr$		10

8.1.7　数值精度

数值精度应按表 8-7 的规定执行。

表 8-7　**数值精度表**

序号	量的名称	单位	计算数值到小数点后位数
1	巷道长度	米；毫米	2；0
2	掘进体积	立方米	2
3	矿石量	吨；万吨	2；2
4	金属	千克；吨；克拉	2；2；2
5	一般金属品位	%	2
6	贵金属、稀有金属品位	克/吨	4
7	废石量	立方米；万立方米	2；2

续表

序号	量的名称	单位	计算数值到小数点后位数
8	木材	立方米	单耗 2，总量 0
9	钢材	千克或吨	单耗 2，总量 0
10	混凝土	立方米	单耗 2，总量 0
14	掘采比	米/万吨或米/千吨	1
15	剥采比	吨/吨 立方米/立方米 立方米/吨	1 1 1

8.2 图形及画法

8.2.1 投影及视图

(1)设计图纸应准确表达设计意图，一般只画出设计对象的可见部分，必要时也可画出不可见部分。可见部分用实线表示，不可见部分用虚线表示。

(2)视图应按正投影法绘制，并采用第一角画法；图纸视图的布置关系见图 8-10。采矿方法图、竖井工程图、巷道交岔点图等需用三视图表示时，正视图一般放在图幅的左上方，俯视图放在正视图的下方，侧视图放在正视图的右方。

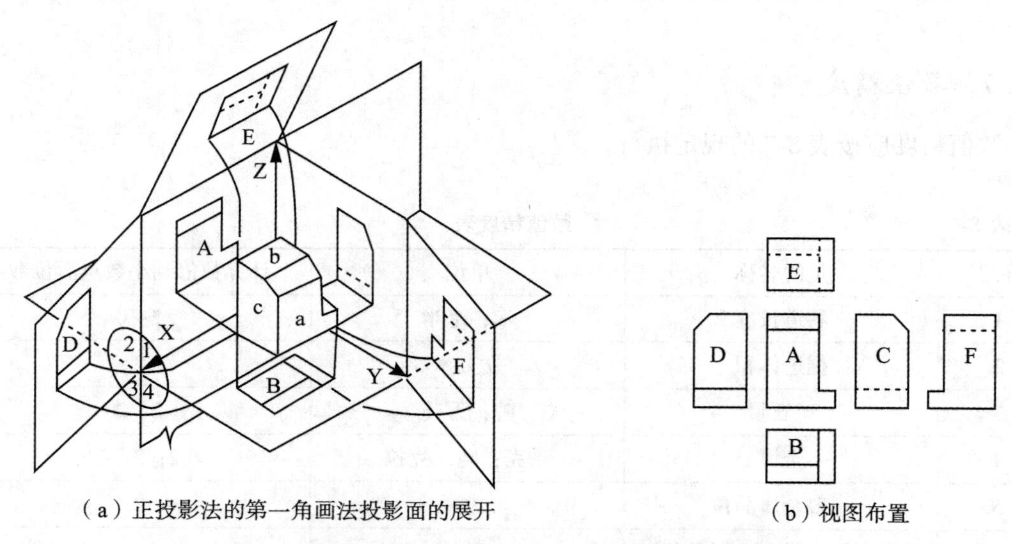

（a）正投影法的第一角画法投影面的展开　　（b）视图布置

图 8-10　正投影法的第一角画法投影面的展开和视图布置

(3)有坐标网的图纸，正北方向应指向图纸的上方；特殊情况除外，但图上须标有指北针。

(4)指示斜视或局部视图投影方向应以箭头表示，并用大写字母标注，如图 8-11 所示。

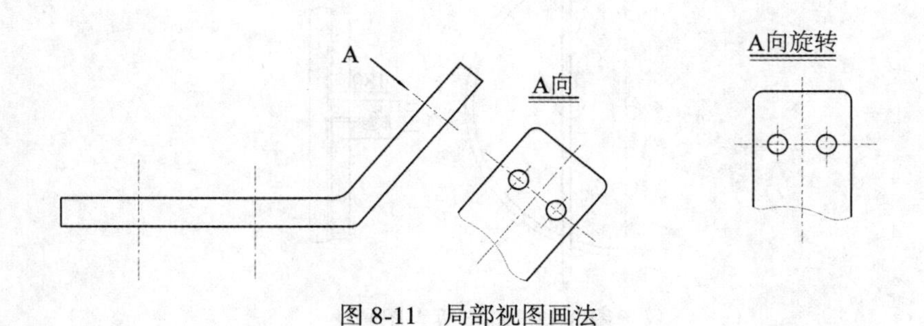

图 8-11　局部视图画法

(5)剖视图在剖切面的起讫处和转折处的剖切线用断开线表示，其起讫处不应与图形的轮廓线相交，并不得穿过尺寸数字和标题。在剖切线的起讫处必须画出箭头表示投影方向，并用罗马数字编号，如图 8-12 所示。

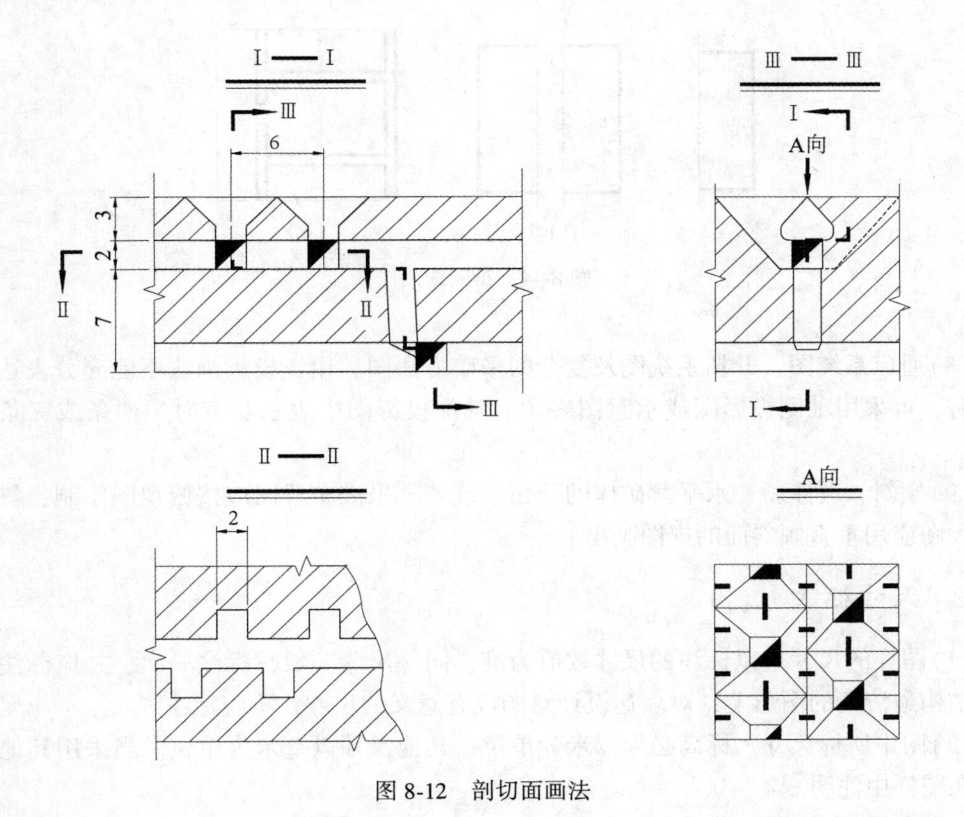

图 8-12　剖切面画法

(6)当图形的某些部分需要详细表示时，可画局部放大图，放大部分用细实线引出并编号，见图 8-13，放大图应放在原图附近，并保持原图的投影方向。

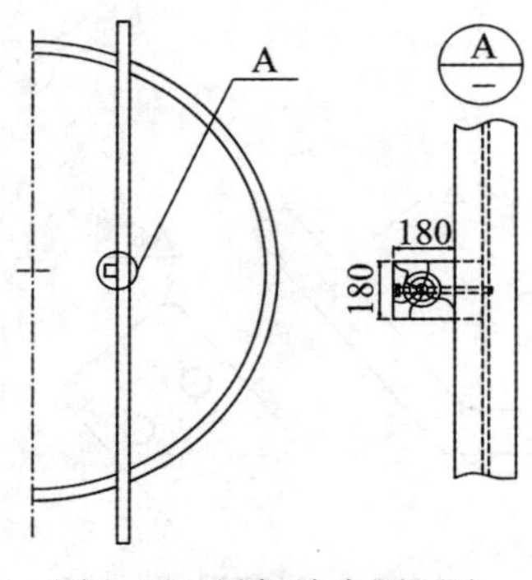

图 8-13　局部放大图画法

(7)采用折断线形式只绘出部分图形时，折断线应通过剖切处的最外轮廓线，如图 8-14 所示，带坐标网的图样不得使用折断线画法。

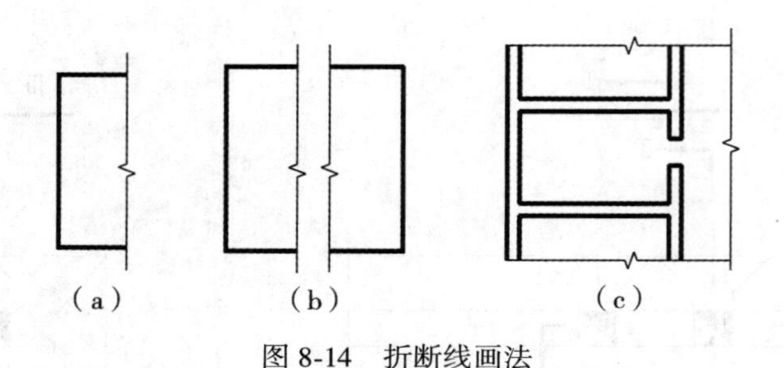

图 8-14　折断线画法

(8)通风系统图、开拓系统图及复杂的采矿方法图，用正投影画法不能充分表达设计意图时，可采用轴侧投影图或示意图表示，轴侧投影图中表示巷道时用两条或三条线均可。

(9)倾斜、缓倾斜、水平薄矿体的开拓系统图、采准布置图应按俯视图绘制；斜井岔口放大图应用垂直倾斜面的视图画出。

8.2.2　尺寸标注

(1)图样的尺寸应以标注的尺寸数值为准，同一尺寸一般只标注一次，并应标注在表示该结构最清晰的图形上；对表达设计意图没有意义的尺寸，不应标注。

(2)图中所标尺寸，标高必须以米为单位，其他尺寸以毫米为单位。当采用其他单位时应在图样中注明。

(3)尺寸线与尺寸界线应用细实线绘制。尺寸线起止符号可用箭头、圆点、短斜线绘制，见图 8-15。同一张工程图中，一般宜采用一种起止符号形式，当采用箭头位置不够时，可用圆点或斜线代替。半径、直径、角度和弧度的尺寸起止符宜用箭头表示。

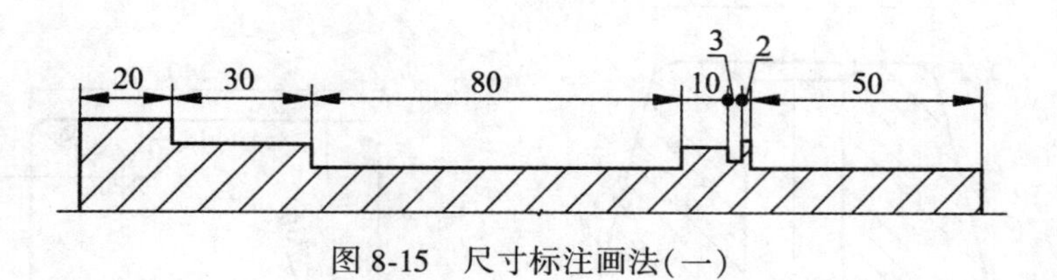

图 8-15　尺寸标注画法(一)

(4)水平方向尺寸线数字应标注在尺寸线的上方中部，垂直方向尺寸线数字应标在尺寸线的左侧中部，当尺寸线较密时，最外面的尺寸数字可标于尺寸线外侧，中部尺寸数字可将相邻的数字标注于尺寸线的上、下或左、右两边，见图 8-16。

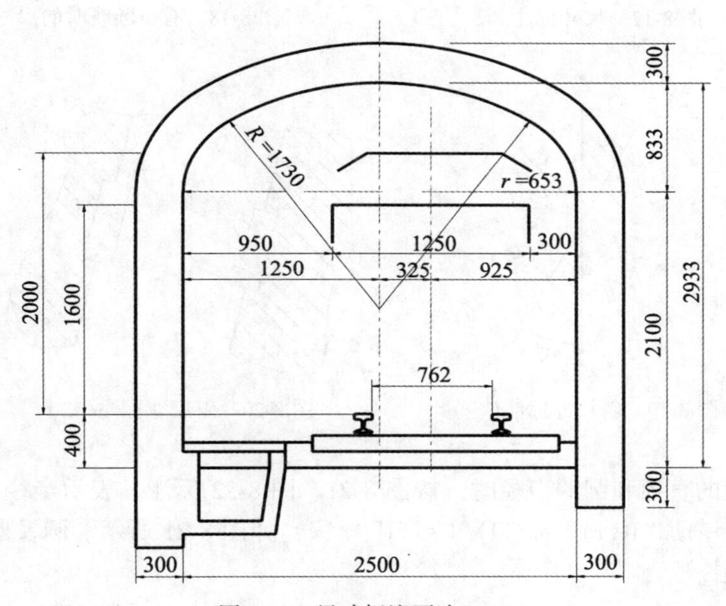

图 8-16　尺寸标注画法(二)

(5)尺寸界线应超出尺寸线，并保持一致。

(6)在标注线性尺寸时，尺寸线必须与所需标注的线段平行。尺寸界线应与尺寸线垂直，当尺寸界线过于贴近轮廓线时，允许倾斜画出，见图 8-17。

(7)当用折断方法表示视图、剖视、剖面时，尺寸也应完全画出，尺寸数字应按未折断前的尺寸标注。如果视图、剖视或剖面只画到对称轴线或断裂部分处，则尺寸线应画过对称线或断裂线，而箭头只需画在有尺寸界线的一端，如图 8-18 所示。

(8)斜尺寸数字应按图 8-19 所示方向填写，并应尽量避免在图示 30°的阴影范围内标注尺寸，当无法避免时可按图 8-20 所示方法标注。

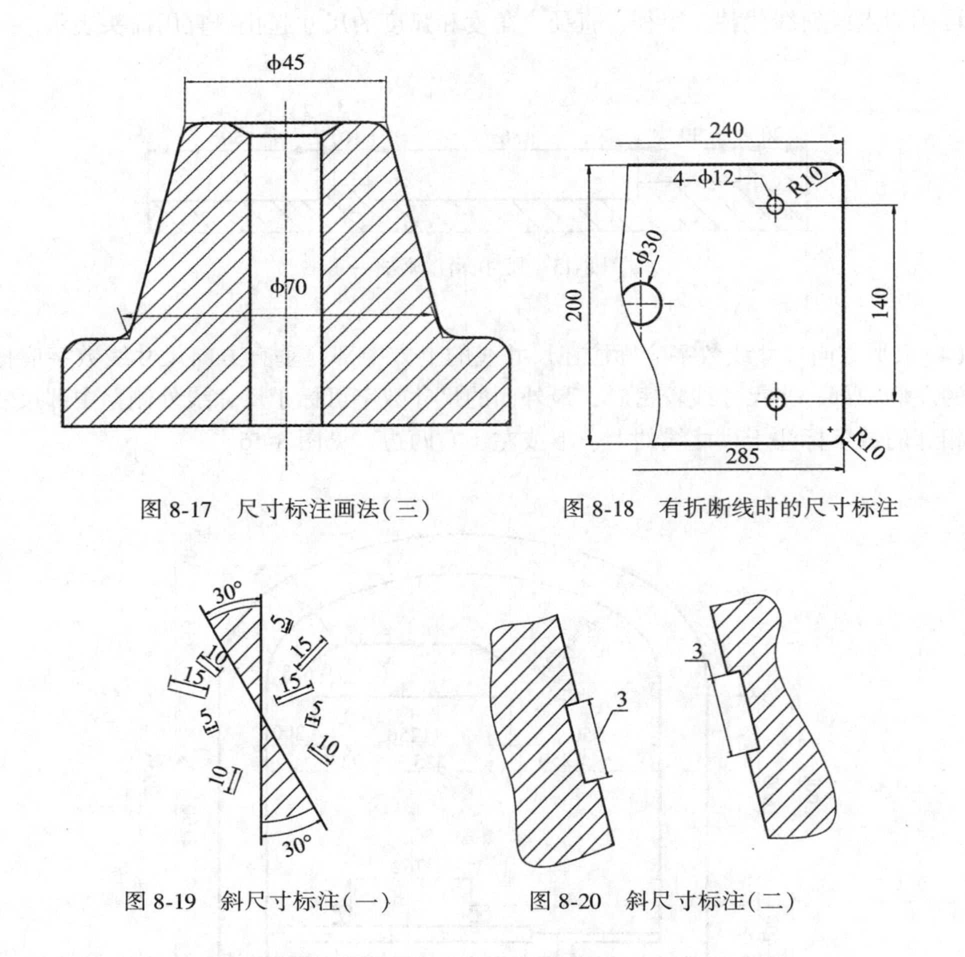

图 8-17 尺寸标注画法(三)

图 8-18 有折断线时的尺寸标注

图 8-19 斜尺寸标注(一)

图 8-20 斜尺寸标注(二)

(9)标注圆的直径和圆的半径时，按图 8-21、图 8-22 标注。表示半径、直径、球面、弧时，应在数字前加“R(r)”“φ(D)”“球 R”“⌒”，如图 8-21 所示。圆及圆弧(R≤6mm)可按图 8-22 标注。

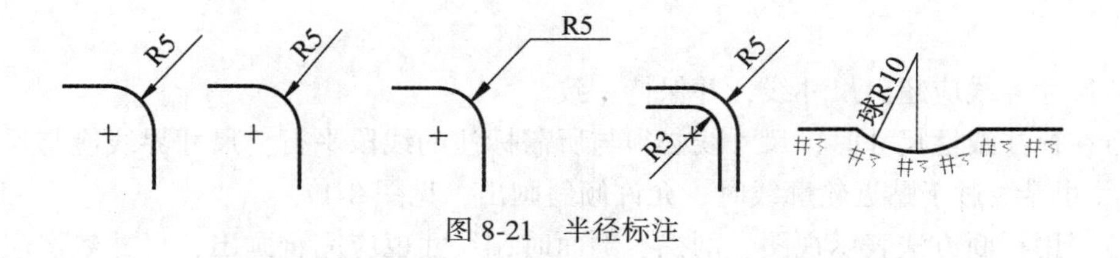

图 8-21 半径标注

(10)标注角度的数字，应水平填写在尺寸线的中断处，必要时可填写在尺寸线的上方或外面，位置不够时也可用引线引出标注，如图 8-23 所示。

(11)凡要素相同、距离相等时，尺寸标注可按图 8-24、图 8-25 表示。

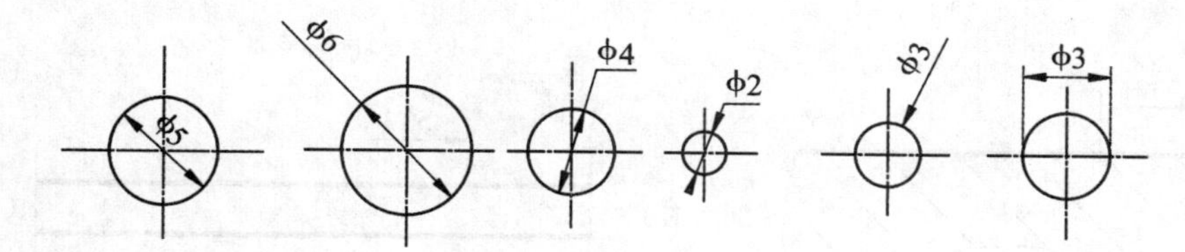

图 8-22　圆及小圆标注

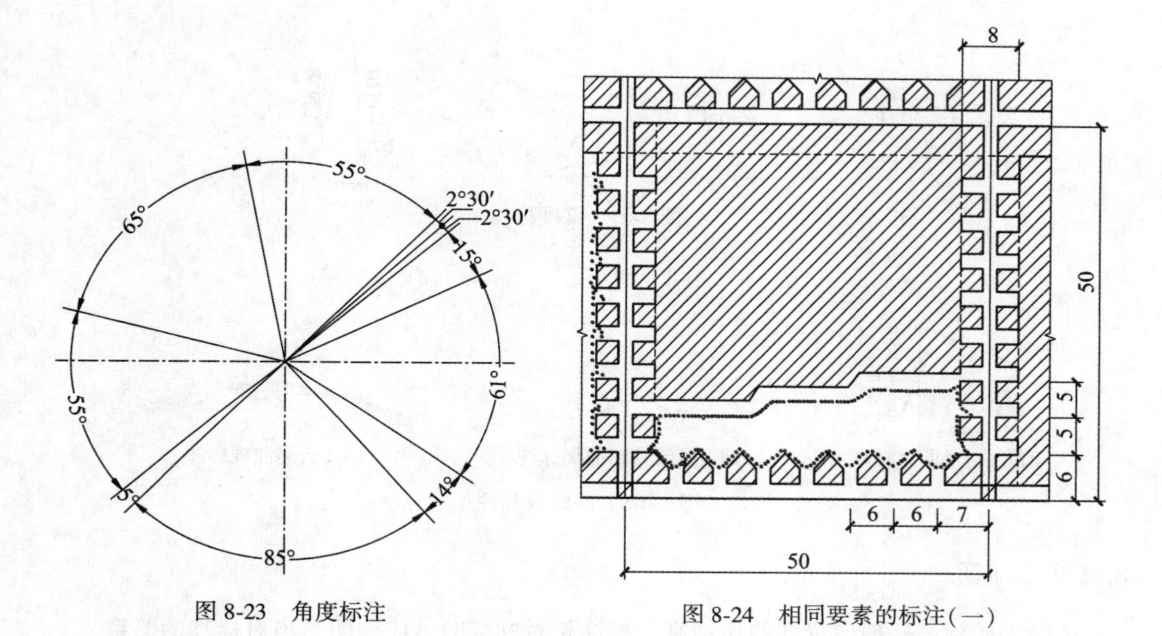

图 8-23　角度标注

图 8-24　相同要素的标注(一)

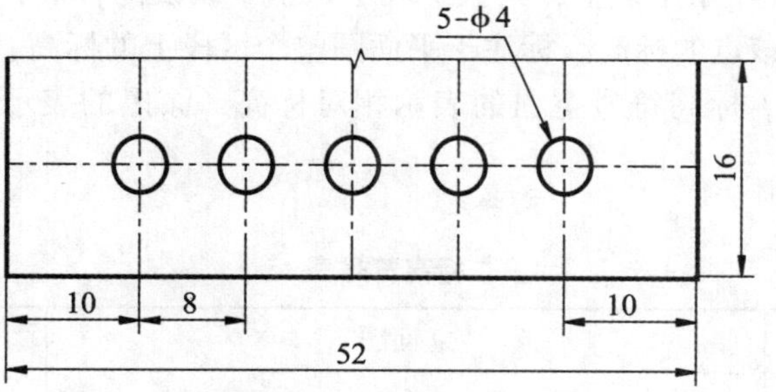

5-φ4
16
10
8
10
52

图 8-25　相同要素的标注(二)

(12)采矿图上表示巷道、路堑、水沟坡度时，应将标注坡度的箭头指向下坡方向，箭头上方标注坡度的数值，变坡处应标出变坡的界限，如图 8-26 所示。

(13)表示斜度或锥度时，其斜度与锥度的数字应标注在斜度线上，如图 8-27 所示。

(14)巷道轨道曲线段的标注方法一般如图 8-28(a)所示，露天铁路曲线段的标注方法一般如图 8-28(b)所示，公路曲线段的标注方法一般如图 8-28(c)所示。

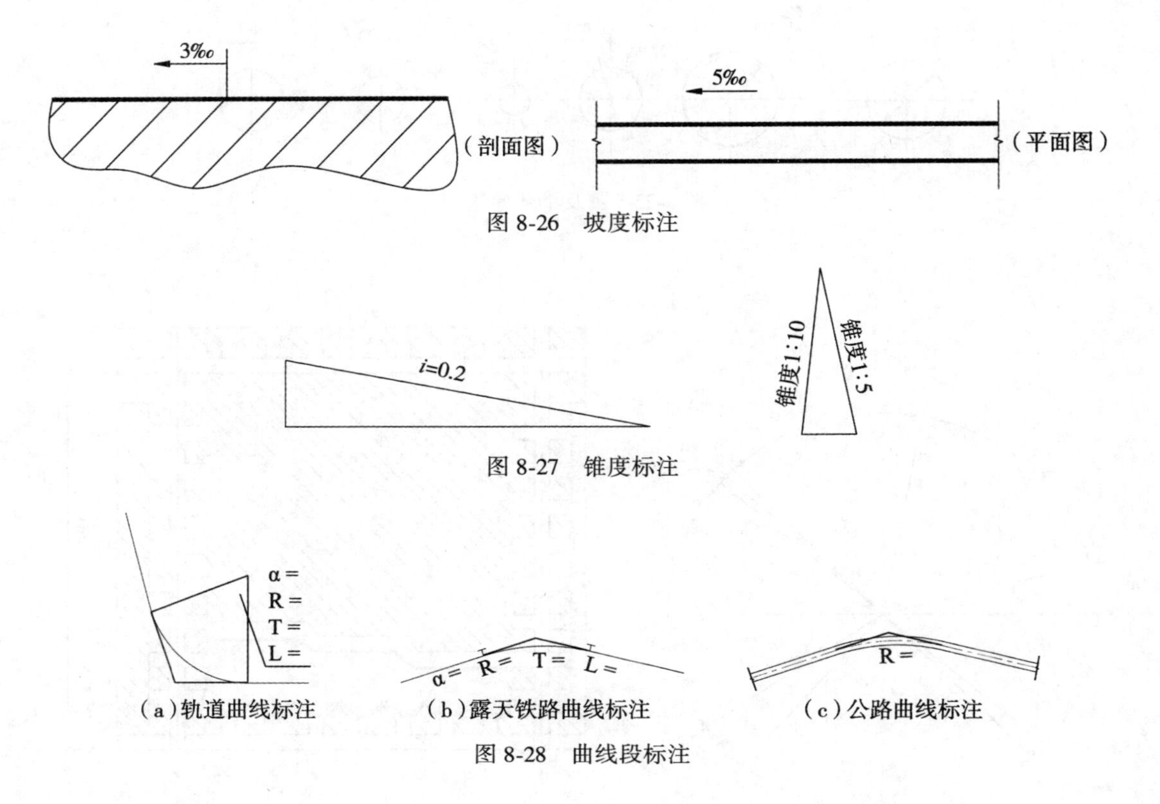

图 8-26 坡度标注

图 8-27 锥度标注

(a)轨道曲线标注 (b)露天铁路曲线标注 (c)公路曲线标注

图 8-28 曲线段标注

8.2.3 标高

(1)采矿标高一般应标注绝对标高，标注相对标高时，应注明与绝对标高的关系。

(2)标高符号标注于水平线上，其数字表示该水平线段的标高；标高符号标注于倾斜线上，表示该线段上该点的标高。标注于平面图整个区段上的标高，标高符号采用两侧成45°(30°)的倒三角形。标高符号空白的表示相对标高，涂黑的表示绝对标高。标高符号及标注方法见表 8-8。

表 8-8 **标高符号表**

类别	立面图		平面图
	一般	必要时	
相对坐标	3 45°		0°~45°
绝对坐标	3 45°		0°~45°

(3) 标高以米为单位，一般精确到小数点后第三位。正数标高数值前不必冠以“+”号，负数标高数值前应冠以“-”号，零点处标高标注为±0. 000。

(4) 竖井及斜井井底车场的轨道及水沟的纵坡及变坡点标高，应以纵断面示意图画出，见图 8-29 和图 8-30。

坡底点号	① ②		③		④		
坡度状态：-160米水平；轨面标高；水沟底标高							
轨面标高(m)	-160.480		-160.460		-160.540		-160.540
坡度(‰) / 距离(m)		0 / 8.815		5 / 15.935		0 / 13.735	
水沟底标高(m)	-161.260		-161.295		-161.355　-161.130		-161.090
坡度(‰) / 距离(m)		3 / 8.815		4 / 15.935		3 / 13.735	
水沟深度(mm)	450		480		465　240		200

图 8-29　单轨线路及水沟纵坡度图

坡度状态：100米水平；轨面标高（空车线、重车线）；水沟底标高	①		②
重车轨面标高(m)	99.900		99.810
坡度(‰) / 点距(m)		3 / 30	
空车轨面标高(m)	99.900		99.990
坡度(‰) / 点距(m)		3 / 30	
重空车轨面标高差(mm)			180
水沟底标高(m)	99.600		99.510
坡度(‰) / 点距(m)		3 / 30	
水沟深度(m)	300		300

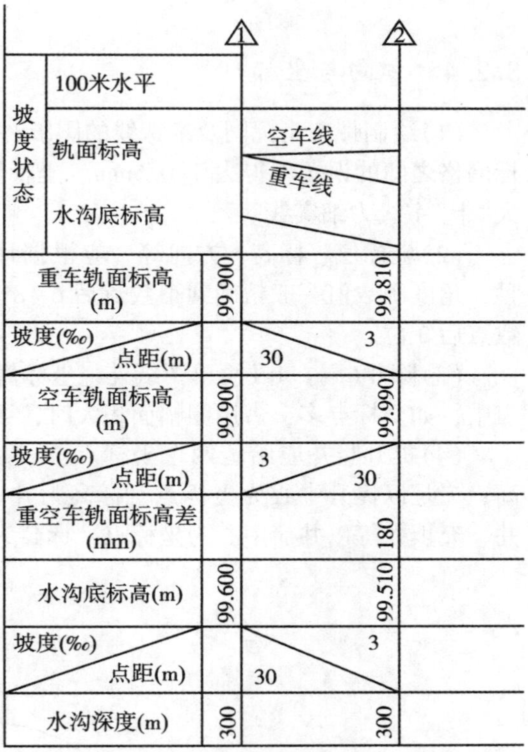

注：若重空车线路轨面变坡点不在同点，则应分开作纵剖面图。

图 8-30　双轨线路及水沟纵坡度图

(5) 露天矿铁路和公路运输，在变坡处应以坡度标表示，如图 8-31 所示。

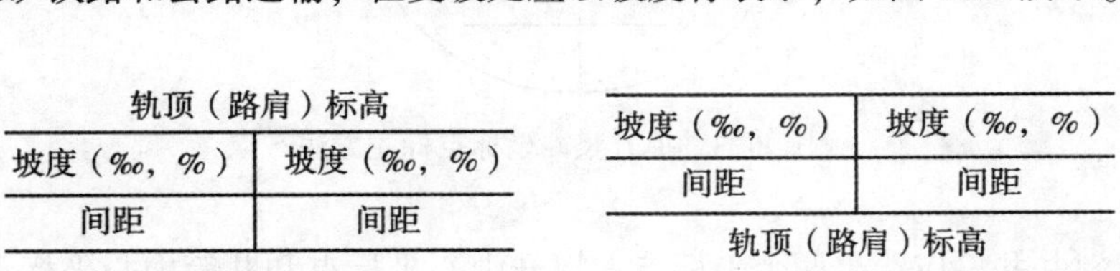

轨顶（路肩）标高	
坡度（‰，%）	坡度（‰，%）
间距	间距

（a）坡度标标注方法一

坡度（‰，%）	坡度（‰，%）
间距	间距
轨顶（路肩）标高	

（b）坡度标标注方法二

图 8-31　坡度标标注方法

(6) 地下工程其坐标点的编号如图 8-32(a) 所示，变坡点的编号如图 8-32(b) 所示。

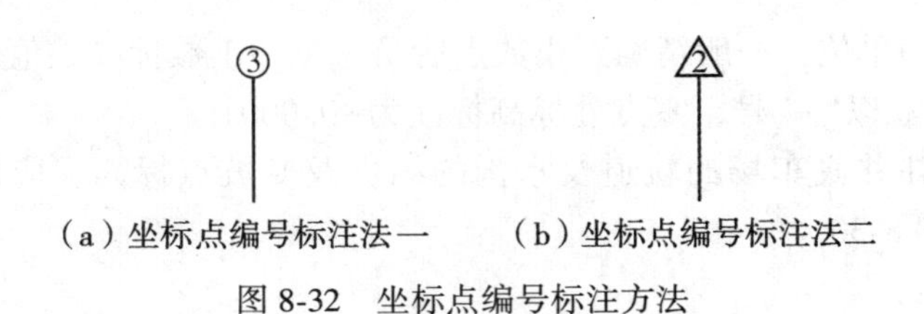

（a）坐标点编号标注法一 （b）坐标点编号标注法二

图 8-32 坐标点编号标注方法

8.2.4 方向与坐标

(1)绘制带有坐标网及勘探线的图纸时，应准确地按原始资料绘出，相邻勘探线或坐标网格之间的误差不得大于 0.5mm。坐标网格亦可用纵横坐标线交叉的大“十”字代替，大“十”字线为细实线。

(2)坐标值、标高、方向等，应根据计算结果填写。计算坐标过程中，角度精确到秒，角度函数值一般精确到小数点后 6~8 位。计算结果的坐标值以米为单位，精确到小数点后 3 位。

(3)除井(硐)口及简单图纸外，坐标值一般不直接标注在图线上，应填入图旁的坐标表中，如坐标点多，占用图幅面积大时，可另用图纸附坐标表。

(4)提升竖井应给定两个坐标点：一是以井筒中心为坐标点，标高为锁口盘顶面标高；二是以提升中心为坐标点，标高为井口轨面标高，见图 8-33。风井、溜井、人行天井、充填井等以井筒中心为坐标点，标高为井口底板标高。

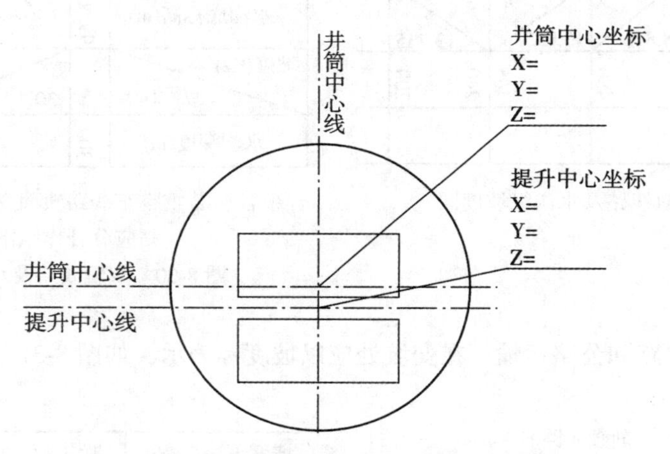

图 8-33 提升竖井坐标点标注方法

(5)提升斜井井口应给出两个坐标点：提升中心坐标点和井筒中心坐标点。提升中心为井筒提升中心线轨面竖曲线两条切线的交点，其标高为水平切线标高。井筒中心为斜井底板中心线与底板水平线的交点，标高为井口底板标高，如图 8-34 所示。

(6)不铺轨斜井，如风井、人行井等，以斜井井筒底板中心线与井口地面水平线交点为井口坐标点。

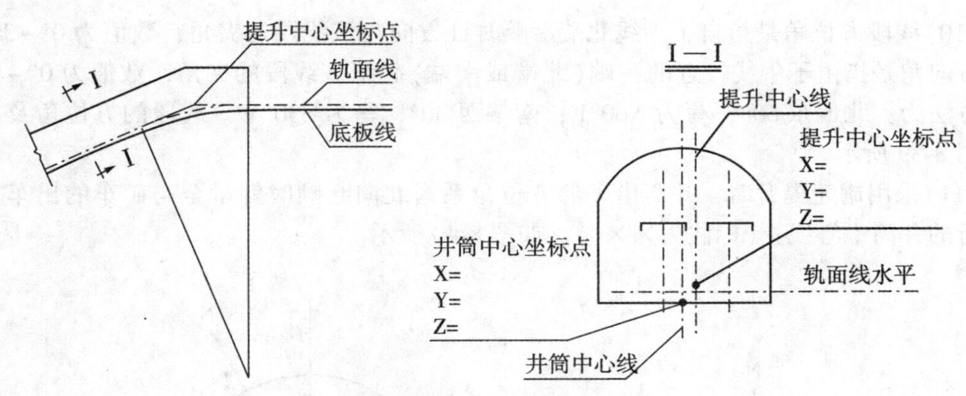

图 8-34　提升斜井坐标点标注方法

(7) 有轨运输平硐在硐口轨面中心线上设坐标点，标高为轨面标高，如图 8-35 所示。无轨平硐在硐口中心线上设坐标点，标高为底板或路面标高。

(8) 施工图中交岔点处坐标点，只标注岔心点及分岔后切线与直线的交点的坐标，如图 8-36 中的①、②点。

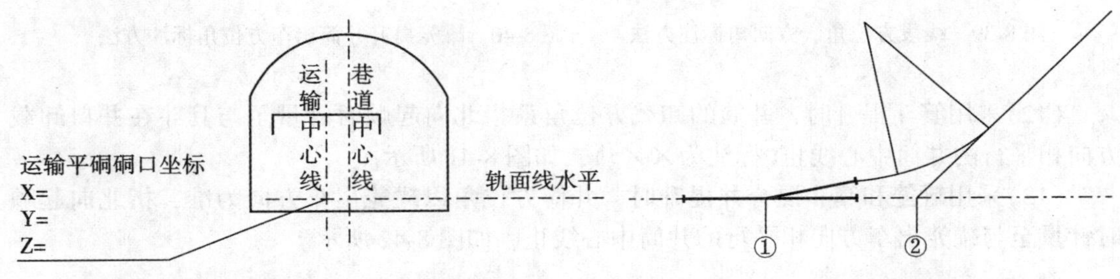

图 8-35　有轨运输平硐坐标点标注方法　　图 8-36　交岔点处坐标点标注方法

(9) 凡是与方向有关的采矿及井建工程图都必须标注指北针，如井筒断面图、马头门平面图、井底车场图、阶段平面图、坑内外复合平面图、露天开采设计平面图等。地下和露天开采平面图指北针标注在图纸中右上角，如图 8-37 所示。表示井筒、马头门及车场方位的指北针用箭头标注，见图 8-38。

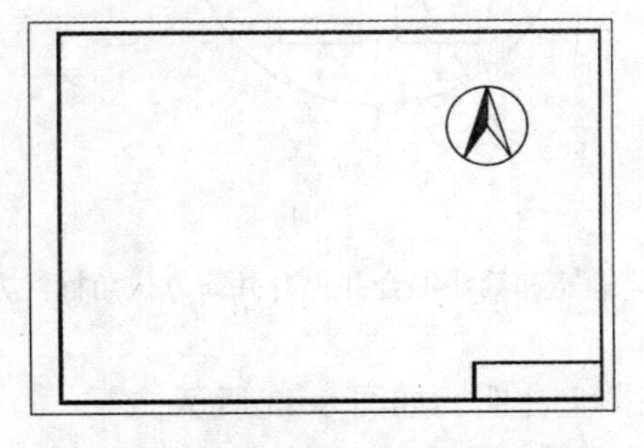
图 8-37　平面图指北针标注方法

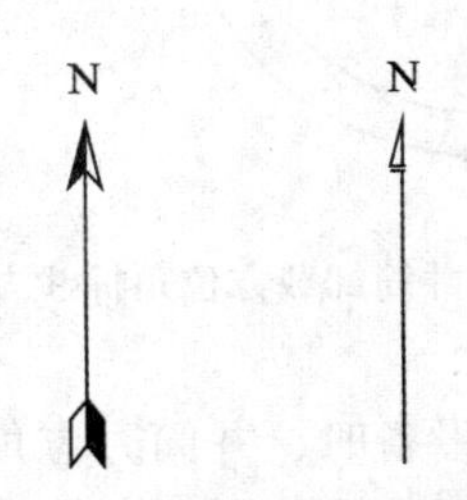

图 8-38　井筒、马头门及车场方位指北针标注方法

(10)线段方位角是指自子午线北端沿顺时针方向与该线段的夹角，数值为 0°～360°。线段方向角是指由子午线较近的一端(北端或南端)起至该线段的夹角，数值为 0°～90°，标注方法为：北偏东 60°，写为 N60°E；南偏西 30°，写为 S30°W。线段的方位角及方向角如图 8-39 所示。

(11)采用罐笼提升时，井筒出车的方位角系指北向起顺时针量至与矿车的出车方向相平行的井筒中心线止(标注为××°)，如图 8-40 所示。

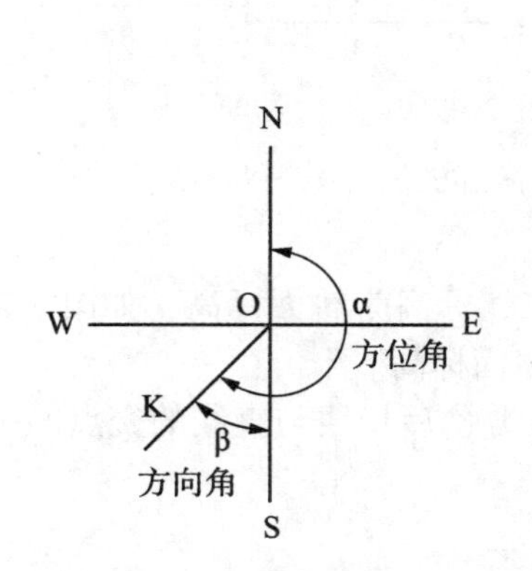

图 8-39　线段方位角、方向角标注方法

图 8-40　罐笼提升井筒出车方位角标注方法

(12)采用箕斗提升时，井筒的卸载方位角系指北向起顺时针量至与箕斗在井口卸载方向相平行的井筒中心线止(标注为××°)，如图 8-41 所示。

(13)采用罐笼和箕斗混合井提升时，井筒方位角以罐笼出车方向为准，指北向起顺时针量至与罐笼出车方向相平行的井筒中心线止，如图 8-42 所示。

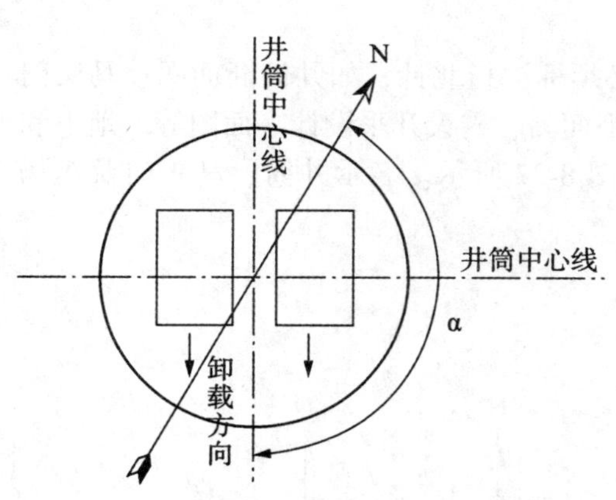

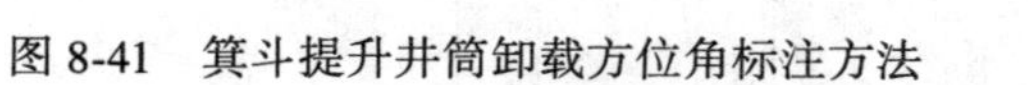

图 8-41　箕斗提升井筒卸载方位角标注方法

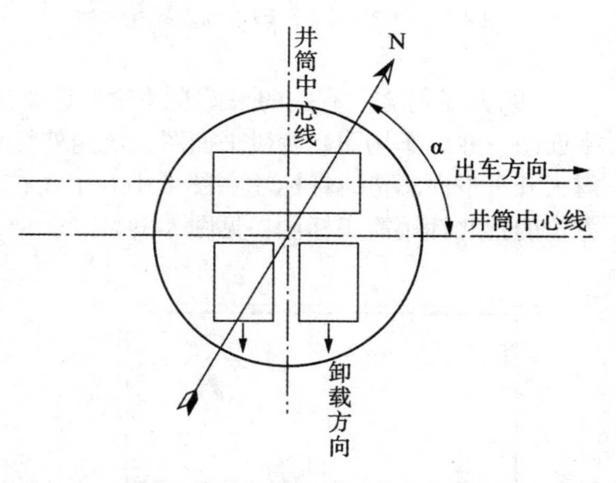

图 8-42　罐笼和箕斗混合井提升井筒方位角标注方法

(14)无提升设备时，井筒方位角的标定必须在图上注明，如图 8-43 所示。

(15)斜井及平硐方位角系指北向起沿顺时针量至延深方向中心线止，以 0°～360°表示。(方向角指北(或南)向起量至延深方向中心线止，以 N××°E、N××°W、S××°E、S××°W 表示)，如图 8-44 所示。

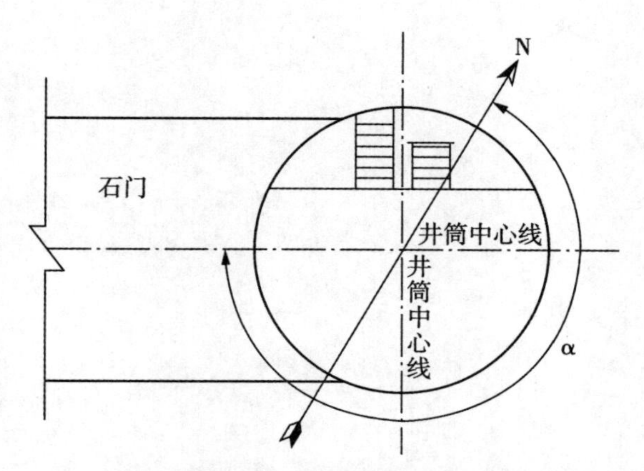

图 8-43　无提升设备井筒方位角标注方法

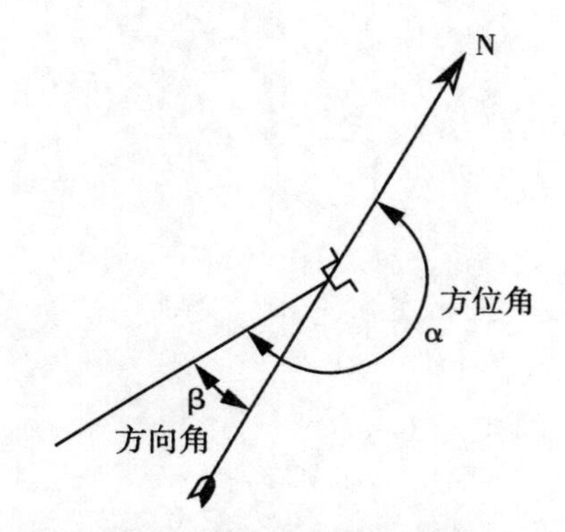

图 8-44　斜井及平硐方位角标注方法

实 践 篇

第9章　露天矿山图件绘制

通过对基础篇各章节内容的学习，已经掌握了采矿 CAD 绘图的基本功能，为了能更全面、熟练地把所学内容应用到实际中，本章结合露天开采课程设计内容，讲解设计图形的绘制过程，目的是更进一步掌握矿山工程图纸绘制的基本知识，重点培养采矿 CAD 的综合应用能力。

◎ **本章要点**

➤ 矿体水平分层平面图；

➤ 露天采场境界图；

➤ 露天开采终了境界图。

9.1　矿体水平分层平面图

通过本次综合训练，可使学生熟练掌握 CAD 基本命令的操作，熟悉金属矿体水平分层平面图的绘制方法，熟悉采用垂直平行断面法计算矿体储量的方法，为今后课程设计和毕业设计做好铺垫。

9.1.1　内容

(1)把平面图的光栅图像插入 CAD 文件中并进行处理。

将平面图的光栅图像插入 CAD 文件中，然后进行调平、按比例缩放、绘制坐标线、剖线、移动到真坐标等图形处理。

(2)把剖面图的光栅图像插入 CAD 文件中并进行处理。

将 1 线~11 线剖面图的光栅图像插入 CAD 文件中，然后进行调平、按比例缩放、用多段线描矿体轮廓线等图形处理。

(3)Fe1 矿体储量计算。

先用 CAD 命令计算 Fe1 矿体在各个剖面的轮廓面积，然后用垂直平行断面法在 Excel 表格中计算矿体的体积和储量。

(4)绘制 Fe1 矿体水平分层平面图。

分别绘制标高为 200m、150m、100m、50m 的水平分层平面图。

9.1.2　原理

垂直平行断面法计算矿体体积计算公式：

①柱体：$V = S_1 \times L$；

②梯形：$V=\frac{1}{2}(S_1+S_2)\times L$，$\frac{S_1-S_2}{S_1}<40\%$ 时；

③截锥：$V=\frac{1}{3}(S_1+S_2+\sqrt{S_1\times S_2})\times L$，$\frac{S_1-S_2}{S_1}\geqslant 40\%$ 时；

④楔形：$V=\frac{1}{2}S_1\times L$；

⑤锥形：$V=\frac{1}{3}S_1\times L$。

9.1.3　方法与步骤

9.1.3.1　平面图矢量化

把文件名为“平面图”的光栅图像插入 CAD 文件中，该 CAD 文件名为“平面图.dwg”，如图 9-1 所示，并对该 CAD 文件做如下处理：

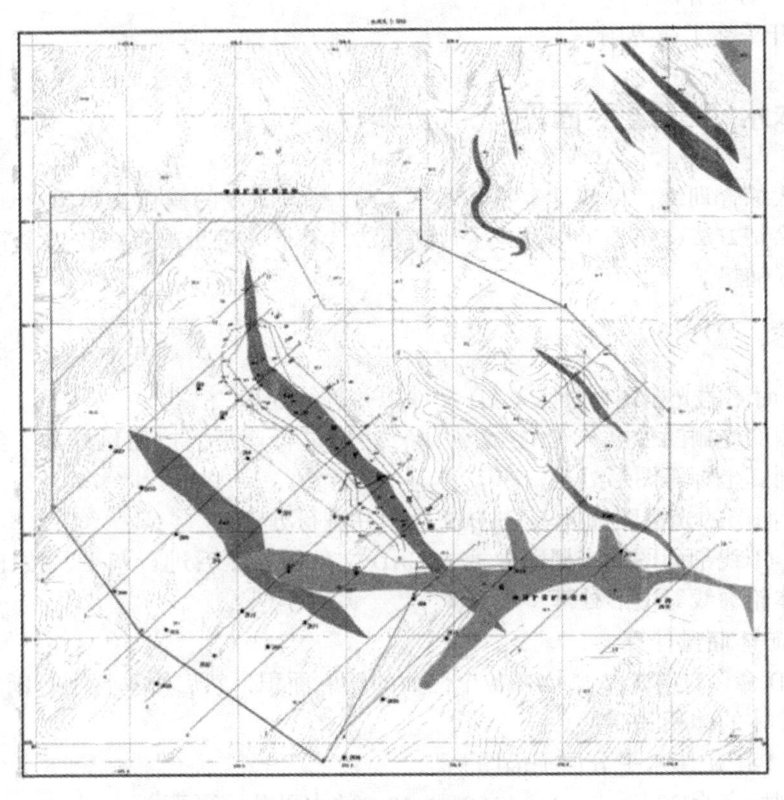

图 9-1　平面图

(1)以水平坐标线为基准对图像做调平处理；

(2)把图像坐标按 1∶2000 比例尺缩放；

(3)画出图像上的所有坐标线，并标注坐标(如图9-2所示)；

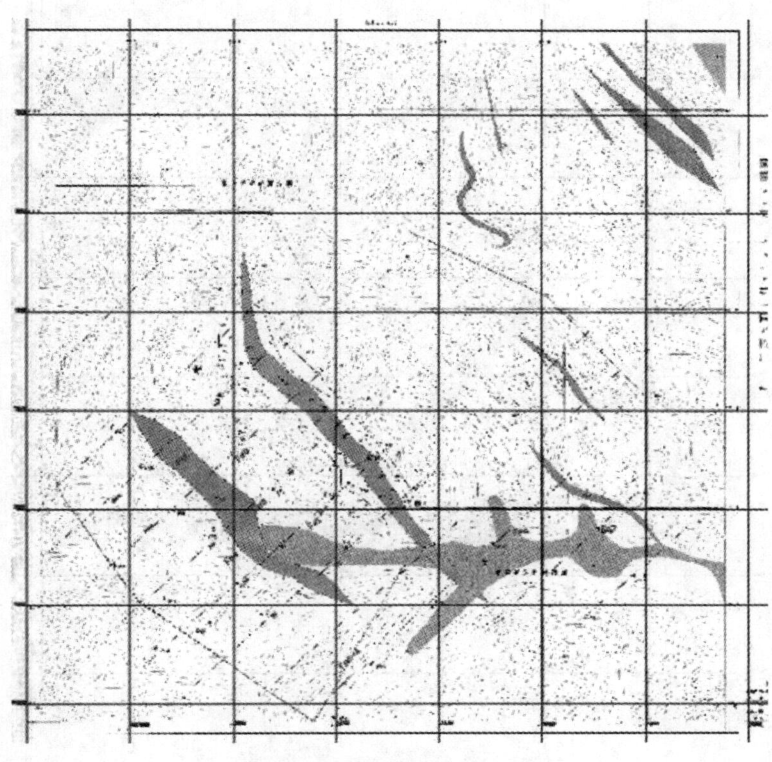

图9-2 绘制坐标线并标注坐标

(4)画出图像上的所有剖线和钻孔，并标注剖线和钻孔名称(如图9-3所示)；

(5)把图像移动到真坐标位置，最后保存该文件。

9.1.3.2 剖面图矢量化

把文件名为“1线”—“11线”的所有光栅图像插入CAD文件，该CAD文件名为“剖面图.dwg”，并对该CAD文件做如下处理：

(1)把所有的剖面图光栅图像做调平处理，并按1：1000比例尺缩放；

(2)把所有剖面图依次放在相同标高上，并对等高线进行标注，等高线间距为50m；

(3)用多段线把Fe1矿体轮廓线、坐标线和钻孔等描出来，并进行标注(如图9-4所示)。

9.1.3.3 Fe1矿体储量计算

根据绘制好的“剖面图.dwg”文件计算Fe1矿体储量，具体步骤为：

(1)建立“Fe1矿体储量估算.xls”Excel文件，行标题分别填写Fe1、剖面面积(m^2)、体积(m^3)、储量(万t)，列标题分别填写“矿体名称、计算指标、11线、1线、2线……8线、合计”，见表9-1。

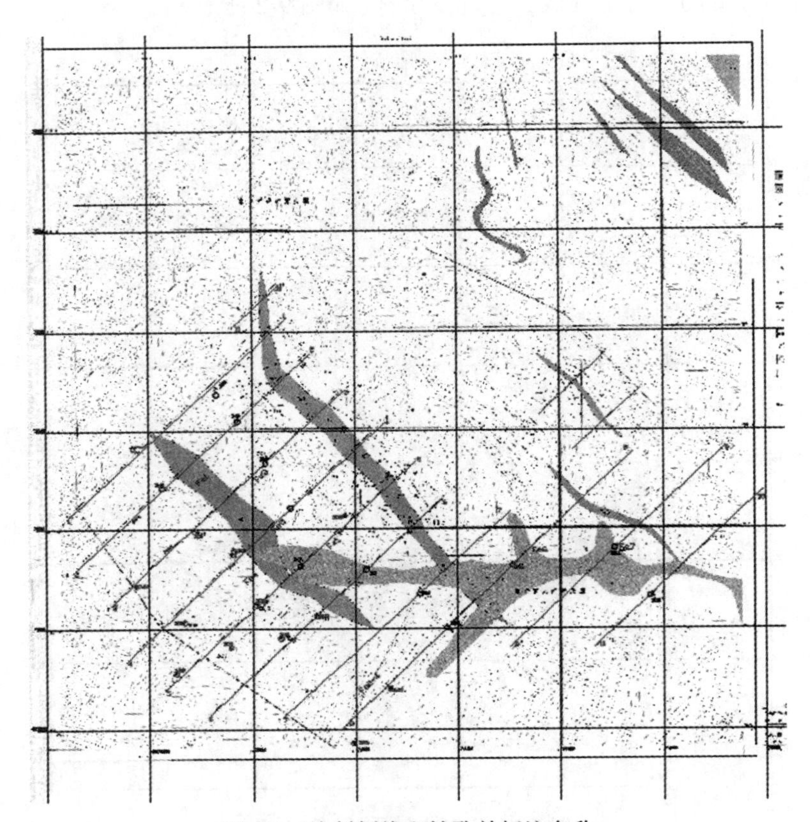

图 9-3 绘制剖线和钻孔并标注名称

表 9-1 **Fe1 矿体储量估算表**

矿体名称	计算指标	11 线	1 线	2 线	3 线	4 线	5 线	6 线	7 线	8 线	合计
Fe1	剖面面积/m^2										
	体积/m^3		V_{12}	V_{23}	V_{34}	V_{45}	V_{56}	V_{67}	V_{78}		$V_{总}$
	储量/万 t	Q									

(2)打开“剖面图 . dwg”文件，计算 Fe1 矿体在 1 线—11 线的面积，并填入“Fe1 矿体储量计算 . xls”Excel 文件相应表格中。

(3)在“Fe1 矿体储量计算 . xls”文件中用公式计算 Fe1 矿体在 1 线—11 线的体积(m^3)、储量(万 t)指标，最后用公式计算 Fe1 矿体合计储量。

9. 1. 3. 4 绘制 Fe1 矿体平面图

分别绘制标高为 200m、150m、100m、50m 的水平分层平面图，文件名分别为：200m. dwg、150m. dwg、100m. dwg、50m. dwg。具体步骤如下：

(1)新建文件名为“200m. dwg”的 CAD 文件。

(2)把“平面图 . dwg”中的坐标线和坐标标注、剖面线和标注粘贴到“200m. dwg”原坐

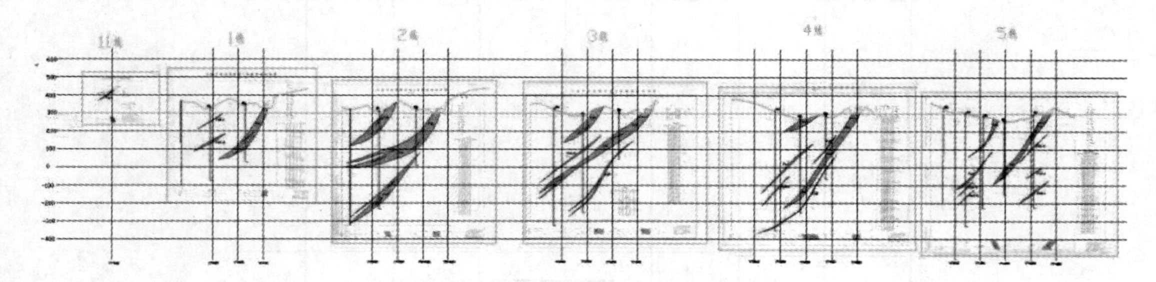

（a）11线—5线剖面图矢量化

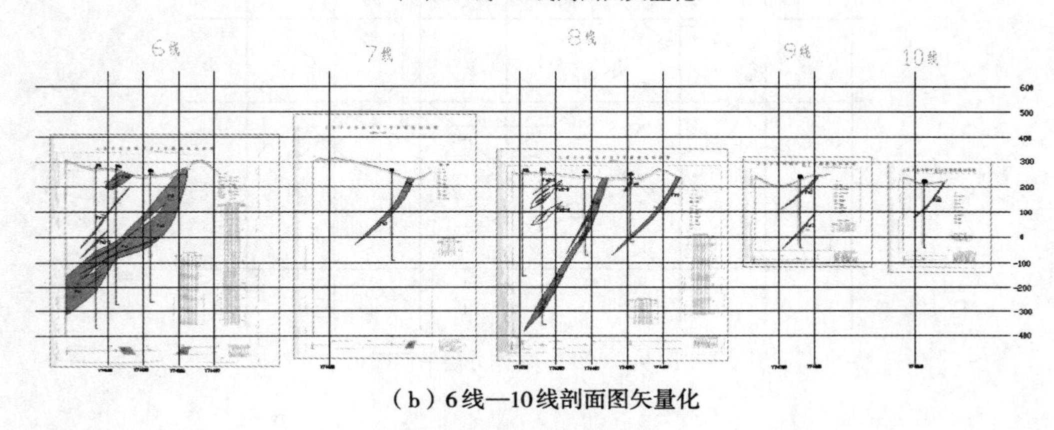

（b）6线—10线剖面图矢量化

图 9-4　剖面图矢量化

标位置。

(3)复制“剖面图 . dwg”中的矢量图形到“200m. dwg”文件适当位置。

(4)逐个选中剖面图中的剖面(包括 200m 等高线、地质钻孔或坐标线、Fe1 矿体等)，以 200m 等高线与地质钻孔(或坐标线)交点为基点，平移到平面图对应的地质钻孔(或坐标线与剖线交点)上，并采用“参照”方式把平移过来的图形按钻孔与 200m 等高线的交点为基点进行旋转，使 200m 等高线和剖线重合。然后，把矿体轮廓线与剖线的交点标记好。

(5)把所有标记好的 Fe 矿体轮廓线与剖线交点依次用多段线连接起来，注意将端部进行外推，采用 1/2 剖线间距尖推或 1/4 剖线间距平推。

(6)对绘制好的矿体分层平面图进行必要处理，并保存文件(如图 9-5 所示)。

(7)按以上方法依次绘制 150m. dwg、100m. dwg、50m. dwg 文件，分别见图 9-6、图 9-7和图 9-8。

9.1.3.5　文件保存

把以上操作形成的 5 个 CAD 文件和矿体储量计算 Excel 文件存放到以“学号+姓名”命名的文件夹中。

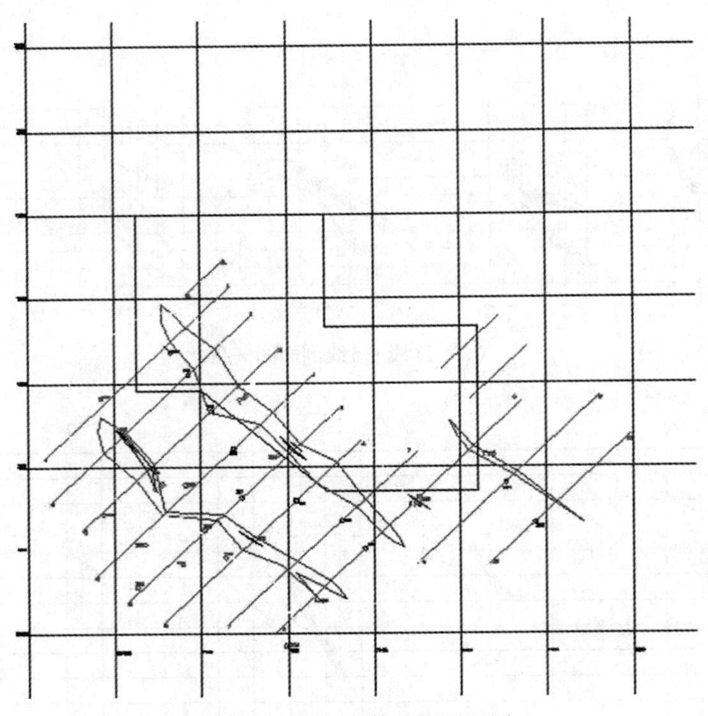

图 9-5 200m 矿体分层平面图

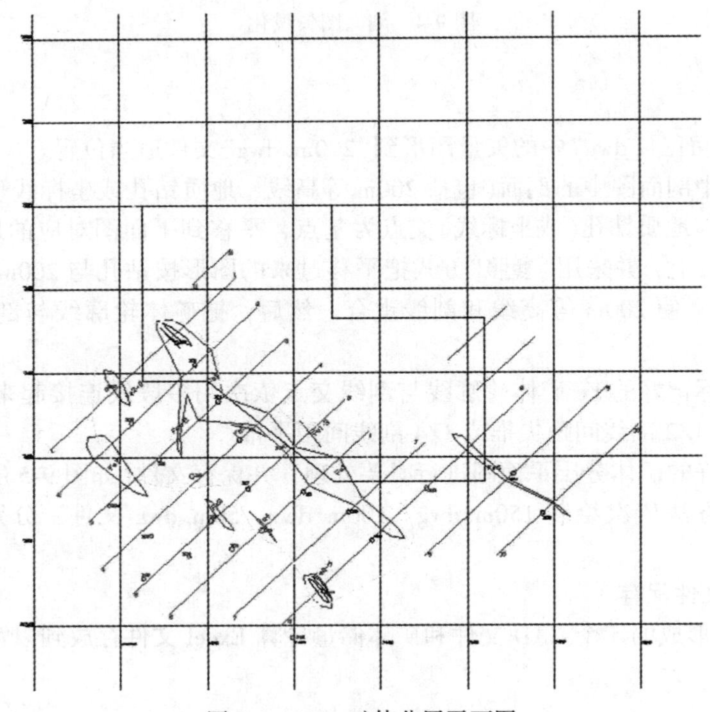

图 9-6 150m 矿体分层平面图

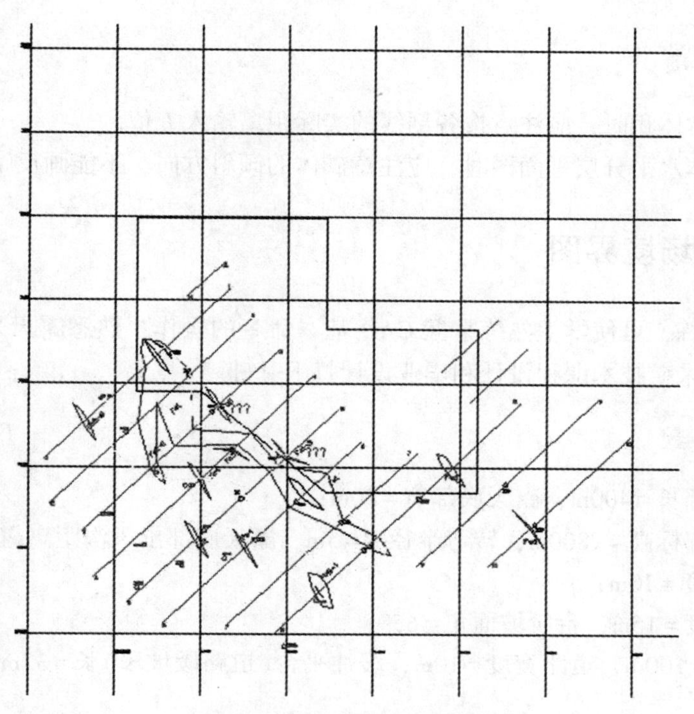

图 9-7　100m 矿体分层平面图

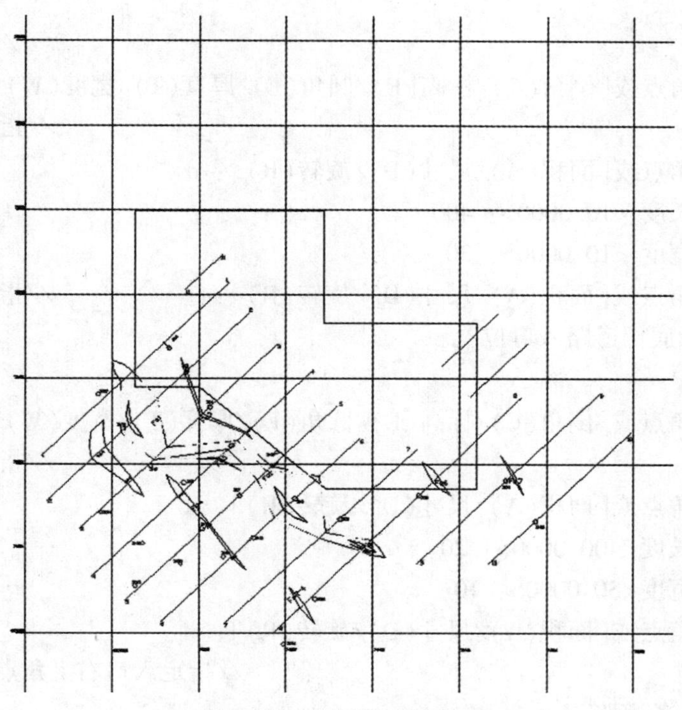

图 9-8　50m 矿体分层平面图

9.1.4 注意事项

(1)计算矿体体积时，应注意按各剖线的实际距离输入 L 值。

(2)绘制矿体水平分层平面图时，应注意矿体的倾斜方向，不能画反了。

9.2 露天采场境界图

通过本次训练，可使学生熟练掌握 CAD 基本命令的操作，熟悉露天采场境界图绘制的方法，为露天采矿技术课程设计和毕业设计打下基础。

9.2.1 设计参数

(1)露天底部长=400m，露天底部宽=30m；

(2)露天底部标高=1800m，转弯半径 R=5m，露天底部出入沟距离露天底左侧边缘=20m，出入沟宽度=10m；

(3)台阶高度=15m，台阶坡面角=65°；

(4)道路长=100m，道路宽度=10m，缓冲平台(道路缓坡段)长=32m。

9.2.2 绘制步骤

(1)绘制露天底

命令：rec　　//调用“矩形”命令

指定第一个角点或[倒角(C)/标高(E)/圆角(F)/厚度(T)/宽度(W)]：

//指定矩形左上角点

指定另一个角点或[面积(A)/尺寸(D)/旋转(R)]：d

指定矩形的长度 <10.0000>：400

指定矩形的宽度 <10.0000>：30

指定另一个角点或[面积(A)/尺寸(D)/旋转(R)]：　　//指定矩形右下角点

(2)定位露天底部道路入口位置

命令：rec　　//调用“矩形”命令

指定第一个角点或[倒角(C)/标高(E)/圆角(F)/厚度(T)/宽度(W)]：

//指定入口左下角点

指定另一个角点或[面积(A)/尺寸(D)/旋转(R)]：d

指定矩形的长度<400.0000>：20

指定矩形的宽度<30.0000>：10

指定另一个角点或[面积(A)/尺寸(D)/旋转(R)]：

//指定入口右上角点，如图 9-9 所示

(3)绘制第一条道路

命令：rec　　//调用“矩形”命令

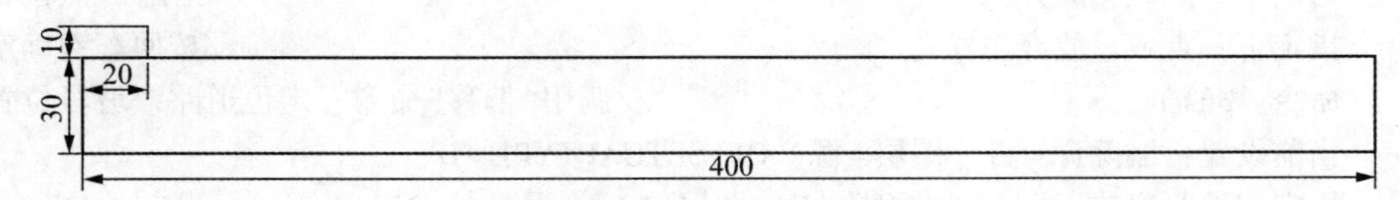

图9-9　定位露天底部道路入口位置

指定第一个角点或[倒角(C)/标高(E)/圆角(F)/厚度(T)/宽度(W)]：

//指定道路左下角点

指定另一个角点或[面积(A)/尺寸(D)/旋转(R)]：d

指定矩形的长度<400.0000>：100

指定矩形的宽度<30.0000>：10

指定另一个角点或[面积(A)/尺寸(D)/旋转(R)]：

//指定道路右上角点，如图9-10所示

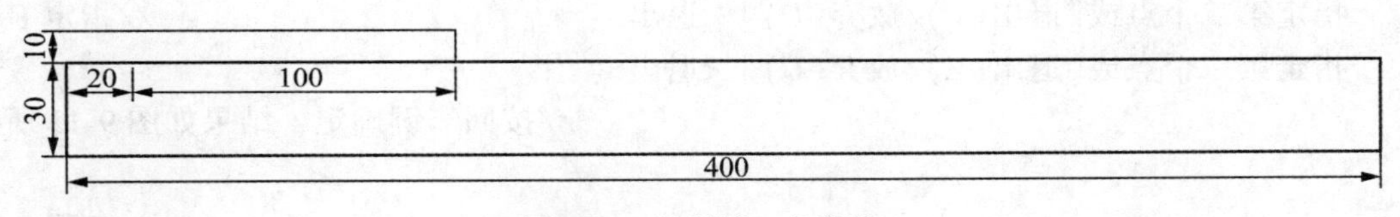

图9-10　绘制第一条道路

(4)台阶坡面水平投影

选择第一条道路，点选右侧A点位置。

指定拉伸点或[基点(B)/复制(C)/放弃(U)/退出(X)]：<正交 开>6.99

//按F8键开启“正交”，A点向上拉伸6.99mm的距离

选择第一条道路，点选右侧B点位置。

指定拉伸点或[基点(B)/复制(C)/放弃(U)/退出(X)]：6.99

//B点向上拉伸6.99mm的距离，结果如图9-11所示

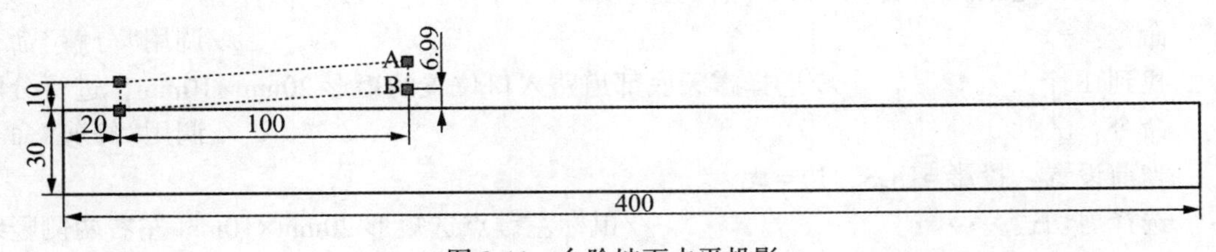

图9-11　台阶坡面水平投影

(5)道路缓坡段

命令：l　　//调用“直线”命令，绘制直线AB

指定第一点：　<对象捕捉 开>　　//指定A点位置

指定下一点或［放弃(U)］: //指定 B 点位置

指定下一点或［放弃(U)］: ↓ //按回车键确定

命令: offset //调用“偏移”命令，定位道路缓坡段位置

当前设置：删除源=否 图层=源 OFFSETGAPTYPE=0

指定偏移距离或[通过(T)/删除(E)/图层(L)] <通过>: 32

选择要偏移的对象，或[退出(E)/放弃(U)] <退出>: //选择 AB 直线

指定要偏移的那一侧上的点，或[退出(E)/多个(M)/放弃(U)] <退出>:

//点选直线 AB 右侧，得到直线 CD

选择要偏移的对象，或[退出(E)/放弃(U)] <退出>: ↓ //按回车键确定

命令: copy //调用“复制”命令

选择对象：找到 1 个 //选择第一条道路的矩形

选择对象：找到 1 个，总计 2 个 //选择直线 CD

指定基点或[位移(D)] <位移>: //指定 E 点

指定第二个点或<使用第一个点作为位移>: //指定 C 点

指定第二个点或[退出(E)/放弃(U)] <退出>: //指定 F 点

指定第二个点或[退出(E)/放弃(U)] <退出>: ↓

//按回车键确定，结果如图 9-12 所示

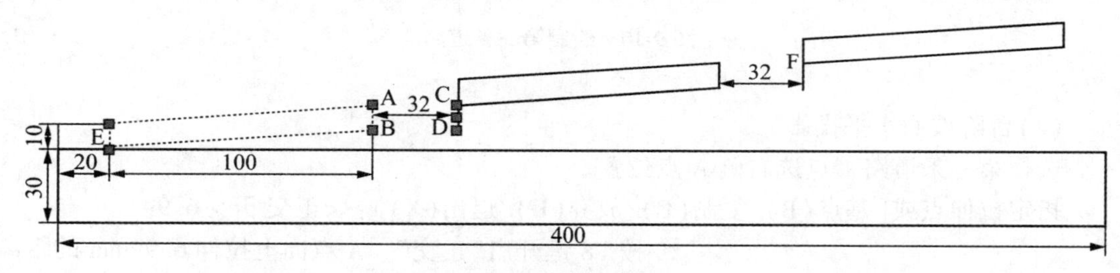

图 9-12 道路缓坡段

(6)修剪露天底左上角入口位置

按 Delete 键删除直线 CD 和 F 点位置直线。

命令: x //调用“分解”命令

找到 1 个 //选择露天底部道路入口位置的矩形 20mm×10mm，进行分解

命令: tr //调用“修剪”命令

当前设置：投影=UCS，边=无

选择剪切边…… //鼠标左键点选矩形 20mm×10mm 左右两侧竖线

选择对象或 <全部选择>: 找到 1 个

选择对象：找到 1 个，总计 2 个 //点击鼠标右键确定

选择对象：选择要修剪的对象，或按住 Shift 键选择要延伸的对象，或[栏选(F)/窗交(C)/投影(P)/边(E)/删除(R)/放弃(U)]:

//选择要删除的矩形 20mm×10mm 的下侧横线，结果如图 9-13 所示

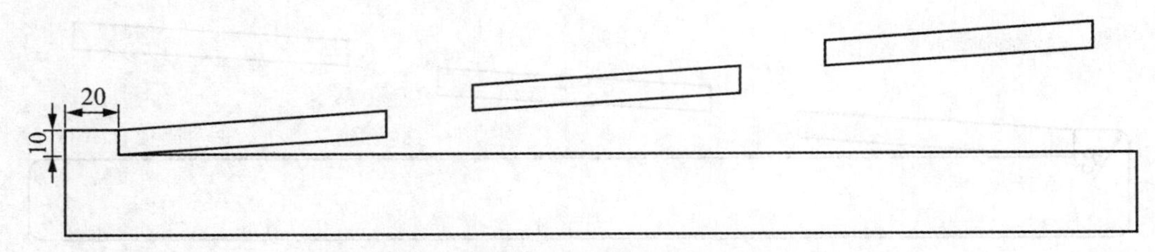

图 9-13　修剪露天底左上角入口位置

(7)合并露天底

命令：join　//调用"合并"命令

选择要合并到源的对象：　找到 1 个　//选择露天底矩形 400mm×30mm

选择要合并到源的对象：　找到 1 个，总计 2 个

//选择道路入口位置的矩形 20mm×10mm 左侧竖线

选择要合并到源的对象：　找到 1 个，总计 3 个

//选择道路入口位置的矩形 20mm×10mm 上侧横线

选择要合并到源的对象：↓　//按回车键确定，结果如图 9-14 所示

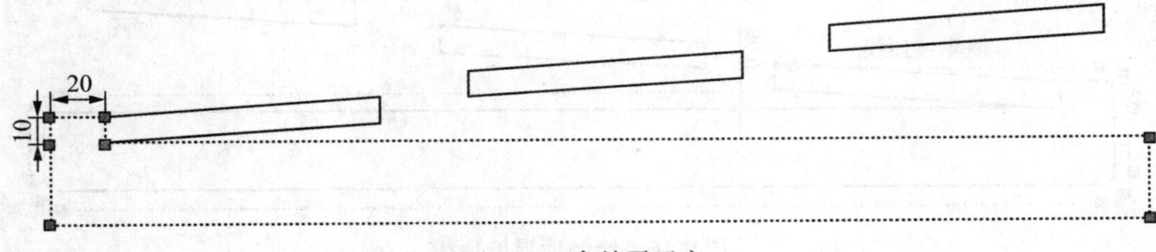

图 9-14　合并露天底

(8)露天底圆角处理

命令：fillet　//调用"圆角"命令

当前设置：模式＝修剪，半径＝0.0000

选择第一个对象或[放弃(U)/多段线(P)/半径(R)/修剪(T)/多个(M)]：r　//半径

指定圆角半径 <0.0000>：5

选择第一个对象或［放弃(U)/多段线(P)/半径(R)/修剪(T)/多个(M)]：

//选择露天底左上角点处竖线

选择第二个对象，或按住 Shift 键选择要应用角点的对象：

//选择露天底左上角点处横线

按回车键重复调用"圆角"命令，同理重复操作露天底左下、右下、右上角点处进行倒圆角，操作结果如图 9-15 所示。

(9)境界坡顶线

命令：offset　//调用"偏移"命令

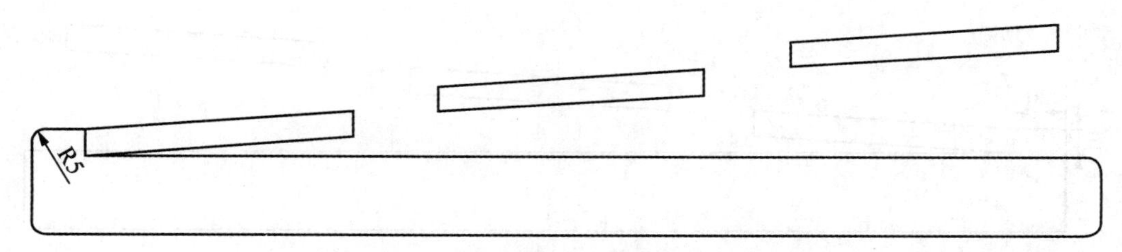

图 9-15 露天底倒圆角

指定偏移距离或[通过(T)/删除(E)/图层(L)] <32.0000>：6.99

选择要偏移的对象，或[退出(E)/放弃(U)] <退出>：//选择上一步合并好的露天底

指定要偏移的那一侧上的点，或[退出(E)/多个(M)/放弃(U)] <退出>：

//指定露天底外侧任一点

选择要偏移的对象，或[退出(E)/放弃(U)] <退出>：↓ //按回车键确定

选择偏移后得到的境界坡顶线，通过夹点编辑的方法调整第一条道路出口位置点，如图 9-16 所示。

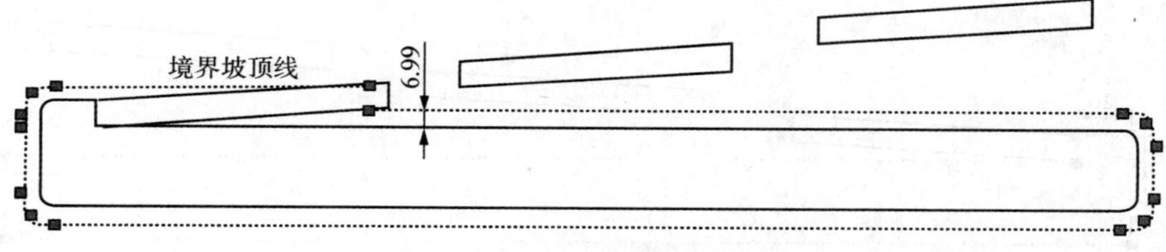

图 9-16 绘制境界坡顶线

(10)下一个台阶

命令：offset //调用"偏移"命令

指定偏移距离或 [通过(T)/删除(E)/图层(L)] <6.9900>：10

选择要偏移的对象，或[退出(E)/放弃(U)] <退出>：//选择上一步中的境界坡顶线

指定要偏移的那一侧上的点，或[退出(E)/多个(M)/放弃(U)] <退出>：

//指定境界坡顶线外侧任一点

选择要偏移的对象，或[退出(E)/放弃(U)] <退出>：↓ //按回车键确定

选择偏移后得到的台阶，通过夹点编辑的方法调整第二条道路入口位置点，如图 9-17 所示。

(11)依次绘制其他境界线

重复步骤(9)～(10)依次绘制其他境界线，结果如图 9-18 所示。

(12)加粗坡顶线

如图 9-19 所示，选择境界坡顶线，设置线宽为 0.3mm。

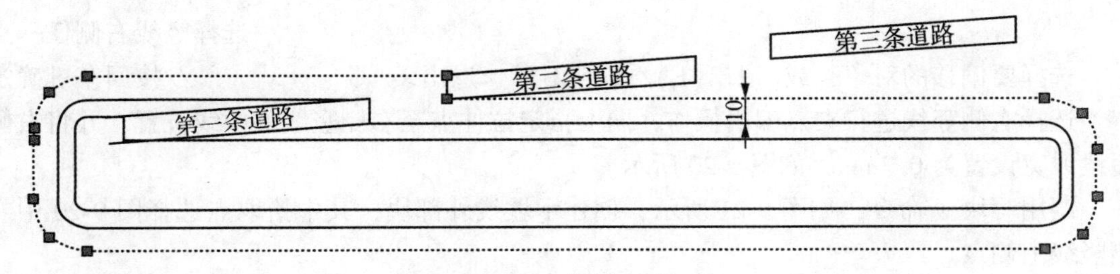

图 9-17　绘制台阶

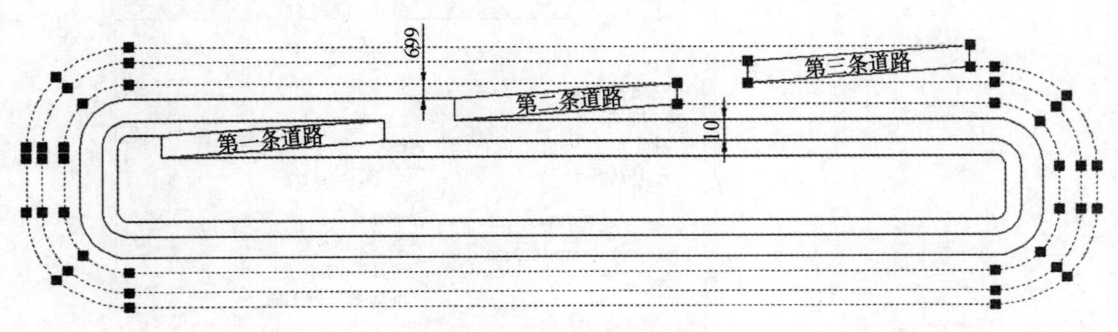

图 9-18　绘制其他境界线

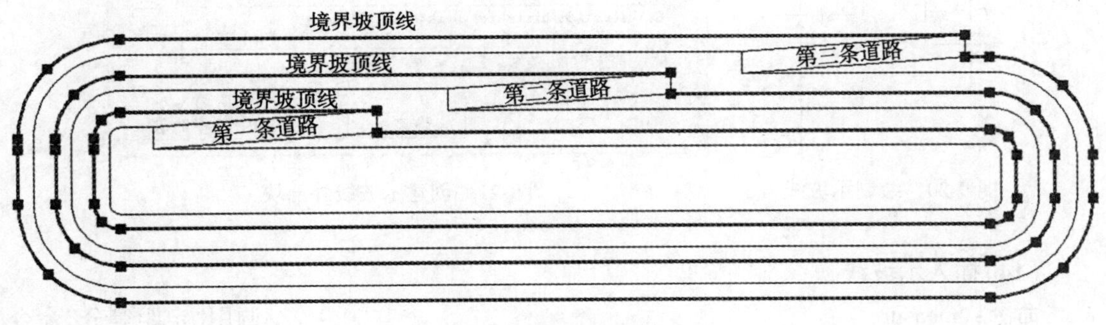

图 9-19　加粗坡顶线

(13)绘制示坡线

命令：l　　//调用"直线"命令

指定第一点：　　//指定绘制图区域任一点

指定下一点或［放弃(U)］：<正交 开> 5　　//绘制图 9-20 中左侧竖线

指定下一点或［放弃(U)］：↓　　//按回车键确定

命令：offset　　//调用"偏移"命令

指定偏移距离或［通过(T)/删除(E)/图层(L)］<6.9900>：5

选择要偏移的对象，或［退出(E)/放弃(U)］<退出>：　　//选择图 9-20 中左侧竖线

指定要偏移的那一侧上的点，或[退出(E)/多个(M)/放弃(U)] <退出>:

//选择竖线右侧任一点

选择要偏移的对象，或[退出(E)/放弃(U)] <退出>：↓ //按回车键确定

选择右侧竖线进行夹点编辑操作，向上指定拉伸点至右侧竖线的中线位置，并将右侧短线线宽设置为0.3mm，如图9-20所示。

调用写块w命令，如图9-21所示，创建示坡线外部块，其中拾取点选择图9-20中左侧竖线上侧点。

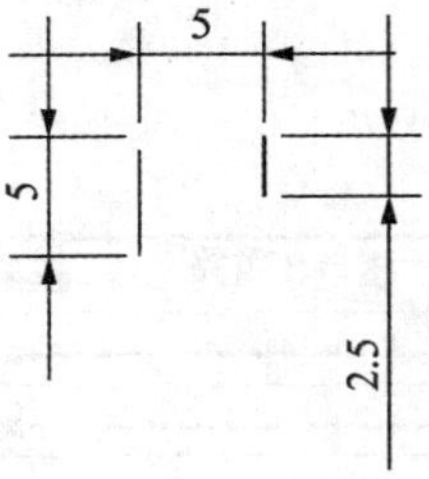

图9-20 绘制示坡线

图9-21 创建示坡线外部块

(14)插入示坡线

命令：measure //调用"定距等分"命令

选择要定距等分的对象： //选择第一条境界坡顶线

指定线段长度或[块(B)]：b

输入要插入的块名：示坡线

是否对齐块和对象？[是(Y)/否(N)] <Y>：↓

指定线段长度：10

重复以上操作2次，将其他境界坡顶线的示坡线进行插入操作，操作结果如图9-22所示。

(15)添加境界标高注释

使用"文字"命令，添加境界标高的文字注释，如图9-23所示。

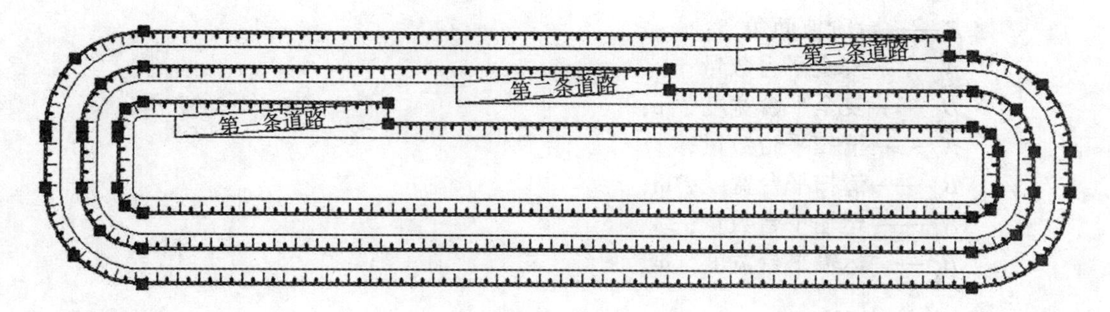

图 9-22　插入示坡线

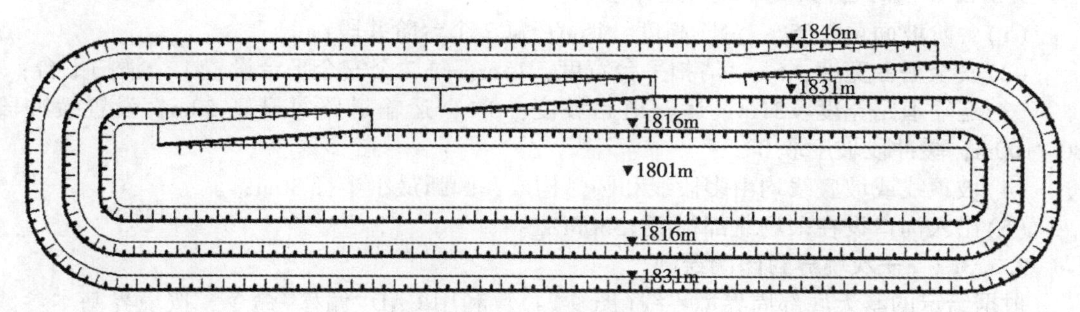

图 9-23　标注境界标高

9.3　露天开采终了境界修整

通过本次训练，可使学生熟练掌握 CAD 基本命令的操作，熟悉露天开采终了境界修整的方法，为露天采矿技术课程设计和毕业设计打下基础。

9.3.1　内容

(1)一次境界封闭圈绘制；
(2)布置开拓系统；
(3)修整二次境界；
(4)最终图形处理。

9.3.2　原理

露天开采终了境界整体边坡角计算公式如下：

$$\tan\alpha = \frac{H_z}{N_j \cdot h_j \cdot \cot\beta + N_a \cdot B_a + N_q \cdot B_q + N_y \cdot B_y}$$

式中：α ——终了境界整体边坡角，°；
H_z ——边坡垂直总高度，m；
N_j ——台阶数量；
h_j ——台阶高度，m；

β——台阶坡面角,°;
N_a——安全平台数量;
B_a——安全平台宽度，m;
N_q——清扫平台数量;
B_q——清扫平台宽度，m;
N_y——运输平台数量;
B_y——运输平台宽度，m。

9.3.3 方法与步骤

9.3.3.1 露天开采终了境界基本参数

(1)台阶坡面角：65°；台阶高度：15m；每2个台阶并段；

(2)安全平台宽度：5m；清扫平台宽度：15m；每2个安全平台设置1个清扫平台；

(3)运输道路宽度：31m；运输道路坡度：8%；运输道路每升高30m，设置缓冲段80~100m，缓冲段坡度取0°；

(4)坡顶线或坡底线均由多段线和圆弧构成，圆弧最小半径30m；

(5)出入沟口设在采场北部标高1530m处。

9.3.3.2 一次境界封闭圈绘制

根据给定的露天底部周界境界线(图9-24)，利用CAD“偏移”命令，按境界基本参数要求从露天底部开始进行偏移，偏移距离分别为14m、5m、14m、5m、14m、15m，依次循环偏移；标注等高线，要求最上部境界线与地形线高度吻合，如图9-25所示。

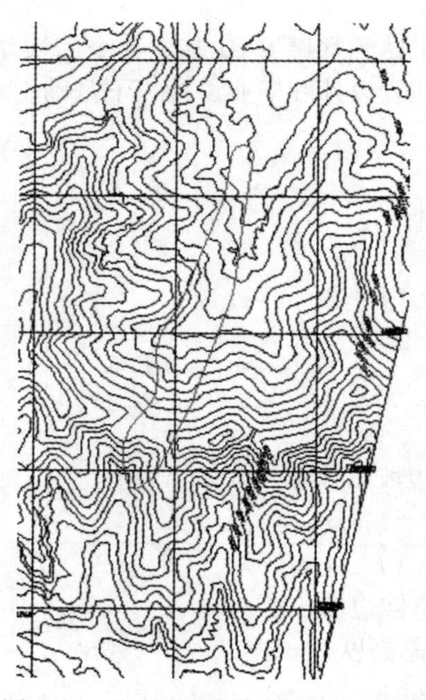

图9-24 给定露天底部周界境界线图

9.3.3.3　布置开拓系统

(1)选定出入沟口：在绘制好的一次境界封闭圈上，先选定出入沟口，设在采场北部标高 1530m 处。

(2)确定开拓运输路线：自出入沟口 1530m 至 1500m 绘制运输道路中线，长度 375m；然后设置缓坡段中线，长度 80~100m；再接着绘制 1500m 至 1470m 运输道路中线，长度 375m，此时，运输道路已进入露天底。

(3)绘制道路坡顶、坡底线：自露天底开始向上沿着已确定的开拓运输路线绘制道路坡顶、坡底线，并使道路坡顶、坡底线和原设计的一次境界线衔接，直到出入沟口为止，如图 9-26 所示。

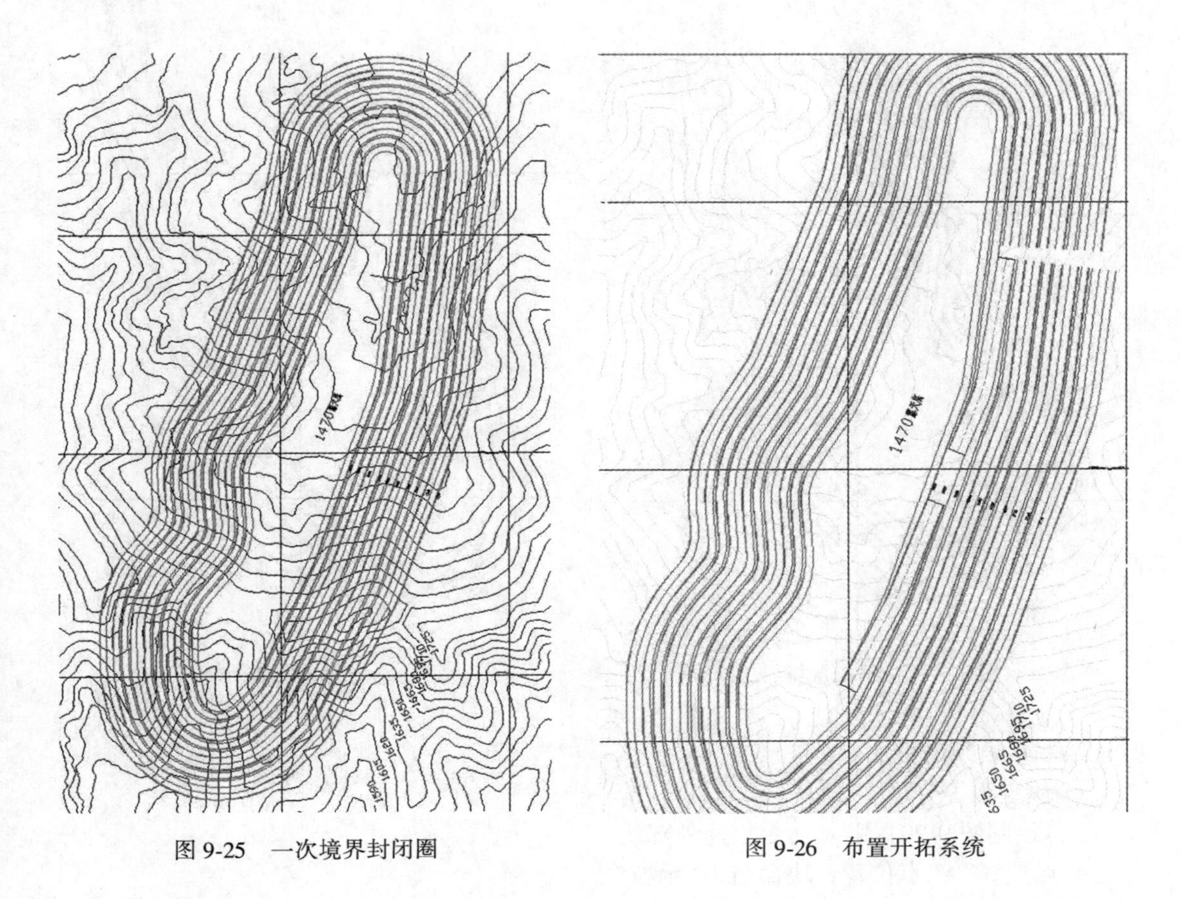

图 9-25　一次境界封闭圈　　　　图 9-26　布置开拓系统

9.3.3.4　修整二次境界

(1)在已布置好开拓系统的境界图上，利用偏移命令将境界线向外偏移，注意只偏移因为布置开拓运输系统而使境界外扩的部分，直到最上部境界线与地形线高度吻合。

(2)做二次终了境界线与地形线相接部位的尖灭处理，如图 9-27 所示。

9.3.3.5　最终图形处理

包括修剪境界内地形线、绘制示坡线、标注台阶高度等内容，如图 9-28 所示。

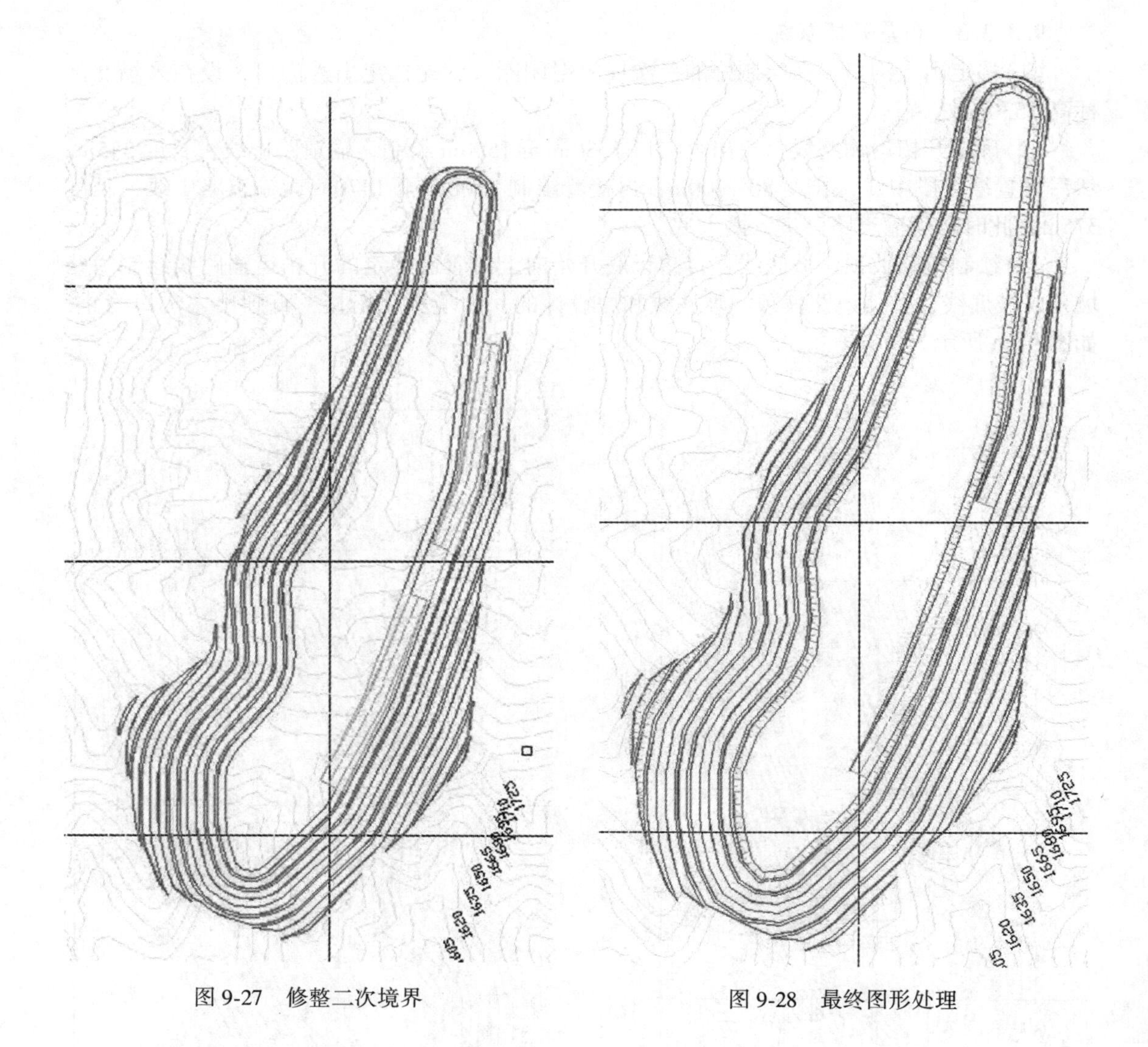

图 9-27 修整二次境界　　　　图 9-28 最终图形处理

绘制示坡线的方法：

1. 块定距等分法

(1)绘制图 9-29，用 w 命令创建外部块。

基点选择“A”点位置；块命名为“示坡”。

(2)使用块对坡顶线进行定距等分绘制示坡线步骤如下：

①在命令行中输入“measure”命令后按回车键；

②命令行提示“选择要定距等分的对象”：选择坡顶线；

③命令行提示“指定线段长度或[块(B)]”：输入“b”，按回车键；

④命令行提示“输入要插入的块名”：输入“示坡”，按回车键；

⑤命令行提示“是否要对齐块和对象？[是(Y)/否(N)]<Y>”：直接按回车键；

⑥命令行提示“指定线段长度”：输入“20”，按回车键(长度为示坡块中两线段平行间

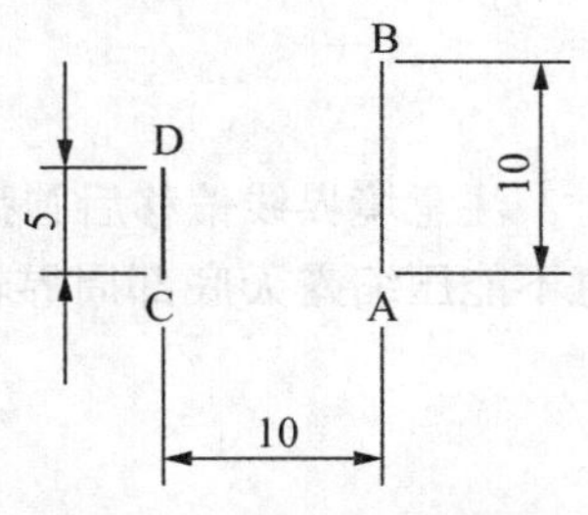

图 9-29　示坡线图块创建

距的 2 倍)。

2. 定义线型法

1)编写型定义源文件

使用“记事本” 编写如下型定义语句:

*130，5，SP

02C，002，024，001，0

*131，5，DX

01C，002，014，001，0

上面的语句是根据 AutoCAD 中对型定义的统一要求而编写的。语句中“SP”为型代码，表示示坡线中的长线段，“DX”亦为型代码，表示示坡线中的短线段。

将编写好的型源文件以“sh. shp”为名保存，保存路径为 AutoCAD 安装目录下的“uppor”文件夹。

2)型定义源文件编译

在 AutoCAD 命令行中输入“compile”命令，在弹出的型定义源文件选择对话框中选择已编写好的“sh. shp”文件，进行编译生成“sh. shx”型文件系统，自动将该文件保存在型定义源文件相同的目录中。

3)编写线型文件

利用“记事本”编写线型文件语句如下:

*示坡线，_/_/_/_

A，2，[SP，SP. SHX]，2，[DX，SP. SHX]

上述语句表示先画 2 个单位长的实线，再插入型 SP(长线段)，再画 2 个单位长的实线，再插入 DX 型(短线段)。编写好后以“示坡线 . lin”为名，保存路径为 AutoCAD 安装目录下的“support”文件夹。

4)调用线型

在 AutoCAD 命令行中输入“linetype”命令，弹出线型选择对话框，在对话框中点击“加载”按钮，加载“示坡线 . lin”文件，则该线型文件就被加载到当前图形文件中，即可利用该线型绘制台阶坡顶线。

有时绘制的台阶坡顶线与坡底线间距有变化，可以通过调整坡顶线线型比例来达到需要的示坡宽度(该例中线型比例调为 5，绘制的示坡宽度为 10mm)。

9.3.4 注意事项

(1)在一次境界封闭圈绘制时，注意境界线偏移后圆弧的半径不能小于 30m。

(2)在布置开拓系统时，注意不能压缩露天底部周界轮廓线，应该在布置开拓系统的区域把境界线向外扩。

第 10 章　地下矿山图件绘制

通过对基础篇各章节内容的学习，已经掌握了采矿 CAD 绘图的基本功能，为了能更全面、熟练地把所学内容应用到实际中，本章结合地下开采课程设计内容，讲解设计图形的绘制过程，目的是更进一步掌握矿山工程图纸绘制的基本知识，重点培养采矿 CAD 的综合应用能力。

◎ **本章要点**

➤ 巷道断面图；

➤ 采矿方法设计图；

➤ 岩石移动带圈定。

10.1　巷道断面图

以某矿井的双轨运输大巷(图 10-1)为例，断面形状为半圆拱形，锚喷支护。

10.1.1　图形组成分析

图形包括：边框、断面轮廓、电机车轮廓、轨道、锚杆、图形标注、表格及文字。

10.1.2　绘图顺序

新建巷道断面文件、设置绘图环境、建立所需图层、绘制图元、填充、创建标注样式并标注尺寸、创建表格并填写文字。

10.1.3　绘图步骤

1. 新建文件

新建一个文件，命名为“双轨运输大巷断面”并保存。

2. 设置绘图环境

1)设置图形界限

命令：limits↙　　　　//执行图形界限命令

重新设置模型空间界限：

指定左下角点或［开(ON)/关(OFF)］<0.0000，0.0000>：　　　　//↙取默认值

指定右上角点 <420.0000，297.0000>：210，297　　　　//输入右上角值并↙

2)设置单位

执行“格式”→“单位”菜单项。长度的类型选择小数型，精度为保留小数点后 3 位；

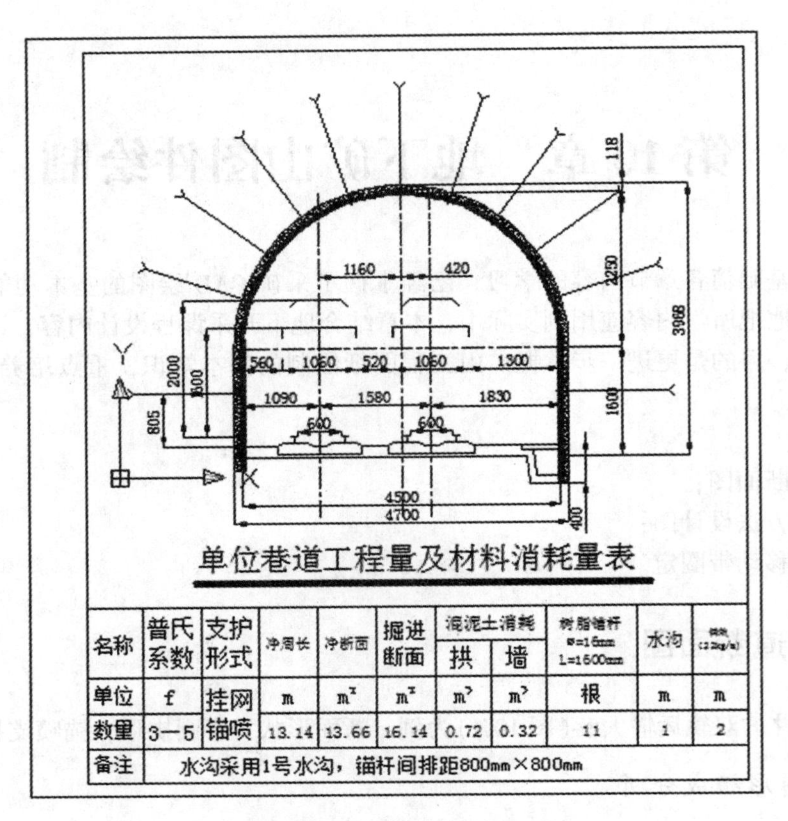

单位巷道工程量及材料消耗量表

名称	普氏系数	支护形式	净周长	净断面	掘进断面	混泥土消耗		树脂锚杆 Φ=16mm L=1600mm	水沟	[illegible]
						拱	墙			
单位	f	挂网锚喷	m	m²	m²	m³	m³	根	m	m
数量	3—5		13.14	13.66	16.14	0.72	0.32	11	1	2
备注	水沟采用1号水沟，锚杆间排距800mm×800mm									

图 10-1　某矿井的双轨运输大巷

角度的类型选择十进制类型，精度为保留小数点后 1 位。方向取默认值。初次绘图时需要设置单位，此后例题设置同此，不再重复叙述。

3. 建立图层

执行“图层”命令，打开图层特性管理器，新建如表 10-1 所示的图层及特性。

表 10-1　　　　　　　　　　　　图层及特性

序号	图层名称	颜色	线型	线宽	用途说明
1	轮廓	黄色	Continuous	0.4	绘制巷道内边
2	设备	绿色	Continuous	0.25	绘制巷道外边、设备等
3	中心线	红色	Center	0.2	绘制巷道、轨道中心线
4	标注	品红	Continuous	0.2	尺寸标注
5	表格	黑色	Continuous	0.25	绘制表格及文字
6	填充	青色	Continuous	0.2	填充图案

续表

序号	图层名称	颜色	线型	线宽	用途说明
7	锚杆	绿色	Continuous	0.25	绘制锚杆
8	图框	黑色	Continuous	0.25	绘制内外边框及标题栏

4. 绘制图元

1)绘制边框

设置图层“图框”为当前层。

命令：rectang↓　　//执行矩形命令

指定第一个角点或[倒角(C)/标高(E)/圆角(F)/厚度(T)/宽度(W)]：

　　//指定任一点

指定另一个角点或[面积(A)/尺寸(D)/旋转(R)]；@210，297

　　//使用相对坐标，指定另一个角点

绘制结果见图 10-2(a)。

命令：explode↓　　//分解矩形

选择对象：找到 1 个　　//选择矩形

命令：offset↓　　//执行偏移命令

指定偏移距离或[通过(T)/删除(E)/图层(L)]<16.0000>：5↓

选择要偏移的对象或[退出(E)/放弃(U)]<退出>:

指定要偏移的那一侧上的点或[退出(E)/多个(M)/放弃(U)]<退出>:

　　//指向内侧将上、下、右三边分别偏移 5 个单位距离

命令：offset↓

指定偏移距离或[通过(T)/删除(E)/图层(L)]<5.0000>：25↓

选择要偏移的对象或[退出(E)/放弃(U)]<退出>:

指定要偏移的那一侧上的点或[退出(E)/多个(M)/放弃(U)]<退出>:

　　//选择左边结果见图 10-2(b)

命令：trim↓　　//执行修剪命令

选择剪切边……

选择对象或<全部选择>:　　//选择偏移后的四边

选择要修剪的对象　　//将内边框超出部分修剪掉

结果见图 10-2(c)。

2)绘制断面轮廓

设置图层“中心线”为当前层。

命令：line↓　　//执行直线命令

指定第一点：　　//在图框内指定一点

指定下一点或[放弃(U)]：@100，0　　//水平线

重复 line 命令指定第一点：　　//在水平线中点上方指定

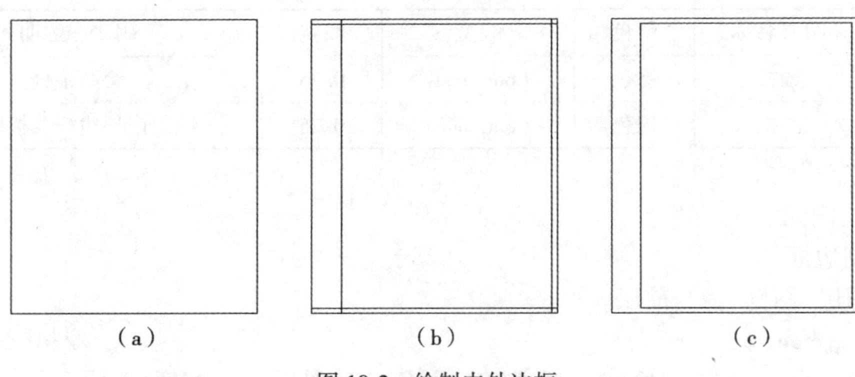

图 10-2 绘制内外边框

指定下一点，或[放弃(U)]：@0，100，或打开正交，在鼠标指向下输入距离 100 //垂直线

设置图层“轮廓”为当前层。

命令：circle↓ //执行画圆命令

指定圆的圆心或[三点(3P)/两点(2P)/相切、相切、半径(T)]：//选择中心线交点

指定圆的半径或[直径(D)]：45(按比例换算后) //输入半径

命令：trim↓

当前设置：投影=UCS，边=无选择剪切边……

选择对象或<全部选择>： //选择水平中心线

选择要修剪的对象，或按住 Shift 键选择要延伸的对象，或[栏选(F)/窗交(C)/投影(P)/边(E)/删除(R)/放弃(U)]： //选择圆的下半部分

命令：line↓ //执行直线命令

指定第一点： //捕捉半圆左端点

指定下一点或[放弃(U)]：36↓ //画巷道左壁，打开正交，鼠标指向绘制方向

重复 line 命令

指定第一点： //捕捉半圆左端点

指定下一点或[放弃(U)]：40↓ //画巷道右壁，打开正交，鼠标指向绘制方向

结果见图 10-3(a)。

命令：offset↓ //偏移生成巷道毛边

指定偏移距离，或[通过(T)/删除(E)/图层(L)]<16.0000>：2↓

选择要偏移的对象，或[退出(E)/放弃(U]<退出>： //选择半圆拱和巷道壁

指定要偏移的那一侧上的点，或[退出(E)/多个(M)/放弃(U)]<退出>： //指向外侧

执行 line 命令画左右墙角，并将巷道毛边和墙角设置于细线型图层内。结果见图 10-3(b)。

3)绘制设备

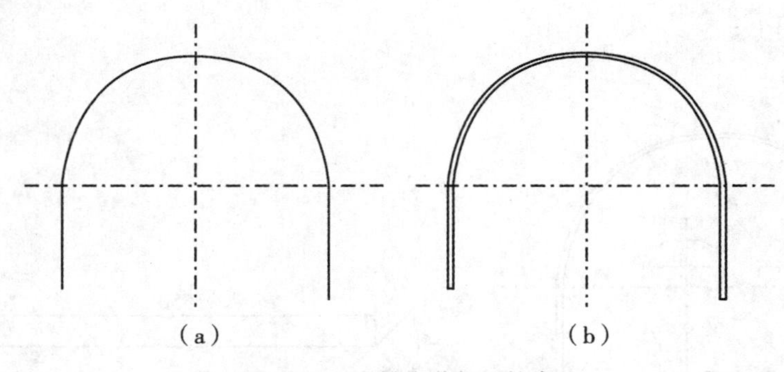

图10-3　绘制巷道断面轮廓

设置图层“设备”为当前层，按照图10-4所示尺寸按比例绘制各设备。完成后，根据要求，将各设备摆放在合理位置：电机车外边缘距巷道左壁560mm，距巷道右壁1300mm，两电机车内边缘之间距离为520mm，电机车高度为1600mm，架线弓与轨面距离为2000mm，架线弓、电机车轮廓、轨枕的中心在一条线上，结果见图10-5。

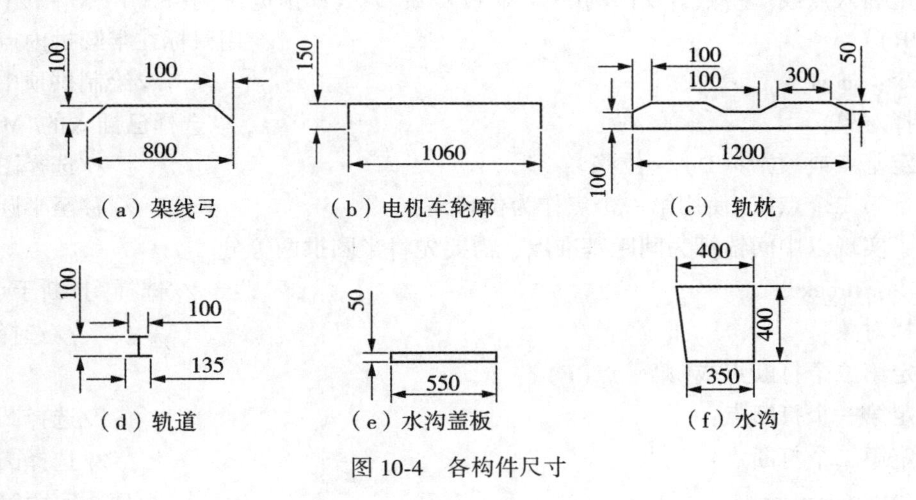

图10-4　各构件尺寸

4)填充

设置图层“填充”为当前层，执行“图案填充”命令，在对话框中选择AR-CONC图案，用点选方式填充巷道内外壁之间及轨枕与底板之间，如果填充时命令行提示“无法对边界进行图案填充”，则需要调整填充比例重新填充。

5)绘制锚杆

设置图层“锚杆”为当前层，首先按照图10-6绘制单个锚杆，再将其定义成图块，名称为“MG”，选择托盘与杆体的交点为图块基点。

半圆拱的锚杆支护要求是：拱顶中间打一根锚杆，间排距为800mm×800mm，因为用阵列命令不易控制锚杆间距，所以需要用“绘图”→“点”→“定距等分”命令实现锚杆间距，具体操作如下：

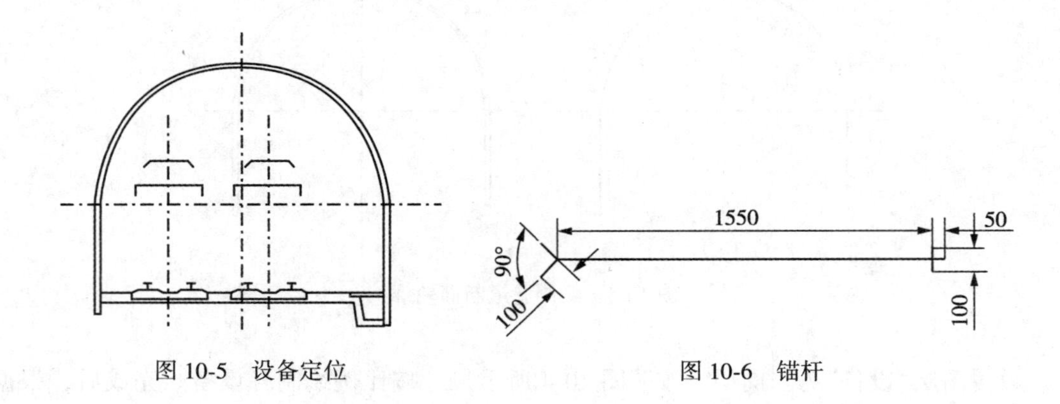

图 10-5 设备定位　　　　图 10-6 锚杆

命令：insert↓　　　　//插入“MG”图块

在“插入”对话框中选择“MG”图块，插入比例为 1∶1。

指定插入点或[基点(B)/比例(S)/X/Y/Z/旋转(R)/预览比例(PS)/PX/PY/PZ/预览旋转(PR)]：　　　　//用鼠标在半圆拱内点击一点

命令：move↓　　　　//绘制拱顶中间锚杆

选择对象：　　　　//选择已插入的“MG”图块

指定基点或[位移(D)]<位移>：　　　　//选择图块基点

指定第二个点或<使用第一个点作为位移>：　　　　//移至半圆拱中点

为了实现以中间锚杆为间距基准点，需要先将半圆拱两等分。

命令：break↓　　　　//选择“打断于点”命令

选择对象：　　　　//选择半圆拱

指定第二个打断点或[第一点(F)]：f↓

指定第一个打断点：　　　　//选择圆弧中点

指定第二个打断点：　　　　//选择圆弧中点

命令：measurer↓　　　　//使用定距等分命令

选择要定距等分的对象：

指定线段长度或[块(B)]：b↓　　　　//利用图块将所选对象等分

输入要插入的块名：MG

是否对齐块和对象？[是(Y)/否(N)]<Y>：　　　　//等分时需要与对象对齐

指定线段长度：16↓　　　　//图形比例为 1∶50，计算出等分线段长度

结果见图 10-7(a)。

命令：mirror↓　　　　//镜像绘制右边锚杆

选择对象：

指定镜像线的第一点：指定镜像线的第二点：　　　　//选择中心线

要删除源对象吗？[是(Y)/否(N)]< N>：　　　　//源对象保留

结果见图 10-7(b)。

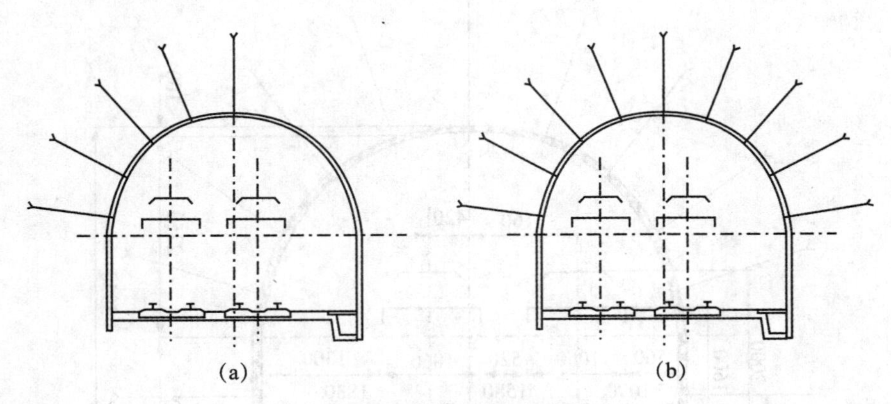

图 10-7　绘制锚杆

5. 标注尺寸

在标注尺寸前首先需要创建“标注样式”，执行“标注”→“标注样式”，新建“1∶50”样式，在“标注样式管理器”对话框中按照表 10-2 设置标注参数。

表 10-2　**标注样式参数表**

序号	选项卡名称	选项参数	内容	备　注
1	直线	超出尺寸线	1.5	
		起点偏移量	0.3	
2	符号和箭头	箭头样式	实心闭合	
		箭头大小	2.5	
3	文字	文字样式	Standard	颜色随层，Standard 文字样式为宋体
		文字高度	2.5	
		文字位置(垂直)	上方	
		文字位置(水平)	置中	
		从尺寸线偏移	0.5	
		文字对齐	与尺寸线对齐	
4	主单位	精度	0	
		比例因子	50	

设置图层“标注”为当前层，分别利用“线性标注”和“连续标注”命令标注各个尺寸。标注后的断面如图 10-8 所示。

6. 创建表格

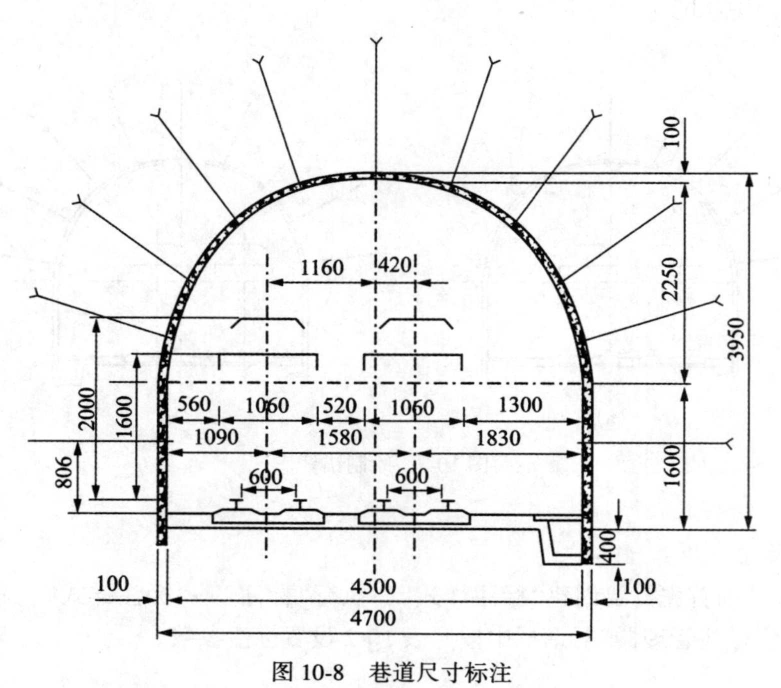

图 10-8　巷道尺寸标注

AutoCAD 虽然具有“插入表格”功能，但其使用不够灵活，利用 CAD 的命令组合：直线、偏移、延伸、修剪来绘制表格其实非常方便。在“表格”图层下，按照图 10-9 所示尺寸绘制表格。

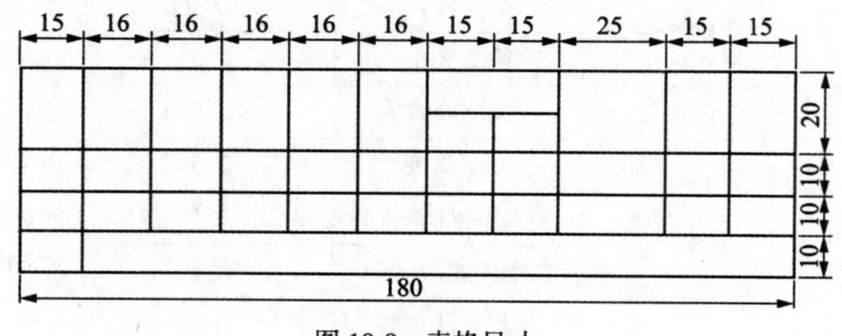

图 10-9　表格尺寸

7. 标注文字

新建文字样式，一般图中有几种字型，就建立几种文字样式。标注表格内文字和其他所需文字。

8. 保存图形

全部绘制完成后，检查并保存。

10.2　采矿方法设计图

10.2.1　采矿方法设计图概述

在采矿方法设计中，需要设计的地质图纸一般有平面图、横剖面图和纵投影图等，它们是进行采矿设计的基础资料。根据探矿和采矿工程(巷道和钻孔)对地质情况的揭露以及对矿体变化规律的了解，圈定出矿体的边界并绘制成地质图纸，在图中还要有上、下盘岩层和断层位置等。

采矿方法设计图的图纸比例应根据矿体大小、矿体变化情况和采矿方法的结构参数来确定。一般用1∶200的比例尺；在矿体比较大、产状要素比较稳定的条件下，也可用1∶500的比例尺。

10.2.1.1　构成

(1)平面图：需要绘制上、下中段平面图，若有中间水平探矿工程时，还应有中间水平的平面图。一般在上、下中段水平进行的探矿、采矿工程比较多，对矿体揭露得比较充分，所以，圈定出的矿体边界也就比较可靠。在绘制横剖面图和中间水平的预想平面图时，上、下中段平面图是主要的基础材料。

(2)横剖面图：至少有2~3张，它可说明矿体在垂直方向上的变化情况(如厚度、上下盘接触面及其倾角等)。在采矿方法设计中横剖面图一般是根据平面图绘制的，如果有天井和钻孔通过上、下盘边界时，其同样也是圈定矿体边界的根据。所以，横剖面图的准确程度主要取决于控制平面之间的距离。

(3)纵投影图：应有1~2张，它可表明矿体沿走向方向的变化情况。

(4)中间水平平面图：根据采矿方法设计的需要，有时要绘出中间水平(如耙矿水平)的平面图。一般根据横剖面图绘制。

10.2.1.2　采矿方法设计一般内容

在采矿方法设计中，把各种采准、切割工程添绘在地质图上便是采矿方法设计图。因此，在绘制地质图纸时，除了要考虑能充分表明矿体形状等之外，也要考虑采矿方法设计的需要。采矿方法设计是由图纸和文字说明两部分内容组成的设计文件，图纸占主要部分，对不能用图纸表示的内容再采用文字说明，文字说明包括：

(1)矿体的开采技术条件简述；

(2)选用的采矿方案的主要根据；

(3)采矿方法结构尺寸及主要生产过程；

(4)施工和生产过程中的注意事项和安全措施；

(5)主要技术经济指标；

(6)工程量表。

10.2.1.3　采矿方法设计图识图

采矿方法设计图的识图步骤：先读矿体，后读巷道。

(1)读矿体：首先应看一下表示矿体形状的图纸共有几幅，按平面图、剖面图和纵投影图分开，再按它们的上下左右关系和顺次，一幅一幅地阅读。

①一般至少要有上、下中段平面图各一幅，从这些图上可以看出矿体水平厚度、走向长度及上、下盘变化。

②横剖面图最少要有2~3幅，从中可以看出矿体倾角、厚度及上、下盘(在垂直走向方向上)的变化等。

③按坐标网线将上、下中段平面图重叠起来，了解矿体上、下中段的水平厚度变化情况和矿体倾向、偏斜等。同时，配合横剖面图，综合上述图纸，便可想象出矿体的立体形状。

(2)读巷道：实线指现在已经开掘的巷道；虚线指设计中新提出的巷道。若无中间水平探矿，一般只有在中段水平才有实线巷道。

从下向上分段阅读：

①运输水平的巷道布置→二次破碎水平的巷道(电耙巷道或二次破碎巷道)→继续向上为矿房(或矿块)的拉底巷道。

②在阅读设有分段水平的采矿方法设计图纸时，应依次向上读，最后读到上中段的运输水平巷道。先水平后垂直，分水平(即分段)读完之后，再读连接各水平巷道的垂直(或倾斜)巷道(如行人、通风天井和溜矿井等)。

10.2.2 浅孔留矿法平面图

以浅孔留矿法平面图为例，绘制该采矿方法设计平面图。

10.2.2.1 设计参数

倾角=60°，水平厚度=5m，采场走向长=48m，垂高=50m，间柱宽=6m，顶柱高=1m，底柱高=7m，漏斗间距=7m。

10.2.2.2 绘制步骤

1. 绘制天井

(1)绘制天井中心线：用“矩形”命令绘制断面尺寸82m×72m→“分解”矩形→“偏移”矩形左、右边线各17m，定位天井中心线，如图10-10所示。

命令：rec

指定第一个角点或［倒角(C)/标高(E)/圆角(F)/厚度(T)/宽度(W)］：

指定另一个角点或［面积(A)/尺寸(D)/旋转(R)］：d

指定矩形的长度 <10.0000>：82

指定矩形的宽度 <10.0000>：72

指定另一个角点或［面积(A)/尺寸(D)/旋转(R)］：

命令：x

找到 1 个

命令：offset

当前设置：删除源=否　图层=源　OFFSETGAPTYPE=0

指定偏移距离或［通过(T)/删除(E)/图层(L)］<通过>：17

选择要偏移的对象，或［退出(E)/放弃(U)］<退出>：

指定要偏移的那一侧上的点，或［退出(E)/多个(M)/放弃(U)］<退出>:
选择要偏移的对象，或［退出(E)/放弃(U)］<退出>:
指定要偏移的那一侧上的点，或［退出(E)/多个(M)/放弃(U)］<退出>:
选择要偏移的对象，或［退出(E)/放弃(U)］<退出>:
(2)绘制天井："偏移"天井中心线，向左、右各偏移 1m，如图 10-11 所示。

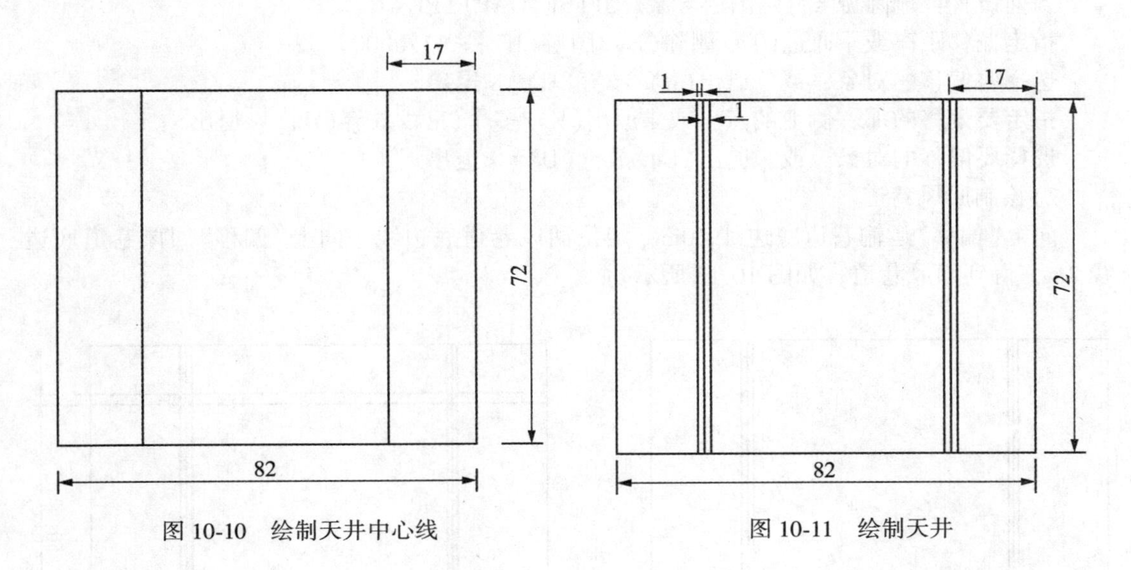

图 10-10　绘制天井中心线　　　　图 10-11　绘制天井

命令：offset
当前设置：删除源=否　图层=源　OFFSETGAPTYPE=0
指定偏移距离或［通过(T)/删除(E)/图层(L)］<17.0000>：1
选择要偏移的对象，或［退出(E)/放弃(U)］<退出>:
指定要偏移的那一侧上的点，或［退出(E)/多个(M)/放弃(U)］<退出>:
选择要偏移的对象，或［退出(E)/放弃(U)］<退出>:
指定要偏移的那一侧上的点，或［退出(E)/多个(M)/放弃(U)］<退出>:
选择要偏移的对象，或［退出(E)/放弃(U)］<退出>:
指定要偏移的那一侧上的点，或［退出(E)/多个(M)/放弃(U)］<退出>:
选择要偏移的对象，或［退出(E)/放弃(U)］<退出>:
指定要偏移的那一侧上的点，或［退出(E)/多个(M)/放弃(U)］<退出>:
选择要偏移的对象，或［退出(E)/放弃(U)］<退出>:

2. 绘制运输巷道和回风巷道

1)绘制运输巷道

向上"偏移"矩形下边线 11m，定位运输巷道底边线，向上"偏移"运输巷道底边线 2m，得到运输巷道，如图 10-12 所示。

命令：offset
当前设置：删除源=否　图层=源　OFFSETGAPTYPE=0

指定偏移距离或［通过(T)/删除(E)/图层(L)］<1.0000>：11
选择要偏移的对象，或［退出(E)/放弃(U)］<退出>：
指定要偏移的那一侧上的点，或［退出(E)/多个(M)/放弃(U)］<退出>：
选择要偏移的对象，或［退出(E)/放弃(U)］<退出>：
命令：offset
当前设置：删除源=否　图层=源　OFFSETGAPTYPE=0
指定偏移距离或［通过(T)/删除(E)/图层(L)］<11.0000>：2
选择要偏移的对象，或［退出(E)/放弃(U)］<退出>：
指定要偏移的那一侧上的点，或［退出(E)/多个(M)/放弃(U)］<退出>：
选择要偏移的对象，或［退出(E)/放弃(U)］<退出>：

2)绘制回风巷道

向上"偏移"运输巷道底边线 50m，定位回风巷道底边线，向上"偏移"回风巷道底边线 2m，得到回风巷道，如图 10-13 所示。

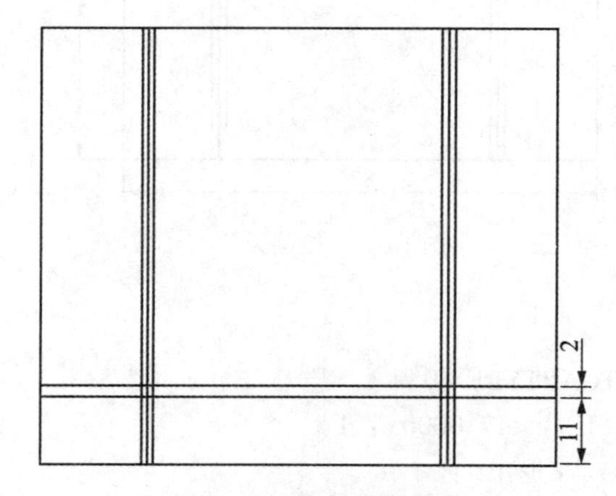

图 10-12　绘制运输巷道

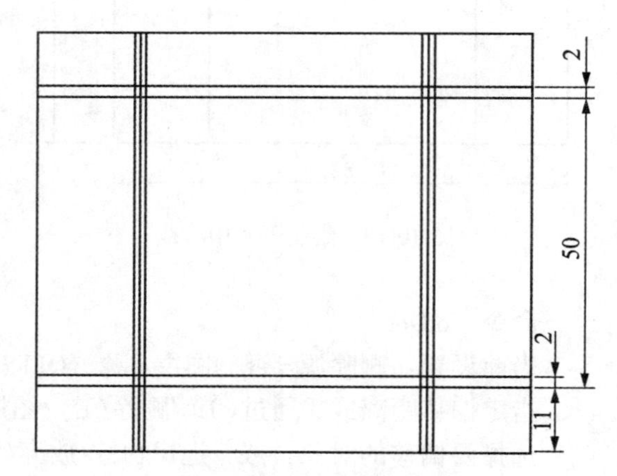

图 10-13　绘制回风巷道

命令：offset
当前设置：删除源=否　图层=源　OFFSETGAPTYPE=0
指定偏移距离或［通过(T)/删除(E)/图层(L)］<2.0000>：50
选择要偏移的对象，或［退出(E)/放弃(U)］<退出>：
指定要偏移的那一侧上的点，或［退出(E)/多个(M)/放弃(U)］<退出>：
选择要偏移的对象，或［退出(E)/放弃(U)］<退出>：
命令：offset
当前设置：删除源=否　图层=源　OFFSETGAPTYPE=0
指定偏移距离或［通过(T)/删除(E)/图层(L)］<50.0000>：2
选择要偏移的对象，或［退出(E)/放弃(U)］<退出>：
指定要偏移的那一侧上的点，或［退出(E)/多个(M)/放弃(U)］<退出>：
选择要偏移的对象，或［退出(E)/放弃(U)］<退出>：

3. 天井联络巷

1）绘制天井联络巷

命令：offset　　//调用"偏移"命令

当前设置：删除源=否　图层=源　OFFSETGAPTYPE=0

指定偏移距离或［通过(T)/删除(E)/图层(L)］<通过>：　0.5

选择要偏移的对象，或［退出(E)/放弃(U)］<退出>：　　//选择回风巷道上边线

指定要偏移的那一侧上的点，或［退出(E)/多个(M)/放弃(U)］<退出>：

//向下偏移

选择要偏移的对象，或［退出(E)/放弃(U)］<退出>：　　//选择左侧天井左边线

指定要偏移的那一侧上的点，或［退出(E)/多个(M)/放弃(U)］<退出>：

//向右偏移

选择要偏移的对象，或［退出(E)/放弃(U)］<退出>：↓

命令：line

指定第一点：　　//选择图 10-14 中 A 点

指定下一点或［放弃(U)］：　　//选择图 10-14 中 B 点

指定下一点或［放弃(U)］：　　//选择图 10-14 中 C 点

指定下一点或［闭合(C)/放弃(U)］：↓

删除两条 0.5mm 定位辅助线。

命令：hatch　　//调用"填充"命令

拾取内部点或［选择对象(S)/删除边界(B)］：　正在选择所有对象……

// solid 图案填充内部

结果如图 10-14 所示。

2）复制天井联络巷

命令：copy　　//调用"复制"命令

选择对象：指定对角点：找到 3 个　　//选择天井联络巷

选择对象：　　//按鼠标右键确定

指定基点或［位移(D)］<位移>：　指定第二个点或 <使用第一个点作为位移>：

//选择天井联络巷左上角点，如图 10-15 所示。

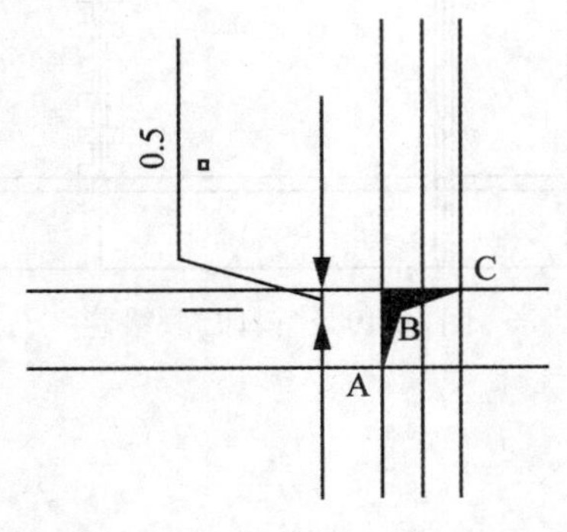

图 10-14　天井联络巷

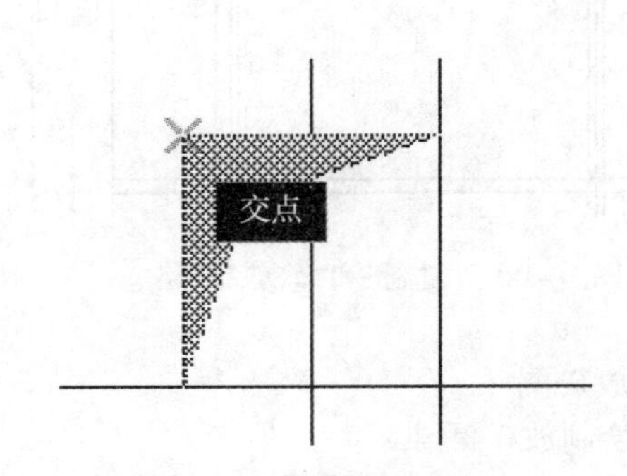

图 10-15　复制基点

指定第二个点或［退出(E)/放弃(U)］<退出>：

指定第二个点或 [退出(E)/放弃(U)] <退出>:
指定第二个点或 [退出(E)/放弃(U)] <退出>:
//分别指定复制的目标点，如图 10-16 所示。

3)定位天井联络巷

按照图 10-17“偏移”定位天井联络巷，按照图 10-18“复制”和“修剪”多余辅助线，按照图 10-19“镜像”天井联络巷。

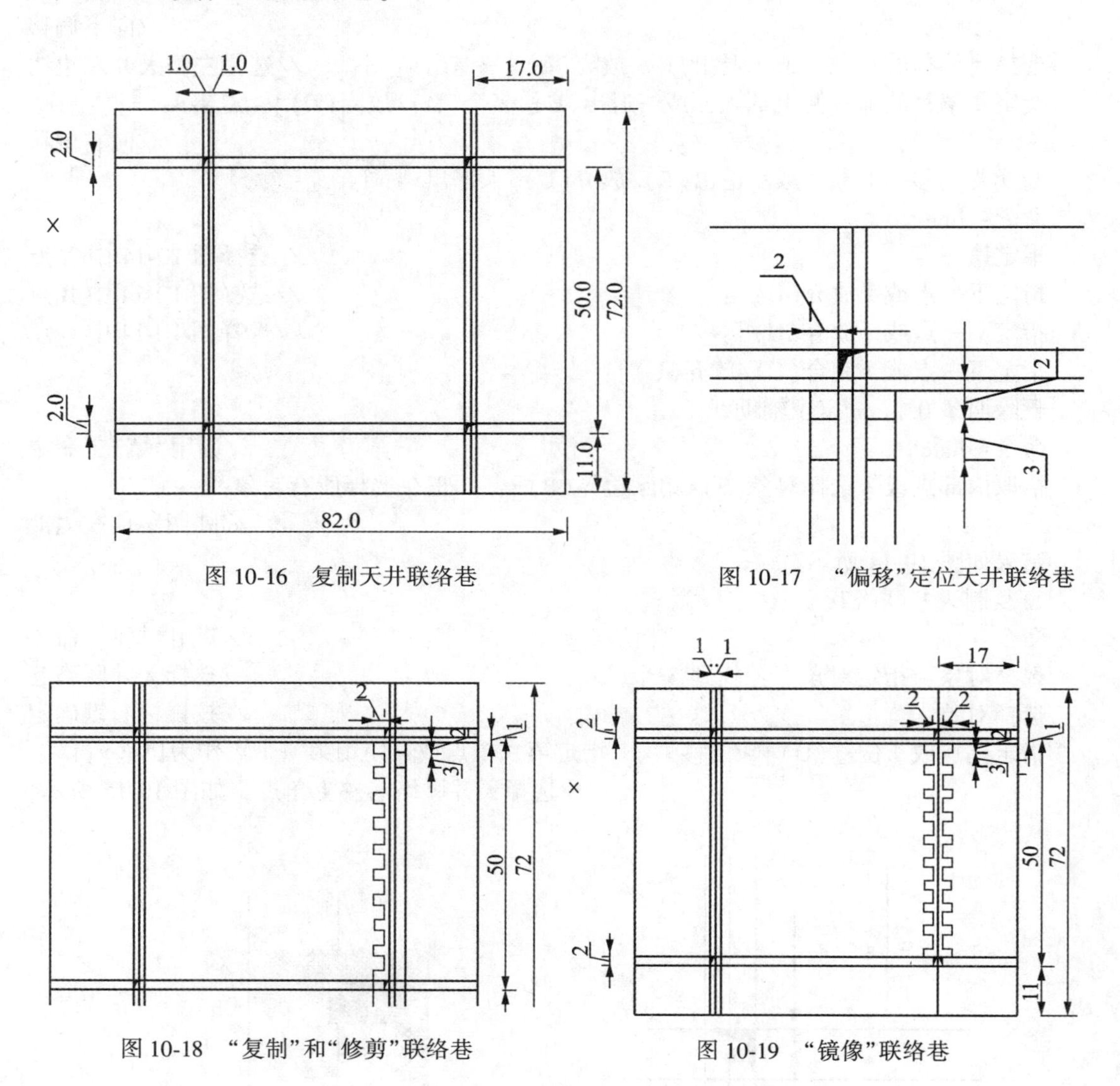

图 10-16 复制天井联络巷

图 10-17 “偏移”定位天井联络巷

图 10-18 “复制”和“修剪”联络巷

图 10-19 “镜像”联络巷

4. 放矿漏斗

1)绘制放矿漏斗

按照图 10-20(a)尺寸“偏移”定位绘制放矿漏斗，然后使用“多段线”和“圆”命令连接定位线各点位置后，用“合并”命令进行合并，最后删除多余辅助线后得到放矿漏斗，如图 10-20(b)所示。

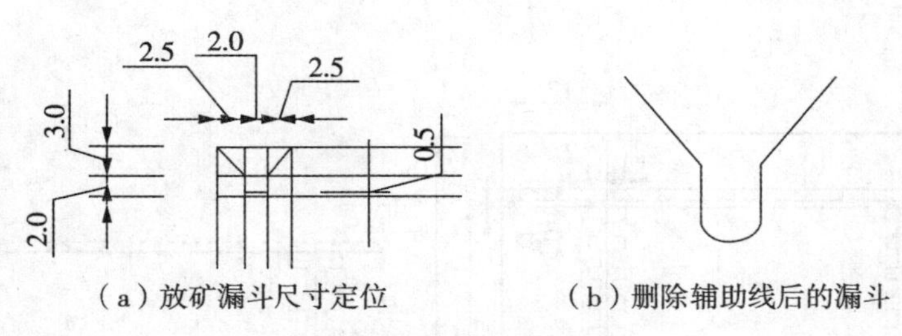

（a）放矿漏斗尺寸定位　　（b）删除辅助线后的漏斗

图 10-20　放矿漏斗

2）复制放矿漏斗

按照图 10-21 将放矿漏斗“复制”到相应位置，按照图 10-22 “延伸”处理右侧漏斗连接位置细节，复制后，修改天井中心线线型为点划线，线型比例为 0.5；运输巷道线型为虚线，线型比例为 0.2，结果如图 10-23 所示。

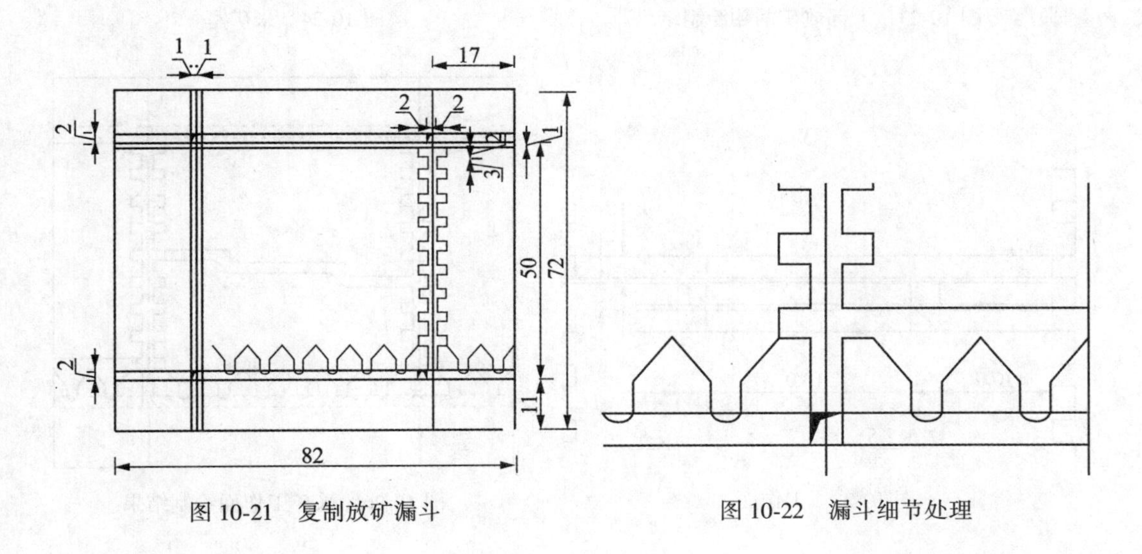

图 10-21　复制放矿漏斗　　图 10-22　漏斗细节处理

5. 采矿室及工作面

1）采矿室

按照图 10-24 中尺寸“偏移”定位采矿室轮廓线。

2）工作面

按照图 10-25 使用“多段线”命令红色加粗线型绘制工作面。绘制结果如图 10-26 所示。

6. 复制上部放矿漏斗及填充

按照图 10-27 定位“复制”上部放矿漏斗，然后按照图 10-28 进行“图案填充”并注写“文字”。

10. 2. 3　无底柱分段崩落采矿法

10. 2. 3. 1　内容

（1）把采矿方法的光栅图像插入 CAD 文件中并进行处理，如图 10-29 所示。

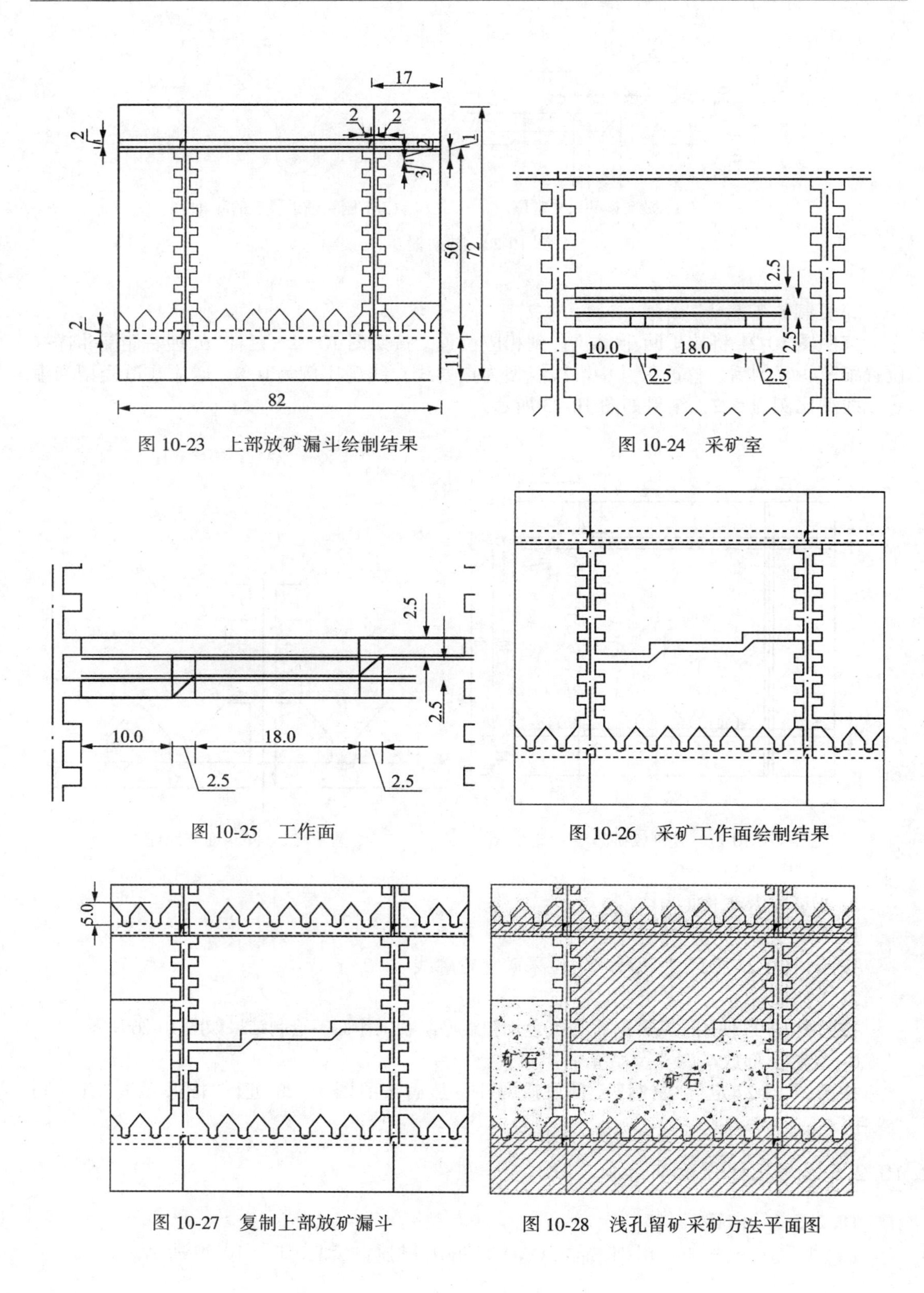

图 10-23 上部放矿漏斗绘制结果

图 10-24 采矿室

图 10-25 工作面

图 10-26 采矿工作面绘制结果

图 10-27 复制上部放矿漏斗

图 10-28 浅孔留矿采矿方法平面图

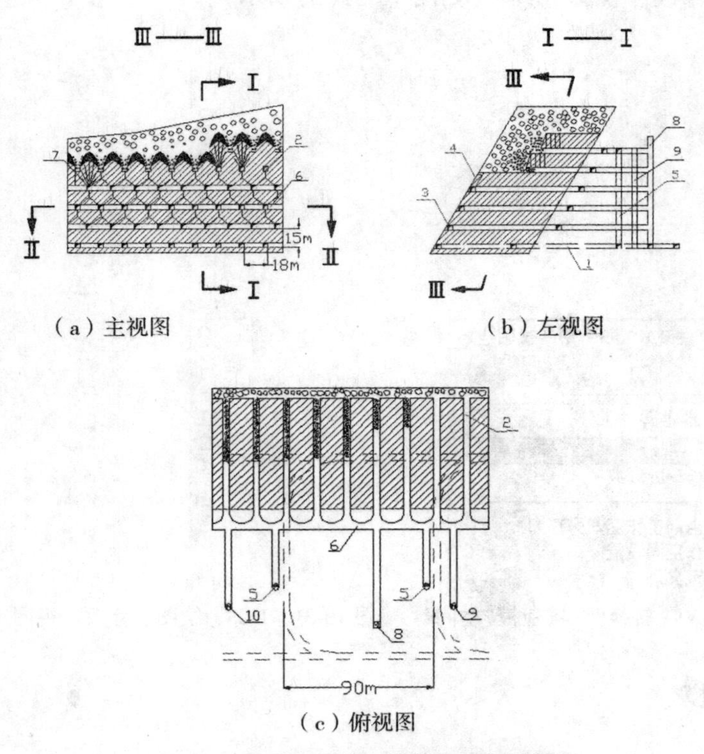

（a）主视图　　（b）左视图

（c）俯视图

图 10-29　无底柱分段崩落法光栅图像

将平面图的光栅图像插入 CAD 文件中，然后进行调平、按比例缩放、绘制矿体、岩石、巷道和炮孔等并进行图形处理。

(2)对矢量化完成的图形进行简单的尺寸标注和图案填充。

(3)初步尝试该采矿方法的三维建模。

10.2.3.2　方法与步骤

1)采矿方法图形矢量化

把文件名为“无底柱分段崩落法”的光栅图像插入 CAD 文件中，该 CAD 文件名为“无底柱分段崩落法 . dwg”，并对该 CAD 文件做如下处理：

(1)以水平坐标线为基准对图像做调平处理；

(2)将图像坐标按 1∶1000 比例尺缩放；

(3)用多段线命令画出图像上的所有线，标注简单尺寸，按照图形的图案进行图案填充。

2)采矿方法三维建模

按照已完成的“无底柱分段崩落法 . dwg”图形尺寸，初步尝试建立该采矿方法模型。

(1)转换模型空间

将绘图空间转换到“三维建模”，如图 10-30 所示。分别调出 UCS、UCS Ⅱ、绘图(如

图 10-31(a))、修改、视图工具栏(如图 10-31(b)所示)。

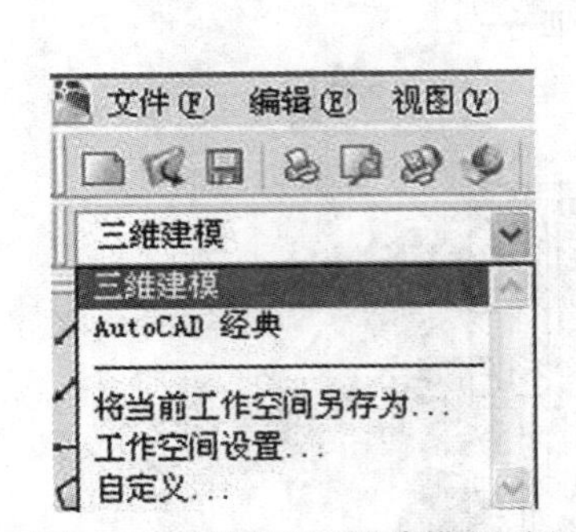

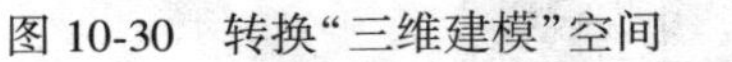
图 10-30 转换“三维建模”空间

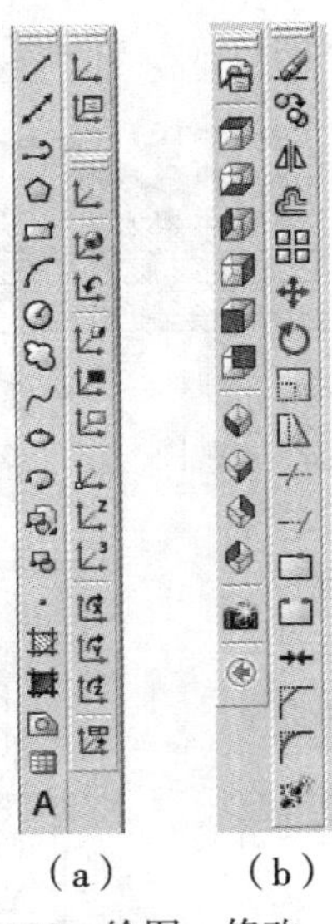

图 10-31 UCS、绘图、修改、视图工具栏

(2)三维建模

①矩形建模

利用二维“绘图”工具栏的“矩形”命令，绘制 10m×10m 的正方形(如图 10-32 所示)，使用“图形拉伸”命令(如图 10-33 所示)，操作如下：

选择要拉伸的对象： //选择正方形，按鼠标右键确认

指定拉伸的高度或[方向(D)/路径(P)/倾斜角(T)]：30↙

//鼠标指定拉伸方向；操作结果如图 10-34 所示

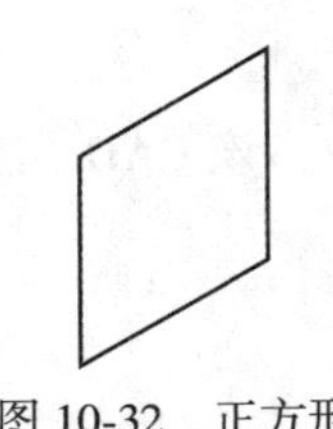
图 10-32 正方形

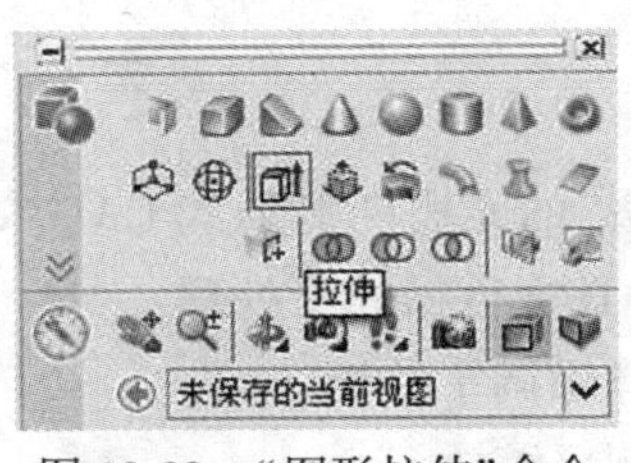

图 10-33 “图形拉伸”命令

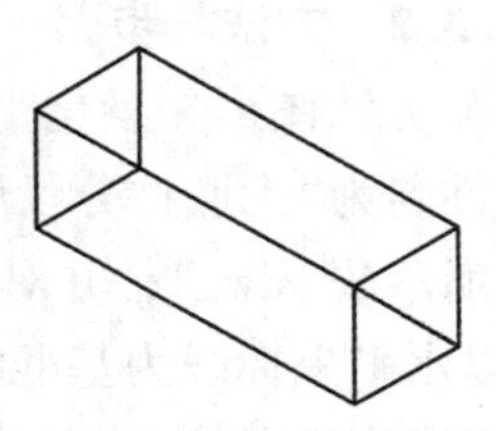
图 10-34 长方体

②绘制圆柱

使用“圆柱体”命令，绘制圆柱，操作如下：

指定底面的中心点或[三点(3P)/两点(2P)/相切、相切、半径(T)/椭圆(E)]：屏幕拾取任一点；

指定底面半径或[直径(D)]：10↙ //默认为半径

指定高度或[两点(2P)/轴端点(A)]：30↙　　　　　　　　　　　　　　　　//屏幕指定轴向

操作完成，结果如图 10-36 所示。

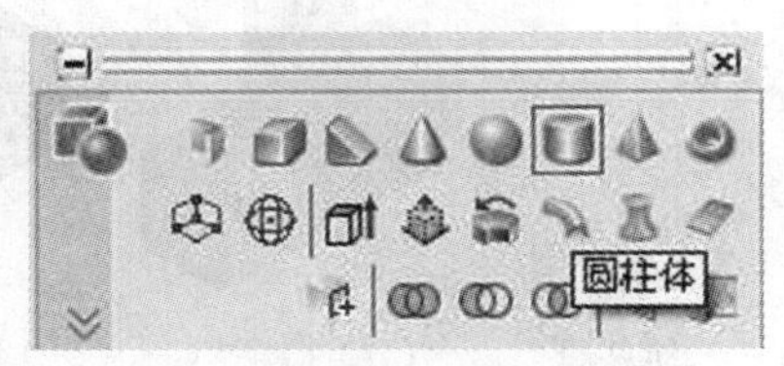

图 10-35　“圆柱体”命令

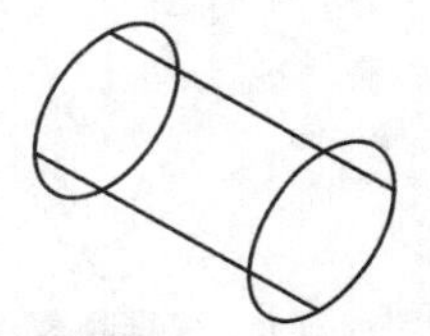

图 10-36　圆柱体

③布尔运算

布尔运算是数字符号化的逻辑推演法，包括联合、相交、相减。在图形处理操作中引用了这种逻辑运算方法以使简单的基本图形组合产生新的形体，并由二维图形的布尔运算发展到三维图形的布尔运算。

CAD 三维工具中有并集、差集和交集工具，操作结果如图 10-37 所示。

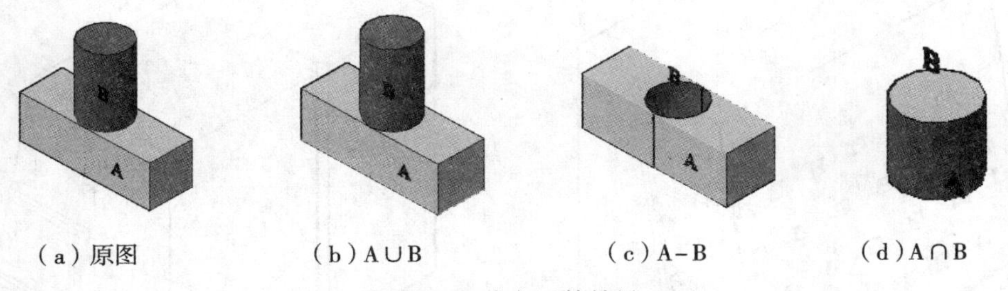

(a) 原图　　(b) A∪B　　(c) A−B　　(d) A∩B

图 10-37　布尔运算结果

④视觉样式

建立的模型可以根据实际需要转换视觉样式，图 10-38 为“视觉样式”工具栏，转换效果如图 10-39 所示。

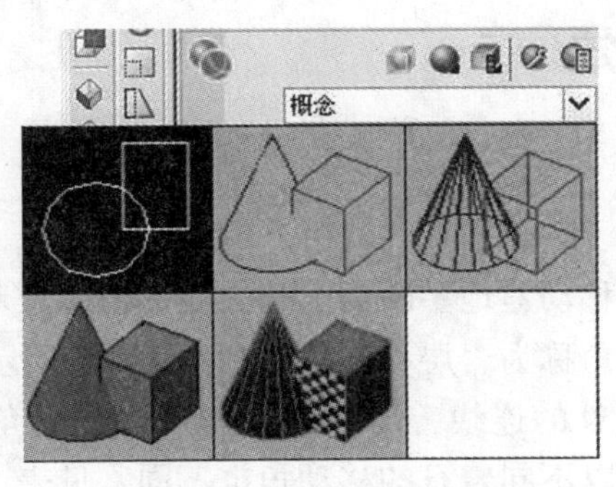

图 10-38　“视觉样式”工具栏

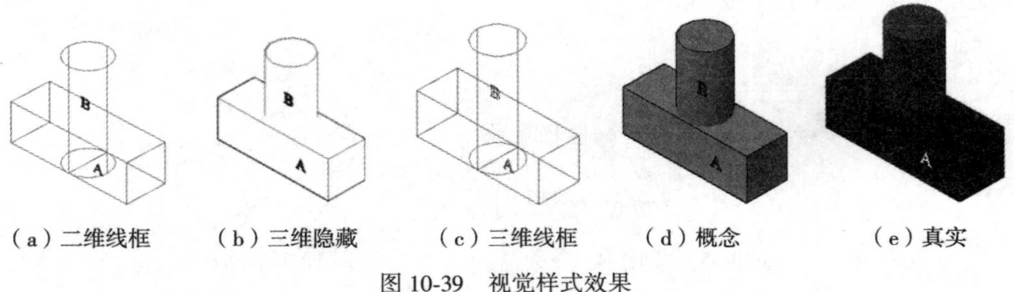

（a）二维线框　（b）三维隐藏　（c）三维线框　（d）概念　（e）真实

图 10-39　视觉样式效果

⑤建立无底柱分段崩落法三维模型

按照已完成的采矿方法图形尺寸建立模型，操作结果如图 10-40 和图 10-41 所示。

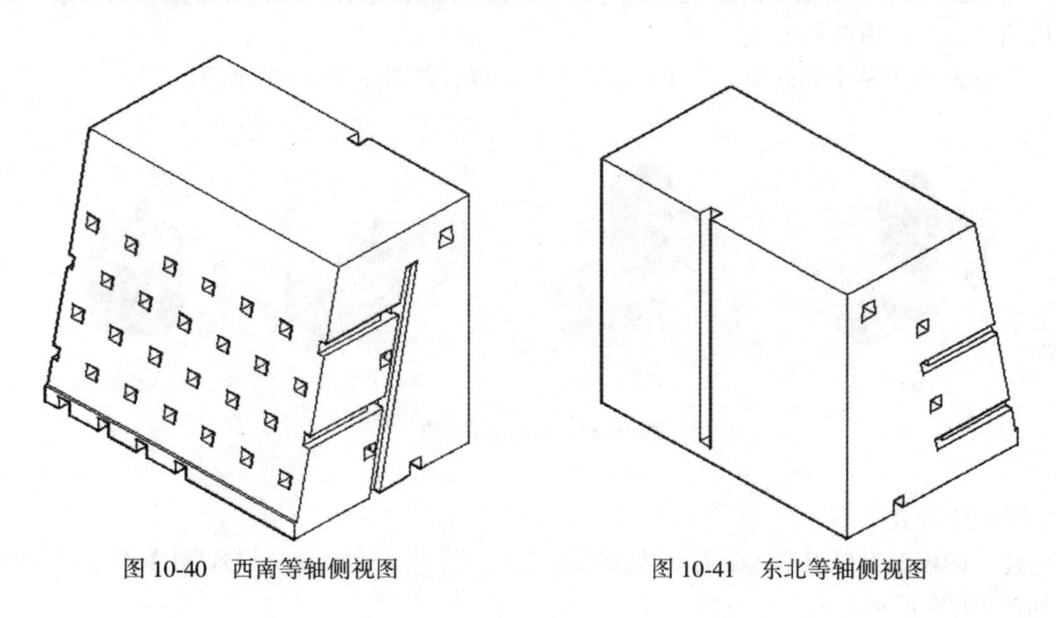

图 10-40　西南等轴侧视图　　图 10-41　东北等轴侧视图

10.3　岩石移动带圈定

10.3.1　*岩石移动角*

在充分采动的情况下，移动盆地主断面上临界变形值的点和采空区边界点的连线与水平线之间在采空区外侧的夹角称为岩层移动角。如图 10-42 所示，岩层移动角为最低开采标高与地表发生变形的最远处的连线，与水平线所形成的夹角为 62°，如图 10-42 所示。不同的岩石稳固性不同，所以不同岩石的移动角也不同，见表 10-3。

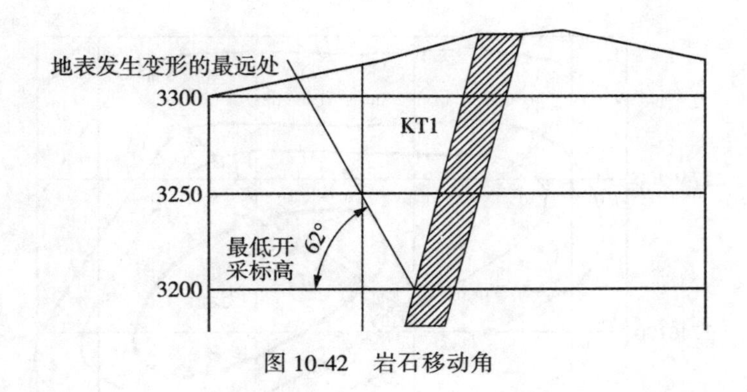

图 10-42　岩石移动角

表 10-3　**不同岩石的岩石移动角**

岩石名称	垂直矿体走向的岩石移动角/(°)		矿体走向侧翼岩石移动角/(°)
	B(上盘)	γ(下盘)	
第四纪表土层	45	45	45
含水中等稳固片岩	45	55	65
稳固片岩	55	60	70
中等稳固致密岩石	60	65	75
稳固致密岩石	65	70	75

地下矿开采常常引起采空区上部岩层发生位移、冒落，甚至产生大面积移动，对其所形成的地表下沉盆地界限进行圈定的设计，是地下采矿工程设计的组成部分。矿山地表工业场地、建(构)筑物及主要井巷设施或出口，通常须布置在不受开采影响的移动范围以外的安全地带。安全地带的宽度，视建(构)筑物的重要性及其保护等级有所不同。中国冶金矿山规定，地表建(构)筑物保护等级分三级：Ⅰ级为 20m；Ⅱ级为 15m；Ⅲ级为 10m。

10.3.2　应用实例

查阅对应地层的岩石移动角，以岩石移动角 = 65°为例，在已知的矿区地形地质平面图(图 10-43)、横纵剖面图(图 10-44)的基础上进行岩石移动带的圈定。

1) 地表移动范围

分别在 1#横剖面 3200 标高处(图 10-45)、2#横剖面矿体底部(图 10-46)和 I—I′纵剖面图矿体最宽处(图 10-47)，在矿体左右两边分别用“直线”命令，绘制倾角 65°的左右两条辅助线并延伸至地表，交于地表的左右交点构成的区间范围即为地表移动范围。

2) 定位地表移动范围界线点

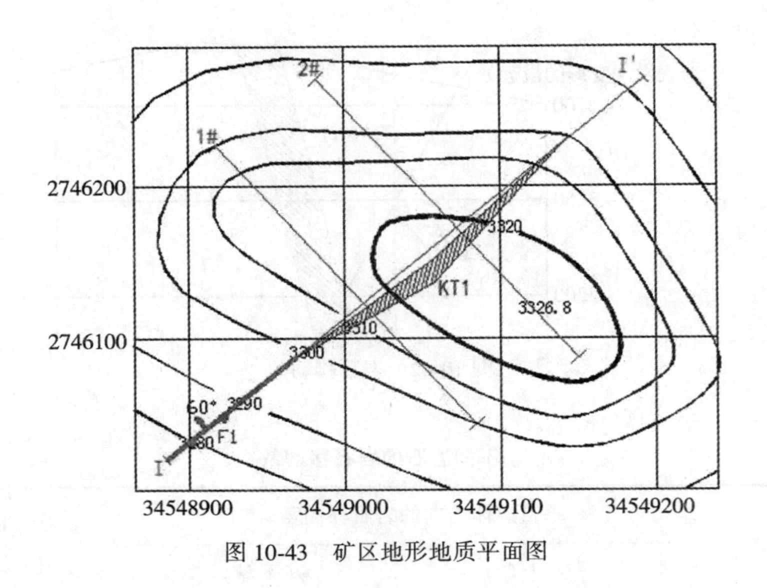

图 10-43 矿区地形地质平面图

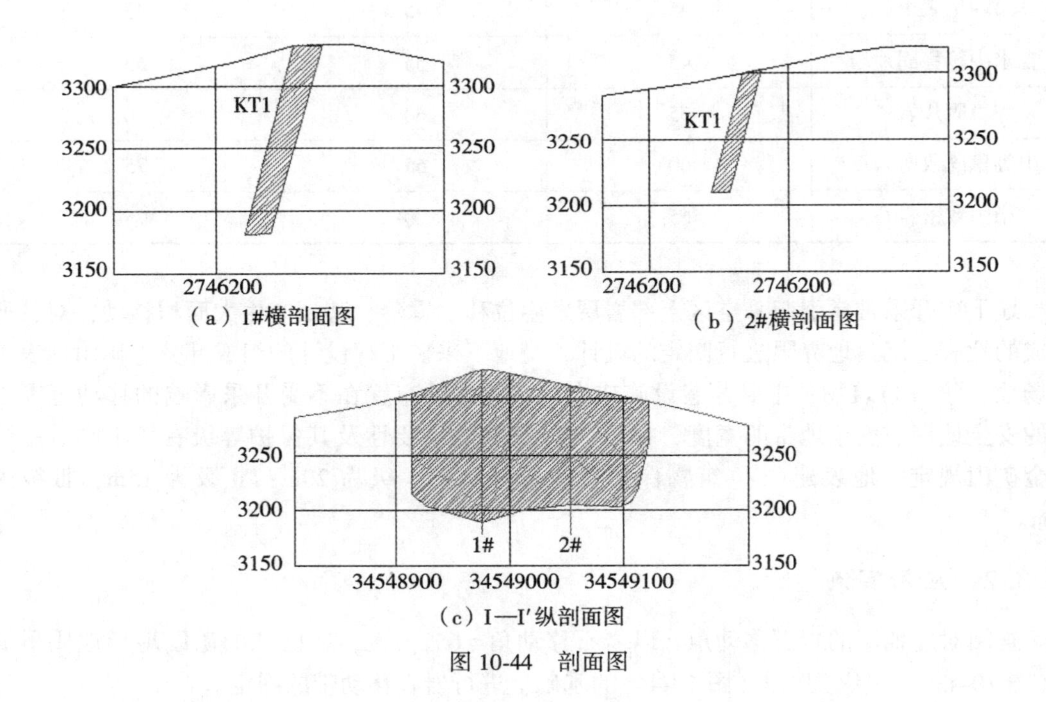

（a）1#横剖面图

（b）2#横剖面图

（c）I—I′纵剖面图

图 10-44 剖面图

在各剖面图的地表移动范围边界处作垂线，分别在各剖面图的左右边界线位置使用“圆”命令，以各剖面图左、右边界线的标高线上任一点为圆心，以各剖面图中地表移动范围两侧的边界点 A、B、C、D、E、F 点到对应标高位置作垂线的垂足点距离为半径，绘制一系列圆，结果如图 10-48、图 10-49、图 10-50 所示。

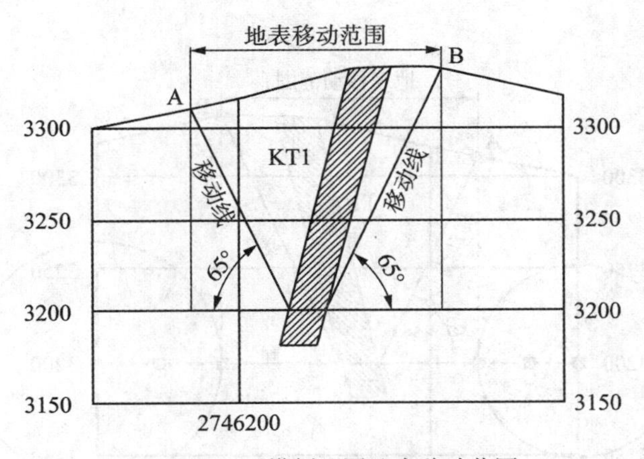

图 10-45　1#横剖面图地表移动范围

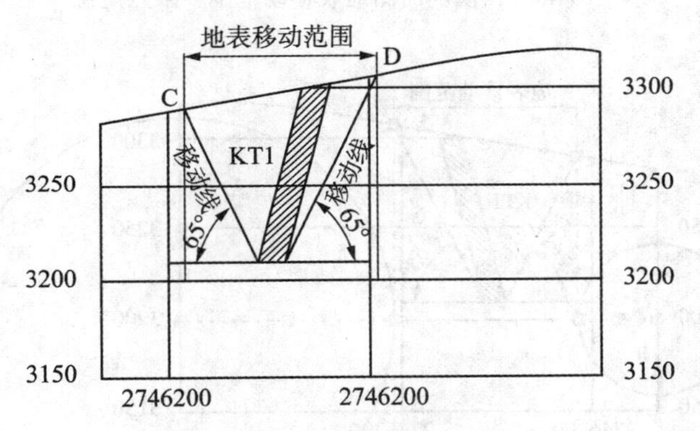

图 10-46　2#横剖面图地表移动范围

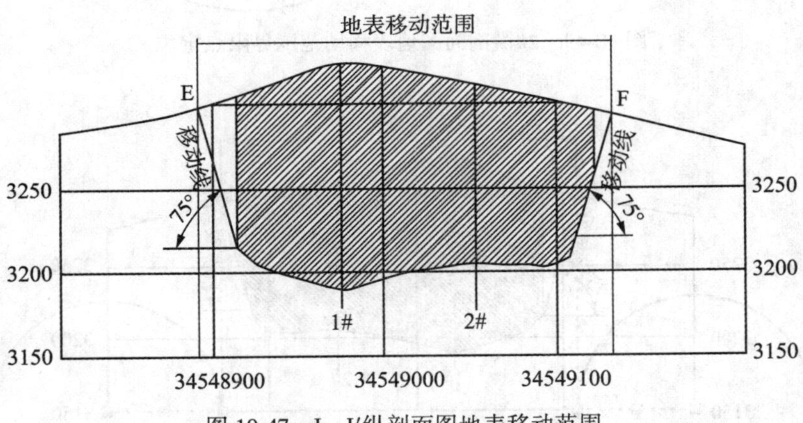

图 10-47　I—I′纵剖面图地表移动范围

3）复制定位点至平面图

将各剖面图定位地表移动范围界线点处的圆，使用“复制”命令，以圆心为基点，分

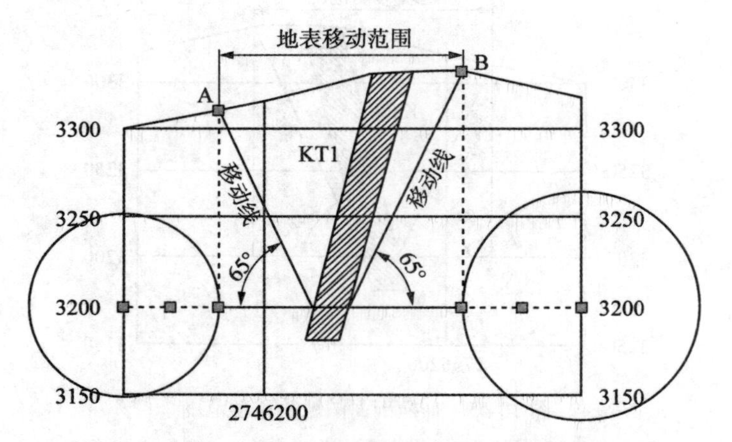

图 10-48　1#横剖面图地表移动范围界限点定位

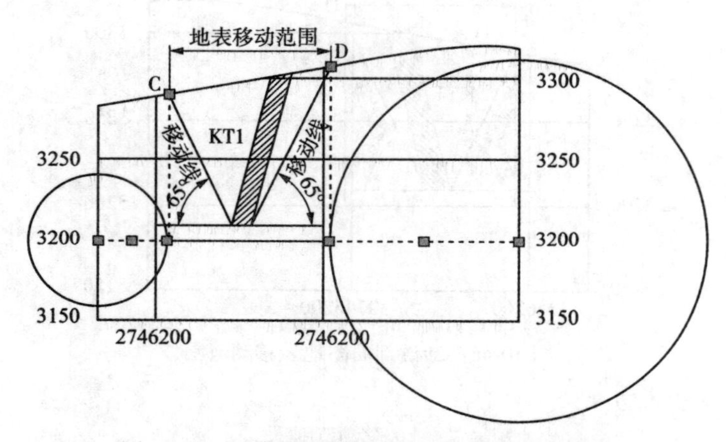

图 10-49　2#横剖面图地表移动范围界限点定位

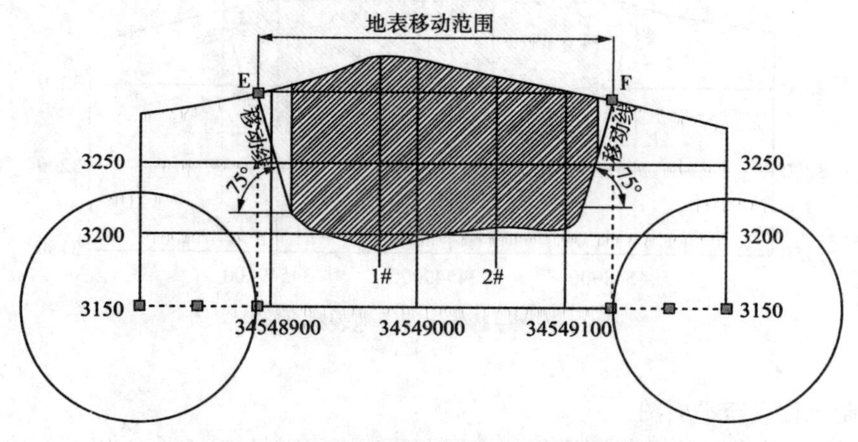

图 10-50　I—I′纵剖面图地表移动范围界限点定位

别复制到矿区地形地质平面图 1#、2#和 I—I′剖面线的端点位置，如图 10-51 所示。使用“样条曲线”命令，连接各剖面线与定位圆的内侧交点，形成闭合的地表移动线，加粗备注文字，结果如图 10-52 所示。最后删除辅助的圆，即完成岩石移动带的圈定。

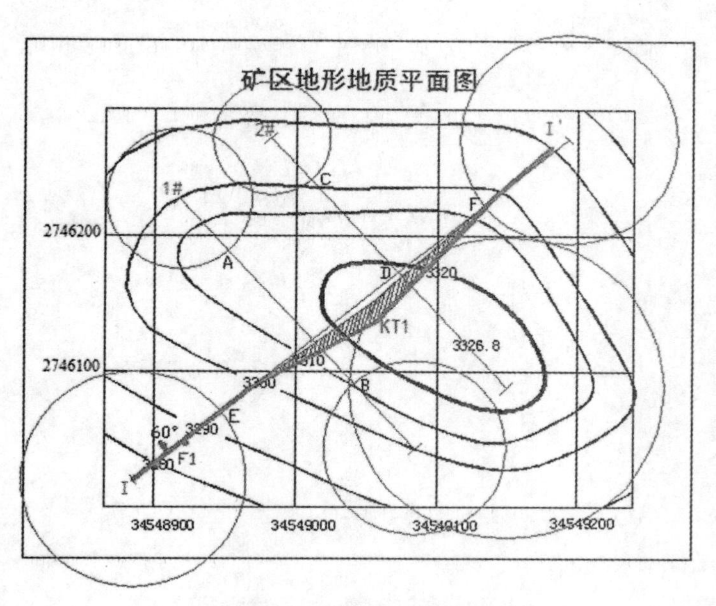

图 10-51 复制圆至平面图

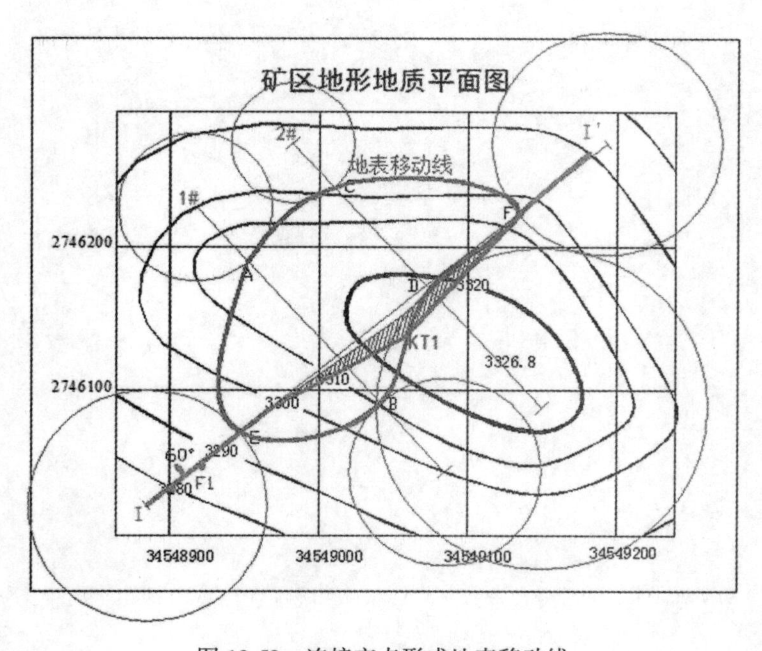

图 10-52 连接交点形成地表移动线

提 高 篇

第11章　矿山三维建模基础

11.1　DIMINE 软件数据导入导出

11.1.1　CAD 平剖面图导入

1. CAD 平面图导入

(1)点击“开始”→“导入导出”设置，选择导入“AutoCAD 文件”，勾选“设置高程”，输入高程值“0”，点击“确定”，如图 11-1 所示。

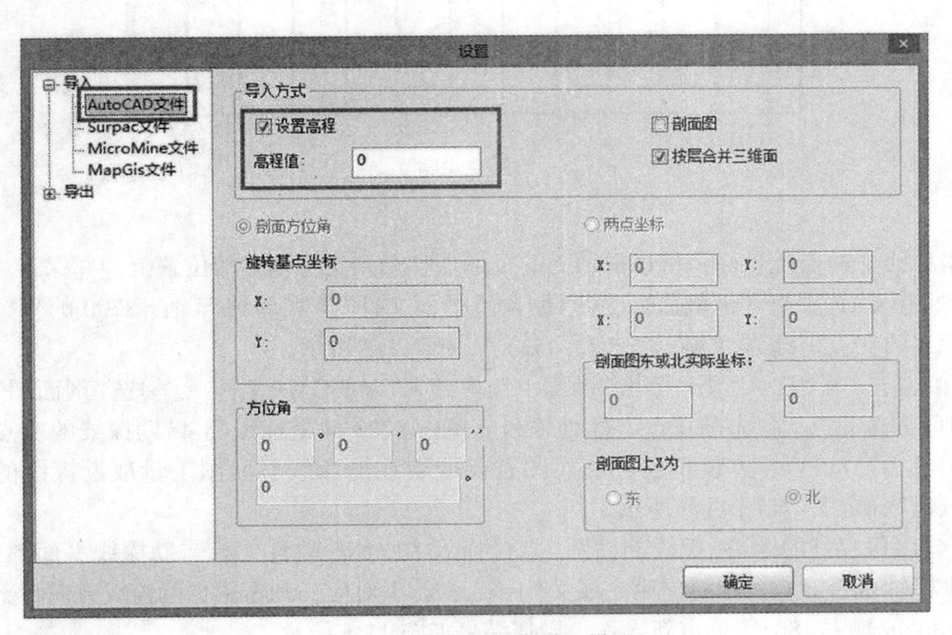

图 11-1　CAD 平面图导入设置

(2)在 CAD 中打开“勘探线平面图”文件，将线移动到准确的坐标上。

(3)将示例数据中的 CAD 文件“勘探线平面图”拖入 DIMINE 软件中，即将 CAD 平面文件导入 DIMINE 中。将文件保存为 .dmf 格式的文件，如图 11-2 所示。

2. CAD 剖面图导入

(1)在 CAD 中打开示例数据中的“4#勘探线剖面文件”，选取 X 轴 = 8700 的坐标线，

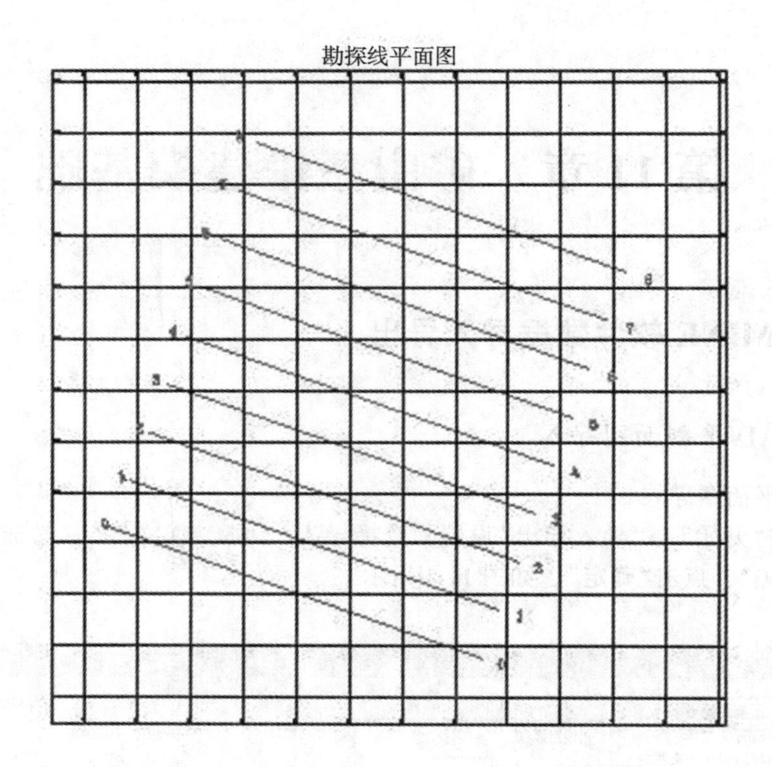

图 11-2 导入平面图

识读坐标线上的点位坐标，将这根轴上的坐标点移动到实际坐标的位置上，并保存。

(2)在 CAD 中打开示例数据中的“勘探线平面文件”，查询到 X 轴 = 8700 的坐标线与 4#勘探线的交点坐标为(8700，5192.7453)，如图 11-3 所示。

(3)点击“开始”→“导入导出”设置，选择导入“AutoCAD 文件”，勾选“剖面图”，选择“剖面方位角”，在选择基点坐标处输入 X 轴 = 8700 的坐标线与 4#勘探线的交点坐标(8700，5192.7453)，方位角通过剖面图查询或者在勘探线平面图上量取勘探线的方位角，点击“确定”，如图 11-4 所示。

(4)将保存好的“4#勘探线剖面图”直接拖入 DIMINE 软件中，与勘探线平面图对比，验证坐标轴是否对应，如对应则完成文件导入；若不对应，则需根据勘探线方向将剖面角加上 180°或减去 180°，再重新导入，操作结果如图 11-5 所示。

(5)将导入的剖面图保存。

11.1.2 导出为 CAD

DIMINE 文件导出为 CAD，只需在文件名上点击右键，选择“另存为”，然后选择 CAD 格式进行保存即可，如图 11-6 所示。

若生成的是平面布局文件，则直接在文件名上点击右键，选择“保存为 CAD 文件”即

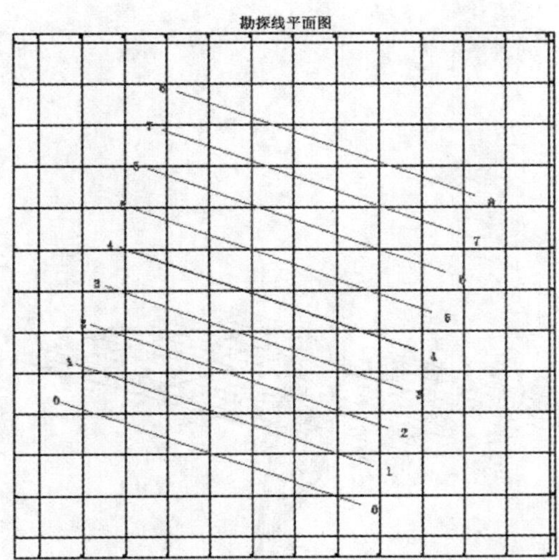

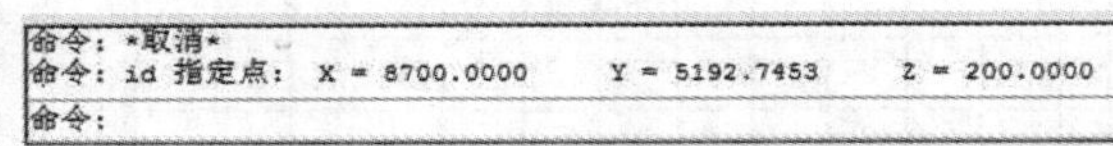

图 11-3　查询输入点坐标

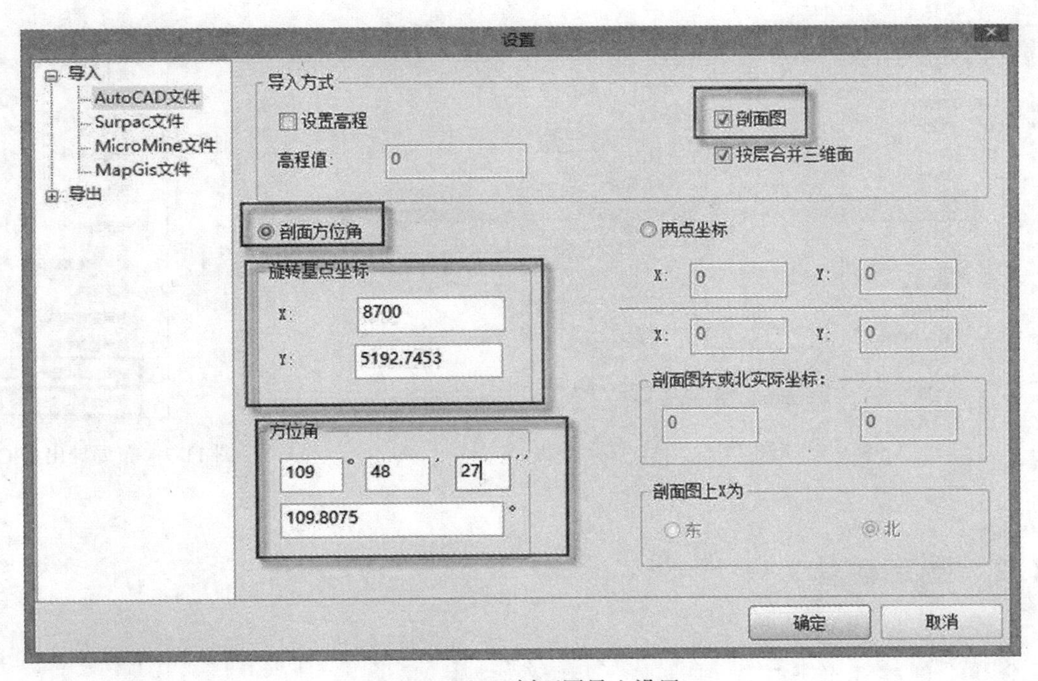

图 11-4　CAD 剖面图导入设置

可；若生成的是剖面布局文件，则直接在文件名上点击右键，先选择“剖面转换到 XY 平面”，然后再选择“保存为 CAD 文件”，如图 11-7 所示。

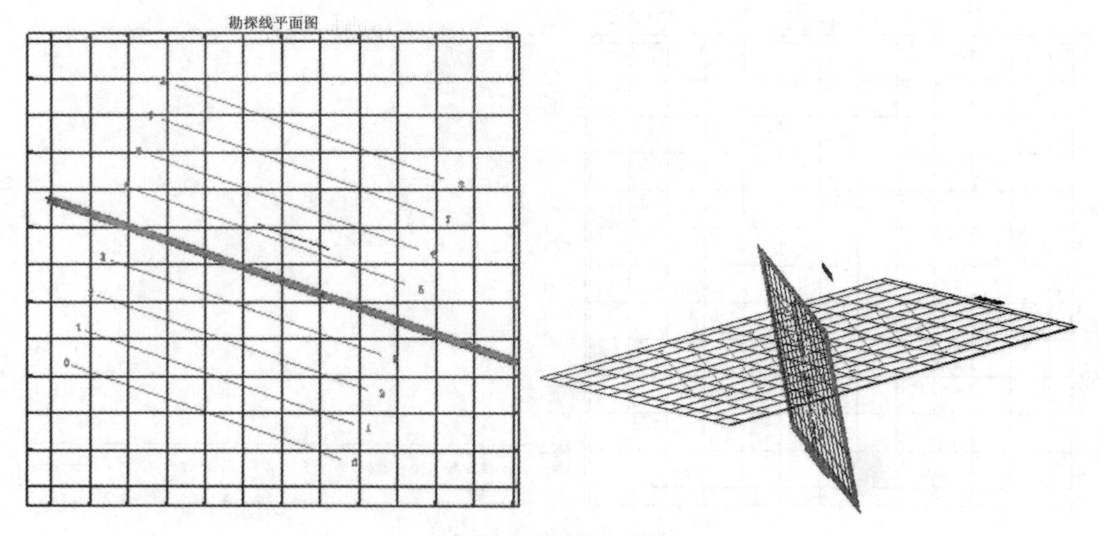

图 11-5　导入剖面图

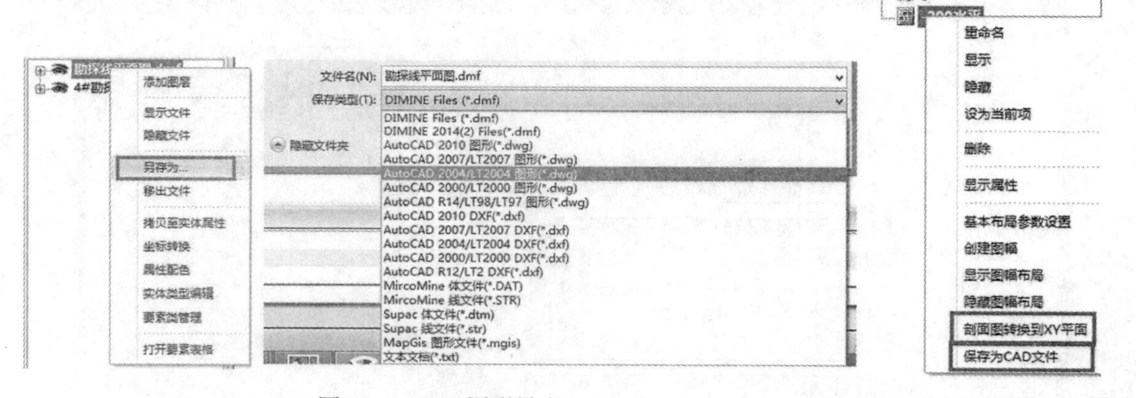

图 11-6　CAD 图形导出　　　　图 11-7　布局导出为 CAD

11.2　圈定矿体

11.2.1　创建工作面

创建工作面在 DIMINE 软件中具有非常广泛的应用，当需要在某一平面上进行作图等操作时，创建工作面提供了方便的三维空间转二维平面的过程，当需要查看矿体边界时，可切出任意方向的轮廓线等。

操作：点击“开始”→“工作面”→“创建”，弹出如图 11-8 所示对话框。

1)单个

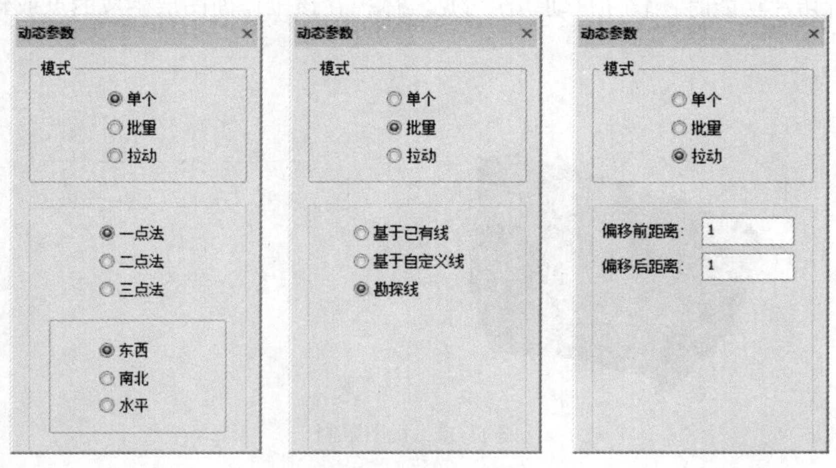

图 11-8　创建工作面

一点法：选择一个孤立点，创建东西、南北或水平的工作面。

二点法：创建竖直或垂直的工作面。

三点法：三点确定一个工作面。

2) 批量

基于已有线：选择已经画好的多段线，工作面沿多段线生成。

基于自定义线：手动画多段线，工作面沿多段线生成。

勘探线：生成勘探线平面。

将“勘探线文件”调入 DIMINE 软件，点击“开始”→“工作面”→“创建”，选择“批量”→“勘探线”，根据命令行提示框选勘探线，然后画线与勘探线相交，点击右键后，软件自动生成勘探线剖面，如图 11-9 所示。

点击“开始”→“工作面”→“切片”功能，软件自动根据存在的工作面生成新的剖面文件(图 11-10)，双击其中一个图层后，视图自动限制到该工作面。

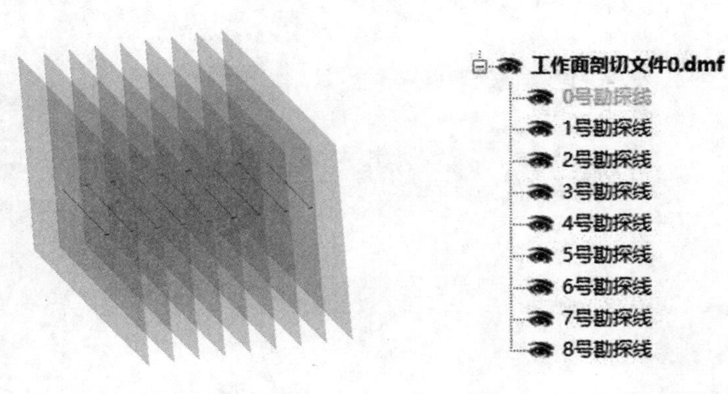

图 11-9　勘探线剖面　　　　图 11-10　生成切片文件

在运行切片功能时，软件自动切割可见实体，在该工作面图层生成的点或轮廓线如图11-11所示。

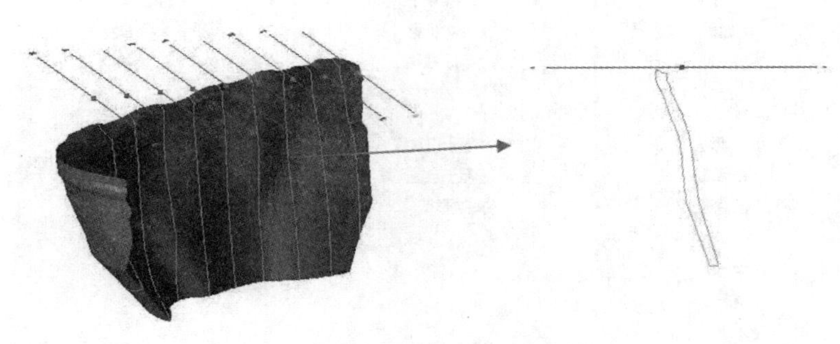

图11-11 视图限制

11.2.2 矿段组合

矿段组合是根据圈矿指标对全部或部分钻孔进行矿段的自动圈定，生成矿段组合文件，便于后期进行剖面地质解译和储量计算。

(1)打开“钻孔数据库”文件，点击“地质”→“样品组合”→“矿段”功能，弹出对话框，“钻孔文件”自动调入当前打开的钻孔数据库。

钻孔过滤：选择参与矿段组合的钻孔，这里选择全部钻孔。

单/双指标：单指标指用边界指标进行组合矿段，双指标指用边界指标和工业指标进行组合矿段，这里选择单指标对TFe进行圈定，边界指标值为20，如图11-12所示。

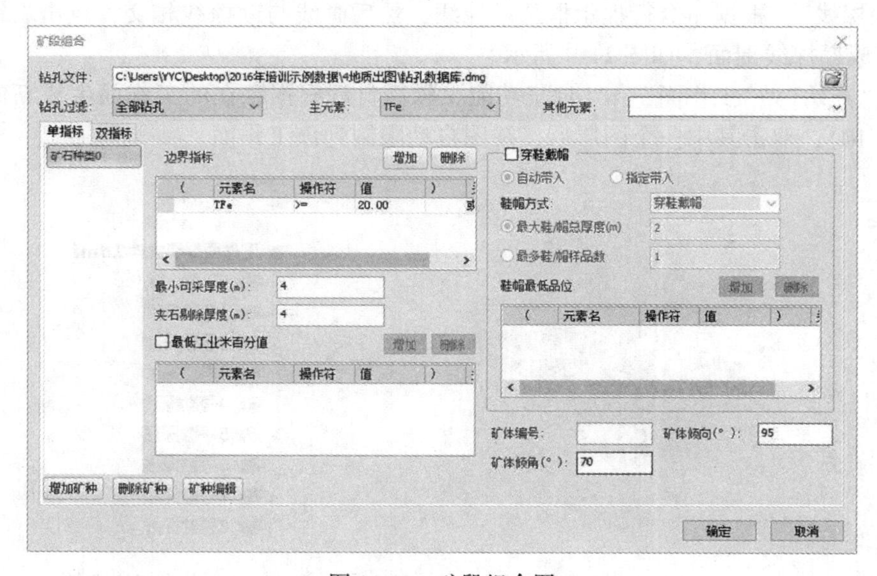

图11-12 矿段组合图

(2)设定完参数后，点击“确定”，软件自动根据参数对钻孔数据进行组合，并在“数据管理”窗口生成新的“矿段组合文件 . dmg”和“矿段组合文件 . dmf”，如图 11-13 所示。

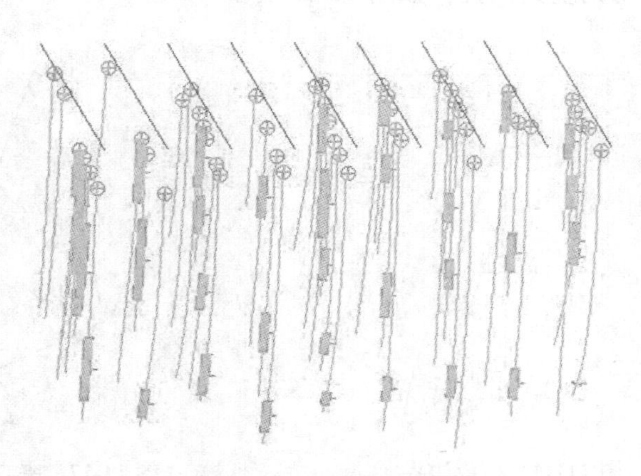

图 11-13　矿段组合结果

11. 2. 3　矿体圈定

(1)打开“勘探线”文件，点击“传统地质”→“勘探线剖面”功能，根据命令行提示，绘制直线与勘探线相交，点击鼠标右键确定，保存到“勘探线剖面文件”，双击其中一个图层，视图限制至该工作面，打开“矿段组合文件”，显示如图 11-14 所示。

(2)点击“勘探线赋值”功能，框选矿段组合文件，按右键完成赋值。

(3)点击“传统地质”→“生成边界”，软件提供了平推和尖推两种外推类型，外推距离有 1/4、1/2、1/3、2/3、3/4 等，可以选择使用样条曲线生成边界，如图 11-15 所示。

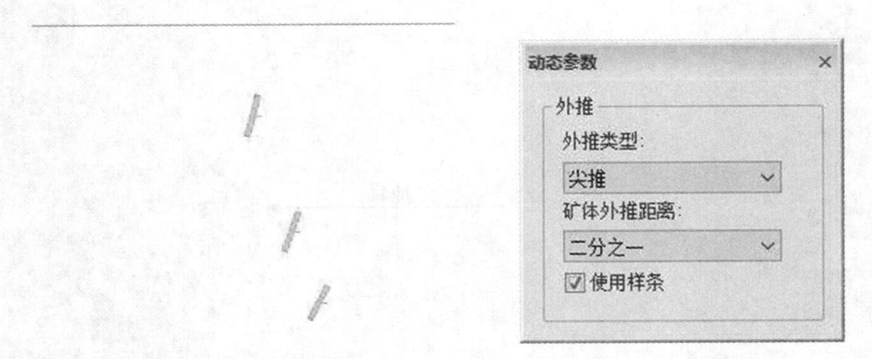

图 11-14　视图限制　　　　图 11-15　生成边界参数

(4)框选矿段，按右键完成圈矿，如图 11-16 所示。

(5)圈矿线圈的调整。如果用样条曲线圈矿完成后，需要将样条曲线转换成多段线，操作为：选中样条曲线，右键点击，选择“转换”→“转换为多段线”。

调整主要用到“线编辑”功能：

①夹点编辑：点击“夹点编辑”功能，选中多段线，多段线的所有端点变大显示，选择其中一个夹点，拖动调整其位置，如图 11-17 所示。

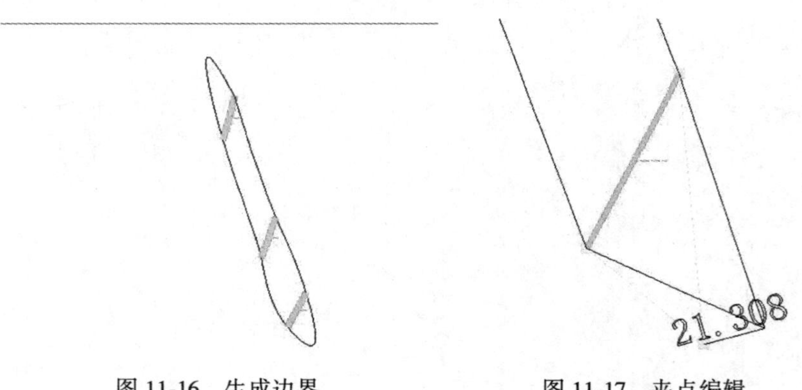

图 11-16　生成边界　　　　图 11-17　夹点编辑

②加密、抽稀功能：点击“加密”功能，选择“按点数”进行加点，加点应用于“线段”，表示点加在选中的线段内，“整条线”表示点加至整条多段线，选择保留关键点后，点击线框上某一段线段，即可加密完成。点击“抽稀”功能，命令行提示“请输入拟合误差和曲率误差”，当两点之间的距离小于拟合误差时，软件自动将其认为是重合点进行抽稀，当两点之间形成的弧的曲率值小于设置值时，软件自动将其认为是重合点进行抽稀，如图 11-18 所示。

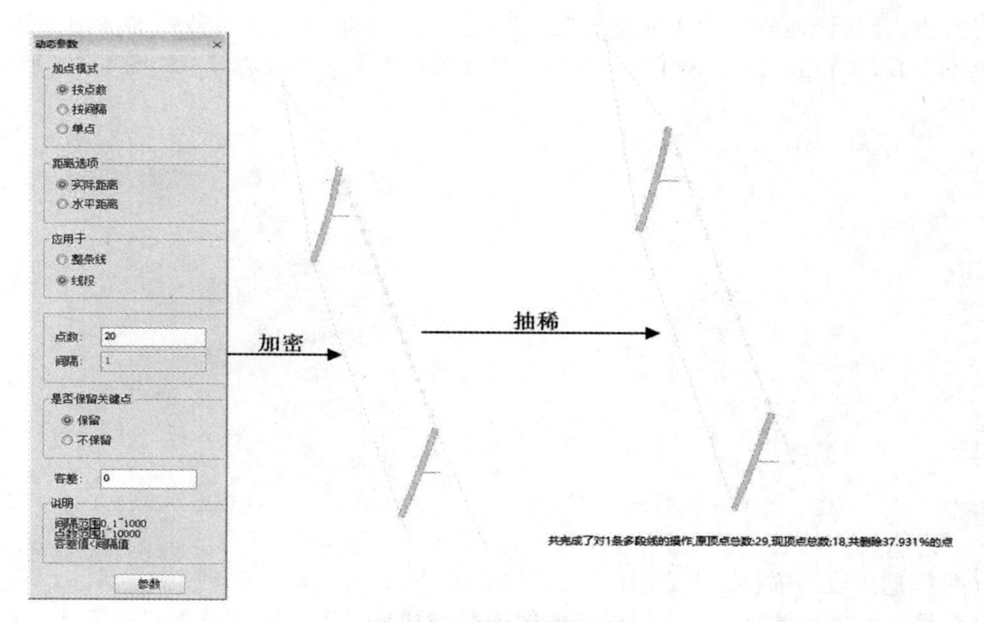

图 11-18　加密抽稀功能

11.3　DIMINE 软件实体建模

实体建模是 DIMINE 软件的一项重要功能，运用实体建模可快速、准确地创建各种模型，创建的模型主要用于后续的各项操作，包括观察矿体走向、计算矿体储量等。

11.3.1　线框法建模

操作：点击“实体建模”→“创建实体”→“线框”功能，弹出参数设置对话框，如图 11-19 所示。软件提供了多种创建实体的方式，其中算法中最常用的为“最小周长法”，功能中最常用的为“普通连三角网”。

打开“示例数据”，调入矿体平面轮廓线，点击“实体建模”→“创建实体”→“线框”功能。

(1)普通连三角网：根据命令行提示，选择第一条轮廓线和第二条轮廓线，软件自动根据选择的轮廓线生成实体模型，如图 11-20 所示。

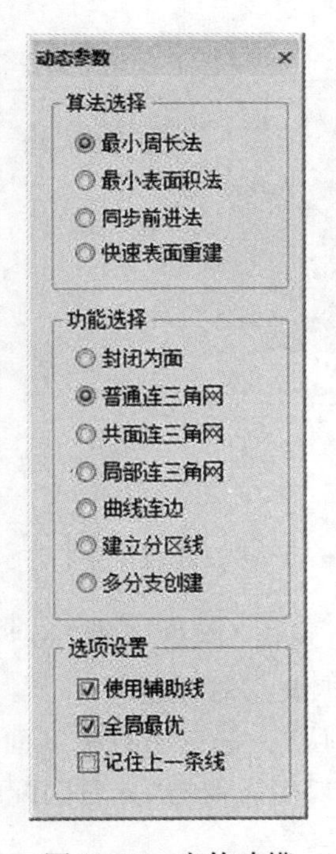

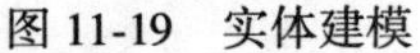
图 11-19　实体建模

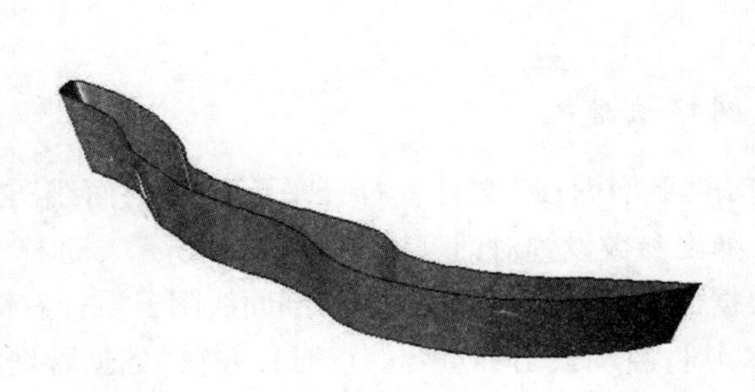
图 11-20　普通连三角网

(2)局部连三角网：根据命令行提示分别选择第一条轮廓线上的第一点、第二点，然后选择第二条轮廓线上的第一点、第二点，则软件自动在选择点之间生成实体，如图 11-21所示。

因为有时候整个轮廓线生成的实体面片会出现不符合地质规律的情况，用“局部连三

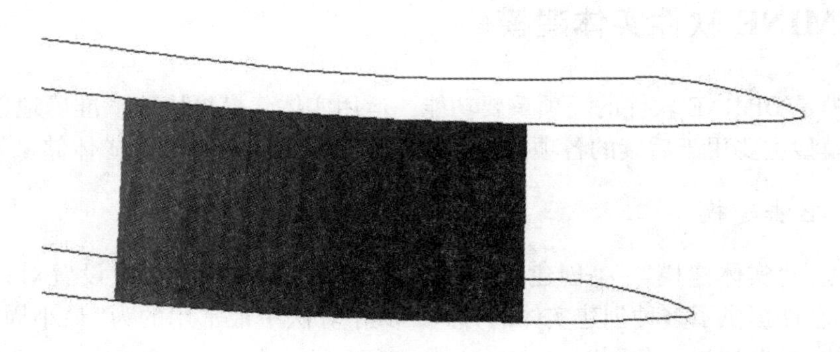

图 11-21 局部连三角网

角网”可根据人为意志生成实体，使生成的矿体更加符合地质规律。

(3)使用辅助线：该选项配合功能生成实体，生成的实体面片会以辅助线为面片边，如图 11-22 所示。

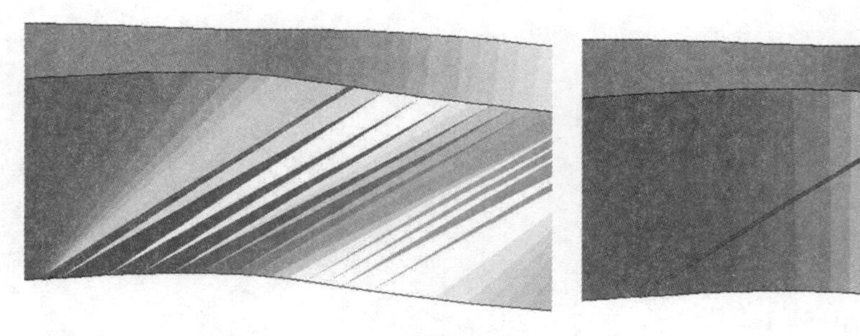

图 11-22 使用辅助线

11.3.2 网格法建模

(1)打开“平剖面线”文件，打开平面线和剖面线图层，点击“网格建模”→“交点匹配”功能，弹出参数设置对话框，如图 11-23 所示，选择“获取交点对”。

(2)根据命令行提示“请选择交叉剖面线圈，鼠标右键确认”，框选所有平剖面线，按右键确认，软件自动找出不重合的点对，并在“数据管理”窗口生成新的“点对匹配文件”，如图 11-24 所示。

(3)完成点对匹配后，动态参数窗口自动变为“挪移交点”功能，挪移交点可选择“平面移往剖面”和“剖面移往平面”两种方式，根据线框的准确性来选择移动方式，这里平面线比剖面线更准确，则将不重合点挪移至平面，直接在屏幕上按右键，完成挪移，挪移后交点均变成绿色，如图 11-25 所示。

(4)完成交点挪移后，动态参数窗口自动变为“网格提取”功能，网格提取也包括两种方式，“对边顶点相互插值”是以线的形状趋势为基准进行顶点插值生成面片，“网格面均

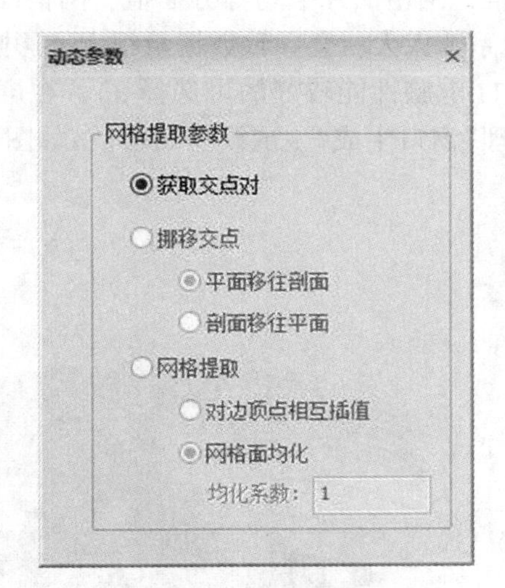

图 11-23　获取交点对

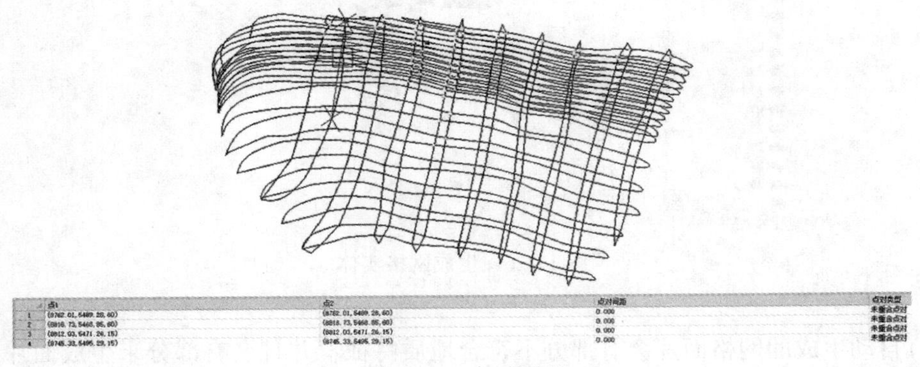

	点1	点2	点对间距	点对类型
1	(8762.01,5489.28,60)	(8762.01,5489.28,60)	0.000	未重合点对
2	(8818.73,5468.86,60)	(8818.73,5468.86,60)	0.000	未重合点对
3	(8812.03,5471.26,15)	(8812.03,5471.26,15)	0.000	未重合点对
4	(8745.33,5495.29,15)	(8745.33,5495.29,15)	0.000	未重合点对

图 11-24　点对匹配

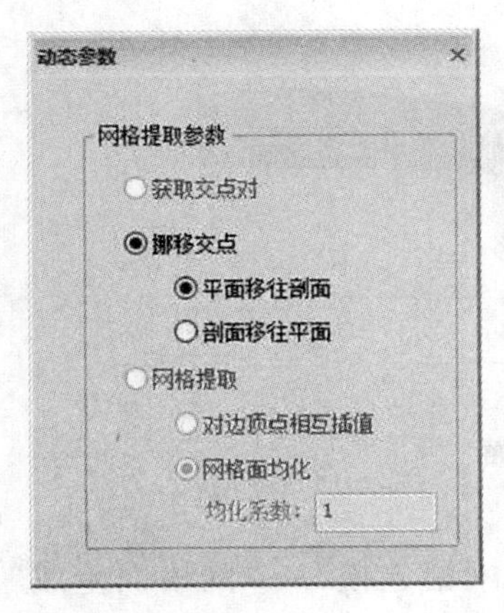

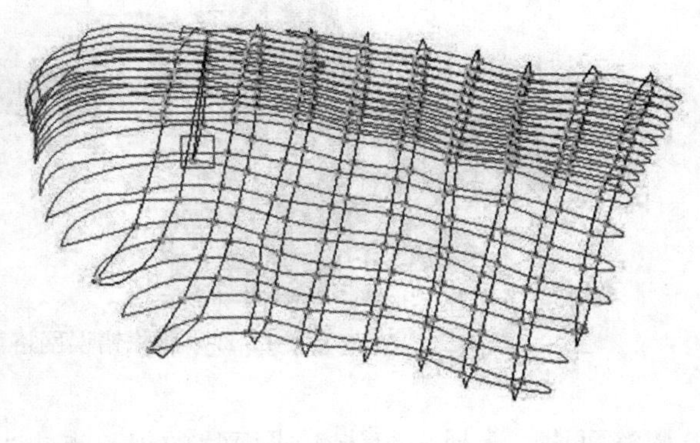

图 11-25　挪移交点

化”是以点数较多的线为基准，网格面片平均等分插值，网格面生成相对平滑。均化系数越大，细分越密，但是均化系数太大，会导致数据量很大，影响运行速度。这里选择“网格面均化”，均化系数选择1(电脑性能较好的可选择3)，在屏幕上直接按右键确认，生成网格面，同时在“数据管理”窗口生成“生成模型”文件，如图11-26所示。

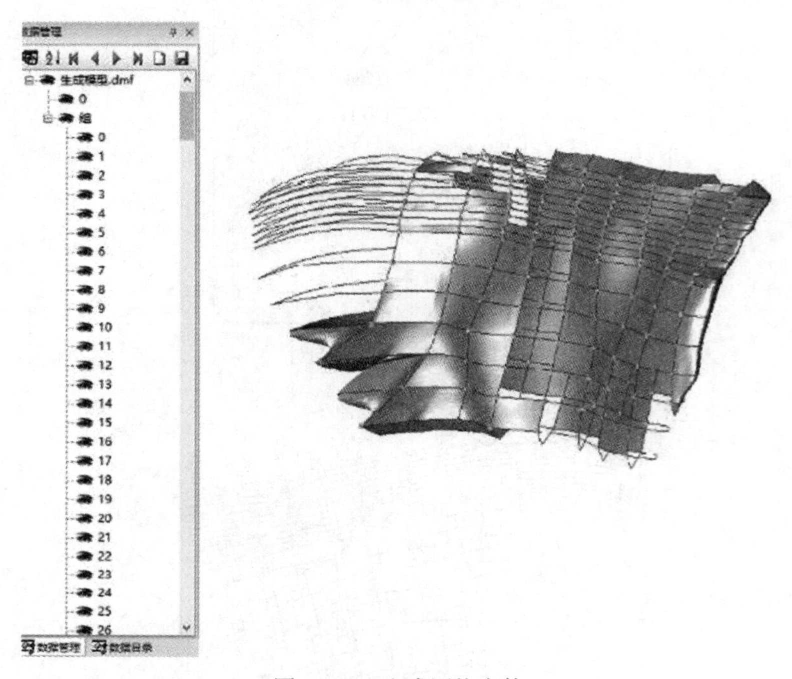

图11-26　生成网格实体

(5)自动生成的网格面片会有部分不符合地质特征，并且会有部分未生成面片。删除不符合地质特征的面片，如图11-27所示。

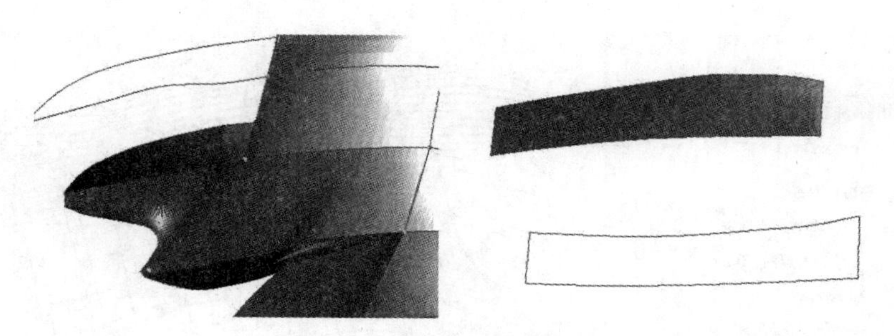

图11-27　删除错误网格面

(6)调整面片。选择一组未生成面片的组，点击“网格建模”→“网格面生成”功能，弹出参数设置对话框，选择“网格面均化”功能，均化系数为1，根据命令行提示选择“您要生成曲面的多段线”，选择首尾相接的多段线，按右键直接生成面片，如图11-28所示。

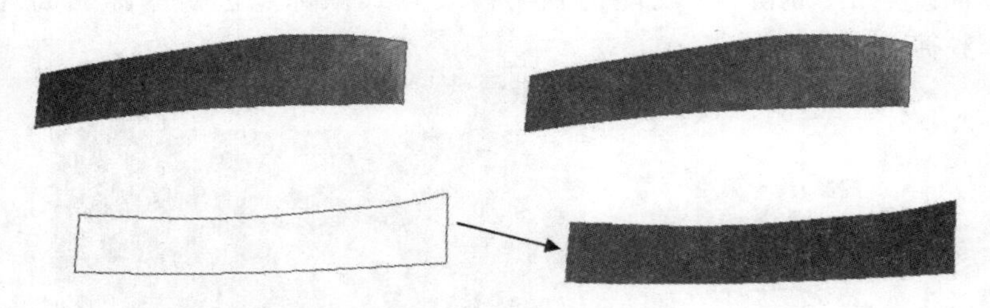

图11-28　生成网格面

(7)生成模型。调整好全部面片后，生成模型，选择全部面片后点击右键→“合并”，即生成矿体模型，如图11-29所示。

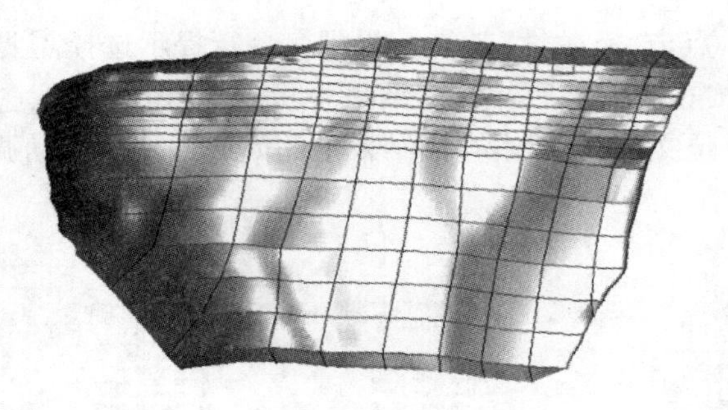

图11-29　合并生成模型

11.3.3　实体编辑

(1)合并。点击“合并”功能，选择需要合并为一体的实体，按右键完成合并，如图11-30所示。

图11-30　实体合并

(2)打散。点击“打散”功能，弹出如图11-31所示对话框。

分离实体：将互相不连接的实体分离。

分离为单个面片：实体分离为单个面片。

(3)删除面。点击“删除面”功能，利用传统方式鼠标点选要删除的面片，按右键确定，如图 11-32 所示。

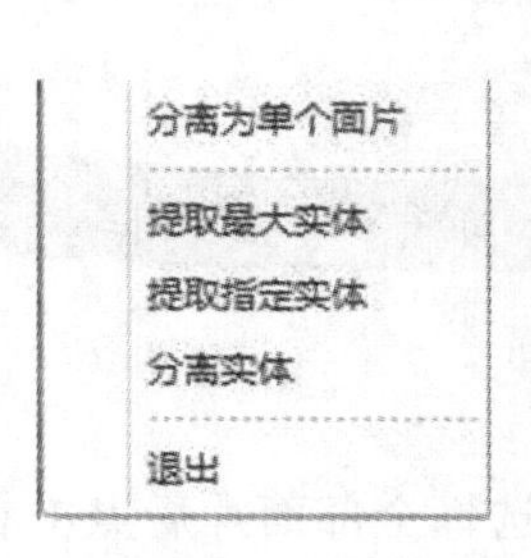

图 11-31 实体打散

图 11-32 删除面片

(4)有效性检测。点击“有效性”功能，根据命令行提示选择需要进行有效性检测的实体，选择矿体模型，按右键确定后，查询结果中提示出现的问题，并且在“数据管理”窗口生成“有效性检测定位文件”，双击查询结果中的问题，软件自动调整至问题视图，如图 11-33 所示。

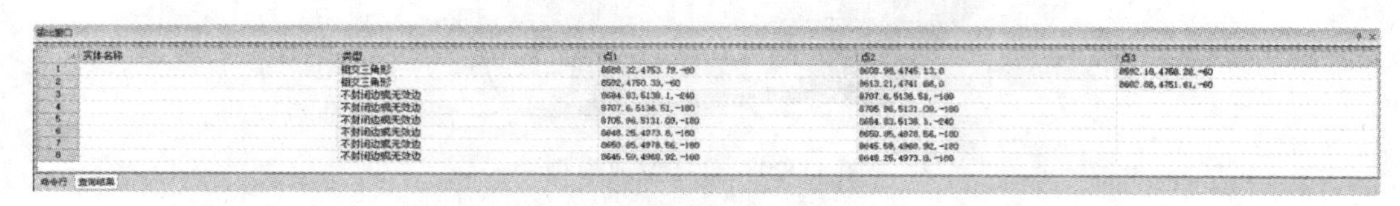

	实体名称	类型	点1	点2	点3
1		相交三角形	8588.32,4753.79,-60	8603.98,4745.13,0	8592.18,4768.28,-60
2		相交三角形	8592,4750.33,-60	8613.21,4741.86,0	8602.88,4751.61,-60
3		不封闭边或无效边	8684.83,5138.1,-240	8707.6,5136.51,-180	
4		不封闭边或无效边	8707.6,5136.51,-180	8705.96,5131.09,-180	
5		不封闭边或无效边	8705.96,5131.09,-180	8684.83,5138.1,-240	
6		不封闭边或无效边	8648.25,4973.8,-180	8650.85,4978.56,-180	
7		不封闭边或无效边	8650.85,4978.56,-180	8645.59,4968.92,-180	
8		不封闭边或无效边	8645.59,4968.92,-180	8648.25,4973.8,-180	

图 11-33 有效性检测结果

(5)对出现问题的实体进行修复。定位至“相交三角形”处，删除相交三角形，检查生成实体的多段线是否存在问题，对存在问题的多线段进行修正，不存在问题的可通过改变面片或添加辅助线重新生成实体进行调整，如图 11-34 所示。

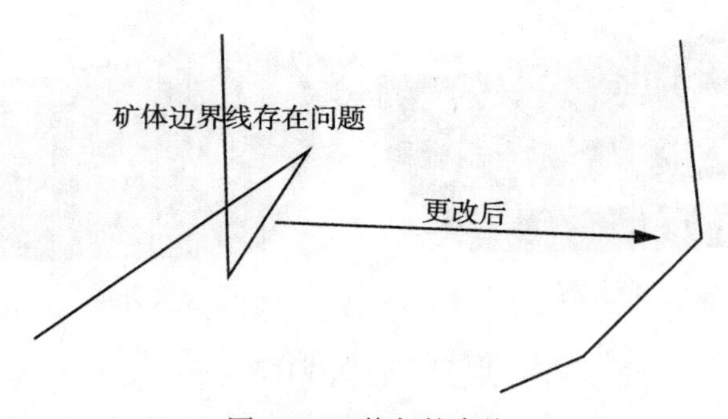

图 11-34 修复轮廓线

将“有效性检测定位文件”隐藏，选择实体，按右键提取实体开口线，将缺失的面片生成面片后与实体合并，将无效边对应的面片删除，重新提取开口线，生成面片即可。

第 12 章　1+X 矿山开采数字技术应用实例

12.1　数据库创建

应用实例：将已知表格转换为 CSV 格式；生成 DMT 表格文件，要求字段类型设置正确；进行逻辑校验，将错误处修正；生成 DMD 数据库及 DMG 数据库。

12.1.1　转换为 CSV 格式

(1)打开开口表 Excel 文件，点击“文件”菜单里的“另存为”，选择保存文件路径，选择保存类型为“CSV”格式，点击“保存”，如图 12-1 所示。

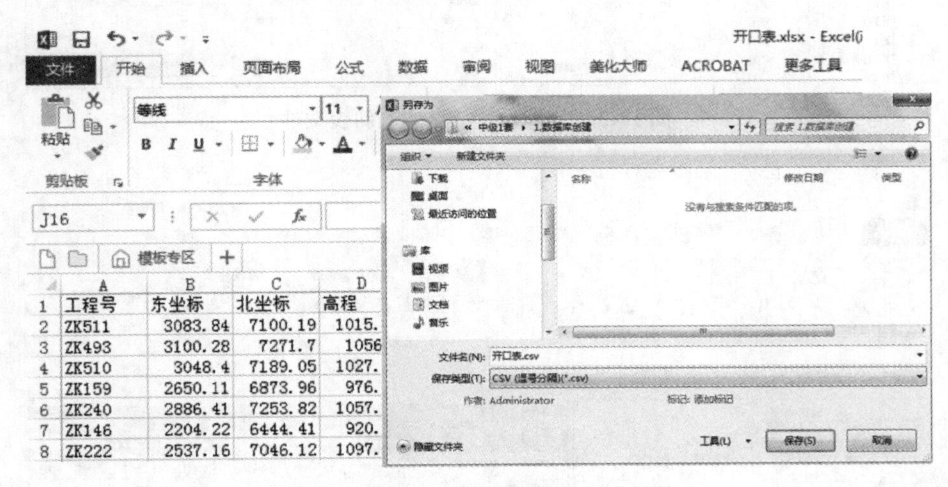

图 12-1　保存“CSV”格式开口表文件

(2)打开测斜表 Excel 文件，同样按以上步骤另存文件，如图 12-2 所示。

(3)打开样品表 Excel 文件，同样按以上步骤另存文件，如图 12-3 所示。

12.1.2　生成 DMT 表格文件

(1)点击“数据表格”→“导入”按钮，在文本文件中点击文件夹，在弹出的打开文件夹对话框中将下拉格式改为 .csv 格式，选择“开口表 .csv”，打开后，选择“逗号”分隔符，然后点击“下一步”，如图 12-4 所示。

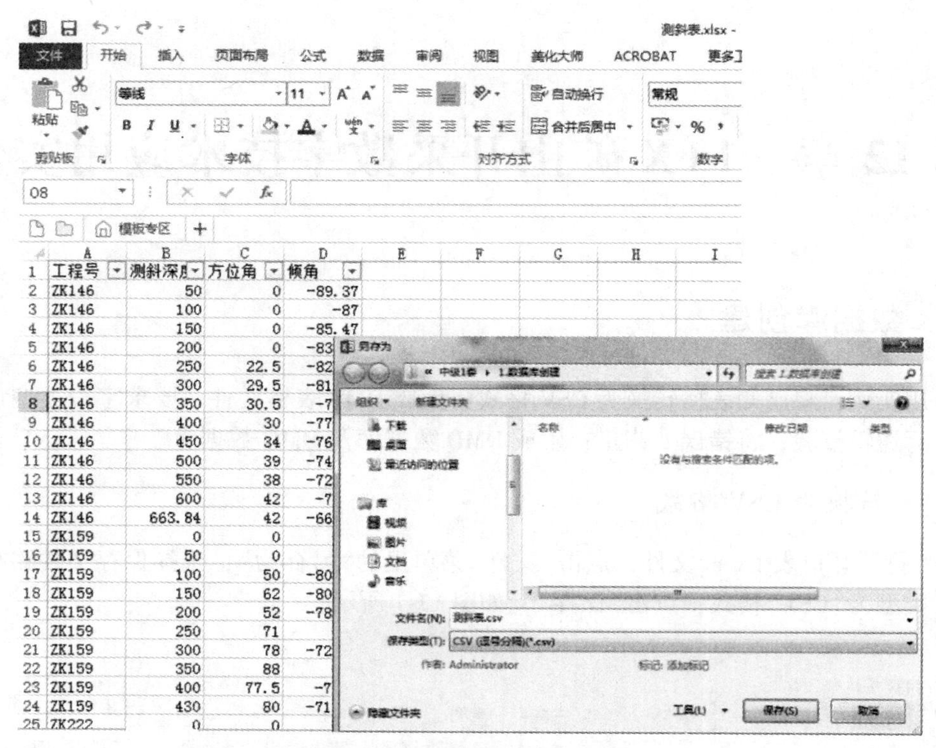

图 12-2 保存“CSV”格式测斜表文件

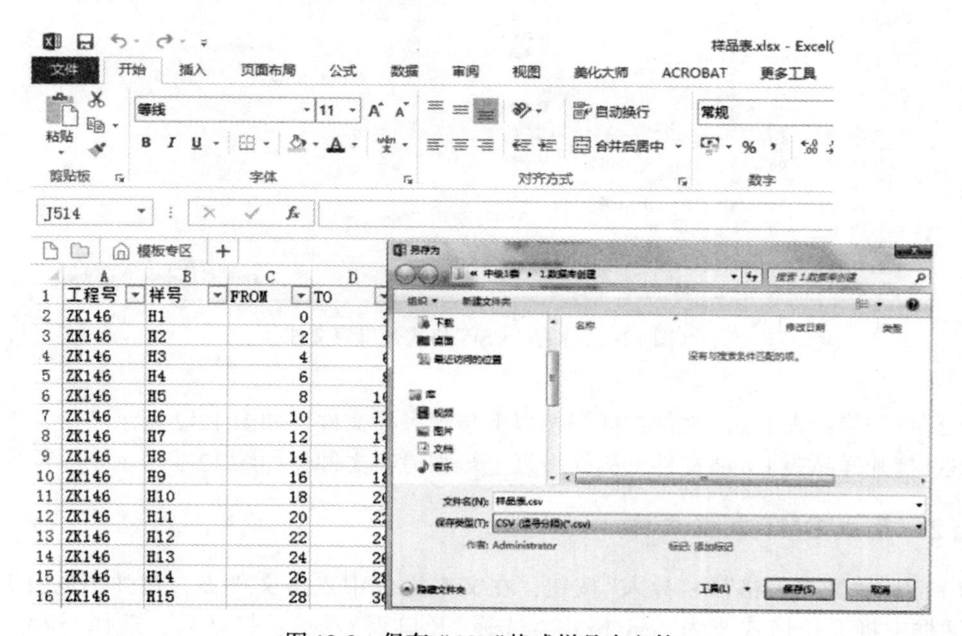

图 12-3 保存“CSV”格式样品表文件

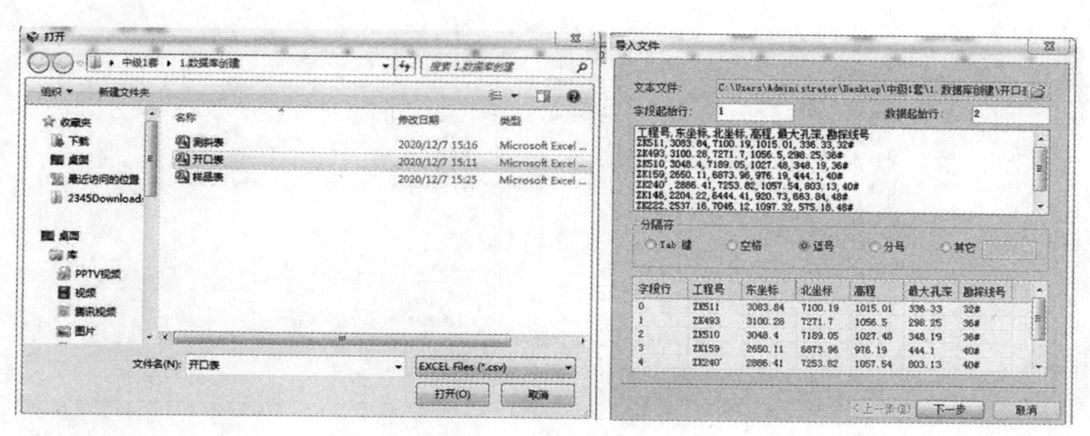

图 12-4　开口表导入

（2）在弹出的对话框中设置字段，将数值型的字段如东坐标、北坐标、高程、总深度等的字段类型改为“双精度型”或“浮点型”，其他含字母或文字的字段取“字符串型”，然后点击“下一步”，如图 12-5 所示。

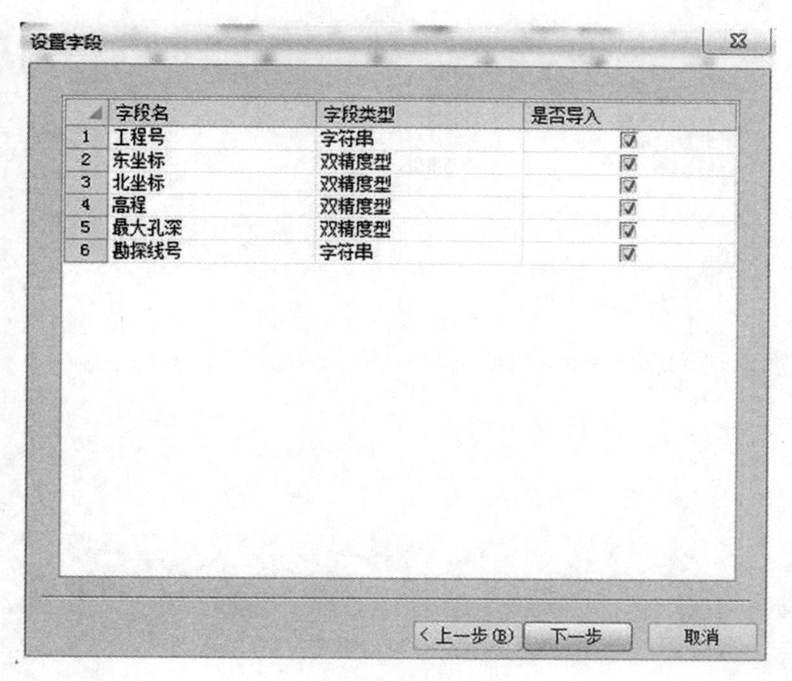

图 12-5　设置字段

（3）弹出预览界面，点击“完成”，将数据导入数据表格中。点击“数据表格”→“保存”，将文件命名为“开口表”，如图 12-6 所示。

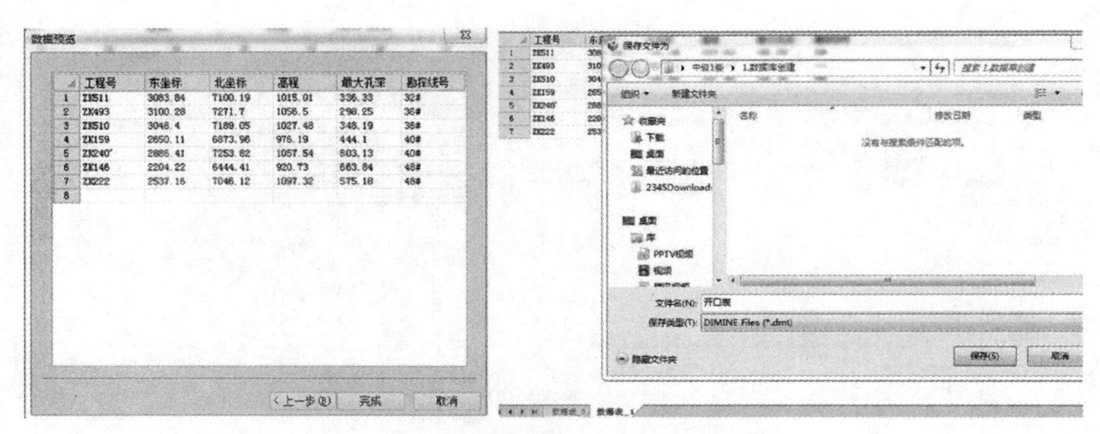

图 12-6　数据预览和保存 DMT 开口表文件

(4)重复(1)~(3)导入测斜表，设置字段类型如图 12-7 所示，并将结果保存为 .dmt 格式的测斜表，如图 12-7 所示。

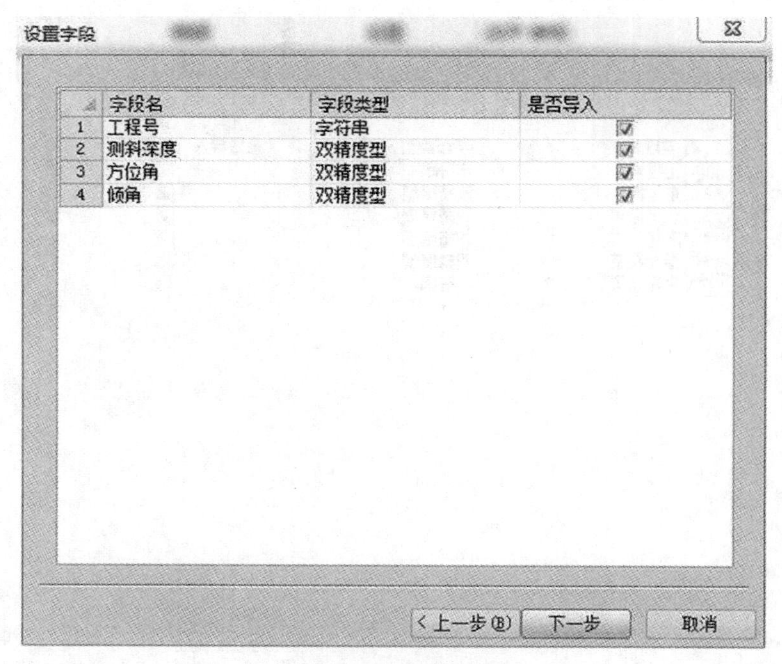

图 12-7　测斜表导入

(5)重复(1)~(3)导入样品表，设置字段类型如图 12-8 所示，并将结果保存为 .dmt 格式的样品表，如图 12-8 所示。

图 12-8　样品表导入

12.1.3　逻辑校验并修正

(1)点击“地质”→“钻孔校验 DMD”按钮，在弹出的界面中选择上述转换的开口表、测斜表、样品表三个 DMT 文件，对应好字段，如图 12-9 所示。

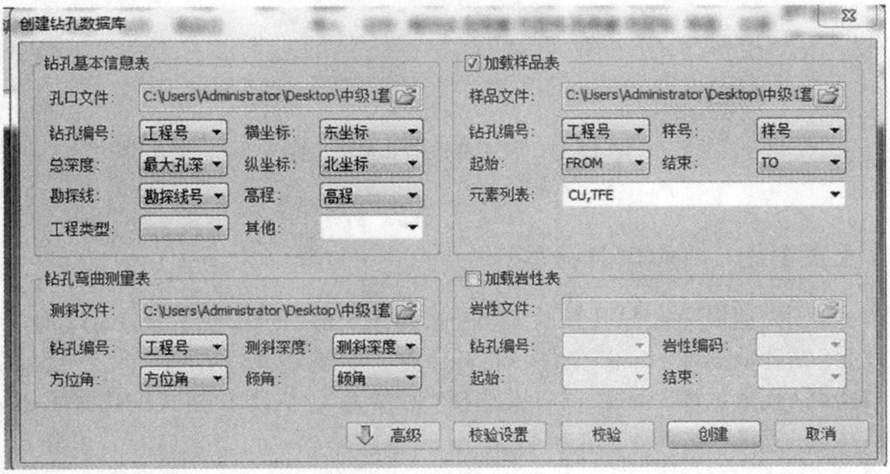

图 12-9　导入表格

(2)点击“校验设置”按钮，只保留“检查缺少钻孔”的选择，其他不勾选，点击“确定”，如图 12-10 所示。

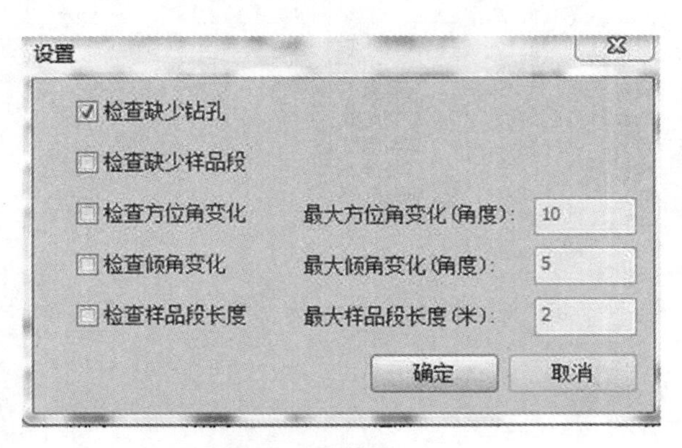

图 12-10 校验设置

(3)点击“校验”后会弹出校验结果对话框，如图 12-11(a)所示，如果有错误，需要修改 DMT 中的数据，须再次校验，直到没有错误可进行下一步，如图 12-11(b)所示。

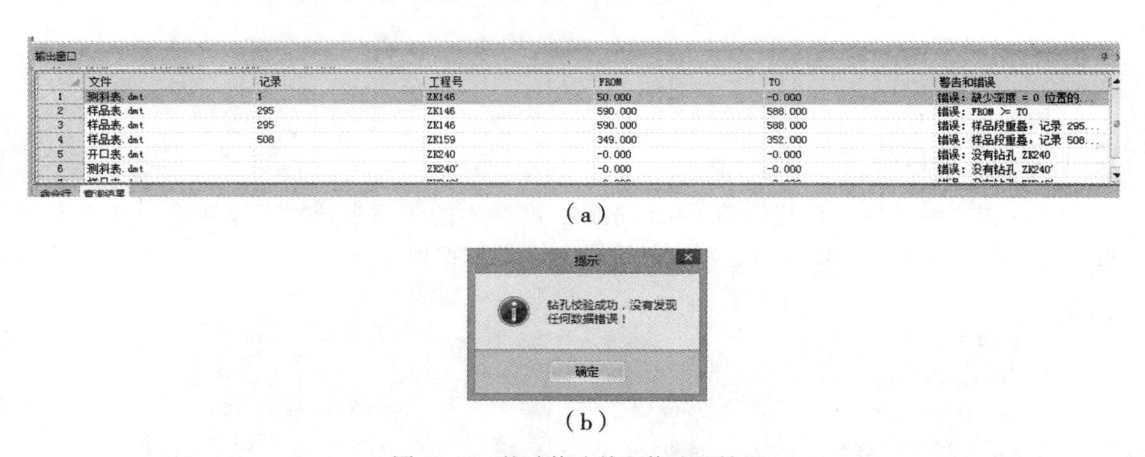

	文件	记录	工程号	FROM	TO	警告和错误
1	测斜表. dmt	1	ZK146	50.000	-0.000	错误：缺少深度 = 0 位置的...
2	样品表. dmt	295	ZK146	590.000	588.000	错误：FROM >= TO
3	样品表. dmt	295	ZK146	590.000	588.000	错误：样品段重叠，记录 295...
4	样品表. dmt	508	ZK159	349.000	352.000	错误：样品段重叠，记录 508...
5	开口表. dmt		ZK240	-0.000	-0.000	错误：没有钻孔 ZK240
6	测斜表. dmt		ZK240′	-0.000	-0.000	错误：没有钻孔 ZK240′

(a)

(b)

图 12-11 校验修改前和修改后结果

12. 1. 4 生成 DMD、DMG 数据库

(1)再次点击“地质”→“钻孔校验 DMD”按钮，点击“创建”，如图 12-12 所示。

(2)产生“钻孔数据库 . dmd”文件，将其保存，如图 12-13 所示。

(3)点击“钻孔数据库 . dmd”，右键选择“另存为”，在下拉格式中选择“. dmg”格式，命名为“钻孔数据库”，如图 12-14 所示。

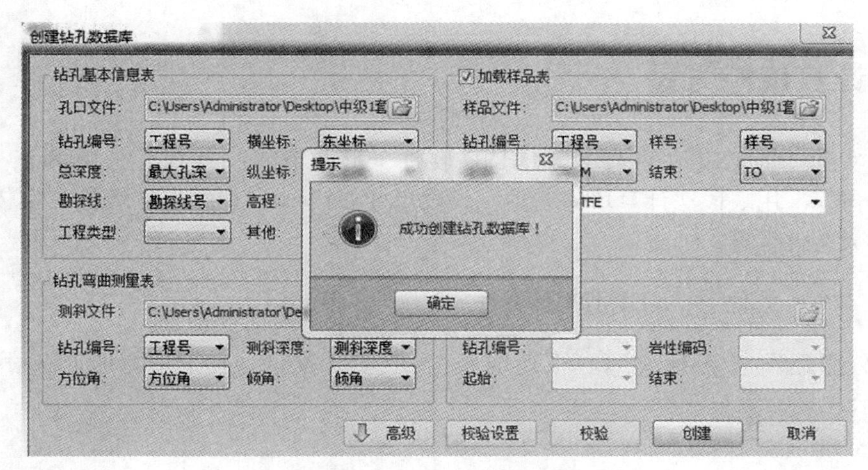

图 12-12　创建钻孔数据库

图 12-13　生成钻孔“. dmd”文件

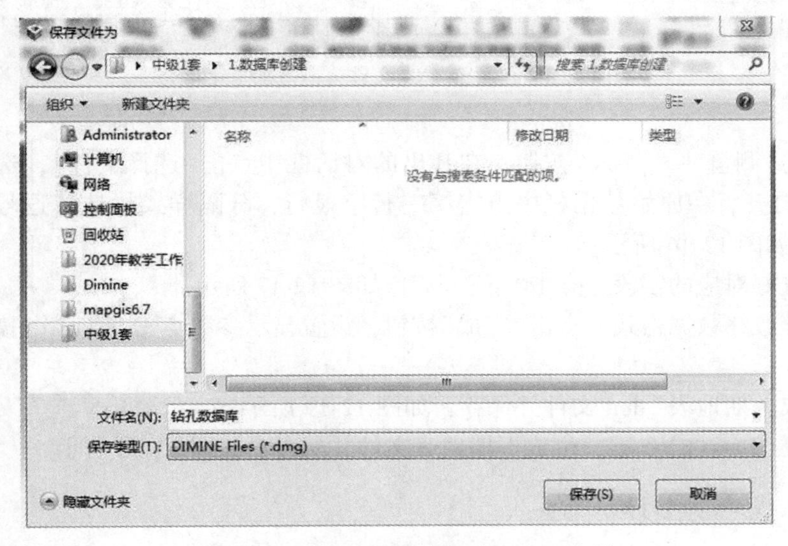

图 12-14　另存为“钻孔数据库 . dmg”文件

12.2 计算填挖方量

应用实例：将 TXT 文件导入 DIMINE 软件，形成测点，并保存；将测点生成地表 DTM，并保存；用块段法计算填挖方量，块段尺寸 2×2×0.5，并生成填挖方实体、图表，然后将成果文件保存。

12.2.1 TXT 文件导入 DIMINE 软件

(1)分别打开“上期地表”和“下期地表”两个 TXT 文件，在第一行加上字段行，如图 12-15 所示。

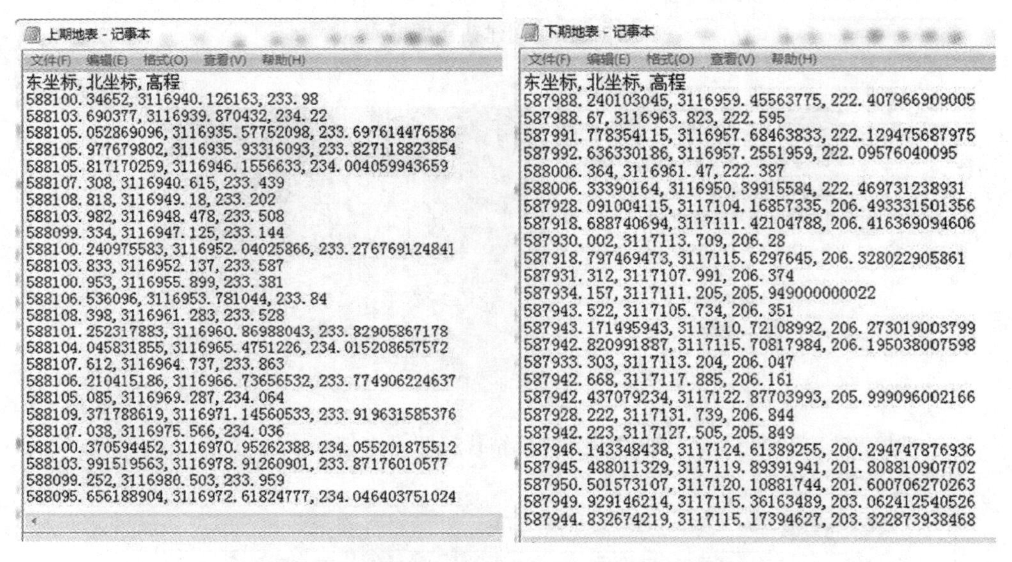

图 12-15 在两个 TXT 文件第一行加上字段行

(2)点击“测量”→“导入”按钮，在弹出的对话框中点击“选择文件”，选择上期地表 TXT 文件并打开，在原始数据栏中点击第一行字段行，分隔样式栏选择逗号，然后点击“下一步”，如图 12-16 所示。

(3)设置好对应的字段，点击“下一步”，如图 12-17 所示。

(4)预览最终数据格式，点击“完成”按钮，设置显示参数点击“确定”，如图 12-18 所示。

(5)生成上期地表 . dmf 文件并保存，如图 12-19 所示。

(6)重复(2)～(5)步骤，生成下期地表文件并保存，如图 12-20 所示。

12.2.2 生成地表 DTM

(1)打开上期地表图形文件，在数据管理栏选中该文件，点击鼠标右键新建图层“地

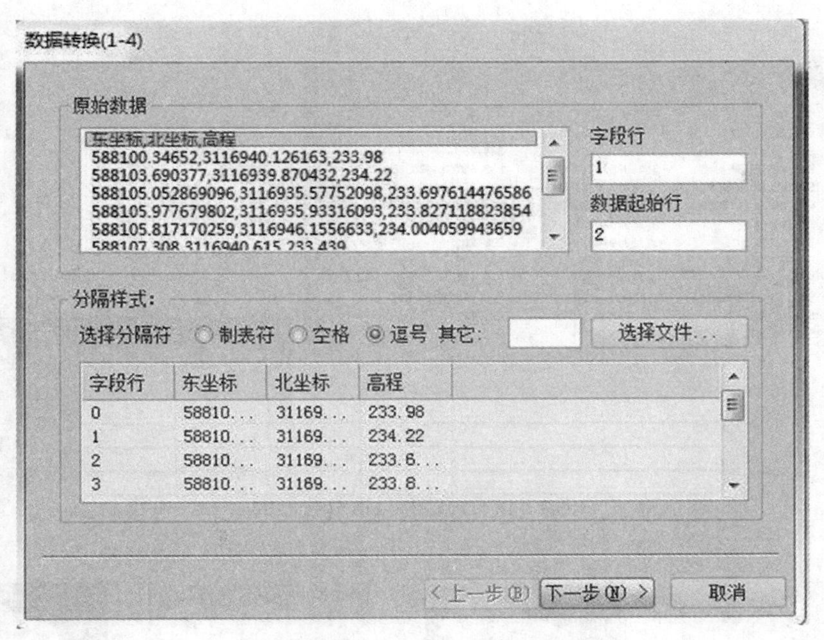

图 12-16　选择上期地表 TXT 文件导入

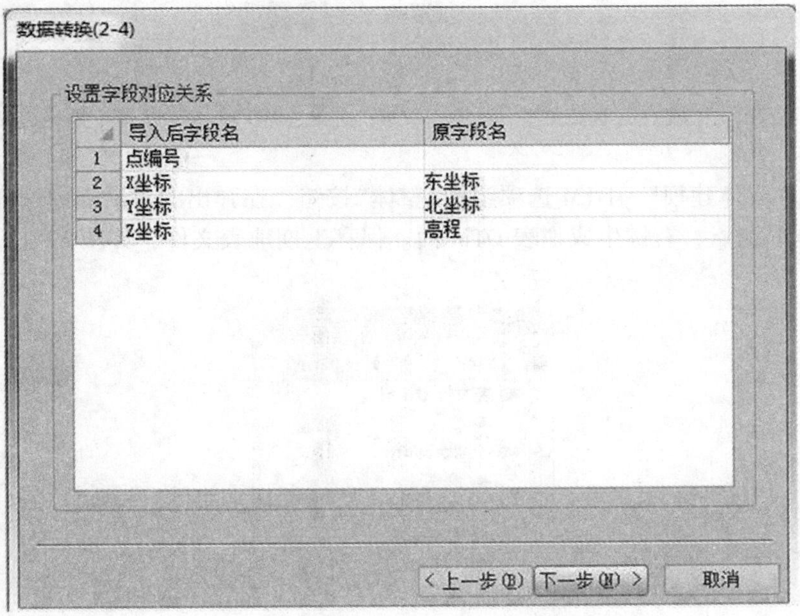

数据转换(2-4)

设置字段对应关系

	导入后字段名	原字段名
1	点编号	
2	X坐标	东坐标
3	Y坐标	北坐标
4	Z坐标	高程

< 上一步(B)　下一步(N) >　取消

图 12-17　设置字段对应关系

表 DTM”，双击该图层置为当前层，打开“新数据位置设置”按钮，如图 12-21 所示。

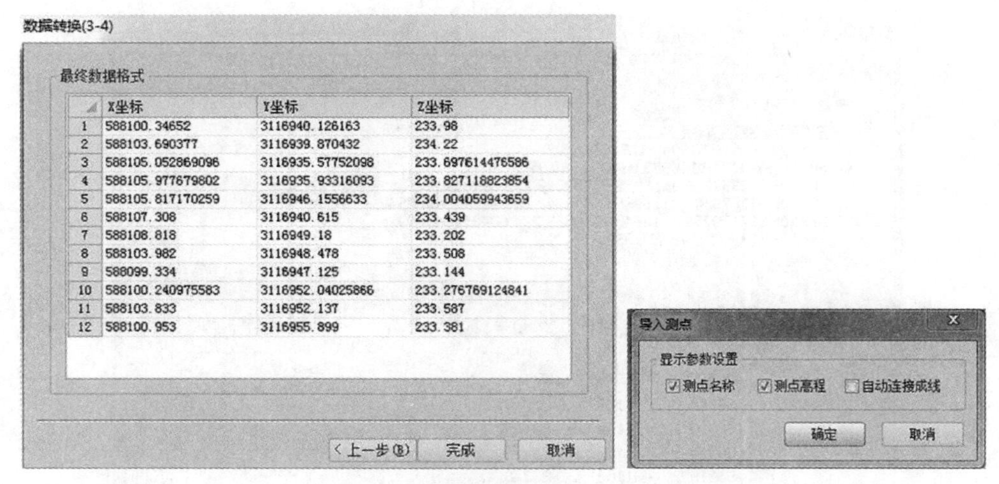

	X坐标	Y坐标	Z坐标
1	588100.34652	3116940.126163	233.98
2	588103.690377	3116939.870432	234.22
3	588105.052869096	3116935.57752098	233.697614476586
4	588105.977679802	3116935.93316093	233.827118823854
5	588105.817170259	3116946.1556633	234.004059943659
6	588107.308	3116940.615	233.439
7	588108.818	3116949.18	233.202
8	588103.982	3116948.478	233.508
9	588099.334	3116947.125	233.144
10	588100.240975583	3116952.04025866	233.276769124841
11	588103.833	3116952.137	233.587
12	588100.953	3116955.899	233.381

图 12-18 预览和显示参数设置

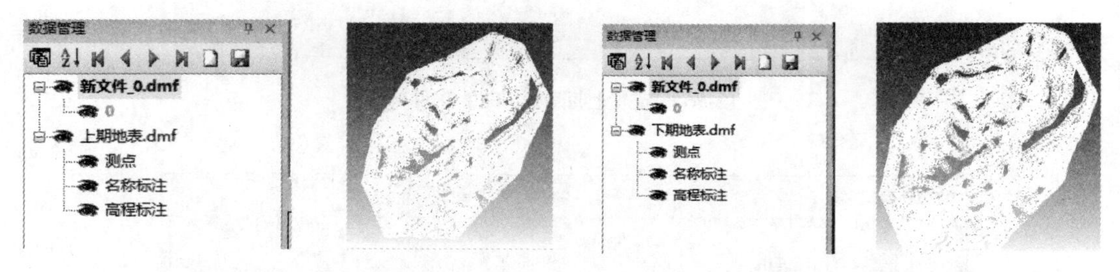

图 12-19 生成上期地表文件

图 12-20 生成下期地表文件

(2)点击“实体建模”→DTM 选项组的“整体”按钮，在弹出的对话框中选择“地性线约束”，框选全部测点，右键生成地表 DTM 面。保存上期地表文件，如图 12-22 所示。

图 12-21 上期地表文件新建“地表 DTM”图层

(3)重复(1)~(2)步骤，生成下期地表 DTM 面并保存，如图 12-23 所示。

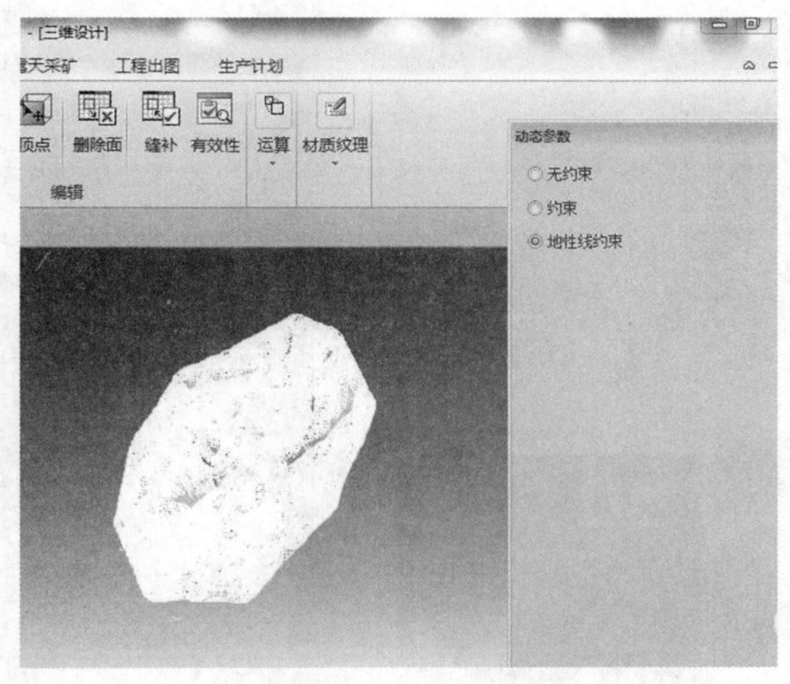

图 12-22　生成地表 DTM 面

图 12-23　下期地表测点文件生成地表 DTM 面

12.2.3　块段法计算填挖方量

(1)分别打开上期地表、下期地表和范围线三个图形文件，上期地表和下期地表文件只打开“地表 DTM”图层，把其他图层关闭。为了区分，两个地表 DTM 设置不同颜色。双击“新文件_0”的“0”图层，打开“新数据位置设置”按钮，如图 12-24 所示。

(2)点击“测量”→DTM 选项组的“填挖方量”按钮，在弹出的对话框中选择“块段法”；块段大小“XY 方向”选择 2，“Z 方向”选择 0.5；勾选“生成填挖方实体”和“图表输出”，如图 12-25 所示。

图 12-24　打开三个图形文件设置不同颜色区分

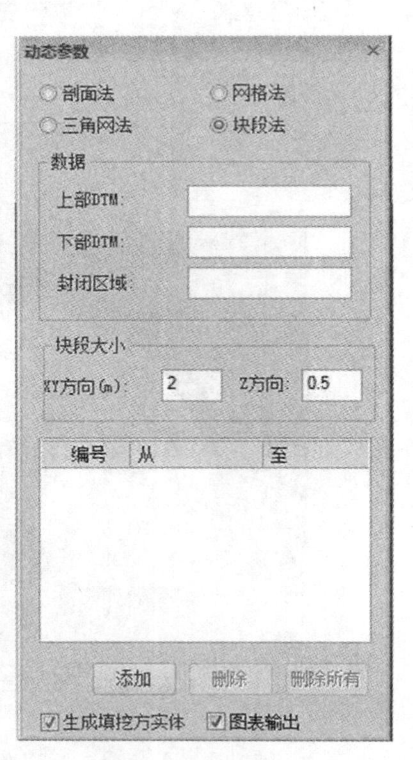

图 12-25　用块段法计算填挖方量参数设置

(3)根据命令行提示，选择上期地表 DTM，按右键确认；选择下期地表 DTM，按右键确认；选择封闭线，按右键确认。确定后，在空白位置生成图表。退出命令，保存“新文件_0”为“填挖方实体、图表”文件。除该文件外，隐藏其他图形文件。可观察新生成的图形文件情况，如图 12-26 所示。

图 12-26　操作生成保存填挖方实体、图表文件

12.3　开采系统建模

应用实例：为平巷、斜坡道、井筒添加断面属性。平巷断面规格为三心拱(底宽3.8m，墙高2.2m)；斜坡道规格为三心拱(底宽4.5m，墙高3m)；风井规格为圆形(直径4.5m)，副井规格为圆形(直径6m)，以指定的规格生成模型实体；将成果保存。

12.3.1　添加断面属性

(1)在数据管理栏选中“开采系统建模.dmf”文件，右键点击“要素类管理”，在弹出的对话框中点击“要素类”的“0”，点击右侧的下拉菜单选择“巷道文件”，调整字段类型后，点击“确定”按钮。把视图区所有巷道中心线转换成多段线，如图12-27所示。

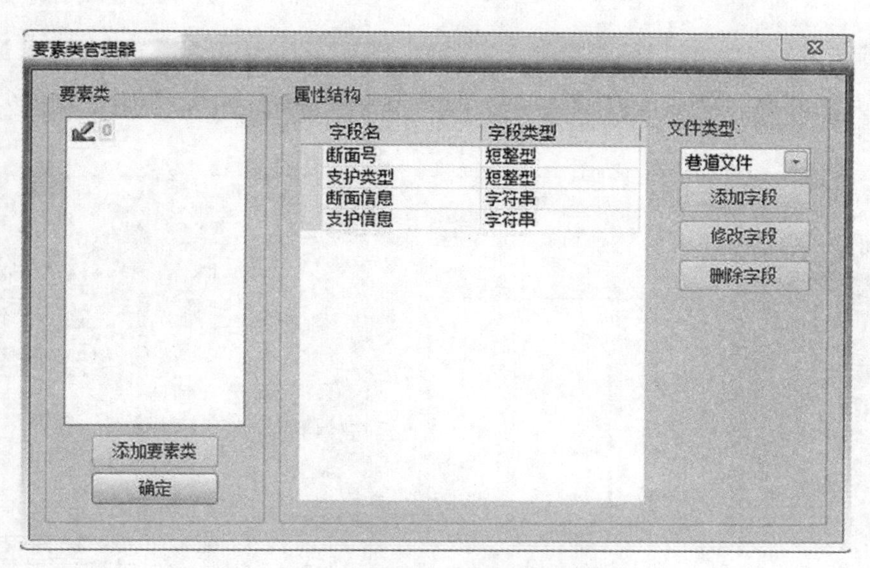

图 12-27　通过要素类管理器设为巷道文件

(2)将文件中的“斜坡道”和“井筒”图层关闭，框选视图区所有巷道中心线，右键点击属性，在弹出的“属性”对话框中点击“实体属性”，点击“断面号”右侧按钮，在弹出的对话框中先创建断面名称为“平巷”，然后设置断面规格为底宽3.8m、墙高2.2m三心拱。点击“修改”和“确定”按钮，如图12-28所示。

(3)关闭“-200”和“-100”图层，打开“斜坡道”图层。框选视图区巷道中心线，右键点击“属性”，在弹出的“属性”对话框中点击“实体属性”，点击“断面号”右侧按钮，在弹出的对话框中先创建断面名称为“斜坡道”，然后设置断面规格为底宽4.5m、墙高3m三心拱。点击“修改”和“确定”按钮，如图12-29所示。

(4)关闭“斜坡道”图层，打开“井筒”图层。点副井中心线，右键点击“属性”，在弹出的“属性”对话框中点击“实体属性”，点击“断面号”右侧按钮，在弹出的对话框中先创

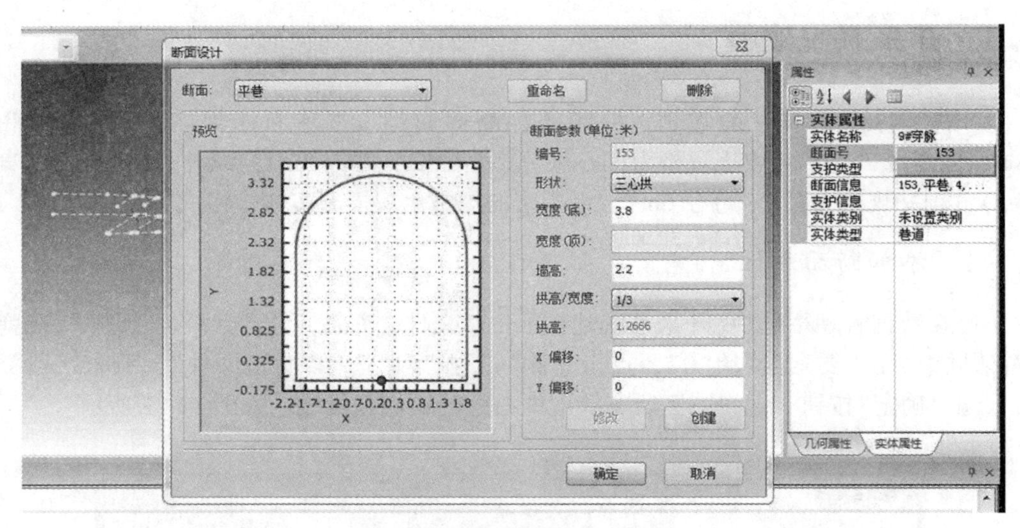

图 12-28 设置平巷断面规格

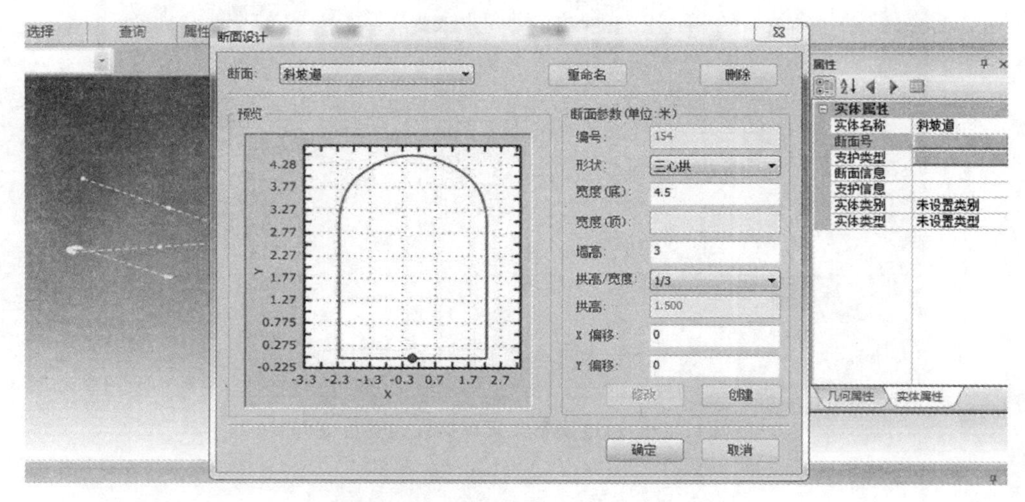

图 12-29 设置斜坡道断面规格

建断面名称为“副井”，然后设置断面规格为直径 6m 的圆形。点击“修改”和“确定”按钮，如图 12-30 所示。

(5)按步骤(4)的方法设置两个风井断面规格为直径 4.5m 的圆形，如图 12-31 所示。

12.3.2 生成模型实体

(1)点击“井巷工程”→“井巷实体”功能组中的“竖井”命令，按命令行操作，旋转角度为 0°，按回车键，选中视图区全部井筒中心线，按右键确定不封口，如图 12-32 所示。

(2)关闭“井筒”图层，打开其他三个图层。点击“井巷工程”→“井巷实体”功能组中

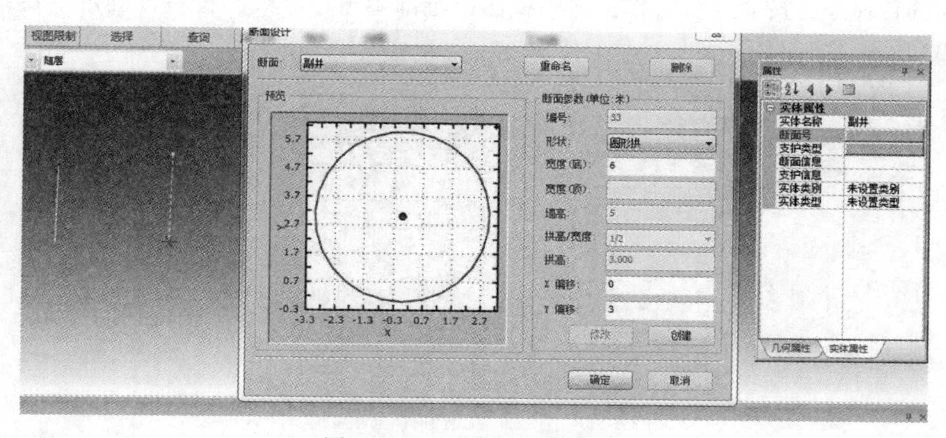

图 12-30　设置副井断面规格

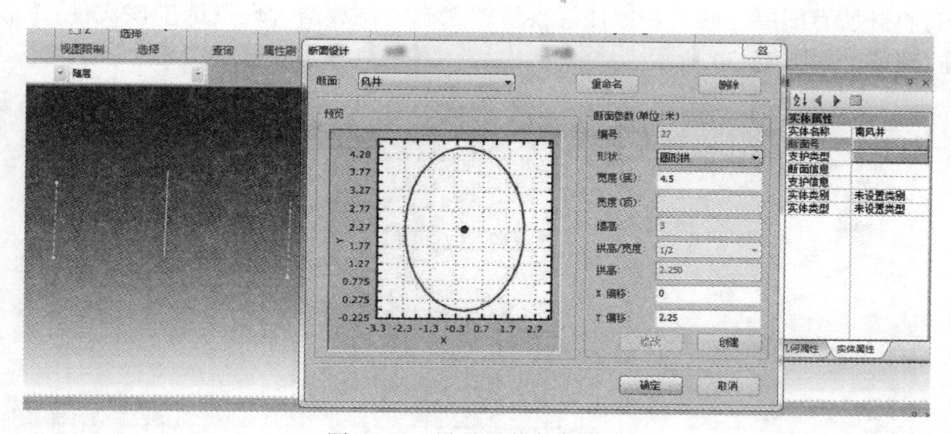

图 12-31　设置风井断面规格

图 12-32　生成竖井模型实体

的“非联通”命令，按命令行操作，选中视图区全部巷道中心线，按右键确定不封口，如图 12-33 所示。

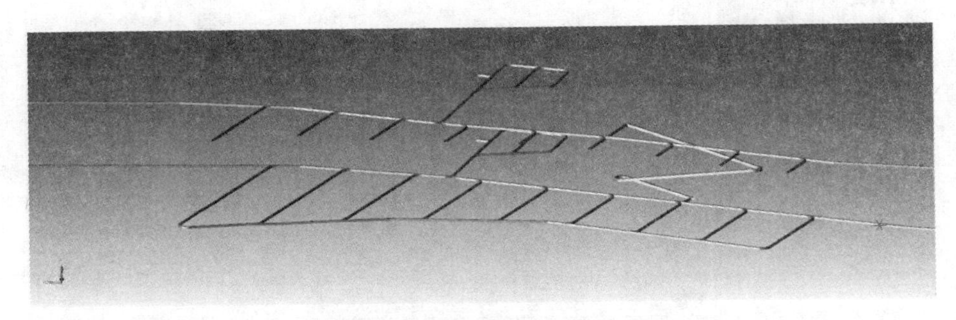

图 12-33　生成斜坡道和平巷模型实体

(3)打开所有图层，调整好最佳观察视图状态。在数据管理栏选中该文件，点击“保存文件”按钮，如图 12-34 所示。

图 12-34　调整视图状态保存文件

12.4　露天坑运算

应用实例：用布尔运算方法，将原始地表与终了设计地表联合成一个完整的 DTM 模型；根据生成的 DTM 模型，修饰原始地表等高线与终了设计的台阶线；用布尔运算方法，求得原始地表以下，终了境界以上的开挖体模型。

12.4.1　布尔运算联合 DTM 模型

(1)将初始两个文件导入 DIMINE 软件中，新建文件，命名为“地表与露天境界联合 DTM”，如图 12-35 所示。

(2)检查法线方向。检查初始文件模型法线方向是否向下，如果不是，利用实体建模菜单中的优化命令，选择方向一致化，勾选“反向”，选择模型按右键确定，如图 12-36 所示。

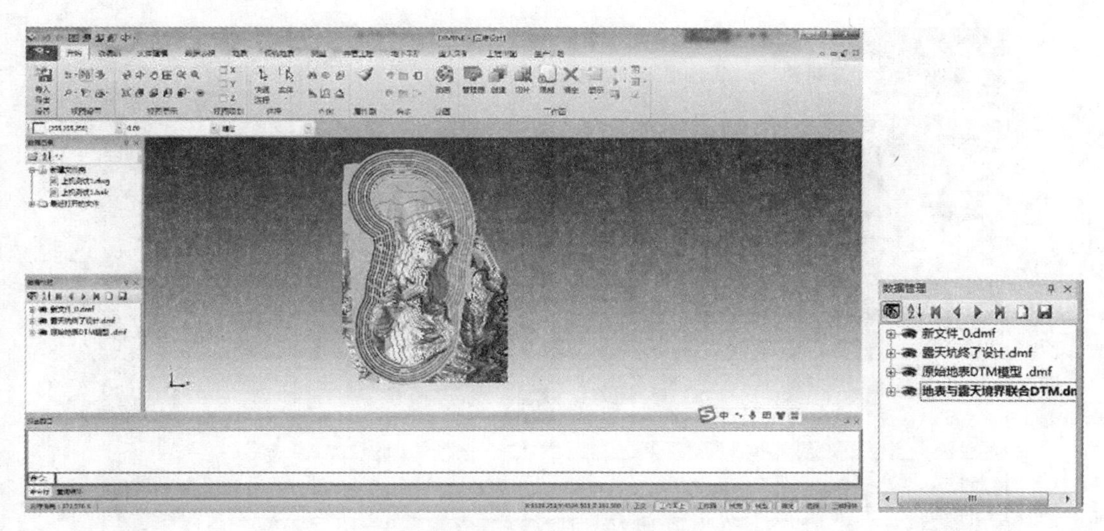

图 12-35　导入、新建文件

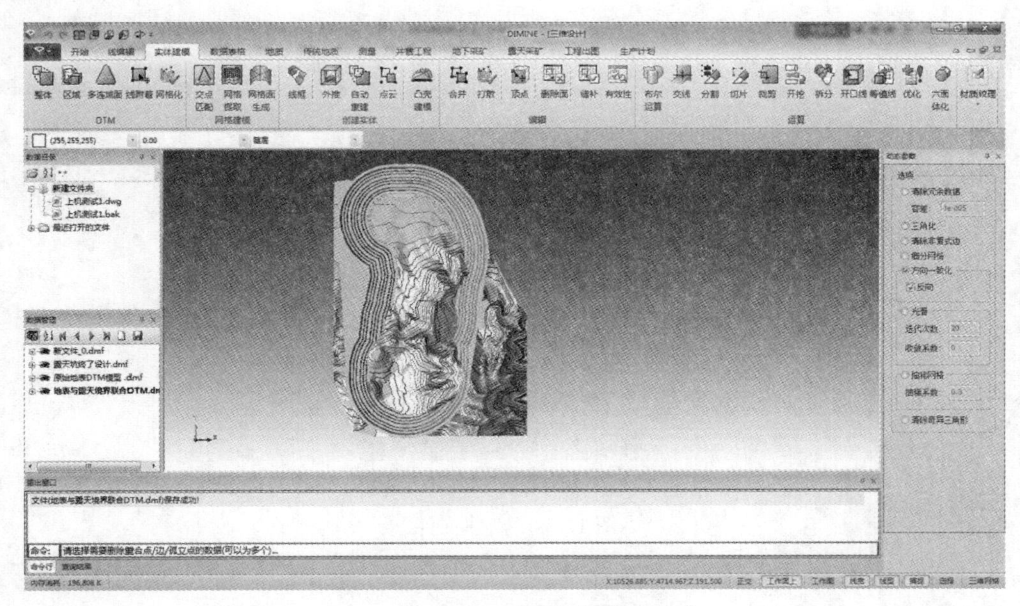

图 12-36　检查法线方向

(3) 地表与露天境界联合 DTM。确定模型法线方向全部向下后，利用实体建模菜单中的布尔运算命令，布尔运算类型选择“表面联合”，先选择地表模型，再选择露天坑终了境界模型，生成原始地表与终了设计地表联合成的一个完整的 DTM 模型。将生成的模型移动到“地表与露天境界联合 DTM”文件图层中，如图 12-37 所示。

(4) 保存文件，将文件放入指定文件夹。将所有文件移出，将初始文件再次导入 DIMINE 软件。新建文件，命名为“修饰地表等高线与露天境界线”，在文件中建立“交线”

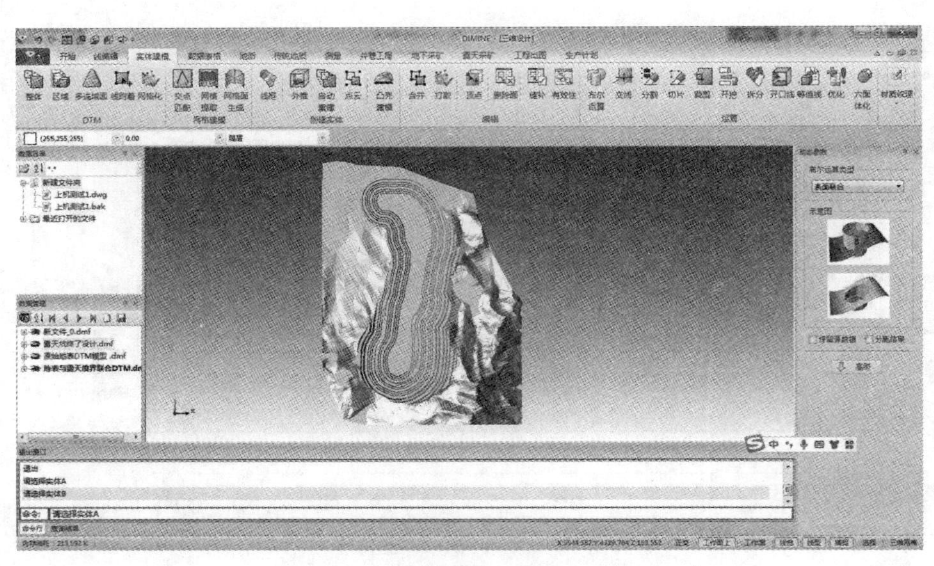

图 12-37　地表与露天境界联合 DTM

“修饰地表等高线”“修饰露天境界线”三个图层，如图 12-38 所示。

图 12-38　新建文件

(5)重复检查法线方向，重复步骤(2)。

12.4.2　修饰原始地表等高线与终了设计的台阶线

1)生成交线

确定模型法线方向全部向下后，利用实体建模菜单中的交线命令，先选择地表模型，再选择露天坑终了境界模型，点击右键确定，生成原始地表与终了设计地表的交线。将生成的交线移动到“修饰地表等高线与露天境界线”文件的“交线”图层中，如图 12-39 所示。

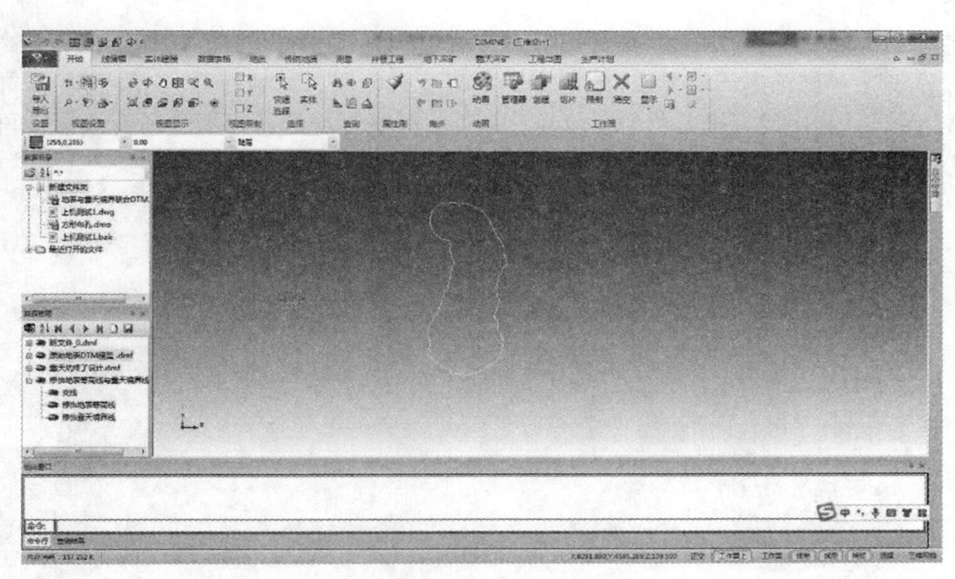

图 12-39　生成交线结果

2)修饰地表等高线

将“原始地表 DTM 模型”中的“等高线”图层中的所有线选中，移动到“修饰地表等高线与露天境界线”的“修饰地表等高线”图层中。关闭所有图层，单独打开“交线”和“修饰地表等高线”图层，利用线编辑菜单中区域裁剪命令，先选择交线，再框选所有线段，再点击交线外部，如图 12-40 所示。

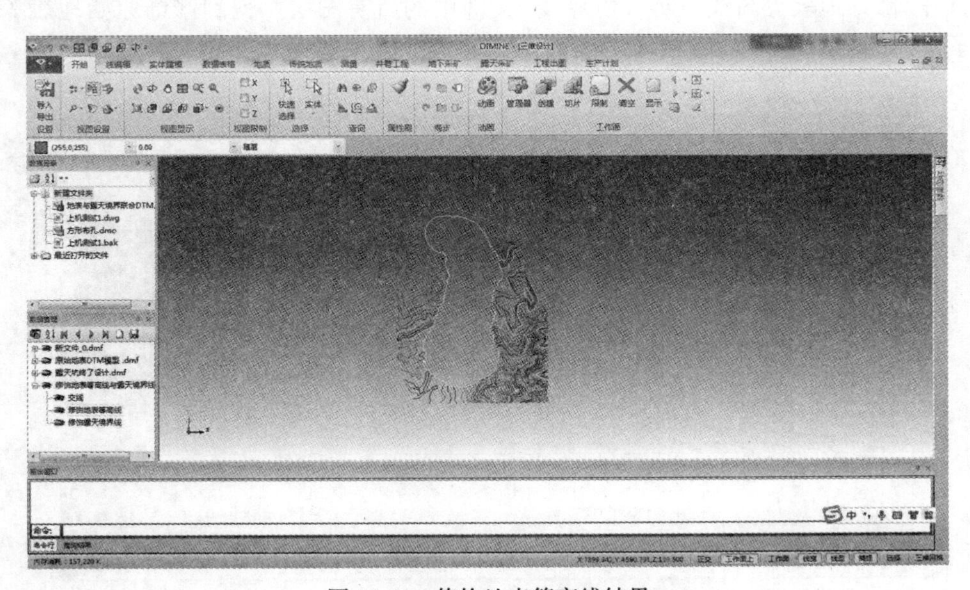

图 12-40　修饰地表等高线结果

3)修饰露天境界线

将“露天坑终了设计”中的“设计线”图层中的所有线选中，移动到“修饰地表等高线与露天境界线”的“修饰露天境界线”图层中。关闭所有图层，单独打开“交线”和“修饰露天境界线”图层，利用线编辑菜单中区域裁剪命令，先选择交线，再框选所有线段，再点击交线内部，如图 12-41 所示。

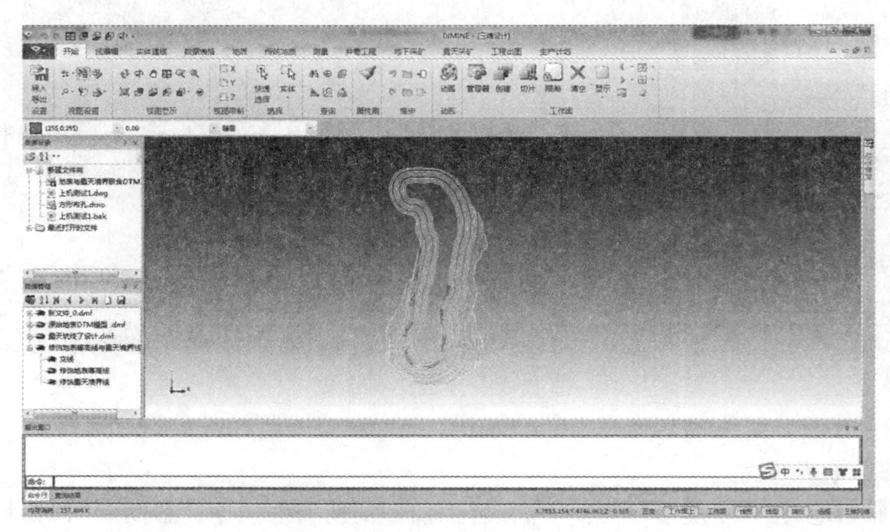

图 12-41 修饰露天境界线结果

4)显示并保存文件

打开“修饰地表等高线与露天境界线”文件中的所有图层。得到修饰原始地表等高线与终了设计的台阶线，如图 12-42 所示。保存文件，将文件放入指定文件夹。

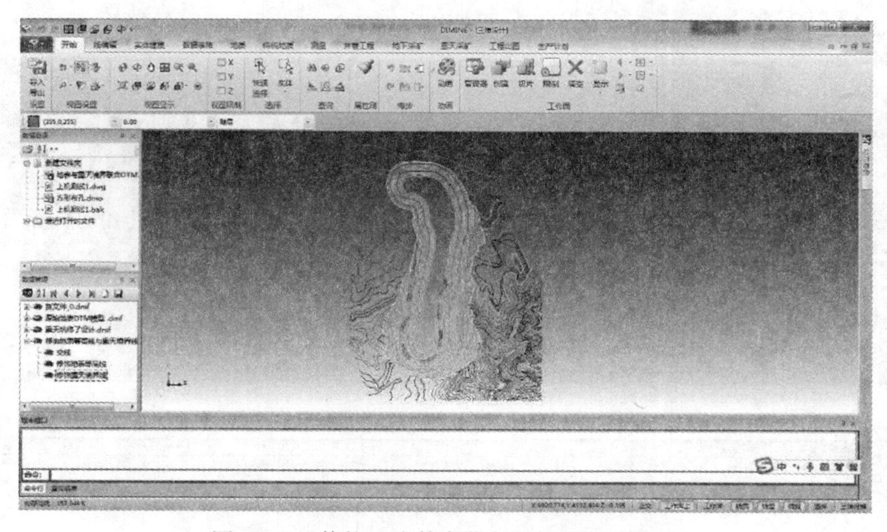

图 12-42 修饰地表等高线与露天境界线结果

12.4.3　生成开挖体模型

1)新建“开挖体模型”文件

将所有文件移出，将初始文件再次导入 DIMINE 软件。新建文件，命名为“开挖体模型”，如图 12-43 所示。

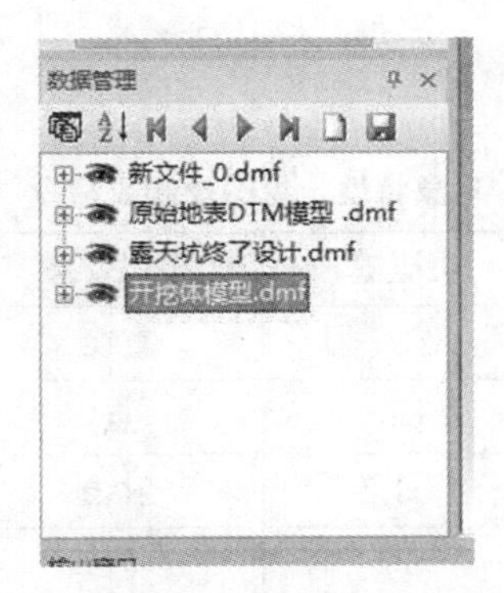

图 12-43　新建“开挖体模型”文件

2)生成开挖体

重复检查法线方向步骤，确定模型法线方向全部向下后，利用实体建模菜单中的布尔运算命令，布尔运算类型选择表面相交，先选择地表模型，再选择露天坑终了境界模型，生成开挖体模型。将模型移动到“开挖体模型”文件图层中，见图 12-44 所示。保存文件，将文件放入指定文件夹。

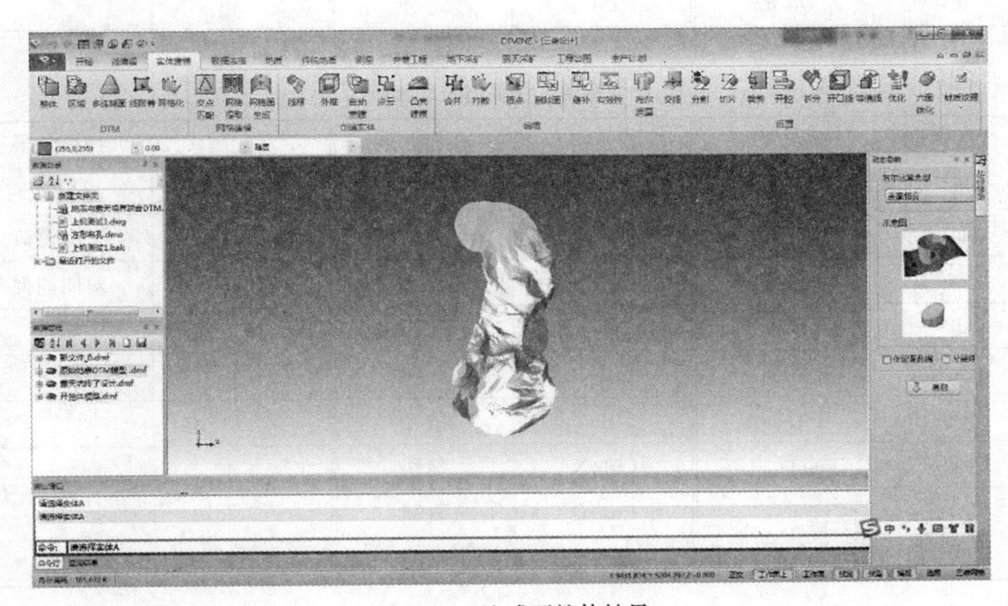

图 12-44　生成开挖体结果

附录 A 采矿 CAD 常用快捷键

A. 1　　对象特性、绘图及修改命令

快捷键	操作效果	快捷键	操作效果	快捷键	操作效果
st	文字样式	l	直线	co	复制
la	图层操作	po	点	mi	镜像
att	属性定义	xl	射线	ar	阵列
ate	编辑属性	pl	多段线	o	偏移
r	重生成	ml	多线	ro	旋转
aa	面积	rec	矩形	m	移动
di	距离	c	圆	E 或 Delete 键	删除
li	显示图形信息	do	圆环	x	分解
t	单行文字	mt	多行文字	tr	修剪
b	块定义	i	插入块	ex	延伸
h	填充	div	等分		

A. 2　　尺寸标注、快捷键及功能键

快捷键	操作效果	快捷键	操作效果	功能键	操作效果
dli	直线标注	Ctrl+1	修改特性	F1	帮助
dal	对齐标注	Ctrl+O	打开文件	F2	文本窗口
dra	半径标注	Ctrl+N	新建文件	F3	对向捕捉
ddi	直径标注	Ctrl+P	打印	F7	栅格
dan	角度标注	Ctrl+S	保存	F8	正交
dce	中心标注	Ctrl+Z	放弃		
dor	点标注	Ctrl+X	剪切		
		Ctrl+C	复制		
		Ctrl+V	粘贴		

附录 B 常用采矿标准图元符号

B. 1 采掘机械图形符号表

编号	名称	全断面掘进机	编号	名称	部分断面掘进机
1			2		
	说明	顶角 120°		说明	
编号	名称	铲斗装载机	编号	名称	耙斗装载机
3			4		
	说明			说明	
编号	名称	扒爪装载机	编号	名称	侧卸式装载机
5			6		
	说明			说明	
编号	名称	风镐	编号	名称	岩石电钻
7			8		
	说明			说明	

续表

编号	名称	锚杆电钻	编号	名称	凿岩机
9	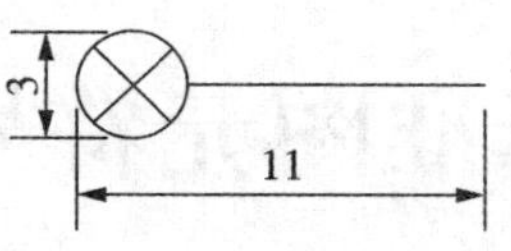		10	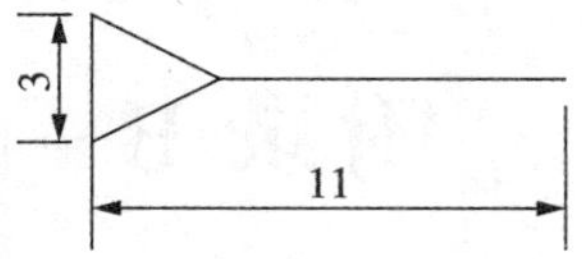	
	说明			说明	
编号	名称	钻井机	编号	名称	钻装机
11	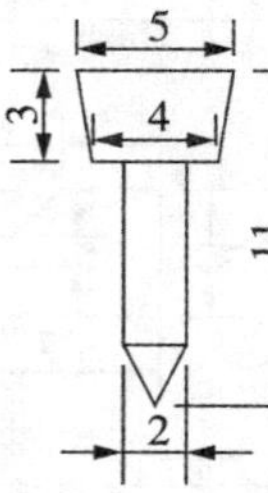		12	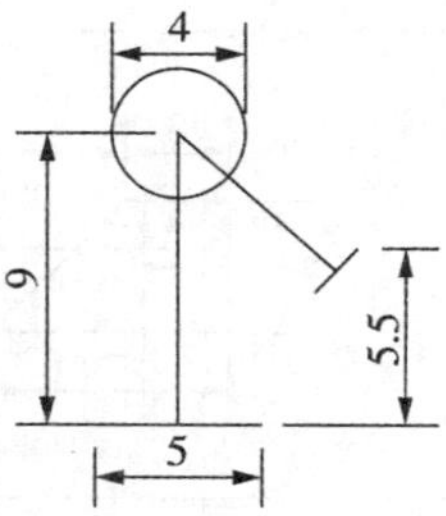	
	说明	三角形内角 60°		说明	短线长 2mm，倾角 45°，长线过圆心及短线中心

B. 2　　**井下运输机械图形符号表**

编号	名称	刮板输送机	编号	名称	刚溜槽
1	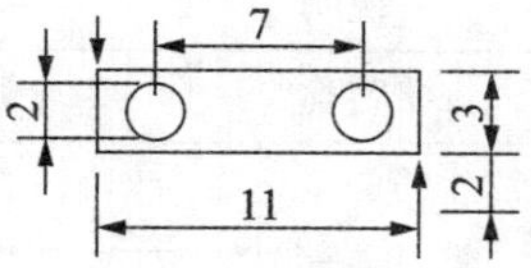		2	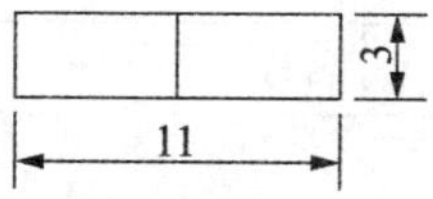	
	说明	单点卸料		说明	
编号	名称	铲斗装载机	编号	名称	耙斗装载机
3	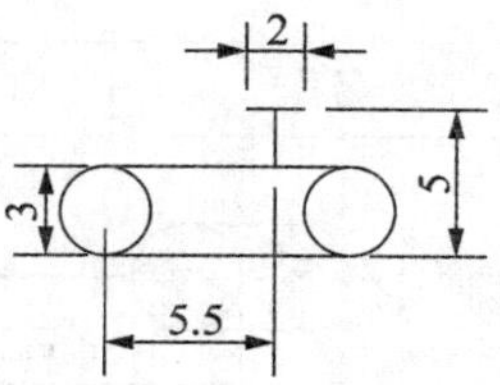		4	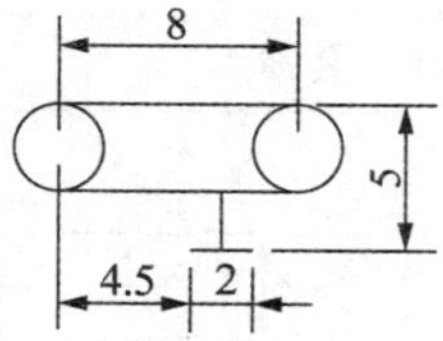	
	说明			说明	

续表

编号	名称	可伸缩带式输送机	编号	名称	带式转载机
5		8 3 1 4	6		3 7 2 9
	说明			说明	
编号	名称	矿用绞车	编号	名称	架线式电机车
7		1 3.5 1 9	8		3 3 3 2 5 3 7
	说明	一般符号(侧面)		说明	架线杆倾角30°
编号	名称	平巷人车	编号	名称	单轨吊车道岔
9		5 2 7	10		3 9 2
	说明			说明	一般符号
编号	名称	齿轨车道岔	编号	名称	单轨吊车
11		3 3 9	12		4 6 7
	说明	一般符号		说明	圆直径D=2mm

B.3 采掘循环图表及通风图形符号表

编号	名称	放炮	编号	名称	支柱
1		2 2 3 1.5	2		5.5 1.5 11
	说明			说明	

续表

编号	名称	回柱放顶	编号	名称	移输送机
3	5.5 1.5 11		4	1.5 2 1.5 11	
	说明			说明	
编号	名称	风门	编号	名称	调节风门
5	3 5		6	3 3 11	
	说明	用于通风系统图		说明	用于通风系统图
编号	名称	进风	编号	名称	回风
7	8 3		8	2 3 11	
	说明			说明	

附录C　章节习题答案

第1章　习题答案

1. 单选题

(1)A　(2)D　(3)D　(4)A　(5)B　(6)B　(7)A　(8)C

2. (1)略　(2)略　(3)

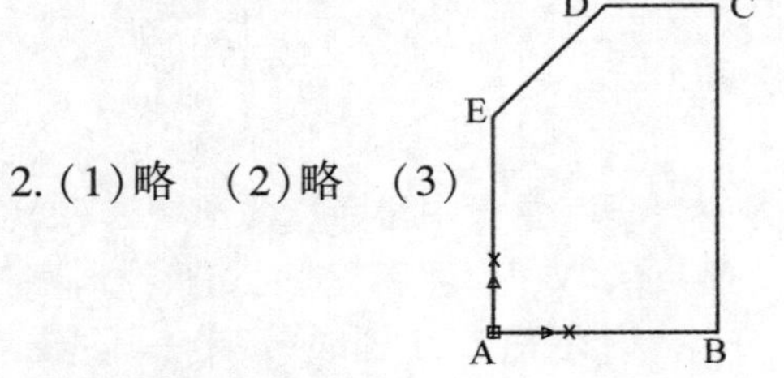

(4)

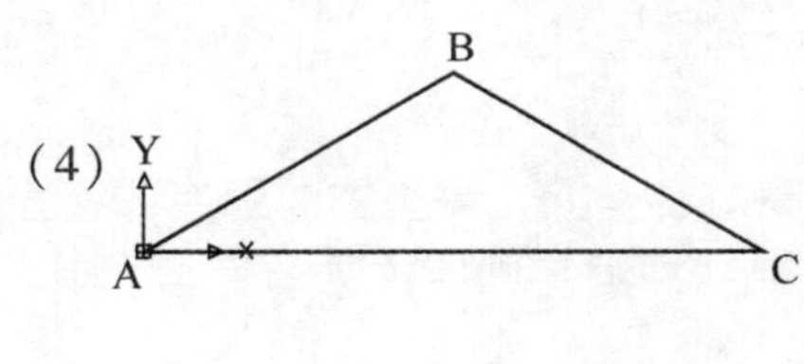

第2章　习题答案

1. 单选题

(1)B　(2)A　(3)D　(4)C　(5)C　(6)B　(7)B　(8)A　(9)C　(10)B

2. (1)

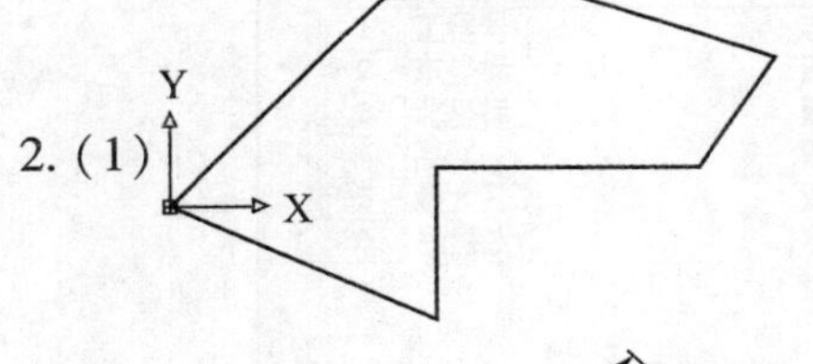

(2)

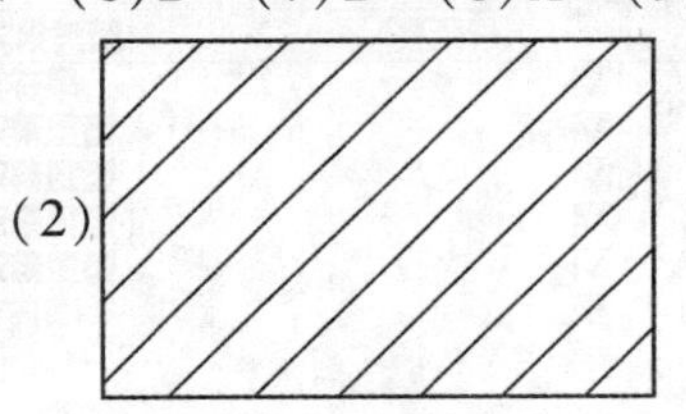

(3)

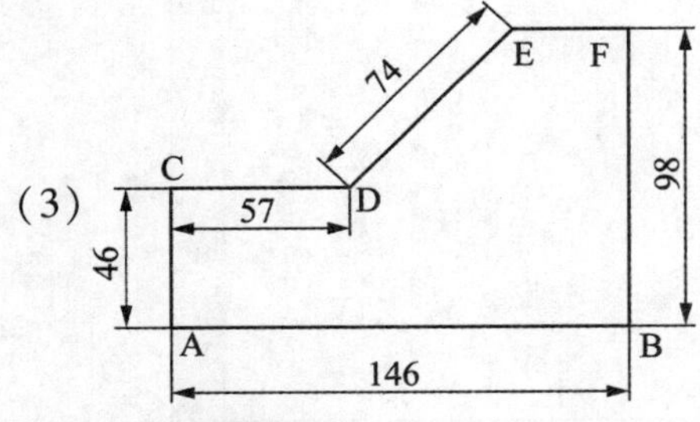

第3章　习题答案

1. 单选题

(1)C　(2)B　(3)A　(4)A　(5)A　(6)D　(7)D　(8)A　(9)B　(10)D

2. 操作练习(略)

第4章　习题答案

1. 单选题

(1)A　(2)A　(3)B　(4)B　(5)A

2. 操作练习(略)

第5章 习题答案

1. 单选题

(1)C (2)B (3)B (4)D (5)B (6)C (7)A (8)A (9)A (10)C

2. 操作练习(略)

参考文献

[1] 徐帅，李元辉．采矿工程CAD绘图基础教程［M］．北京：冶金工业出版社，2013.

[2] 李伟，李宝富，王开．采矿CAD绘图实用教程［M］．2版．徐州：中国矿业大学出版社，2013.

[3] 中国有色金属工业协会．GB/T 50564—2010金属非金属矿山采矿制图标准［S］．北京：中国计划出版社，2010.

[4] 张荣立，何国伟，李铎．采矿工程设计手册［M］．北京：煤炭工业出版社，2003.

[5] 王征，王仙红．中文版AutoCAD 2010实用教程［M］．北京：清华大学出版社，2009.

[6] 有色金属工业人才中心．矿山开采数字技术应用［M］．北京：化学工业出版社，2021.

[7] 林在康，宫良伟，牛贵明．采矿CAD设计软件及应用［M］．徐州：中国矿业大学出版社，2008.

[8] 郑西贵，李学华，等．实用采矿AutoCAD 2010教程［M］．2版．徐州：中国矿业大学出版社，2012.

[9] 邹光华，吴健斌．矿山设计CAD［M］．北京：煤炭工业出版社，2007.

[10] 郑西贵，李学华．采矿AutoCAD 2006入门与提高［M］．徐州：中国矿业大学出版社，2005.

[11] 张海波，刘广超．采矿CAD［M］．北京：煤炭工业出版社，2010.

[12] 郑阿奇，徐文胜．AutoCAD实用教程［M］．3版．北京：电子工业出版社，2010.

[13] 郑笑红．AutoCAD应用基础［M］．徐州：中国矿业大学出版社，2010.

[14] 孙立红．计算机辅助工程制图［M］．2版．北京：清华大学出版社，2010.

[15] 王斌．中文版AutoCAD 2007实用教程［M］．北京：清华大学出版社，2007.

[16] 莫章金，周跃生．AutoCAD 2007工程绘图与训练［M］．北京：高等教育出版社，2008.